Cambios climáticos

Cambios climáticos

Enrique Ortega Gironés
José Antonio Saénz de Santa María Benedet
Stefan Uhlig

Cambios climáticos

Primera edición: 2024

ISBN: 9788410066342
ISBN eBook: 9788410066847
Depósito legal: SE 1453-2024

© de los textos:
  Enrique Ortega Gironés
  José Antonio Saénz de Santa María Benedet
  Stefan Uhlig

© de esta edición:
  Editorial Aula Magna, 2024. McGraw-Hill Interamericana de España S.L.
  editorialaulamagna.com
  info@editorialaulamagna.com

Impreso en España – Printed in Spain

Índice

Prólogo

El origen, las razones y la intencionalidad de este libro

Desde hace aproximadamente cuatro décadas, a los autores de esta obra se les ha ido acumulando una irritante fatiga (compartida con otros muchos colegas), producida por tener que leer y escuchar con asiduidad en los medios de comunicación, exageraciones de la realidad, verdades a medias e informaciones sesgadas en relación con el calentamiento global y el cambio climático. Durante años, cansados de observar cómo se lanzaban (y se siguen lanzando sin recato), admoniciones catastrofistas y amenazas tremendistas dudosamente justificadas sobre el futuro climático de la Tierra, los geólogos autores de este trabajo han estado esperando a que las instituciones oficiales responsables de la geología, a nivel nacional e internacional, saliesen a la palestra y pusiesen a disposición de la opinión pública evidencias ciertas sobre el comportamiento climático del planeta, basadas en datos científicos fehacientes y objetivos, que permitiesen contrastar y desechar muchas de las informaciones catastrofistas que cotidianamente se vierten tanto desde los medios de comunicación como desde numerosas instituciones públicas. Pero nuestra espera ha sido en vano.

Es cierto que durante los últimos años se han levantado voces autorizadas (incluyendo a varios premios Nobel), criticando esas informaciones distorsionadas. También, notables activistas a favor del medio ambiente han publicado libros denunciando las manipulaciones de la información climática. Pero se trata de libros voluminosos, profusamente documentados y de lectura excesivamente árida, poco atractivos para el público no especializado. Y, además, todas estas críticas adolecen de la falta de una información esencial: los datos sobre los cambios climáticos que la Tierra ha experimentado a lo largo de su dilatada historia geológica.

Es cierto también que ha habido intentos de transferir a la opinión pública datos científicos y opiniones divergentes respecto de las tesis oficiales que defienden la existencia de una emergencia climática, como son entre otras muchas (citaremos aquí tan solo las más recientes en lengua española), las publicaciones de Uriarte Cantolla (2003), Comellas (2011), Rubio Ávila (2021), Ferrándis Muñoz (2022), Uhlig (2022), Kaiser (2022), Benitez Grande-Caballero (2023), Vinós (2023) o Tarancón & del Valle (2023). En la misma línea, se pueden citar las numerosas conferencias dictadas por el profesor Luis Pomar o los artículos divulgativos publicados por Enrique Ortega y José Antonio Sáenz de Santa María en la revista digital *Entrevisttas.com*. Pero debe reconocerse que el impacto de estos intentos divulgativos en la opinión pública ha sido hasta la fecha insignificante.

Y sin embargo, la información geológica que ha quedado registrada en el hielo, en los sedimentos, en los fósiles y en las rocas a lo largo de millones de años, es imprescindible para proporcionar una visión equilibrada y completa, que permita el correcto análisis de la inmensa cantidad de datos de los que hoy disponemos. Sin contar con esa visión, nunca será posible tener la perspectiva suficiente para interpretar de forma objetiva lo que está ocurriendo en la actualidad, y calibrar adecuadamente el fenómeno del calentamiento global y de sus posibles consecuencias.

La aproximación al problema del cambio climático que se plantea en este libro no pretende de ninguna manera sustituir a los numerosos trabajos científicos existentes, sino más bien al contrario, permitir el acceso para lectores no especializados a datos y opiniones, que estando normalmente restringidos a las revistas científicas, no llegan prácticamente nunca a la opinión pública. Así, a lo largo de los capítulos siguientes, se intentará exponer con palabras asequibles para los no especialistas, los resultados de las numerosas investigaciones multidisciplinares que han permitido reconstruir, en su totalidad y de una manera fiable, la historia del clima de nuestro planeta a partir de elementos trazas, isótopos, pólenes, microfósiles, sondeos en el hielo glaciar, sedimentos lacustres (varvas), estudios de anillos de crecimiento circular en árboles (dendrocronología) y en estalagmitas (espeleotemas), como también observaciones astronómicas e incluso observaciones arqueológicas.

No se trata por lo tanto de una obra que contenga información novedosa, sino tan solo una recopilación de datos dispersos en la bibliografía geológica que pueda servir como paliativo ante la falta de respuestas y de argumentos que contradigan las frecuentes informaciones sesgadas o incompletas sobre el cambio climático. Esta problemática, verdaderamente polémica, adquiere con frecuencia un carácter más emocional que racional, influida por cuestiones ideológicas, en general con escasa o nula base científica. Y desgraciadamente, también suele integrar elementos heterogéneos, incluyendo otros temas relativos al medio ambiente que son totalmente ajenos al calentamiento global. O sea, como se suele decir en lenguaje llano, mezclando churras con merinas.

A pesar de las enormes dificultades que plantea el reto de hacer llegar a la opinión pública una visión racional, equilibrada y científicamente correcta sobre el calentamiento global y el cambio climático, los autores han tenido, cada uno por su lado, experiencias personales que han servido de estímulo y acicate para emprender esta empresa. A modo de ejemplo, puede mencionarse que hace unos años, en un conocido museo, se había organizado un coloquio sobre el cambio climático. En él participaban, como ponentes, representantes de las autoridades locales, de la administración responsable de la gestión medioambiental, de la universidad y de organizaciones no gubernamentales (ONGs) ambientalistas. El indudable interés del tema hizo que el amplio auditorio donde se celebraba estuviese abarrotado de público.

Después de la intervención de cada uno de los ponentes, al abrirse el turno de preguntas, uno de los autores de este libro, presente en la sala, pidió la palabra. Cuando le fue concedida y después de identificarse como geólogo, expuso su convencimiento de que el clima, realmente, está cambiando. Pero añadió que, como enseña la geología, esos cambios se vienen produciendo desde los orígenes del planeta, desde muchísimos millones de años antes de que el hombre apareciese sobre la Tierra, y que esta historia antigua del planeta estaba siendo sistemáticamente ignorada, atribuyendo sin justificación toda la responsabilidad del calentamiento actual a las actividades humanas. Terminó su breve exposición con un par de sencillas preguntas: ¿Pudiera ser que esa omisión de datos geológicos fuese deliberada? ¿Había alguien interesado en convertir el calentamiento global en el equivalente moderno del infierno, en una especie de castigo divino al que todos debemos temer?

Para su propio asombro, tan pronto como terminó de pronunciar sus palabras, gran parte del auditorio se arrancó en una espontánea y atronadora salva de aplausos que le dejaron atónito y azorado. Reflexionando sobre lo ocurrido, era evidente que un gran número de los asistentes estaban de acuerdo con sus palabras. Y eso sugería que existían muchas personas (posiblemente un porcentaje muy significativo de la población, o incluso una mayoría silenciosa) que albergan serias dudas sobre la veracidad de las tesis oficiales sobre el cambio climático, y que tienen gran interés en acceder a informaciones fidedignas que les permitan contrastar sus incertidumbres.

Precisamente, ese es el grupo de personas a quien va dirigido este libro, cuya redacción se plantea con un doble objetivo. En primer lugar, transmitir la visión que muchos geólogos tienen del cambio climático, esa perspectiva temporal tan diferente que otorga la observación del planeta desde sus orígenes más remotos (Figura 1). Ese enfoque permite analizar los fenómenos actuales del calentamiento global con una visión más amplia que la de otras especialidades científicas, al compararlas con procesos idénticos que, repetidamente, han ocurrido en el pasado. En ese contexto, este libro intenta rellenar las lagunas de información sobre la historia climática del planeta (los datos, las interpretaciones y las evidencias científicas) que normalmente no llegan a la opinión pública.

Figura 1. La espiral geológica del tiempo. Fuente: Newman *et al.* (2008).

Pero además, y este es quizás un objetivo aún más ambicioso, este libro intenta estimular la capacidad de análisis de los lectores, haciendo salir de los rincones olvidados de la memoria, conocimientos disponibles que no están siendo debidamente utilizados. Esta situación, una especie de parálisis intelectual, fue certeramente puesta de manifiesto por el pensador francés Jean-François Revel (Revel, 1989) en su obra *El conocimiento inútil.* En este ensayo, su autor defiende que en el momento actual, gracias a los medios de comunicación, cualquiera tiene acceso de forma cotidiana y continua, a un volumen de información impensable para las personas mejor informadas durante cualquier periodo anterior de la historia. Y ese flujo es tan intenso, que no da tiempo a procesar toda la información recibida.

En los momentos actuales, todos somos esponjas para absorber datos, pero no tenemos tiempo para analizarlos y sacar conclusiones de ellos. En definitiva, no hacemos uso de los conocimientos que poseemos, lo cual facilita mucho la tarea de cualquiera que pretenda manipular y dirigir la opinión pública. Jean-François Revel ilustra esta tesis con varios ejemplos en los que, un simple análisis de los datos, aplicando los conocimientos que están al alcance de cualquiera que haya cursado la enseñanza obligatoria, permitiría contradecir con rotundidad informaciones que se hacen pasar por verdades absolutas. Pero la dinámica cotidiana impide a las personas, en la mayor parte de las ocasiones evaluar y profundizar en la información.

En la época en que Jean-François Revel escribió su ensayo, la polémica sobre el cambio climático no había alcanzado las cotas actuales de interés público ni de politización, pero aun así, sus conclusiones son perfectamente aplicables al caso. Muchas informaciones con las que nos martillean cotidianamente, serían fácilmente rebatibles tan solo por las contradicciones que podrían detectarse entre ellas a lo largo del tiempo. Bastaría un poco de memoria, un simple repaso a la hemeroteca, o aplicar adecuadamente los conceptos elementales de física, química o ciencias naturales que aprendimos en nuestro ciclo de Enseñanza Media. Es decir, desempolvando esos conocimientos que, inútiles por falta de uso, todos almacenamos en la cabeza. Por ejemplo, como se verá a lo largo de los capítulos siguientes, es suficiente recordar conocimientos primarios de química elemental para comprender el mecanismo mediante el cual los océanos regulan el contenido atmosférico de CO_2, independientemente de las actividades antrópicas. O también, basta visitar de cuando en cuando la hemeroteca para comprobar el incumplimiento sistemático de las catastrofistas profecías climáticas.

Figura 2. Unión de dos lenguas glaciares (Kaskawulsh, Montañas St. Elías, Canadá). Fuente: www.altosil.blogspot.com.

Antes de seguir adelante, es necesario dejar bien claro que este libro no constituye un documento contra los movimientos ecologistas, ni tampoco, como se ha venido a llamar últimamente, es negacionista, aunque a muchos pueda parecerles lo contrario. En primer lugar, es imposible que los geólogos seamos negacionistas sobre el cambio climático, porque fue la ciencia geológica quien se encargó, hace ya un par de siglos, de poner de manifiesto la evolución del clima al descubrir, entre otros hechos, las glaciaciones periódicas (Figura 2). Y aún más, es también la geología la que ha demostrado la existencia de una larga serie de cambios climático, desde el origen de la Tierra hasta la actualidad. Porque, en realidad, si hay algo que no ha existido nunca en la historia geológica del planeta, es la estabilidad climática.

Por otra parte, si se tiene en cuenta que la ecología trata de las relaciones de los seres vivos entre sí y con el medio ambiente en el que viven, y se considera que la Tierra es ese medio donde habitamos todos los seres vivos, es imposible analizar correctamente esas relaciones si no se presta adecuada atención a los ciclos naturales a los que está sometido su espacio común, nuestro planeta. Y precisamente, son los ciclos de larga duración, registrados en su larga historia, los grandes olvidados en la inmensa mayoría de las evaluaciones actuales sobre el calentamiento global.

Queda fuera de toda discusión que la Tierra debe ser preservada, que deben hacerse todos los esfuerzos necesarios para mantener su equilibrio natural. Además, es innegable que la humanidad ha ensuciado mucho nuestro planeta y que lo sigue ensuciando. Por lo tanto, es imprescindible esforzarse por corregir los efectos de los imprudentes desmanes cometidos contra la naturaleza. Pero el reconocimiento de esta realidad, no tiene por qué implicar que las razones del calentamiento global y del cambio climático sean consecuencia directa o indirecta de las actividades humanas. Ni tampoco, que las soluciones políticas propuestas, las que se están intentando aplicar ahora mismo, sean adecuadas ni eficaces.

El cambio climático y el calentamiento global ha hecho correr, y lo sigue haciendo, ríos de tinta. Pero como se analizará a lo largo de los capítulos siguientes, el origen del actual cambio climático es muy complejo y no se puede explicar por un solo factor, como es la concentración del dióxido de carbono (CO_2) en la atmósfera. Por otra parte, aunque se trate de un problema esencialmente científico, al afectar a la humanidad, tiene muchas facetas con importantes connotaciones ecológicas, económicas, sociales y políticas. Y como consecuencia, especialmente por sus implicaciones políticas, no son los científicos quienes están llevando la voz cantante en el debate, sino más bien todo lo contrario. En la práctica, las opiniones de algunos científicos están siendo utilizadas, mientras las de otros están siendo ignoradas o silenciadas. Existe además otra dificultad adicional, posiblemente la más compleja y la que termina de complicarlo todo: las diferentes opiniones sobre el tema tienden a confundirse con posturas ideológicas, que se convierten automáticamente en afinidades políticas y que llegan a traducirse en decisiones legislativas, estableciendo en la práctica una especie de dictadura ecologista.

Existen ejemplos recientes en varios países de tribunales del más alto nivel, equivalentes a nuestro Tribunal Supremo, que han emitido sentencias favorables a las demandas ecologistas, aboliendo normas emitidas por gobiernos elegidos democráticamente y aprobadas por los correspondientes parlamentos, basándose tan solo en criterios relacionados con la lucha contra el cambio climático. Dichas sentencias, en sus considerandos, estaban directamente fundamentadas en los mismos argumentos utilizados en la propia demanda, considerándolos como verdades probadas, sin prestar atención a su carácter controvertido y a la falta real de un consenso científico sobre el cambio climático, y además, sin consultar otras fuentes u opiniones diferentes a las de la demanda ecologista.

Es un gran error confundir ciencia e ideología, ya que los principios físicos y las reglas de la naturaleza no se rigen por criterios políticos. La historia está llena de ejemplos de las graves consecuencias que puede acarrear esta confusión para la humanidad. Pero el poder que otorgan algunas hipótesis es muy fuerte, la tentación de control que confieren es muy poderosa y son los sectores ideológicos quienes arriman el ascua de la ciencia a la sardina de sus intereses.

En este contexto, el presente trabajo no pretende realizar un análisis exhaustivo sobre la problemática del cambio climático y del calentamiento global, ni tampoco una sesuda obra científica. Muy al contrario, se trata de presentar al lector unos capítulos temáticos redactados de forma asequible, donde además de las opiniones de sus autores, sean los propios datos los que hablen por sí mismos, mostrando evidencias que normalmente no son expuestas por los medios de comunicación y duermen el sueño de los justos en inaccesibles e incomprensibles (para el profano) páginas de revistas científicas. Para ello, el método que se utilizará es simple: comparar la situación actual con eventos anteriores en la historia de nuestro planeta, cuyas características han quedado almacenadas en el registro geológico, demostrando que lo que está ocurriendo ahora no es nada nuevo, grave, excepcional, catastrófico ni digno de ser calificado como una emergencia, sino todo lo contrario.

Debe aclararse también que, exceptuando algunas observaciones puntuales realizadas personalmente por los autores, el trabajo está basado esencialmente en datos bibliográficos, previamente publicados, y recopilados aquí de una forma que intenta ser fácilmente comprensible para lectores no especialistas en el tema. El mismo comentario puede realizarse para las figuras insertadas en el texto, que se han intentado simplificar de forma que resulten visualmente intuitivas. También, para hacer la lectura más ágil, las citas bibliográficas se han reducido al mínimo indispensables para informar sobre el origen de informaciones poco conocidas que puedan permitir un mejor conocimiento de nuestro planeta, de su evolución y de sus hábitos milenarios.

Como se verá en el Capítulo 14, uno de los argumentos que suele utilizarse con frecuencia a favor de los postulados oficiales sobre el calentamiento global y su origen antrópico, es cuantitativo. En efecto, se basa en el número abrumadoramente dominante de publicaciones a favor de esta hipótesis, afirmando que existe consenso y unanimidad científica que apoya esa interpretación. Sin embargo, no debe olvidarse que el mundo de la ciencia nunca se ha regido por criterios democráticos ni por consensos, y solo que exista una mayoría partidaria de una determinada hipótesis, no implica que sea la interpretación correcta. Si así fuese, sería imposible el progreso del conocimiento y aún estaríamos convencidos de que nuestro planeta es plano y está en el centro del universo. Afortunadamente, el debate entre investigadores sobre el origen del cambio climático sí que existe, pero restringido dentro de la comunidad científica, sin que esté siendo adecuadamente transmitido a la sociedad por los medios de comunicación. Una buena parte de las páginas que siguen, están dedicadas a aportar pruebas y evidencias de que el origen exclusivamente antrópico del cambio climático, está muy lejos de ser un hecho demostrado.

Desde épocas inmemoriales, la humanidad le ha atribuido un comportamiento caótico y poco previsible al tiempo meteorológico, hasta el punto de acuñar la expresión, frecuente en muchos idiomas, de que *el tiempo está loco*. Nos parece que los cambios bruscos de temperatura, la presencia de días frescos en periodos que debían ser supuestamente cálidos, o también al revés, la aparición de días muy templados durante el invierno, están fuera del plan ideal trazado por una naturaleza que, equivocadamente, consideramos perfecta y puntual (Figura 3). Tenemos la tendencia a pensar que el calendario y la meteorología deben de ir de la mano, de forma unísona y sincronizada. Por ello, cualquier desviación o comportamiento meteorológico aparentemente anómalo, se atribuye directamente al cambio climático, al que se hace responsable de agravar la locura del tiempo. Pero en realidad, las relaciones entre meteorología y calendario nunca han sido rígidas ni precisas, como ha quedado perfectamente registrado en nuestro prolijo refranero, como, por ejemplo, cuando sentencia que *cuando marzo mayea, mayo marcea*. Es decir, el tiempo no está tan loco. Incluso dentro de la escala de la percepción humana, sin remontarse a los tiempos geológicos, el tiempo está como siempre.

Figura 3. Popular higrómetro del fraile. Fuente: www.frailedeltiempo.com.

Como podrá comprobar el lector a lo largo de las páginas siguientes, los autores han intentado aparcar cualquier componente ideológico y cualquier idea preconcebida en sus razonamientos, dejando que sea la propia naturaleza a través de las observaciones realizadas, a través de los mensajes que el planeta nos envía, quien desvele las claves de lo que está ocurriendo. Como se podrá comprobar en los capítulos siguientes, son esencialmente los datos y no los autores, quienes hablan por sí mismos. Esa es la base conceptual que ha servido de inspiración al título de este libro, porque en realidad es la Tierra, a través de sus sedimentos, sus rocas, sus fósiles y sus hielos glaciares, quien nos está enviando múltiples y valiosos mensajes, aunque en muchos casos se estén haciendo oídos sordos a las informaciones que nos envía. Contribuir a que se preste una mayor atención a esas misivas, es el objetivo principal de esta obra.

Para finalizar este prólogo, unas breves palabras sobre sus autores. Los tres son geólogos, con una dilatada y multidisciplinar trayectoria profesional, tanto en la investigación como en aplicaciones prácticas de la geología a la industria. A los tres, desde hace décadas, les ha preocupado la problemática del cambio climático, y de forma independiente, sin contacto entre ellos, llevan años recopilando información y documentación sobre esta temática. Por circunstancias de la vida que no vienen al caso, el azar les ha puesto en contacto para aunar esfuerzos en esta tarea, porque los tres sienten la misma indignación ante la falta de criterio geológico en las hipótesis y modelos predictivos sobre el cambio climático. También, y quizás esta es la similitud más importante para que este proyecto haya salido adelante con plena libertad de opinión, ninguno de ellos ha dependido de subvenciones de ningún tipo para la realización de este trabajo.

1.

El tiempo, la meteorología
y el clima

1.1. Algunas consideraciones generales

Para empezar y para evitar malentendidos, será conveniente aclarar el significado de tres términos, tres conceptos, que con frecuencia tienden a confundirse: tiempo, meteorología y clima. «Tiempo» es una de esas palabras castellanas que encierra en un solo vocablo dos significados completamente diferentes. Por una parte, el tiempo que pasa, ese que integra los millones de años y cuyo flujo determina el pasado, el presente y el futuro. Y por otra parte, el tiempo que hace, el tiempo meteorológico. En el caso de este segundo significado, el tiempo puede considerarse, aunque sea en un sentido laxo, como sinónimo de la meteorología.

A su vez, no es raro que se confundan el tiempo y la meteorología con el clima. Teniendo en cuenta que el problema sobre el que se centra este libro es el del calentamiento global como consecuencia del cambio climático, es importante definir con claridad desde el principio las relaciones y diferencias que existen entre estos tres vocablos. También hay que ser consciente de que los meteorólogos, los climatólogos y los geólogos enfocan el clima desde diferentes puntos de vista. Así, los paleoclimatólogos y los geólogos observan la evolución climática en periodos muy largos, de varios miles y millones de años, mientras los meteorólogos estudian los cambios climáticos de pequeña escala, más bien meteorológicos, tan solo de algunas semanas o meses, comparando datos meteorológicos, como son la temperatura, la humedad, la presión, etc. Pero además, los científicos no solo consideran las temperaturas y la humedad de épocas pasadas, sino también indicios climáticos indirectos, como son la vegetación, los suelos, los sedimentos y otros.

Cuando hablamos del *tiempo meteorológico* que hace, nos referimos a la situación atmosférica que existe en un determinado momento y en una determinada localización (pueblo, comarca o país), y que calificamos como favorable o desfavorable (Comellas, 2011). Solemos calificarla como buen tiempo o mal tiempo (aunque con criterios totalmente subjetivos según las preferencias de cada uno, pues hay gente que suele preferir el calor al frío y viceversa), en función de la combinación entre diferentes meteoros, esos fenómenos naturales que se producen en la atmósfera, la temperatura, el viento, la cobertura nubosa o la lluvia, entre otros. Como su nombre indica, la *meteorología* puede definirse como la ciencia que se ocupa de los cambios que afectan en cada momento a esos meteoros en la zona inferior de la atmósfera. La meteorología tiene como objetivo la predicción del tiempo que va a hacer, encargándose de los pronósticos a corto y medio plazo, aunque, en sentido estricto, las previsiones solo pueden realizarse con una relativa precisión con algunos días de anticipación. Por el contrario, el *clima* se puede definir como el conjunto de fenómenos meteorológicos registrados a lo largo del tiempo, considerando plazos mucho más largos que los de la meteorología. De acuerdo con esta definición, la climatología es la ciencia que estudia las variaciones del clima a lo largo del tiempo.

Así pues, aunque ambas ciencias, meteorología y climatología, estudian los mismos parámetros, sus periodos de observación son muy diferentes y vienen establecidos por sus distintos objetivos. Mientras la meteorología analiza la evolución de los meteoros con el fin de establecer las leyes que los gobiernan y poder hacer una previsión acertada del tiempo a corto plazo, la climatología evalúa su evolución a lo largo de años, décadas, siglos o incluso milenios. Por eso, cada una de estas ciencias, a pesar de estudiar los mismos fenómenos, utiliza herramientas estadísticas muy diferentes para adaptarse a la naturaleza de sus respectivos ciclos y periodos de estudio.

Quizás la forma más fácil de ilustrar estas diferencias sea mediante un sencillo caso práctico. Si seleccionamos como ejemplo un área desértica, en ella la meteorología puede predecir que, en un momento determinado, como ocurre raramente alguna vez, puedan aparecer tormentas con lluvias abundantes. Sin embargo, ese fenómeno, aislado y excepcional, no cambiará el carácter desértico del clima de la zona, caracterizado por lluvias muy escasas durante periodos dilatados. Por lo tanto, las probabilidades de que aparezcan esos aguaceros son mínimas. En este caso, la evolución climática que condujo a la desertización vendría condicionada por la progresiva disminución de las lluvias en esa zona.

De forma coloquial, con frecuencia solemos decir que el «tiempo está loco», para indicar que las temperaturas no se ajustan a las expectativas climatológicas señaladas por el calendario. Siempre tendemos a pensar que la meteorología debe seguir rígidamente los pasos que marca el ritmo de las estaciones y que, obligatoriamente, al llegar el equinoccio de primavera deben empezar a templarse las temperaturas. Y que exactamente lo contrario debe ocurrir al llegar el equinoccio de otoño, lo que en realidad no ocurre casi nunca.

Es cierto que las cuatro estaciones en las que está dividido nuestro año en Europa y en el hemisferio norte en general, marcan tendencias ascendentes o descendentes de la temperatura, pero estas jamás son lineales. La evolución de la temperatura siempre va jalonada por oscilaciones, y aparecen casi siempre esas temperaturas anómalamente frías o cálidas en fechas que, teniendo en cuenta el calendario, nos parecen impropias. Pero en realidad, esas variaciones, aparentemente anómalas, forman parte de la auténtica naturaleza de nuestro tiempo, de nuestra meteorología y de nuestro clima.

La ciencia meteorológica ha experimentado un enorme avance durante los últimos años y la exactitud de sus previsiones ha mostrado una mejora espectacular. Esta progresión se ha debido principalmente a dos factores. En primer lugar, la puesta en órbita de satélites meteorológicos, que con sus instrumentos fotográficos y analíticos cada vez más sofisticados (como, por ejemplo, el radar meteorológico), proporcionan una enorme cantidad de información en tiempo real. Y en segundo lugar, la capacidad de procesamiento de las herramientas informáticas, con potencia de cálculo para procesar muchos datos con enorme rapidez, permitiendo elaborar predicciones meteorológicas fiables y actualizarlas de forma continua. Pero no debe olvidarse algo que con frecuencia pasa desapercibido: la adquisición sistemática y continua de este tipo de datos meteorológicos y climáticos por satélite solo cubre los últimos 50 años, desde la puesta en órbita de los primeros satélites.

Por eso, la climatología no ha podido beneficiarse de estos avances tecnológicos de la misma manera que lo ha hecho la meteorología. Es cierto que las herramientas informáticas y estadísticas pueden ser igualmente válidas para ambas especialidades. Pero, mientras la meteorología disfruta de una verdadera avalancha de datos cada segundo, la climatología necesita una información dilatada en el tiempo. Los registros existentes desde que, aproximadamente hace un par de siglos, se instalaron los primeros observatorios meteorológicos (todos ellos en los países avanzados del hemisferio norte), pueden ser suficientes para determinar las características de los climas actuales, pero cuando pretendemos estudiar la evolución climática global, ¿dónde están los satélites o los observatorios para saber lo que estaba ocurriendo hace cientos o miles de años?

Desgraciadamente, esos datos no existen y las condiciones meteorológicas del pasado deben ser obtenidas por indicadores indirectos, lo que evidentemente resulta mucho más complejo y dificultoso. Los más importantes de estos indicadores indirectos, conocidos en el lenguaje científico como *proxies* (de la palabra inglesa *proxy*, que significa «representante»), son los aportados por las características y la composición químico-isotópica de las rocas, los sedimentos, los fósiles y el hielo de los glaciares a lo largo de las distintas etapas de la historia de nuestro planeta, como iremos viendo a lo largo de los capítulos siguientes.

Además, es frecuente que las valoraciones que se hacen sobre el tiempo, lleven una fuerte carga subjetiva. Es habitual que las diferentes percepciones, la interpretación de esas anomalías meteorológicas antes mencionadas y sus aparentes contradicciones con la climatología, salgan a la palestra en los medios de comunicación con matices diferentes según su naturaleza. Si, por ejemplo, una primavera es anómalamente seca y calurosa, se presenta inmediatamente como una prueba más del calentamiento global y del cambio climático. Aunque en la mayor parte de los casos, suele añadirse al final una coletilla precisando «era algo que no ocurría desde la primavera de hace tantos años». Es decir, que se trata de algo que ya había ocurrido antes, y por lo tanto no es tan excepcional ni extraordinario como se nos quiere hacer creer, aunque normalmente esa aclaración brilla por su ausencia.

Por el contrario, si la primavera es excepcionalmente fría y húmeda, los comentarios habituales sobre amenazas de calentamiento y desertización tienden a desaparecer por un tiempo de los titulares (normalmente hasta que llegan los ardores veraniegos), publicándose en su lugar artículos similares al presente capítulo, aclarando las diferencias entre tiempo y clima. Es decir, que del mismo modo que una tormenta solitaria no cambia el carácter árido del clima del desierto, un breve periodo más fresco que el promedio, no cambia la tendencia general de calentamiento del planeta.

A pesar de esta falta de equilibrio en las apreciaciones, debe aceptarse que el planteamiento es totalmente correcto, ya que para entender adecuadamente la evolución climática, es imprescindible evaluar y analizar registros correspondientes a periodos de tiempo muy dilatados. Y ahí está precisamente el quid de la cuestión, ¿cuál es la duración de los periodos de tiempo que deben ser considerados para evaluar e interpretar adecuadamente el calentamiento que está experimentando ahora nuestro planeta? ¿Los análisis de evolución climática que suelen hacerse están tomando en consideración toda la información disponible o por el contrario se están restringiendo a un periodo excesivamente breve? La búsqueda de posibles respuestas para estas preguntas es precisamente el objetivo de los siguientes capítulos.

Después de estas consideraciones generales podemos sumergirnos más profundamente en el tema del clima. Nuestro planeta presenta diferentes zonas climáticas, que desde los polos hacia el Ecuador, serían: las zonas polares, subpolares, templadas (donde vivimos los europeos y norteamericanos), subtropicales y tropicales, cada una de ellas caracterizadas por el predominio de temperaturas y situaciones meteorológicas típicas, y una vegetación característica, que a su vez determina el mundo animal que puede allí habitar. Teniendo en cuenta esta zonación y esas diferencias, puede afirmarse que la expresión «clima global» es conceptualmente muy incorrecta.

Un clima puede ser cálido o frío, seco o húmedo, pero no puede enfriarse o calentarse como el agua o el aire. El clima puede cambiar en el sentido de que las zonas climáticas se desplazan continuamente, o sea que cambian su posición geográfica o modifican sus límites sin cesar, aunque lentamente, siempre dentro de la escala de los tiempos geológicos. Desde este punto de vista, tampoco es correcto decir «calentamiento del clima», y menos aún «calentamiento global». En realidad, estas expresiones se refieren a los cambios de temperatura durante los cambios climáticos que provocan los desplazamientos continuos de las zonas climáticas hacia los polos o hacia el Ecuador. Del mismo modo que en los mapas topográficos se representan líneas de misma altura, las *isohipsas* o curvas de nivel, en los mapas meteorológicos aparecen líneas que unen los puntos con la misma temperatura, las *isotermas*, o la misma presión, *las isobaras*. Los cambios climáticos provocan que esas isotermas e isobaras se desplacen hacia los polos o hacia el Ecuador. O también, que en las zonas montañosas ganen o pierdan altitud, del mismo modo que lo hacen los glaciares.

Las tundras, por ejemplo, son terrenos típicos de las zonas muy frías, próximos a las gélidas regiones árticas, donde tan solo algunas plantas (musgos y líquenes), muy resistentes al frío, pueden sobrevivir en los suelos congelados denominados permafrost. Estos permanecen congelados durante casi todo el año. En regiones no tan frías del clima subártico, pueden crecer también árboles del grupo de las coníferas, como son los abetos, alerces y ciertos tipos de pinos. Como consecuencia de variaciones de temperatura de varios grados centígrados durante los últimos cambios climáticos, las vegetaciones de la tundra y de las regiones subárticas, se desplazaron muchos cientos, a veces miles de kilómetros, migrando hacia el sur (hacia el Ecuador), y otras veces hacia los polos.

Al mismo tiempo, el límite del arbolado se desplazó varios cientos de metros de altura en las montañas. Y estos cambios tuvieron una incidencia muy importante en la fotosíntesis, ya que la respiración de las plantas no funciona por debajo de los 8-10 °C, como se analizará en detalle en el Capítulo 7. Estos desplazamientos de la vegetación, y los cambios que indujeron en las rutas migratorias y los hábitats de los animales, tuvieron un gran impacto en la vida y en las actividades de caza y recolección de nuestros antepasados de la edad de piedra, así como también en sus migraciones. Tampoco tiene sentido la expresión «salvar el clima», porque el clima cambia continuamente de manera natural y nunca ha permanecido estable. Como se explicará en detalle en el Capítulo 5, los cambios climáticos están, a fin de cuentas, controlados fundamentalmente por la energía del Sol.

Así pues, resumiendo las explicaciones detalladas en los párrafos anteriores, concluiremos que el tiempo atmosférico o meteorológico describe los procesos físicos en la atmósfera, para un lugar o terreno determinado y en un momento o corto período específico, estando definido por diversos parámetros como son la temperatura, la presión, la humedad, el viento, la radiación solar y la precipitación. Y por todo ello, es fundamental diferenciar adecuadamente entre tiempo y clima.

1.2. La atmósfera como ventana para las radiaciones solares y cósmicas

En primer lugar y para evitar malentendidos, debe aclararse que, a lo largo de las páginas siguientes, cuando se hable de temperatura, sin más especificaciones, estará referida a la temperatura de la atmósfera inferior de la Tierra, ya que es ahí donde tienen lugar los fenómenos meteorológicos, principalmente en la troposfera (Figura 4). Su altura varía entre los 8-10 km en los polos y unos 16-18 km en el Ecuador. Cerca de la superficie de la Tierra, la temperatura media de la atmósfera es de unos +15 °C. En la zona de transición entre la troposfera y la estratosfera (llamada tropopausa), la temperatura baja hasta unos -60 °C. En la actualidad, como promedio, la temperatura de la troposfera desciende unos 6,5 °C por cada kilómetro de altitud.

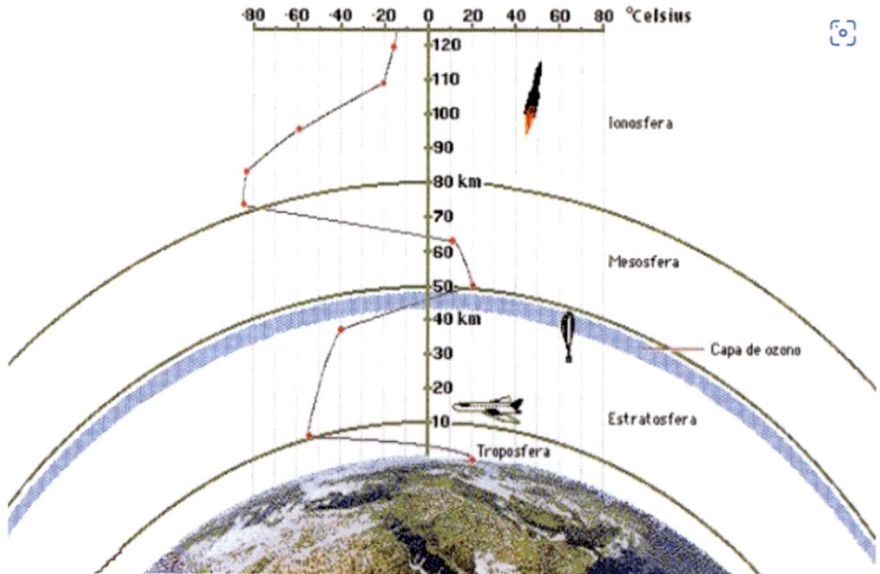

Figura 4. Estructura de la atmósfera terrestre y variación de la temperatura del aire en las diferentes capas atmosféricas, en función de la altitud. La capa de ozono se encuentra dentro de la estratosfera a una altura entre 20 y 40 km (ver también el Capítulo 11). Fuente: www.agroambient.gva.es.

Sobre la tropopausa, ya en la estratosfera, la temperatura del aire vuelve a subir progresivamente hasta llegar a superar nuevamente los 0 °C, a una altura de unos 50 kilómetros. Por encima de la estratosfera, las temperaturas bajan de nuevo hasta unos -80 °C a -90 °C, a una altura de cerca de 85 kilómetros, para subir de nuevo, aproximándose a 0 °C a partir de altitudes de unos 100 kilómetros. En el Capítulo 11, donde se discutirá la problemática del ozono, se darán más detalles sobre la estratosfera y la gran complejidad de los procesos térmicos, químicos y espectrales que ocurren en ella. Debe mencionarse también, que las diferentes capas atmosféricas están separadas por zonas de transición, por ejemplo, la tropopausa, ya mencionada anteriormente, y la estratopausa (el límite entre la estratosfera y la mesosfera), tal y como puede observarse en la variación de las temperaturas atmosféricas. Sin embargo, eso no significa que la atmósfera sea un sistema cerrado como un invernadero, sino que entre las diferentes capas existen procesos internos de intercambio de corrientes de aire e interacciones con la radiación solar y cósmica.

La evaporación en la superficie terrestre mantiene la atmósfera húmeda en forma de vapor de agua (con valores promedio del 0,3-0,4 %), siendo más elevada la humedad encima de los océanos. En las zonas inferiores de la troposfera, es decir, cerca de la superficie, el porcentaje del vapor de agua atmosférico es alto, pudiendo alcanzar hasta un 4 % en áreas muy húmedas (por ejemplo, en zonas tropicales), disminuyendo rápidamente con la altitud. Como se explicará en el Capítulo 7, estos contenidos tan elevados se sitúan principalmente en el aire extremamente húmedo de los trópicos, muy cerca del Ecuador. En cambio, las regiones polares presentan una atmósfera extremadamente seca, donde durante el invierno la humedad desciende casi a cero. El transporte termodinámico del calor y de la humedad desde la zona intertropical (entre los trópicos de Cáncer y de Capricornio) hacia los polos, juega un papel muy importante en la distribución de la energía solar en la Tierra. Según Vinós (2023), es en las regiones polares, tan secas durante el invierno, donde de forma cíclica se reduce la retención del calor reflejado desde la superficie terrestre (es decir, la radiación infrarroja de onda larga). Esta falta de retención se produce como consecuencia de la baja humedad atmosférica y, por lo tanto, también de nubes, dando lugar a una considerable pérdida de calor hacia el espacio exterior, provocando periodos de enfriamiento, que pueden ser cortos o largos y darían lugar respectivamente a etapas de pésimos climáticos o épocas glaciales, en función de su duración.

También, la estratosfera contiene vapor de agua atmosférico, sobre todo en sus zonas inferiores, que asimismo puede jugar un papel importante en el desarrollo de los fenómenos meteorológicos. Los procesos de interacción entre la troposfera y la estratosfera están siendo en la actualidad objeto de intensivas investigaciones que se apoyan en la información proporcionada por los satélites de última generación.

El argumento principal que atribuye al dióxido de carbono, el CO_2, su capacidad como gas potenciador del efecto invernadero y su influencia en el cambio de temperatura en la atmósfera terrestre, y en definitiva en el cambio climático global, se basa en un efecto físico. En efecto, el CO_2 y otros gases presentes en la atmósfera tienen la capacidad de absorber parte de la radiación térmica reflejada desde la Tierra, impidiendo que se escape hacia el cosmos, hacia el espacio exterior, lo que produce un calentamiento del planeta. Sin embargo, debe tenerse en cuenta que la capacidad de absorción de cada uno de los gases atmosféricos está relacionada con intervalos muy estrechos (y específicos para cada gas) de las longitudes de onda o bandas espectrales de la radiación térmica. Con objeto de preparar la discusión que será desarrollada sobre este tema en el Capítulo 7, se describirán brevemente a continuación los detalles técnicos relacionados con el efecto invernadero, imprescindibles para una adecuada comprensión de esta problemática.

La radiación solar que llega a la Tierra está compuesta por un espectro muy amplio, que suele dividirse en tres grupos en función de su longitud de onda (Figura 5). En primer lugar, la radiación ultravioleta (UV), de onda corta, cuyo exceso es peligroso para los seres vivos y que es absorbida en su mayor parte por la capa de ozono, situada en la estratosfera media, a unos 40 km de altura (Figura 4).

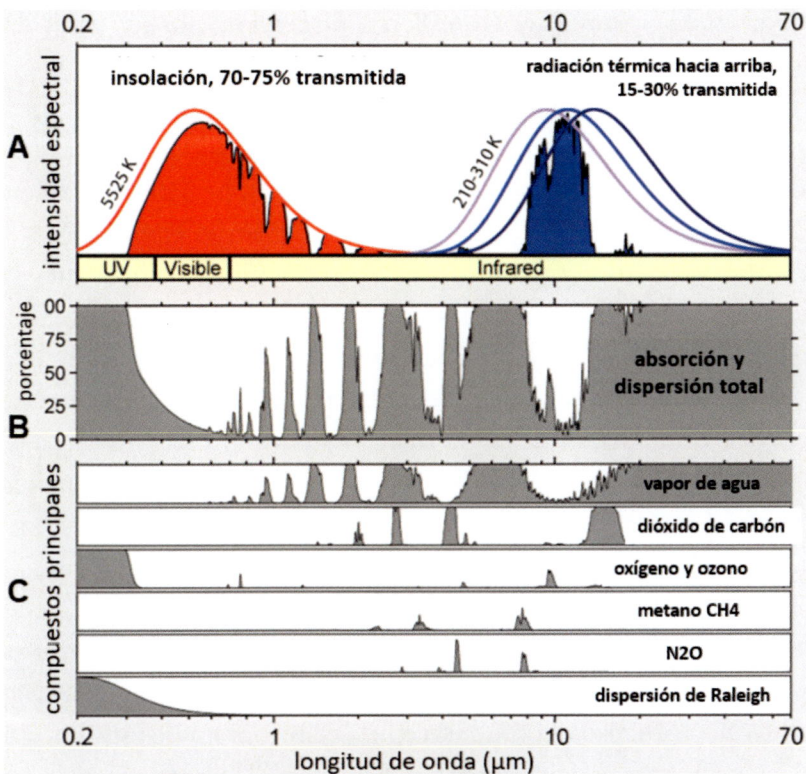

Figura 5. Representación simplificada de la radiación (A) que llega a la Tierra desde el Sol (ventana atmosférica de onda corta en rojo) y radiación que es emitida desde la superficie terrestre hacia el cosmos (ventana atmosférica de onda larga en azul); B: Porcentaje de absorción y dispersión atmosféricas de la radiación entrante y saliente; C: Intervalos de longitudes de onda que pueden ser absorbidos por los diferentes gases atmosféricos, donde se aprecia que el vapor de agua (H_2O) es el gas atmosférico que puede absorber un rango más amplio de longitudes de onda, que en algunos tramos llega a ser una absorción total. En las tres gráficas, el eje X se corresponde con la longitud de onda expresada en micrómetros (μm). Para cada una de las gráficas de (C), la escala va de 0 a 100 del mismo modo que en (B). Fuente: www.de.wikipedia.org.

En segundo lugar, la radiación visible o insolación, que permite nuestra visión y además es de gran importancia para la fotosíntesis de las plantas. Y por último, la radiación infrarroja (IR próximo), que se ve poco afectada (apenas hay absorción o dispersión) por los gases de la atmósfera, y que tiene gran influencia en los sucesos meteorológicos y climáticos. La radiación IR de mayor longitud de onda, por ser responsable de la transmisión del calor, es conocida también como «radiación térmica». En sentido contrario, la superficie de la Tierra también emite radiación térmica hacia el cosmos. Cada uno de los gases atmosféricos actúa de distinta manera ante las diferentes longitudes de onda, absorbiendo algunas de ellas casi en su totalidad, mientras que, para otras, son parcialmente transparentes.

Como puede apreciarse en la Figura 5, la atmósfera terrestre tiene intervalos de longitud de onda (también denominadas «ventanas» o «bandas espectrales») en las cuales la radiación no es absorbida o dispersada por los gases de la atmósfera, y esas son las radiaciones que pueden llegar hasta la superficie de la Tierra (zona roja de la Figura 5-A). En sentido opuesto, las radiaciones que pueden escaparse hacia el cosmos, especialmente la radiación térmica, se han representado en color azul. En el Capítulo 7 se analizarán con detalle estos procesos, con objeto de discriminar cuáles son los gases atmosféricos que pueden absorber determinadas longitudes de onda y cuál es la eficacia de dicha absorción.

Algunos fenómenos meteorológicos de origen indudablemente antrópico, como la formación de copos de nieve en la proximidad de fábricas que emiten vapor de agua (como, por ejemplo, las industrias papeleras), un fenómeno típicamente invernal, en época de heladas y que suele conocerse como «nieve industrial», no deben considerarse cambios climáticos, sino fenómenos meteorológicos locales. Otro fenómeno meteorológico muy frecuente y también de origen antrópico, sobre todo en áreas de clima templado, son las «islas de calor» en las ciudades y metrópolis modernas, que pueden llegar a ser hasta +3 °C más cálidas que las zonas rurales de su entorno, dependiendo del tamaño de la urbe. Este efecto es consecuencia de la interacción de varios factores, como el fuerte calentamiento diurno de la masa de cemento y hormigón de los edificios y el asfalto de las calles, combinado con un enfriamiento limitado durante la noche.

Este efecto se intensifica durante el invierno como consecuencia de la utilización de los sistemas de calefacción doméstica e industrial.

1.3. Sin océanos, la Tierra sería muy diferente

Un error frecuente en las discusiones sobre el calentamiento global, es que este se enfoca casi siempre en la evolución de la temperatura del aire atmosférico, sin considerar las variaciones de la temperatura oceánica. Los océanos ocupan casi el 71 % de la superficie terrestre y tienen una gran influencia en los sucesos meteorológicos y climáticos de las áreas continentales, que se concentran principalmente en el hemisferio norte. La Tierra está ampliamente expuesta a la radiación solar en sus océanos, cuyos enormes volúmenes de agua son muy sensibles, desde el punto de vista térmico, a las oscilaciones de la actividad solar.

Nuestro planeta azul, la Tierra (Figura 6), tiene una superficie de unos 510 millones de km², de los que un 70,7 % (unos 361 millones de km²) están ocupados por los océanos. El volumen de agua total de la Tierra se estima en unos 1400 millones de km³. El contenido promedio de vapor de agua (H_2O) en el aire atmosférico es del orden del 0,4 % (4000 ppm), es decir, casi 10 veces más que el contenido del CO_2, presente en el aire atmosférico con una concentración actual de unas 420 ppm (0,042 %).

Debe tenerse en cuenta que la capacidad termoacumuladora específica del agua (es decir, la capacidad de acumular calor) es 4000 veces más alta que la del aire. Por otra parte, la conductividad térmica del agua es unas 20 veces más alta que la del aire. Los inmensos volúmenes de los océanos hacen que ellos constituyan los acumuladores de calor más grandes de la Tierra, si no tenemos en cuenta al interior de nuestro planeta, cuya influencia en el cambio climático es insignificante. Así pues, al contrario de lo que ocurre con la atmósfera, el agua de los océanos puede acumular grandes cantidades de calor, especialmente en los quinientos metros más superficiales.

Ahí, se puede almacenar el calor solar durante décadas, jugando un importante papel como «memoria» de la actividad solar reciente. Este tipo de retenciones de calor tienen consecuencias posteriores durante las oscilaciones oceánicas, sobre todo las de duración multidecadal, que a su ejercen una gran influencia en el transporte atmosférico de calor (Vinós, 2023).

Figura 6. Fotografía del planeta Tierra, realizada por Harrison H. Schmitt (el único científico, precisamente geólogo, que ha viajado a la Luna) durante la misión de Apollo-17 en el año 1972. En blanco, capas de nubes (cuya composición es de casi un 7 % de agua) que impiden la visión de la superficie de la Tierra. Fuente: Foto no. 72-HC-928 NASA.

Sin embargo, la importancia de la acumulación de calor en los océanos no está siendo debidamente considerada en ningún estudio, o incluso es totalmente ignorada, en los *modelos climáticos* que pretenden simular la evolución de las temperaturas terrestres. Del mismo modo, no suele tenerse en cuenta la influencia en el desarrollo del clima de las partículas de cenizas volcánicas (de tamaño ultrafino) y de las emisiones de CO_2 de las erupciones volcánicas, tanto en la superficie terrestre como en los fondos marinos, además de las importantes emisiones a la atmósfera de los denominados «aerosoles» (partículas sólidas o líquidas suspendidas en un gas, como los que se generan al apretar el botón de un espray). Así mismo, no se tienen en cuenta las entradas y salidas del CO_2 disuelto en el agua del mar, proceso que es controlado por la temperatura del agua. Y por último, tampoco se consideran debidamente en estos modelos climáticos ni la radiación solar (es decir, las variaciones en insolación), ni la radiación cósmica.

Es cierto que las capacidades de los algoritmos analíticos y los ordenadores actuales, permiten llegar muy lejos para realizar cálculos y estimaciones de las temperaturas. Pero, como ocurre siempre con todos los programas de simulación, la fiabilidad de los resultados depende de que los parámetros de partida que intervienen en el modelo sean completos y correctos. Hasta hoy día, los modelos climáticos no han sido capaces de simular correctamente los cambios climáticos del pasado. Entonces, ¿cómo pueden considerarse fiables sus predicciones hacia el futuro? Este problema crucial será tratado con detalle en el Capítulo 12, donde se analizará la complejidad y dudosa fiabilidad de algunas técnicas estadísticas y de los modelos predictivos actuales.

Como ya se ha mencionado, los océanos cubren casi un 71 % de la superficie de la Tierra, y juegan un papel esencial en la evolución del balance térmico de la superficie terrestre. Durante las últimas décadas, la investigación oceanográfica y meteorológica ha avanzado mucho para entender mejor la importancia de los océanos en el desarrollo de los fenómenos meteorológicos y climáticos. Sobre todo en las zonas tropicales (cerca del Ecuador), donde la formación de nubes sobre los océanos tiene gran influencia en la evolución de las corrientes y vientos marinos, de las temperaturas de las aguas superficiales y de otros parámetros, como es, por ejemplo, la salinidad. Además, estos procesos tienen una gran influencia climática en zonas oceánicas muy alejadas de la franja ecuatorial, especialmente la cobertura de nubes bajas, que, como se discutirá en detalle en el

Capítulo 7, es de gran importancia para la evolución de la temperatura de la atmósfera.

La interdependencia y las interacciones entre el sol, los océanos y la atmósfera terrestre son muy complejas y todavía tenemos mucho que aprender para poder entenderlas adecuadamente. Para comprender mejor los cambios en algunos aspectos de la evolución climática, en este capítulo analizaremos brevemente algunas de las influencias meteorológicas esenciales que se producen en los océanos, las llamadas «oscilaciones oceánicas». Es decir, los ciclos más o menos periódicos de variaciones de presión atmosférica en distintas regiones oceánicas.

La *Oscilación del Atlántico Norte* (*NAO - North Atlantic Oscillation*), al interaccionar con la *Oscilación Ártica* (*AO - Artic Oscillation*), es esencialmente responsable de la evolución del tiempo meteorológico de nuestras latitudes geográficas en Europa, ya que de ellas dependen los contrastes de la presión de aire entre la zona de las Azores en el sur, con aires más cálidos (anticiclón de las Azores), e Islandia en el norte, con aires más fríos (mínimo meteorológico de Islandia, área de bajas presiones). Los efectos e influencias de la NAO fueron descubierto por Sir Gilbert Walker en los años 20 del siglo pasado, quien reconoció también la importancia de la Oscilación del Pacífico Sur, también conocida como *El Niño*.

La intensidad de la Oscilación del Atlántico Norte se caracteriza por el *índice NAO*, definido por la diferencia entre las presiones medias en dos estaciones meteorológicas de referencia, una situada en las Azores y la otra en Islandia. Cuando la diferencia es grande, el índice es positivo (NAO+), y por el contrario, cuando la diferencia es pequeña, es negativo (NAO-). El índice NAO es responsable de los grandes contrastes que existen entre los inviernos suaves, con abundantes precipitaciones en Europa central (con tendencia de NAO+), y los inviernos relativamente fríos y secos en las regiones del Mediterráneo y del África septentrional, cuando la tendencia es NAO-. La influencia del índice NAO es especialmente notable durante la temporada invernal, entre noviembre y abril, generando una gran variabilidad meteorológica en las regiones noratlánticas.

En Europa suroccidental y central, hay ocasiones en primavera en que se producen grandes contrastes, cuando una cuña del anticiclón de las Azores arrastra aire muy caliente proveniente del Sahara (con temperaturas por encima de +30 °C), y tan solo un día después, llega aire frío (con temperaturas inferiores a +20 °C) procedente de Islandia. Este fenómeno fue muy llamativo durante los inviernos de la segunda década de este siglo, con la aparición periódica de núcleos de aire frío en el Atlántico Norte, al sureste de Groenlandia, que se caracterizaron por temperaturas inusualmente bajas, tanto en el aire como en la superficie del mar, lo que originó fenómenos de tendencia opuesta en otras regiones de la Tierra. Este fenómeno dio lugar a que el glaciar Jakobshavn (el glaciar más grande de Groenlandia), y también otros glaciares, volvieran a crecer desde 2016, en lugar de disminuir, al menos temporalmente.

Esta situación meteorológica ha sido atribuida a la influencia del NAO, cuya tendencia actual es regresiva, como se puede observar en la Figura 7. El espacio de tiempo en que disponemos datos de la evolución del índice NAO, tal y como está representado en dicha figura, es demasiado corto para deducir la existencia de tendencias claras y bien definidas, aunque puede intuirse un cierto paralelismo con el ciclo de Gleissberg, un periodo de actividad solar de unos 80 años de duración, que será descrito en el Capítulo 5. También, existen evidencias de que la circulación termohalina del Atlántico Norte (la circulación de aguas oceánicas en profundidad, no en superficie), también varía con los cambios en la intensidad de la insolación mencionada en párrafos anteriores. Debe mencionarse que el índice NAO tiene importantes consecuencias macroeconómicas tanto para Europa Occidental como para la mitad nordeste y de América del Norte, al afectar a la productividad piscícola y agrícola, por sus impactos en los desplazamientos de los bancos de peces, y en las precipitaciones, de las que depende la agricultura.

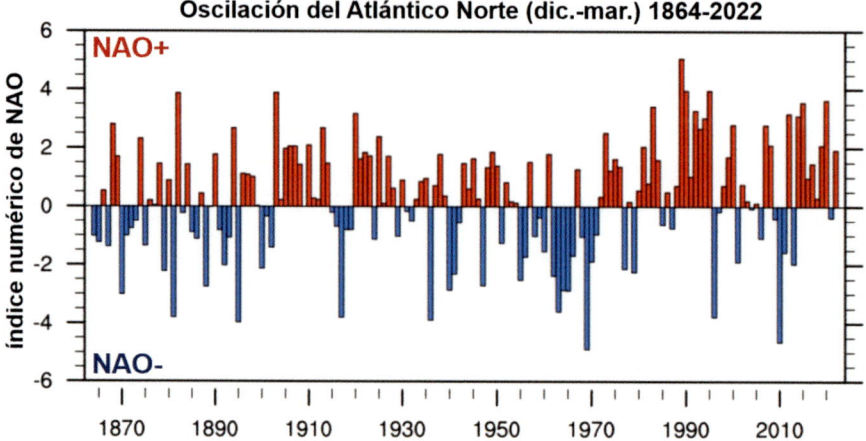

Figura 7. Evolución temporal del índice de la Oscilación del Atlántico Norte (NAO) durante los últimos 150 años. Las barras rojas visualizan los índices positivos (NAO+) y las barras azules los índices negativos (NAO-). Véase la explicación en el texto. Fuente: www.climatedataguide.ucar.edu.

Por otra parte, la *Oscilación Ártica* (*AO - Artic Oscillation*) mide el contraste de presión atmosférica entre las latitudes árticas y las latitudes medias del hemisferio norte. Análogamente, existe también una *Oscilación Antártica* (*AAO - Antarctic Oscillation*) en el hemisferio sur. La causa de esos contrastes de presión atmosférica son las grandes diferencias de temperatura que existen entre las regiones polares, extremamente frías, y las regiones templadas de las latitudes medias. Esas diferencias producen vientos árticos (y también, respectivamente vientos antárticos), que aparecen siempre alrededor de los 55° de latitud geográfica. Dichos vientos son sistemáticamente desviados, en ambos hemisferios, hacia el este, como consecuencia de la aceleración inducida por la rotación de la Tierra, perpendicularmente a su eje, conocida como el *efecto Coriolis*.

Otro fenómeno meteorológico asociado a las masas de aire con diferencias de temperatura son las denominadas «corrientes en chorro» o *jetstream*, flujos de aire fuertes e intensos en los niveles superiores de la atmósfera, a unos 30 km de altura, que se desarrollan en el contacto entre masas de aire con elevado contraste de temperatura.

La masa de aire frío que controla la presencia de los *jetstream*, es el *vórtice polar*, un ciclón o borrasca a gran escala permanentemente situado en las proximidades de los polos, en la troposfera. La intensidad del *jetstream* depende de la fuerza del vórtice, de forma que si es fuerte, se genera un *jetstream* muy intenso, mientras que un vórtice débil genera un *jetstream* de baja intensidad. Generalmente, en el hemisferio norte, estas corrientes soplan siempre del oeste hacia el este, aunque dependiendo de la intensidad de los contrastes de presión, pueden virar hacia el sur o hacia el norte, y estas desviaciones suelen ir vinculadas a *jetstreams* débiles.

El estudio detallado e integral de estos fenómenos permite explicar algunas de las anomalías meteorológicas registradas recientemente. Así, las intensas olas de frío y fuertes nevadas invernales que ocurrieron entre 2018 y 2024 en las regiones septentrionales de Norteamérica y Eurasia (recuérdese a la *Borrasca Filomena*, que prácticamente paralizó nuestro país, o las fuertes tormentas bautizadas como *beast of the east*, la bestia del este, que llevaron frío y nieve a las Islas Británicas), son consecuencia de estos fenómenos termodinámicos en los vórtices polares del Ártico. Su origen puede explicarse por el calentamiento repentino de la estratosfera encima del Polo Norte, que pasó de estar por debajo de los -60 °C habituales a situarse por encima de -30 °C. Ese aumento de temperatura dio lugar a que el vórtice polar, cuyos vientos giran normalmente de forma circular en sentido contrario a las agujas de reloj (hacia el Este), a unos 30 kilómetros de altura por encima del Océano Ártico, cambiase su sentido y empezase a soplar hacia el Oeste. Ese cambio afectó también a los niveles inferiores, en la troposfera, donde la corriente del *jetstream* se vio frenada por vientos polares que soplaban en sentido contrario. Como resultado de esa colisión, enormes masas de aire frío del Ártico se desplazaron hacia el sur, llegando a latitudes muy bajas respecto de su posición habitual.

El análisis de estos ejemplos recientes de fenómenos meteorológicos extremos, ponen en evidencia la complejidad de las interacciones entre estratosfera, troposfera y océanos. Y extrapolando hacia el pasado, los inviernos tan fríos que ocurrieron en los años 60 del siglo pasado en Europa Central, coinciden con valores muy negativos del índice NAO (Figura 7). Actualmente, el ciclo regresivo del índice NAO ya mencionado, iniciado desde mediados de la última década del siglo pasado, parece haber ocasionado una detención o ralentización del calentamiento terrestre, al menos a escala regional.

La presencia de variaciones cíclicas del índice de NAO a lo largo de muchas décadas, permiten entender la importancia de las interacciones entre la atmósfera (troposfera), el Océano Atlántico Norte, así como también la estratosfera. Rastreando los posibles efectos de las oscilaciones oceánicas hacia el pasado, desde hace varios siglos, y analizando su duración a lo largo de periodos de varias décadas, se puede apreciar la complejidad de las influencias y efectos de las variaciones de la actividad solar, de las interacciones de los océanos y de la atmósfera, como se discutirá en detalle en el Capítulo 5.

Además, cada vez hay más evidencias de una estrecha correlación entre las oscilaciones oceánicas con variaciones de la actividad solar a corto y medio plazo, como son los ya mencionados ciclos de Schwabe (con 11 años de duración media), o sus múltiplos, como, por ejemplo, los ciclos de Hale (con 22 años de duración aproximada), o incluso otros ciclos de más larga duración. Es de esperar que las futuras investigaciones sobre la ciclicidad de la actividad solar, su influencia en los fenómenos meteorológicos y en el clima en la Tierra, puedan refinar mucho las variables y los parámetros utilizados en los modelos climáticos actuales.

1.4. La importancia de las corrientes oceánicas

Superpuestos a todos los procesos anteriores, hay otros fenómenos particulares que confirman la influencia de los océanos en la evolución de la temperatura y del clima. Este es el caso de la famosa *Corriente del Golfo*, que beneficia a Europa con privilegiadas temperaturas benignas durante casi todo el año, pero en especial durante las estaciones más frías. Pero además de esta conocida corriente, existen otros flujos oceánicos, mucho menos conocidos, y que, sin embargo, tienen una gran importancia en la actividad meteorológica.

La Tierra gira en el sentido contrario de las agujas del reloj. Es decir, que si la miramos desde el Polo Norte, gira hacia el oriente, donde el Sol amanece más temprano. Como consecuencia de la rotación terrestre, en los dos hemisferios predominan vientos del oeste. Las nubes que nacen encima del Pacífico flotan hacia el este, donde se encuentran con las elevadas Montañas Rocosas en Norteamérica, y los Andes en Sudamérica. Al llegar a esas barreras, de orientación norte - sur y con alturas superiores a los 6000 metros sobre el nivel del mar (m.s.n.m.), las masas de aire cargadas de vapor de agua provenientes del Pacífico, deben ascender a niveles más altos y fríos. A medida que se va elevando, el aire tiene una capacidad cada vez menor para mantener la humedad en forma de vapor, alcanzando el punto de rocío, lo que obliga a las nubes a devolver parte de su contenido de vapor de agua en forma de precipitaciones de lluvia o de nieve. El punto de rocío, también llamado «punto de condensación», es la temperatura a partir de la cual, en el aire, cuando está saturado de vapor de agua, se forman diminutas gotitas de agua en forma de rocío, de niebla, de lluvia, de escarcha o de nieve, o incluso finísimos cristalitos de hielo.

Las consecuencias meteorológicas de ese proceso de condensación, son muy importantes. Porque por encima del punto de rocío, el vapor de agua es transparente, pero si la temperatura del aire (con una humedad relativa superior al 100 %) cae por debajo del punto de rocío, al condensarse, el aire deja de ser transparente y apenas deja pasar la radiación solar. Este fenómeno, denominado *lluvia de ascensión*, se puede observar en muchos sistemas montañosos, incluyendo las cordilleras de altura media de Europa. En España, el ejemplo más característico de esta situación, lo encontramos en la Cordillera Cantábrica, que separa la meseta castellana de la húmeda franja costera, formada por Galicia, Asturias, Cantabria y el País Vasco.

Como consecuencia de ese proceso, las nubes del Pacífico, desplazándose hacia el este, se precipitan en forma de lluvia en las cordilleras del oeste de América, y no llegan al Atlántico, y consecuentemente, tampoco a Europa, porque el vapor de agua que se forma encima del Pacífico, finalmente vuelve al Pacífico a través de los sistemas de drenaje, arroyos y ríos de las cordilleras occidentales de América. Muy diferente es la situación en el Atlántico, donde sus masas de aire húmedas cargadas de vapor de agua, es decir, las nubes, pueden ser libremente transportadas por los vientos dominantes del oeste hacia el este, atravesando el continente euroasiático y llegando al Pacífico.

Además, las diferencias de temperatura del agua, inducen importantes desplazamientos. El agua superficial del Pacífico, calentada por el sol, se desplaza hacia el oeste, bordeando Asia hacia el sur de África y por el Cabo de Buena Esperanza hacia el Atlántico. Al llegar a la costa de Sudamérica se desvía hacia el norte, pasa por la costa oriental de Norteamérica y cambia su rumbo en el Golfo de Méjico hacia Islandia y Europa. De esta manera, la Europa central y septentrional recibe aguas oceánicas y masas de aire más calientes, provenientes de la Corriente del Golfo, que las regiones de la misma latitud geográfica situadas en el Pacífico, como son la Rusia asiática oriental y el oeste de Norteamérica. Las masas de agua de la Corriente del Golfo se enfrían por debajo de 0 °C en la zona entre Groenlandia, Islandia y Noruega, aumentando su densidad y descienden a grandes profundidades, regresando hacia el Pacífico bordeando el continente antártico y por el sur de Australia. En la Figura 8 se han representado las corrientes calientes superficiales en color crema (desde el Pacífico hasta el Atlántico Norte) y las corrientes frías, que circulan en profundidad, en azul.

Como consecuencia de esta circulación, el nivel del Pacífico es ligeramente más alto que el del Atlántico, reforzando así las circulaciones oceánicas termohalinas del Pacífico al Atlántico. Pero las diferencias de nivel del mar entre los océanos son también debidas a las mareas periódicas y las diferencias de valores en la fuerza de gravedad, como consecuencia de diferencias de la densidad en las rocas del subsuelo marino. Además, también deben tenerse en cuenta las diferencias en la densidad del agua causadas por las distintas temperaturas y las variaciones en salinidad, que mantienen las masas de agua de los océanos en continuo movimiento. Complementariamente, a esos factores, se superpone también la energía solar, generando diferencias de temperatura de las aguas superficiales y del aire atmosférico, produciendo así los vientos superficiales oceánicos, que fluyen constantemente sobre los océanos produciendo el oleaje, que a su vez, propulsan el agua de los océanos contribuyendo a las corrientes oceánicas superficiales.

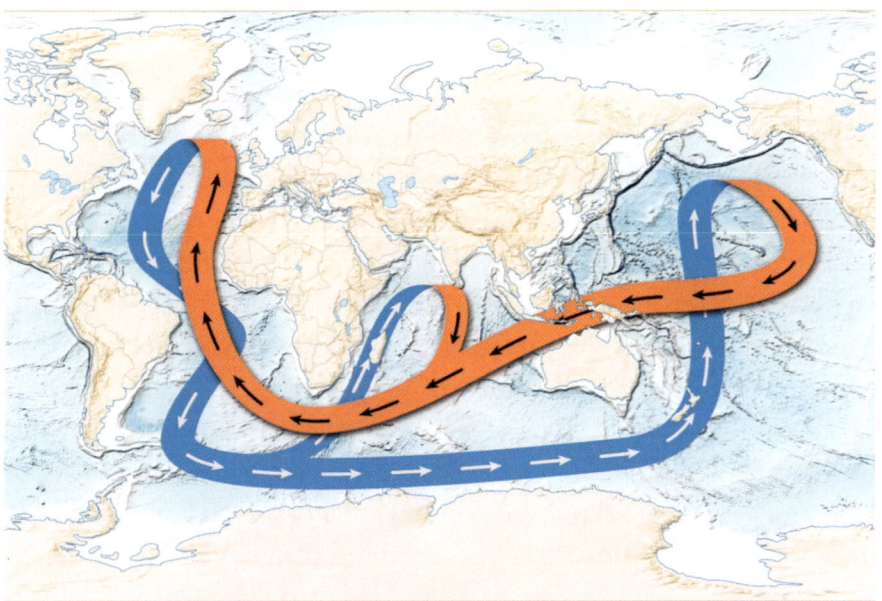

Figura 8. Representación de las corrientes oceánicas principales del *Great Ocean Conveyor Belt* (la gran cinta transportadora oceánica). Las corrientes calientes superficiales se han representado en color crema y las corrientes frías, que circulan en profundidad, en azul. Fuente: Broecker (1987 y 1991), según la gráfica presentada por Joe LeMonnier.

La gráfica de la Figura 8 refleja la evidente interacción que existe entre las diferentes zonas oceánicas, de forma que cualquier fenómeno de oscilación, como los anteriormente descritos, que tenga lugar en el Pacífico, tendrá también su repercusión en el Atlántico. Este es el caso de la *Oscilación Decadal del Pacífico* (PDO, de acuerdo con su sigla en inglés, *Pacific Decadal Oscillation*), tal y como se describe a continuación.

El Océano Pacífico, con sus mares laterales (como, por ejemplo, el Océano Índico), es el océano más grande y profundo de la Tierra. Su superficie corresponde aproximadamente a la mitad de la superficie de todos los océanos, y por lo tanto cerca de la tercera parte de la superficie total del planeta, y mayor que la superficie de todos los continentes. Por lo tanto, es lógico que el Pacífico tenga una gran influencia en el desarrollo del tiempo meteorológico y el clima de toda la Tierra. Esta influencia es especialmente evidente en América Latina, en asociación con los efectos de la oscilación oceánica del Atlántico.

En los medios de comunicación es frecuente encontrar informaciones relacionando fenómenos meteorológicos asociados al efecto *El Niño* con episodios meteorológicos y climáticos a nivel global, especialmente con eventos extraordinarios o catastróficos. Pero ¿qué hay de cierto en todo esto? Del mismo modo que se ha explicado para otras oscilaciones oceánicas, los fenómenos meteorológicos de El Niño (oficialmente, ENSO según su sigla en inglés, El Niño Southern Oscillation) son también parte de las anomalías meteorológicas naturales que se están repitiendo periódicamente. La influencia de El Niño (y La Niña, su homóloga opuesta) en el desarrollo de fenómenos meteorológicos y climáticos, fue descubierta por Charles Todd en 1888. Tienen su origen en procesos meteorológicos que aparecen predominantemente durante el invierno austral en el extenso Pacífico Sur tropical, causados por interacciones muy complejas entre la insolación, las inmensas masas de agua del Pacífico y la atmósfera.

Cuando, por calentamiento, el valor medio de las anomalías de temperatura del agua oceánica superficial, supera a lo largo de seis meses seguidos el valor de 0,5°C, se dice que aparece el efecto *El Niño*. Y, en sentido opuesto, se habla del efecto *La Niña*, cuando se produce un enfriamiento equivalente. Ambos efectos o anomalías tienen impactos económicos en la pesca y en la agricultura, similares a los descritos para el NAO en Europa y en América del Nordeste. Para poder considerar y evaluar las variaciones durante períodos largos, similar a las otras oscilaciones oceánicas, se ha establecido el índice ENSO para medir y controlar los fenómenos de El Niño y La Niña. Se trata de un índice multivariante, integrado por diferentes parámetros como las temperaturas de la superficie oceánica, los vientos oceánicos superficiales, las presiones barométricas asociadas a estos vientos, y los diferentes valores de la insolación. El carácter «negativo» o «positivo» que se asigna a las fases de ENSO es puramente matemático y se refiere tan solo al signo resultante al combinar los parámetros que lo integran.

Aparentemente, el nivel del mar del Pacífico sube unas pocas decenas de centímetros durante las fases positivos del ENSO, debido a que el agua caliente se dilata, aumentando su volumen en comparación con el agua fría. En la Figura 9 se presenta el registro de los valores del índice ENSO durante los últimos 40 años, donde las anomalías positivas, asociadas a procesos de calentamiento (efecto El Niño), se han representado en color rojo, mientras que las anomalías negativas relacionadas con periodos fríos (efecto La Niña), se han representado en azul.

La evolución mostrada en la Figura 9 muestra con claridad que no existe un aumento dramático, ni de la cantidad, ni de la intensidad de los efectos El Niño, lo que contrasta fuertemente con las noticias que difunden los medios de comunicación, que informan periódicamente, con gran preocupación, sobre los «intensos» efectos de El Niño, en relación con el *calentamiento climático global*. Sin embargo, curiosamente, los efectos contrarios asociados con La Niña, a pesar de que tienen una periodicidad similar, nunca merecen atención mediática, tal vez tan solo por eso, porque no alertan sobre el calentamiento, sino que indican la presencia de fases de enfriamiento en la región sur del Pacífico. Esta diferencia en el tratamiento mediático de los procesos de calentamiento y enfriamiento es aún más sorprendente, si tenemos en cuenta que, durante los últimos 40 años y, como puede observarse en Figura 9, los fenómenos de La Niña han sido más abundantes e intensos. Adicionalmente, no debe olvidarse que en las Oscilaciones Oceánicas, pueden interferir sucesos aislados, de corta duración pero de gran intensidad, relacionados con la actividad volcánica, como fue, por ejemplo, la erupción en 1991 del volcán Pinatubo, en Filipinas, como se describirá en detalle en el Capítulo 6.

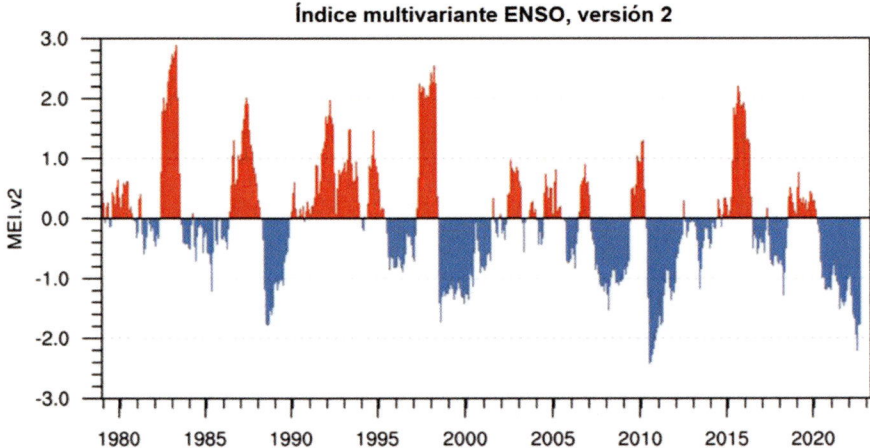

Figura 9. Variación del índice multivariante de El Niño - Oscilación del Sur (ENSO) durante los últimos 40 años. Fuente: NOAA (*National Oceanic Atmospheric Administration*, www.ncei. noaa.gov).

En el Mediterráneo oriental y en el continente africano, la evolución meteorológica y climática también se ve afectada por la interacción entre las oscilaciones oceánicas del Atlántico y del Índico. El efecto ENSO influye en la región del Océano Índico de manera «estadísticamente significativa y climáticamente relevante», y también en el desarrollo meteorológico y climático del sur de Europa (Brönnimann, 2007), ya que las corrientes secundarias o ramales de los monzones del Océano Índico, tienen consecuencias climáticas en las regiones del Mediterráneo y el África Oriental.

1.5. Consideraciones finales del capítulo

Para terminar este capítulo, es interesante hacer una breve referencia a ciertos fenómenos meteorológicos singulares que se repiten en Europa todos los años, aproximadamente en las mismas fechas. ¿Por qué, periódicamente y casi en las mismas fechas del año, hay una penetración de aire frío en primavera, cuando ya se está despidiendo el invierno? Suele ocurrir durante las festividades de los llamados *Santos del Frío* (San Evelio y San Pancracio, por ejemplo), o también el denominado en Centroeuropa como *frío de la oveja*, que suele presentarse en junio.

Ante la persistencia de estos fenómenos, podemos peguntarnos, ¿por qué los contenidos de CO_2 en la atmósfera, considerados como «extremamente altos» y responsables del «calentamiento climático global», no están desactivando o suavizando estas penetraciones de frío? ¿No será que los procesos climáticos y meteorológicos son más complejos que la simple correlación directa derivada de la igualdad CO_2 = calentamiento global = cambio climático?

En el área continental de Centroeuropa, en mayo, ya predominan las temperaturas relativamente elevadas, por encima de los +20 °C. Sin embargo, el Atlántico Norte está aun claramente más frío, por debajo de unos +15 °C. Esta diferencia de temperatura entre el continente y el océano, facilita la formación de frentes de bajas presiones, cuando las corrientes de aire frío bajan desde las regiones polares hacia el sur. En noches despejadas y estrelladas, sin la cobertura protectora de nubes de vapor de agua, esa situación puede causar heladas tardías y superficiales en los campos. Sin embargo, el denominado *efecto invernadero* inducido por la «capa» de CO_2, no ofrece ninguna protección contra estas heladas, como lo haría un verdadero invernadero cerrado de cristal o capas de nubes de vapor de agua.

De forma muy similar, actúa el descenso súbito de temperaturas de unos 5-10 °C, el llamado *frío de la oveja*, que ocurre puntualmente todos los años durante la primera mitad de junio, cuando llegan masas de aire húmedo y frío desde el Atlántico. Este fenómeno se ha bautizado así, porque en tiempos pasados, los pastores no empezaban a esquilar la lana de sus ovejas, hasta que este corto pero intenso periodo de frío no hubiese pasado.

En realidad, la única constante periódica de relevancia meteorológica durante esta época del año, a mediados de mayo, en el hemisferio norte, es la altura del sol. Es decir, la transición desde el equinoccio (al inicio de la primavera aproximadamente el 20 de marzo) hasta el solsticio de verano, cuando la posición del Sol al medio día está en su punto más alto, aproximadamente el 20 de junio. De acuerdo con dicha transición y la variación progresiva de la declinación del Sol, se puede afirmar que a mediados de mayo, el Sol adquiere una posición que representa el 80 % de su máxima altura sobre el horizonte. Eso significa que las masas continentales de Centroeuropa ya están muy calientes, mientras las masas de agua del Atlántico Norte aún permanecen frías, y en esas condiciones es muy difícil explicar por qué se produce un descenso súbito de temperatura en el continente europeo, los fríos tardíos antes mencionados.

Es evidente que las interacciones entre los sistemas «sol-océanos-atmósfera» determinan los fenómenos meteorológicos y climáticos, así como las variaciones de temperatura en la atmósfera terrestre. Sin embargo, todavía falta mucho para comprender completamente cómo funcionan o son dirigidas las oscilaciones oceánicas en detalle. Los efectos, las relaciones, las dependencias, las interferencias, los acoplamientos, los retardos y las interacciones entre los parámetros climáticos, son extremadamente complejos. Y es evidente que esa extrema complejidad, no puede ser explicada por un mecanismo tan simple como que la evolución de la temperatura y del clima depende tan solo de una pequeña variación del contenido de CO_2 en la atmósfera. Sobre todo, si se tiene en cuenta que se trata de un gas que aparece en el aire tan solo a nivel de trazas, y cuya capacidad de absorción es muy limitada en comparación con otros gases atmosféricos, como se analizará en Capítulo 7. Por lo tanto, y a la vista de todo lo expuesto sobre la extrema complejidad de los procesos que controlan los fenómenos atmosféricos y meteorológicos, es muy difícil aceptar que el CO_2 juegue un papel tan significativo como el que se le pretende asignar en el actual ciclo de calentamiento global. Una explicación tan simple no puede ser la solución para un complejo rompecabezas científico que integra múltiples variables.

Para ilustrar la importancia de nuestra atmósfera en el clima y en las condiciones de habitabilidad de nuestra Tierra, puede ser interesante realizar una breve comparación con otros planetas de nuestro sistema solar. Nuestro vecino más próximo, Venus, se encuentra una tercera parte más cerca del Sol que nosotros, y completa su órbita en una tercera parte menos de tiempo del año terrestre (véase también la Figura 23).

La atmósfera de Venus llega hasta una altura de 259 kilómetros y está compuesta en un 96 % CO_2, un 3,5 % de nitrógeno (N_2), además de trazas de vapor de agua y otros gases. La presión atmosférica en su superficie es unas 90 veces mayor que la presión atmosférica en la superficie de la Tierra. Pero en la superficie de Venus no hay agua, y por lo tanto no existen océanos. Las capas superiores de su atmósfera también son muy diferentes, consistiendo en gotitas de ácido sulfúrico (H_2SO_4). Precisamente, son estas gotitas las responsables de la alta luminosidad de Venus, conocido desde antiguo como el *lucero del alba*, ya que sus nubes densas, casi opacas, tienen una reflectividad muy alta.

La existencia de altas temperaturas en el planeta Venus (de media están en el rango de unos +460 °C) y el hecho de que su atmósfera esté casi enteramente formada por CO_2, suele utilizarse como argumento para apoyar las «terribles» consecuencias potenciales del efecto invernadero del CO_2 en la Tierra. Sin embargo, en esta comparación no se tienen en cuenta las sustanciales diferencias de las atmósferas entre ambos planetas, además de la posición mucho más cercana al Sol del planeta Venus, y sus consecuencias en la radiación o calor recibido.

Como se ha mencionado anteriormente, los extensos océanos de la Tierra, que cubren casi el 71 % de su superficie, y las nubes de vapor de agua que de ellos se derivan, juegan un papel importantísimo en el desarrollo del tiempo meteorológico y del clima en la Tierra. Por lo tanto, no son en absoluto comparables las condiciones de temperatura en las respectivas atmósferas del planeta Venus y de la Tierra. La diferencia fundamental entre ambas, además de que el contenido en CO_2 aquí es 2400 veces menor y que estamos mucho más alejados del Sol, es que en nuestro planeta rigen otras condiciones físico-químicas, esencialmente gracias a nuestras nubes de vapor de agua. Por todo ello, puede afirmarse taxativamente, que nunca alcanzaremos concentraciones de CO_2 atmosférico tan altas como en el planeta Venus.

Finalmente y como se verá a lo largo de los capítulos siguientes, son los océanos, inmensos almacenes de dióxido de carbono, los que controlan principalmente la concentración del CO_2 en la atmósfera. Y dicho control se ejerce a través de la temperatura oceánica y de la solubilidad del gas en el agua marina, unas variables que dependen de la energía que, con oscilaciones cíclicas, nos llega a la Tierra desde el Sol.

2.

El tiempo geológico, una perspectiva diferente para observar el planeta de una forma distinta

No se puede poner en duda que nuestro planeta está experimentando hoy un proceso de calentamiento, asociado a un fenómeno de cambio climático, porque las pruebas y los datos que demuestran su evidencia son innegables. En realidad, se conoce bien que la Tierra viene calentándose (por enésima vez) desde hace unos 21 000 años, desde el punto álgido de la última glaciación. Lo que ya no está tan claro, como se irá analizando y discutiendo a lo largo de los capítulos siguientes, es que el diagnóstico sobre la supuesta crisis climática actual sea correcto, y que los vaticinios sobre el catastrófico futuro del planeta y de la humanidad, sean acertados.

Los sofisticados instrumentos actuales permiten controlar, con precisión y en tiempo real, la evolución de la temperatura de la superficie terrestre, de la atmósfera y de las aguas de los mares, aunque el número de estaciones existentes y su distribución deja, actualmente, mucho que desear, como se comentará en el Capítulo 4. No hay tampoco ninguna incertidumbre sobre la exactitud de los valores obtenidos, los más precisos, sistemáticos, detallados y completos que la humanidad ha tenido en toda su historia. Las dudas surgen al analizar la evolución en el tiempo de dichas medidas. Es decir, cómo va variando la temperatura a lo largo de los años, décadas, siglos y milenios. Porque es imposible interpretar correctamente esa evolución, sin situar adecuadamente los datos en su contexto. Y para ello, es imprescindible integrarlos en la historia geológica completa de la Tierra, desde su origen, y no analizarlos como si los fenómenos que presenciamos en la actualidad fuesen hechos aislados y desvinculados del pasado. Es precisamente ese contexto, el que proporciona la perspectiva temporal que permite comparar la actualidad con lo acaecido desde épocas muy remotas, el que induce serias dudas a muchos geólogos respecto la validez de las hipótesis actuales sobre los orígenes, las causas y la futura evolución del cambio climático.

Debe reconocerse que esas dudas, así como las razones y los argumentos que las sustentan, no son fáciles de transmitir y compartir si no se posee la perspectiva temporal que proporciona la Geología, que considera ciclos y periodos de duración temporal desorbitada, inasumible para los criterios de la vida cotidiana. A los geólogos, con el tiempo, nos ocurre algo similar a lo que les pasa a los astrónomos con las distancias. Ellos hablan de trillones de kilómetros, unas longitudes inimaginables, expresándolas en años-luz, mientras que nosotros hablamos, con toda naturalidad, de intervalos temporales de miles de millones de años, considerando como muy recientes los fenómenos acaecidos hace varios milenios. Pero esos periodos de tiempo tan largos, que tan difíciles resultan de contextualizar y de imaginar, son imprescindibles para comprender e interpretar correctamente algunos de los fenómenos que estamos presenciando. Hoy, tenemos el privilegio respecto de nuestros antecesores, de conocer muy bien la cronología de la historia del planeta, pero no siempre ha sido así. Llegar hasta nuestro nivel de conocimiento geológico no ha sido fácil ni rápido, sino más bien todo lo contrario, ha consistido en un dificultoso y dilatado proceso que puede considerarse uno de los episodios más apasionantes de la historia de la ciencia.

Como explica muy bien Anthony Hallam (Hallam, 1994) en su libro *Grandes controversias geológicas*, en el siglo XVIII los naturalistas no podían explicar la formación de las grandes cordilleras montañosas y de los profundos valles, mediante la simple observación de lo que estaba ocurriendo a su alrededor. Por eso, tuvieron que recurrir a fuerzas inmensamente poderosas que debieron haber existido en algún momento del pasado. Los científicos antiguos intentaron explicar la historia de la Tierra mediante una sucesión de cataclismos, idea que encajaba muy bien con el concepto bíblico del Diluvio Universal. No debe olvidarse que, durante siglos, el desarrollo de la ciencia ha estado constreñido por la Biblia, que representaba algo más que un documento religioso y era considerado como el compendio de todas las verdades. En realidad, no se podían contradecir las Sagradas Escrituras sin riesgo de caer en la excomunión, o incluso en la pena capital.

Entre los científicos más famosos que han pasado a la historia por sus encontronazos con la iglesia, podemos citar a Giordano Bruno (quien propuso que el Sol era una más de las estrellas de un universo, que estaba repleto de mundos habitados), o Galileo Galilei, defensor del modelo heliocéntrico, afirmando que la Tierra no era el centro del universo y daba vueltas alrededor del Sol. Durante décadas, se ha atribuido la responsabilidad de estos conflictos a la intransigencia de la Iglesia Católica y su Santa Inquisición, pero los estudios de Vittorio Messori (2004) sugieren que los protestantes no fueron tan inocentes como se cree en lo que se refiere al fundamentalismo bíblico. Aunque se trata de personajes menos conocidos, la geología también tuvo sus propios héroes lidiando en esas batallas, como fue el polifacético Bernard de Palissy, que estableció los principios de la cristalografía y de la circulación del agua subterránea, y murió en la cárcel de París por no retractarse de sus ideas.

Para ilustrar hasta qué punto la Biblia dominaba todas las ideas sobre el origen de nuestro planeta, bastará citar a James Usser, un arzobispo irlandés que, a mediados del siglo XVII, analizando minuciosamente los textos bíblicos, estableció que la Tierra y el universo fueron creados el 23 de octubre del año 4004 antes de Jesucristo, exactamente al mediodía. No es difícil imaginar lo satisfecho que debió dormir aquel docto prelado el día en que concluyó sus exactísimos cálculos, porque es muy difícil ser más preciso.

Algo más de un siglo después, en 1770, uno de los científicos más prestigiosos de la Ilustración, el enciclopédico George-Louis Leclerk (1707-1788), más conocido como Conde de Buffon (Buffon, 1835), calculó la velocidad de enfriamiento de la Tierra a partir de varios experimentos que medían la pérdida de calor, estableciendo que su edad estaba situada entre 75 000 y 168 000 años. Debe tenerse en cuenta que, en aquellos momentos, cuando la radioactividad aún no se había descubierto, no se conocían las causas del calor que emanaba del interior de la Tierra, y se pensaba tan solo en el enfriamiento de un fuego interior. En cualquier caso, aquella conclusión, tan escandalosa como blasfema, fue considerada totalmente inaceptable y se vio obligado a retractarse para no ser excomulgado.

Pero los conocimientos geológicos iban avanzando poco a poco y los científicos, a medida que se iba profundizando en la comprensión de los mecanismos de la naturaleza, reclamaban la necesidad de periodos de tiempo más y más largos para poder explicar e interpretar sus observaciones. Sin embargo, la Iglesia continuaba abortando cualquier intento de contradecir las Sagradas Escrituras, esforzándose por estirar al máximo la cronología bíblica, sin contradecirla. Así por ejemplo, Luis Cousin-Despreaux (1801), en los albores del siglo XIX, prolongó un milenio más la vida de la Tierra respecto de los cálculos del obispo James Usser, pero dejando categóricamente claro donde se encontraba la verdad inamovible, al decir que:

> Según los libros sagrados, es decir, los monumentos más antiguos y más auténticos, la existencia de la Tierra no asciende más allá de casi dos siglos sobre los siete mil años. La opinión que le da una antigüedad más remota, no se funda en prueba alguna sólida sacada de la física, ni de la astronomía ni de la historia.

Sin embargo, el progreso de los conocimientos científicos continuaba de forma inexorable. En 1788 se produjo un hecho trascendental para la evolución de los conocimientos geológicos: James Hutton, acompañado de su colega John Playfair, visitó la localidad conocida como *Siccar Point*, un paraje famosísimo para los geólogos, situado en los acantilados de la costa oriental de Escocia. Allí, realizaron observaciones que cambiaron el curso de nuestros conceptos acerca del tiempo. Para poder comprender adecuadamente el alcance de las conclusiones que alcanzaron, es imprescindible detenerse en una breve descripción geológica.

La estructura que puede observarse en *Siccar Point*, se denomina «discordancia angular», una disposición de estratos que ha sido posteriormente reconocida en otros muchos lugares del mundo. En la fotografía de la Figura 10, el trazo amarillo irregular y discontinuo, marca un límite neto entre dos dominios de geometría diferente. Por debajo de esa línea, los estratos aparecen en posición vertical, como se observa claramente en la mitad derecha de la imagen. En cambio, por encima de ella, los estratos tienen una suave inclinación hacia la izquierda. La línea amarilla señala la superficie en que los estratos de ambos dominios chocan unos con otros. De esta relación geométrica proviene su denominación (discordancia angular), ya que no concuerdan las posiciones relativas de ambos grupos de estratos, es decir, que son discordantes y forman un ángulo entre ellos.

Figura 10: Discordancia angular de Siccar Point (Escocia). Véase la explicación en el texto. Fuente: fotografía original de Dave Souza en Wikipedia.

Para que los estratos adopten esta disposición, es indispensable que se hayan sucedido una serie de acontecimientos en un dilatado periodo de tiempo, que fueron admirablemente intuidos por James Hutton:

1. Los estratos que ahora aparecen en posición vertical, debieron sedimentarse horizontalmente en el fondo de un antiguo océano, como atestiguan los fósiles presentes en dichas capas.
2. Dichos estratos fueron luego deformados por un episodio orogénico, es decir, por el levantamiento de una cordillera, hasta adoptar una posición vertical.
3. Los estratos verticalizados fueran erosionados, formándose un relieve muy aplanado (línea amarilla) sobre el cual se sedimentó el conjunto de estratos superiores, también en el fondo de un antiguo océano y en posición horizontal.
4. Posteriormente, ambos conjuntos de estratos fueron nuevamente deformados conjuntamente, de forma que las capas superiores pasaron a estar ligeramente inclinadas, tal y como aparecen en la actualidad.
5. Todo el conjunto fue nuevamente erosionado hasta que el relieve alcanzó la configuración actual.

Hoy sabemos que fósiles de los estratos verticales nos permiten atribuir dichas capas al periodo Silúrico, con una edad de 425 millones de años, mientras que las capas superiores corresponden al período conocido como Devónico, con una edad de 325 millones de años. Es decir, que entre la sedimentación de ambos conjuntos de estratos transcurrieron aproximadamente 100 millones de años.

Aunque estos detalles cronológicos no eran conocidos en los tiempos de James Hutton (aún se tardaría más de un siglo en establecer una escala temporal precisa para las diferentes eras geológicas), la observación de esta estructura le hizo caer en la cuenta de la enorme cantidad de tiempo que se necesitaba para desarrollar la secuencia de cinco etapas anteriormente descrita. Esto le indujo a declarar a partir de sus investigaciones que *no había encontrado ningún vestigio de un comienzo, no hay perspectiva de un final . . .* Su colega John Playfair (Playfair, 1802), no menos impresionado, escribió más tarde respecto de aquella visita que *la mente parecía marearse por mirar tan lejos en el abismo del tiempo*. Aquellas observaciones, permitieron a James Hutton abrir su mente a un nuevo concepto de tiempo geológico, mucho más dilatado de lo que se había considerado hasta ese momento, comprendiendo que la edad de la Tierra no podía limitarse a los pocos miles de años prescritos por los textos bíblicos.

Debe mencionarse también, que unos años antes de las observaciones de James Hutton, ideas similares habían sido ya esbozadas por el naturalista Mijaíl Lomonósov, pero toda su producción fue publicada en ruso, y no pudo ser conocida y difundida en ambientes científicos hasta su tardía traducción al inglés. Este tipo de discordancias angulares son hoy bien conocidas en muchos lugares del mundo, como el ejemplo representado en la Figura 11. Correspondiente a los sedimentos de edad mesozoica, horizontales, depositados discordantemente sobre estratos carboníferos plegados en el Algarve, al sur de Portugal.

Figura 11. Discordancia angular entre sedimentos plegados (esquistos y meta-granitos de la Formación Brejeira, del Carbonífero Superior), discordantes bajo la Formación Gres de Silves, de edad Triásica. Playa de Telherio (Algarve, Portugal) Fuente: NaturalRocksSA (www.instagram.com/apuntes.geologia_notes).

Unas décadas más tarde, ya en el siglo siguiente, entre 1830 y 1833, el inglés Charles Lyell (Lyell, 1841), basándose en las ideas de James Hutton, publicó los tres volúmenes de sus *Principios de Geología*, que se consideran como la base de la geología moderna. En dicha obra estableció el principio del *actualismo*, afirmando que *el presente es la clave del pasado*. Es decir, que las leyes y mecanismos que han regido el comportamiento de la naturaleza han permanecido invariables a lo largo del tiempo. Por lo tanto, la formación de las montañas, la apertura y cierre de los océanos, la erosión y excavación de los relieves, el transporte de los sedimentos y su depósito en los valles, los lagos, y los mares, han ocurrido a la misma velocidad inapreciable que estamos observando ahora mismo a nuestro alrededor. Estas ideas descartan a los cataclismos como las causas responsables de la formación de las montañas, más allá de los terremotos o las erupciones volcánicas que pueden apreciarse en los tiempos actuales, y cuyos efectos, aun siendo devastadores, están localizados en una zona restringida y no permiten explicar el origen de las cordilleras.

El principio del actualismo, que sigue considerándose válido en la actualidad, obligó a los naturalistas a observar la naturaleza desde una perspectiva diferente, aceptando la existencia de movimientos, continuos pero muy lentos e inapreciables para nuestros sentidos. Lo cual, en definitiva, exigía que hubiese transcurrido muchísimo tiempo, mucho más tiempo del que se había considerado anteriormente, desde el origen de nuestro planeta hasta la actualidad. Estas nuevas ideas hicieron rebrotar con fuerza las teorías ya mencionadas del Conde de Buffon, que se vieron además reforzadas un par de décadas más tarde, por la publicación de las hipótesis de Charles Darwin (Darwin, 1859)[1]. Debe mencionarse, que las teorías de Darwin estaban basadas en las ideas de Charles Lyell, ya que los tres tomos de los *Principios de Geolo-*

---

[1]   Con frecuencia se asimila la figura de Charles Darwin al mundo de la biología, por sus ideas sobre la evolución. Sin embargo, a pesar de que en aquella época no existía la diferenciación actual y todos los científicos eran catalogados como naturalistas, entre la lista de publicaciones de Darwin figuran más trabajos de geología que de biología, y se le puede considerar como un pionero de la geología moderna.

gía antes mencionados, formaban parte de su selecta biblioteca de cabecera, y le acompañaron durante su largo viaje alrededor del mundo a bordo del *Beagle*. Así, de acuerdo con los principios establecidos por el actualismo, se consideraba que las especies habían ido evolucionando, de una forma lenta e insensible, sustituyéndose unas a otras según un proceso de selección natural, en lugar de haber sido creadas. Por ello, el tiempo necesario para que tuviesen lugar las transformaciones que se observan en el registro fósil, debía ser inimaginablemente largo.

Como era de esperar, la Iglesia consideró estas ideas como sacrílegas e inaceptables, pero los tiempos ya habían cambiado, no se podía recurrir a los tribunales de la Inquisición y no tuvo más remedio que dar la batalla en el terreno científico. Por aquellos años, a mediados del siglo XIX, vieron la luz multitud de ensayos que intentaban demostrar la validez de los textos bíblicos, como quedaba explícitamente de manifiesto en los títulos de las obras publicadas. Así puede mencionarse *La cosmogonía de Moisés comparada con los hechos geológicos*, publicada por Marcel de Serres (Serres, 1859) o *La teoría bíblica de la cosmogonía y de la geología*, de P. J. C. de Breyne (Breyne, 1854, Figura 12) que buscaban argumentos, por inverosímiles que fuesen, para confirmar hasta los más pequeños detalles de las descripciones bíblicas, como, por ejemplo, la separación de las aguas del Mar Rojo que permitió el paso de Moisés en su huida de Egipto. También, desde esta nueva óptica, se hicieron denodados esfuerzos por estirar al máximo los tiempos, haciéndolos compatibles con los textos bíblicos. Así, Marcel de Serres (obra citada) estableció una nueva cronología, afirmando que habían transcurrido 8773 años desde la creación del mundo, casi duplicando las estimaciones iniciales de James Usser, y precisando además la edad exacta del Diluvio Universal.

Utilizando otra línea argumental, el abad du Clot (1859) aportaba datos históricos pertenecientes a la Baja Edad Media, haciendo constar que el mar se había congelado en Venecia y en Holanda, algo que nunca había vuelto a repetirse desde entonces. Esta información indicaba que el planeta se estaba calentando, y no enfriando, lo que contradecía las teorías del conde de Buffon. Esta conclusión permite afirmar que el abad du Clot, aunque de una manera totalmente involuntaria, fue pionero y precursor sobre el calentamiento global.

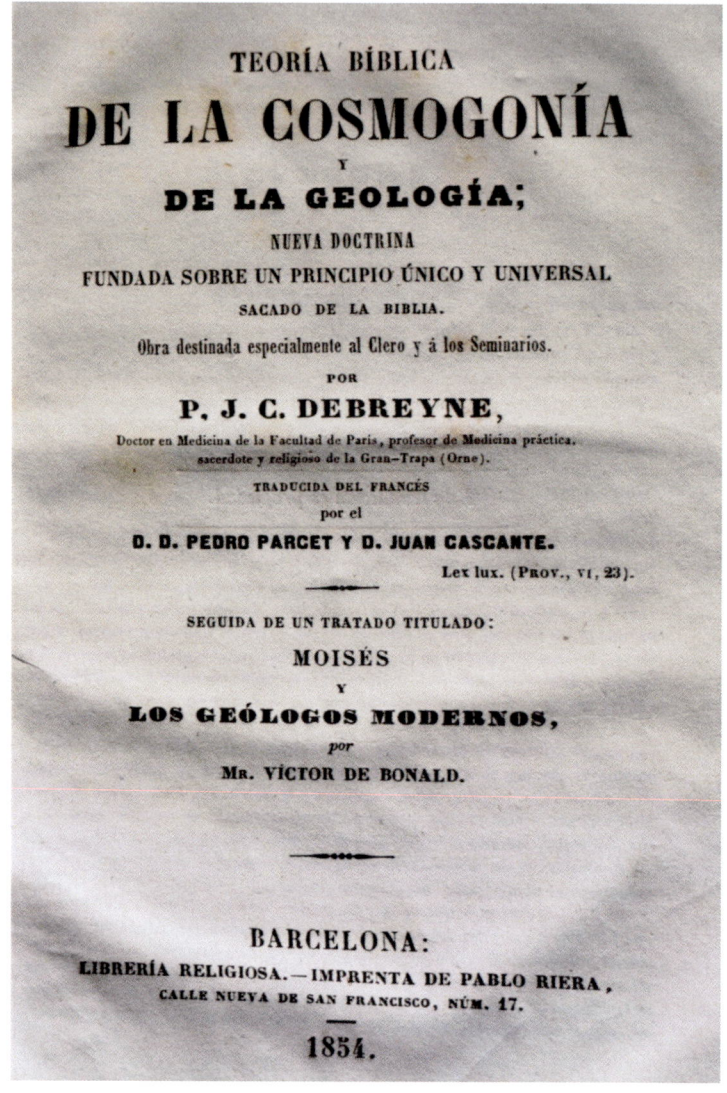

Figura 12. Portada de la edición española de la obra de P. J. C. de Breyne. Fuente: Fotografía de Enrique Ortega.

La controversia entre las evidencias científicas y la postura oficial de la Iglesia, llenó de perplejidad a muchos científicos, que se esforzaron en conciliar en sus textos ambas posturas para evitar incómodos conflictos. En este sentido, es muy ilustrativo el contenido de un manual de geología publicado por J. L. Comstock (1847), donde después de exponer sus conocimientos geológicos con un rigor más que aceptable para la época, describe la formación del mundo en seis días, siguiendo las prescripciones bíblicas, formulando una pregunta crucial: ¿cuál fue la duración real de esos *seis días*? Para evitar jardines peligrosos y charcos resbaladizos, regateó hábilmente el espinoso asunto con una eficiente faena de aliño, precisando textualmente que «no hemos sido informados sobre ese detalle y cualquier especulación sobre ello es inútil, ya que si hubiese sido importante para el hombre conocer esa duración, nos hubiese sido revelada».

Igualmente sorprendentes y contradictorias resultan las ideas de Antonio Snider-Pellegrini, precursor de Alfred Wegener, que a principios del siglo XX, observando la complementariedad de los contornos de Europa y de América, y basándose en la similitud de los fósiles de plantas encontradas en carbones de distintos lugares del planeta, sugirió que todos los continentes habían estado unidos, adelantándose en medio siglo a la teoría de la Tectónica de Placas. Sin embargo, sorprendentemente y a pesar de esa clarividencia, explicó en sus escritos que la formación del planeta y su evolución se había desarrollado dentro de los seis días prescritos por los textos bíblicos.

El debate sobre la edad de la Tierra continuó en los mismos términos, hasta que en 1897, quien era considerado como el científico más prestigioso en aquella época (William Thompson, más conocido como Lord Kelvin), estableció a partir de cálculos termodinámicos que la Tierra tenía la astronómica cifra de 100 millones de años de antigüedad. Aquella información fue recibida con gran beneplácito por los geólogos, ya que el frenético estudio de los fósiles que se había iniciado décadas antes, conjuntamente con las ideas de Mijaíl Lomonósov (1711-1765), James Hutton, Charles Lyell y Charles Darwin, imponían la necesidad de disponer de periodos de tiempo cada vez más dilatados. Incluso los 100 millones de años empezaban a quedarse cortos.

Paradójicamente, fue el mismo Lord Kelvin quien frenó la aceptación de edades más antiguas para la historia de la Tierra, porque años después, él mismo modificó sus cálculos y rebajó la edad de nuestro planeta hasta los 24 millones de años. En su disculpa, debe tenerse en cuenta que en aquella época aún no se conocían los mecanismos de fusión nuclear, ese proceso que tiene lugar en el sol y genera la energía que nos envía a través de sus rayos. Tampoco se conocía la desintegración de los minerales radioactivos, ese proceso que genera el calor interno del planeta y retrasa su enfriamiento. Es decir, que los conocimientos de física no eran suficientes para comprender, con criterios estrictamente termodinámicos, cómo un cuerpo del tamaño del sol podía arder más allá de unos pocos millones de años. Por ello, Lord Kelvin se vio obligado a revisar sus cálculos y su enorme influencia en el mundo científico de la época, retrasó durante mucho tiempo la aceptación de edades más antiguas para la edad de la Tierra, como demandaban las evidencias geológicas.

Hubo que esperar casi medio siglo, hasta la década de 1940, para que Arthur Holmes, pionero de la *Deriva Continental* (precursora de la actual teoría de la *Tectónica de Placas*), basándose en los trabajos previos de Alfred Nier sobre isotopos radioactivos contenidos en las rocas, estableciera que la edad del planeta era de 4500 millones de años. En un primer momento, aquella idea fue rechazada de plano por la comunidad científica, ya que se trataba de una edad excesivamente antigua, más pretérita aún que la aceptada en aquellos momentos para el origen del universo. Y, evidentemente, no era posible que la Tierra fuese más vieja que el universo que la albergaba. Pero la astronomía evolucionó muy rápidamente y esa edad dejó de ser un problema, pues pronto se demostró que el universo era aún más antiguo que la edad calculada por Arthur Holmes. Actualmente se admiten unos 13 000 millones de años como edad aproximada del universo.

Pocos años más tarde, al geólogo estadounidense Clair Patterson se le ocurrió calcular la edad de algunos de los meteoritos que habían llegado hasta nuestro planeta desde el espacio exterior, analizando los isótopos radiactivos de uranio y plomo que contenían. Comprobó, sorprendido, que todos ellos tenían una edad prácticamente idéntica, y que además coincidía con la edad de las rocas más antiguas que se habían localizado en la corteza terrestre. Los cálculos de Clair Patterson confirmaron, con una precisión aún mayor, los resultados obtenidos por Arthur Holmes, estableciendo que las rocas más antiguas se habían formado hace 4550 millones de años. Esa edad, con mínimos ajustes y correcciones posteriores, sigue considerándose como válida hasta la fecha.

Pero además de este cálculo, las investigaciones de Clair Patterson tuvieron una consecuencia colateral totalmente imprevista, demostrando una vez más que la ciencia básica, a veces aparentemente inútil, puede servir para mucho. En sus análisis, encontró que algunas muestras de roca tenían un contenido de plomo más elevado de lo que deberían, de acuerdo con los principios físicos de la desintegración radioactiva. Revisando la posición geográfica de las muestras con exceso en plomo, se dio cuenta de que todas ellas estaban situadas cerca de alguna carretera, por lo que concluyó que su contenido anómalo se debía a la contaminación producida por la combustión de la gasolina en motores de explosión. Debe recordarse que, desde 1920, las gasolinas contenían compuestos de plomo como aditivos antidetonantes. Muy poca gente sabe que, si hoy disponemos de combustibles sin plomo y menos contaminantes, es gracias a las investigaciones de un geólogo que iba persiguiendo la determinación de la edad del planeta. Como dice Bill Bryson (Bryson, 2014) en su excelente y célebre libro *Una breve historia de casi todo*, Clair Patterson fue el geólogo más influyente del siglo XX, aunque no llegó a ganar el premio Nobel. En realidad, a pesar de las importantes contribuciones de la geología al conocimiento científico moderno, ningún geólogo lo ha ganado hasta la fecha, ni existe la categoría de geología entre los premios.

Gracias a los esfuerzos sucesivos de los científicos a lo largo de más de dos siglos, hoy sabemos que la historia de la Tierra es muy, muy dilatada. Y que a lo largo de esos miles de millones de años, muy despacio, muy lentamente, han ocurrido muchas cosas que han quedado inscritas y grabadas en la composición química de los minerales que constituyen las rocas, en las características de los sedimentos, en los fósiles y en la morfología del relieve. Es decir, que gracias a la ciencia geológica, disponemos de un detallado registro de acontecimientos que ha quedado almacenado como una verdadera memoria del tiempo desde los orígenes del planeta. Una historia cuyos detalles son imprescindibles para comprender adecuadamente lo que está ocurriendo ahora mismo con el clima.

Hoy se acepta que nuestro planeta empezó a formarse hace unos 6000 millones de años, a partir de una masa cósmica de polvo y gas. Y, que le costó casi 1500 millones de años agregarse y consolidarse, empezando a generar corteza sólida, hace al menos 4570 millones de años, la edad de la roca terrestre más antigua datada hasta hoy. El estudio de esas rocas primigenias, permite conocer las condiciones que existían en la Tierra en ese momento, pero a varios kilómetros de profundidad. De sus minerales, podemos deducir la presión y la temperatura reinantes, pero no aportan ninguna información sobre lo que estaba ocurriendo en la superficie, a nivel del suelo.

Para obtener datos climatológicos de las etapas más antiguas de la historia de la Tierra, es necesario esperar a la aparición de los primeros sedimentos y de los primeros restos orgánicos en ellos conservados. Los análisis de los isótopos de carbono ^{12}C y ^{14}C en las rocas sedimentarias más antiguas, indican que hace 3800 millones de años ya existía la fotosíntesis y la generación de oxígeno, como consecuencia de la actividad de un tipo especial de bacterias individuales denominadas *cianobacterias*.

Un poco más tarde, hace 3500 millones de años, esas cianobacterias empezaron a agregarse en colonias, asociándose con algas y formando una especie de arrecifes llamados *estromatolitos* (Figura 13), cuyas características y composición química, permiten inferir algunos parámetros de la climatología existente en aquellos momentos, como se verá en los sucesivos capítulos.

Figura 13. A la derecha, aspecto de las colonias actuales de estromatolitos, verdaderos fósiles vivientes, en Hamelin Pool (al oeste de Australia), en bajamar. A la izquierda, corte transversal de dichas colonias, donde pueden apreciarse las láminas de carbonato cálcico generadas por las cianobacterias al liberar oxígeno. Fuente: www.es.wikipedia.org.

Desde entonces hasta la actualidad, el registro fósil y sedimentario proporciona una secuencia prácticamente continua de información que permite acceder a una información valiosísima sobre la evolución climática del planeta. Es precisamente esa dilatada perspectiva temporal, la que permite a los geólogos observar los fenómenos naturales con una visión diferente. Porque, en lugar de mirar a nuestro planeta como algo estático, lo contemplamos como un ente dinámico, siempre cambiante, aunque a una velocidad tan lenta que es inapreciable. Y la evolución climática no debe ser ajena a esta forma de observar la naturaleza, y el análisis de la evolución térmica no debe restringirse al estudio de un intervalo temporal insuficiente, insignificante, tan solo de unas pocas décadas, siglos o milenios.

Imaginemos por un momento que un periodista quiere evaluar y analizar la situación actual de la humanidad y sus perspectivas de futuro, y para ello utiliza las noticias publicadas por los periódicos durante los últimos dos días, ignorando toda la información acumulada en bibliotecas y los hechos acaecidos desde que se inició la historia, hace unos 6000 años. O por poner un ejemplo más próximo a la temática del cambio climático, predecir la meteorología de la próxima semana, utilizando los datos correspondientes al último segundo anterior a la predicción. Estos ejemplos pueden parecer exagerados, pero en realidad es exactamente eso lo que se está haciendo con los modelos de predicción climática, mayoritariamente basados en los datos de los dos últimos milenios. O incluso menos, ya que algunos análisis se reducen a los dos últimos siglos.

Si tenemos en cuenta que la historia de nuestra atmósfera se remonta a los 3500 millones de años, considerar tan solo los dos últimos milenios, supone basar las conclusiones en el 0,00006 % de los datos disponibles, equivalentes en porcentaje a dos días de la historia del hombre, o un periodo de menos de un segundo en relación con un ciclo semanal. No se puede interpretar ni predecir el comportamiento de una atmósfera que viene evolucionando cíclicamente durante miles de millones de años, con la ínfima representatividad de un periodo tan insignificante. Por lo tanto, es imprescindible tener en consideración la importancia del tiempo geológico y abrir el abanico temporal, observando el comportamiento del planeta desde una perspectiva más amplia.

Un buen ejemplo de lo que puede ocurrir cuando no se tiene en consideración de forma adecuada el factor *tiempo*, lo encontramos en las ideas erróneas que con frecuencia se difunden sobre la extinción de los dinosaurios, en relación con el impacto de un meteorito hacia el final del periodo Cretácico.

Figura 14. Figuración artística idealizada de la extinción de los dinosaurios. Fuente: www.ngenespanol.com/ciencia.

Al contrario de lo que sugiere la extensa imaginería disponible en Internet, similar a la representada en la Figura 14, su desaparición no se produjo de forma instantánea, sino que el proceso se dilató a lo largo de decenas de miles de años. Además, no debe olvidarse que la relación entre la extinción de los dinosaurios y la caída de un meteorito, no deja de ser una teoría, muy asentada en la comunidad científica y que goza de numerosos partidarios, pero que no puede considerarse como un hecho incuestionable. Hay pocas dudas de que un enorme meteorito impactó en la península de Yucatán (sureste de Méjico) hace 66 millones de años, dejando depósitos con trazas de iridio, un elemento que es más abundante en los meteoritos que en la corteza terrestre, que pueden detectarse por todo el mundo en los sedimentos de aquella época (muy conocido como el límite K-T, sigla derivada de su denominación en alemán, *Kreide-Tertiär*).

Sin embargo, no todos los investigadores creen que las consecuencias climáticas derivadas de aquel impacto fueron las principales responsables de la extinción. Los geólogos sabemos que 50 000 años antes de la caída del meteorito, se iniciaron intensas erupciones volcánicas en la llanura del Decán, en la India. Debe tenerse en cuenta que, desde el punto de vista de la escala de tiempo geológico, 50 000 años es un periodo muy breve y ambos fenómenos, meteorito y vulcanismo, pueden considerarse como prácticamente simultáneos. Las erupciones se mantuvieron activas durante miles de años, generando extensísimas coladas de lava, numerosos aerosoles y emisiones de gases a la atmósfera, que dificultaron la llegada de la luz solar durante milenios, generando numerosos «años sin verano» (véase también el Capítulo 6). Como consecuencia, de acuerdo con esta teoría alternativa, se produjo un enfriamiento con efectos mucho más severos que los posteriormente derivados del impacto meteorítico. También, numerosos paleontólogos consideran que el declive de los dinosaurios ya se había iniciado mucho antes, en el límite entre el Cretácico Inferior y el Cretácico Superior, hace unos 100 millones de años, cuando tuvieron lugar cambios importantes en la vegetación, que pudieron repercutir negativamente en su cadena alimenticia (Condamine *et al.*, 2021).

Adicionalmente, otra hipótesis alternativa o complementaria de las anteriores, sugiere que algunos mamíferos de pequeño tamaño tuvieron como fuente de alimentación principal los huevos de dinosaurio, lo que dificultó su reproducción y contribuyó a su extinción. Fuese cual fuese la causa, la extinción no se produjo de forma inmediata y acaeció de acuerdo con los ritmos que marcan los tiempos geológicos. Sin embargo, estos matices y puntualizaciones raramente trascienden a la opinión pública, y las informaciones que se publican al respecto suelen pivotar invariablemente sobre tres palabras clave: *dinosaurios, meteorito y extinción,* sin ninguna información adicional sobre la duración del proceso. La falta de atención sobre el tiempo requerido para el desarrollo del proceso de extinción, induce una interpretación simplista, falsamente catastrófica, que se puede resumir en un mensaje tan breve como poco adaptado a la realidad: *cayó el meteorito y todos los dinosaurios desaparecieron de inmediato de la faz de la Tierra.*

Como bien ha señalado recientemente Steven Koonin (Koonin, 2023), miembro de la Academia Nacional de Ciencias de EE.UU. y subsecretario de Ciencia del presidente Barack Obama, en su reciente libro *El clima: no toda la culpa es nuestra,* una parte esencial del problema se debe a una deficiente transmisión de la literatura científica hacia la opinión pública. Y, lo que casi todo el mundo conoce sobre el clima es exclusivamente lo que recibe desde los medios de comunicación, porque solo un porcentaje mínimo de la población tiene capacidad, conocimientos o tiempo para acceder directamente a las publicaciones científicas. El resultado real de esa desinformación es una confusión muy generalizada sobre el problema del clima, muy similar a la visión simplista sobre la extinción de los dinosaurios.

Continuando con esta temática y para ilustrar de una forma jocosa las nefastas consecuencias de una deficiente transmisión de conocimientos, podemos recurrir a la anécdota le ocurrió a un estudiante, poco aplicado, durante un examen de Paleontología. Una de las preguntas versaba sobre las causas de la extinción de los dinosaurios, y ante su ignorancia sobre la cuestión, recurrió al socorrido método de pedir ayuda al estudiante más próximo. Ante las apremiantes y desesperadas preguntas de su condiscípulo, el caritativo vecino le sopló, con un susurro lo más discreto posible: «¡Los mamíferos se comían los huevos de los dinosaurios. . .!».

La formulación de aquella respuesta no terminó de cuadrarle al desinformado examinando, le pareció una forma harto grosera de formular una hipótesis y de expresarse en un examen, por lo que decidió darle una forma más elegante, y primorosamente, escribió que los mamíferos devoraban los testículos de los dinosaurios. Como no podía ser de otra manera, el cambio de redacción tuvo como resultado rotundo suspenso.

3.

La problemática temperatura media global del planeta

3.1. Bases conceptuales. El significado de la temperatura media global

El dato fundamental, por el que se miden y se evalúan ante la opinión pública las amenazas inherentes al cambio climático, es la evolución de la temperatura media del planeta. Por ello, antes de empezar a analizar en detalle la situación térmica de la Tierra, y de compararla con la que existió en tiempos pasados para establecer su evolución, es indispensable preguntarnos, a qué nos referimos exactamente cuando hablamos de la *temperatura media del planeta*. ¿Tiene sentido hablar de una temperatura media a escala global? ¿Se trata de un parámetro representativo?

La intención de obtener la temperatura media es disponer de una medida que permita poner en evidencia las relaciones de causalidad que puedan existir entre la situación climática observada, tanto los acontecimientos diarios habituales como los episodios puntuales (huracanes, inundaciones, temporales, erupciones volcánicas, etc.), las tendencias a largo plazo y los acontecimientos externos a la atmósfera que pueden incidir en ella. Además, por supuesto, de los factores antrópicos que hipotéticamente puedan incidir en el clima, como son, entre otros, la contaminación, las emisiones de gases a la atmósfera y los incendios.

De forma ineludible, para establecer estas relaciones, es preciso establecer un parámetro que proporcione una estimación de la temperatura media global y, al mismo tiempo, desarrollar los *métodos estadísticos* que permitan su cálculo. Y, esta es la primera observación importante que debe realizarse antes de continuar: *La temperatura media global no puede medirse, debe ser calculada a partir de miles de medidas individuales, mediante métodos y procedimientos estadísticos cuya calidad y fiabilidad debe ser revisada permanentemente.* Por ello, se hace referencia siempre al *intervalo de confianza* de los datos obtenidos, ya que ese valor numérico, por su propia naturaleza, puede ser discutible y susceptible de interpretaciones y cambios.

La Figura 15 recoge la evolución de la temperatura media global, de acuerdo con los datos obtenidos en un proyecto para la cuantificación del calentamiento global denominado BEST (Berkeley Earth Surface Temperature Project). En dicha gráfica, se representan las *anomalías*, es decir, los incremento de temperatura respecto de la media del período comprendido entre 1850 y 1900, que se toma como base, y que con frecuencia se utiliza como referencia de la temperatura que tenía la Tierra con anterioridad al desarrollo industrial. Es decir, como valor de referencia de la *temperatura ideal* antes de las influencias antrópicas. Sin embargo, debe señalarse que, como se verá en los capítulos siguientes, este período de referencia no es muy representativo, ya que fue una etapa muy fría, al final de la *Pequeña Edad de Hielo*, desarrollada entre el final del siglo XVII y las primeras décadas del siglo XIX. No obstante, a partir de estos datos, se ha estimado que la temperatura media mundial en 2022 había aumentado 1,24 °C por encima de la temperatura de referencia preindustrial.

De acuerdo con la información representada en la Figura 15, es innegable que existe una pronunciada tendencia ascendente desde 1980 hasta la actualidad, aunque tampoco puede negarse que durante la última década, entre 2012 y 2022, se aprecia una estabilización de las temperaturas. No obstante, debe tenerse en cuenta que, desde el punto de vista estrictamente numérico y según esa información, durante los últimos cuarenta años, la temperatura media global ha subido unos 0,8 °C, a un promedio de 0,02 °C por año. Es decir, un valor que, en comparación con la evolución térmica registrada a lo largo de la historia del planeta, como se verá en los capítulos siguientes, no resulta muy alarmante. Y además, desde el punto de vista estrictamente estadístico, los valores de las «anomalías calculadas», son tan pequeños, que entran dentro del rango de error de la propia medida y de los cálculos realizados.

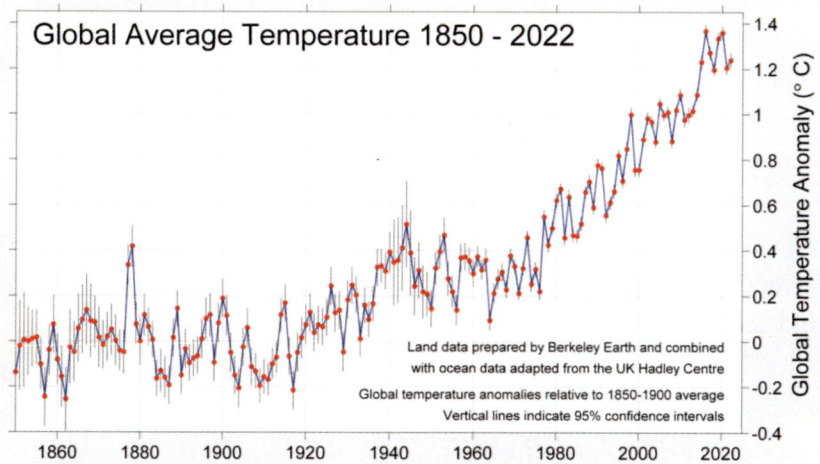

Figura 15. Temperaturas medias globales de la Tierra durante el período 1850-2022 (medidas como anomalía o variación respecto a la media del período 1850-1900), véanse las explicaciones en el texto. Fuente: www.berkeleyearth.org.

Por otra parte, además de las dificultades «numéricas», comentadas en relación con las anomalías de temperatura, no debe olvidarse que en el mundo, existe una gran variedad de climas, que van desde temperaturas medias de -40 °C en los polos hasta +25 °C en el Sahara. De acuerdo con las diferentes fuentes bibliográficas, si se calculara la media de todos los valores locales de temperatura en todos los puntos del planeta, se obtendría un valor global aproximado de unos 14 °C. Ahora bien, a la vista de ese promedio, resulta pertinente preguntarse ¿cuál es el sentido y representatividad de ese dato?

Normalmente, percibimos la temperatura como un dato más de la meteorología, de lo que ocurre en nuestro entorno. Sabemos que, en nuestra casa, hay 21 °C en invierno con la calefacción o 25 °C en verano, con el aire acondicionado. Sabemos también que, en España, al salir a la calle, nos movemos habitualmente como promedio entre los 10 °C invernales y los 30 o 35 °C estivales. Se trata de una magnitud física, que nos acompaña siempre y que podemos medir en términos precisos.

Pero la temperatura media global, no se corresponde con una realidad física inmediata, ya que se trata de un valor estadístico calculado por diversos procedimientos, un índice que recoge muchos datos e informaciones diferentes. Así pues, *sensu stricto*, no se puede hablar de la temperatura media global de la Tierra, porque nadie puede medir esa temperatura y no es una magnitud física. Por lo tanto, al no tratarse de una medida, sino de un cálculo, está inevitablemente sujeto a controversia, especialmente en relación con el procedimiento utilizado para su obtención, y en la práctica es objeto de una permanente revisión

Desde este punto de vista, cuando se habla de temperatura media global, debemos tener en cuenta que no se trata de un valor observado, no es una medida, sino un ***índice***, que del mismo modo que ocurre con el IBEX para las inversiones bursátiles, y que se calcula diariamente a partir de cotizaciones, volúmenes de negocio, ponderaciones, etc. Entonces, en sentido estricto, en lugar de temperatura media global, sería más adecuado hablar de algo así como un *Índice Medio Termométrico Global* (IMTG). No obstante, puesto que este índice está aún por definir, a lo largo de las siguientes páginas, se continuará utilizando la terminología de *temperatura media global*, aunque siempre teniendo en mente las restricciones conceptuales mencionadas.

Por otra parte, a pesar de esas limitaciones, debe reconocerse que dicho valor numérico tiene sentido y utilidad. Realmente, en climatología, el uso de este tipo de índices medios es sistemático y universal, aplicándose también para otros fenómenos meteorológicos como las precipitaciones o las horas de sol, por ejemplo. De hecho, el clima de un lugar determinado del planeta, se describe siempre por los valores promedio de diversos fenómenos y situaciones meteorológicas diferentes (incluyendo los valores extremos), que se suceden en cada región, país o lugar concreto. Así pues, puede afirmarse que, desde el punto de vista intrínseco, el clima es una noción estadística y por consiguiente, es inseparable de los valores promedio. La utilidad práctica de este tipo de estimaciones estadísticas es muy evidente, y fácil de percibir desde el punto de vista intuitivo, en la realidad de nuestro entorno. Cuando se afirma que el clima de una región o un país es más húmedo que otro, se está hablando de situaciones climáticas medias. Así, en España, existen dos zonas climáticas que siempre han sido claramente diferenciadas: la España húmeda en el norte y la seca en el centro y sur.

Pero además, desde el punto de vista científico, los valores medios estadísticamente obtenidos, tienen implicaciones físicas y pueden dar lugar a determinadas interpretaciones. Así, la temperatura media global de la Tierra debe ser considerada como la *temperatura de equilibrio radiativo*, de acuerdo con ley física de *Stefan - Boltzmann* (así denominada en honor a los físicos Josef Stefan y Ludwig Boltzmann). Esta ley establece una relación matemática entre la temperatura de un cuerpo, y la cantidad de energía emitida por este en forma de radiación. De acuerdo con esta ley, aceptando que la temperatura media del planeta sea de 14 °C, deben buscarse interpretaciones para las modificaciones de temperatura (es decir, calentamiento o enfriamiento global) cuando el balance radiativo es perturbado por fenómenos naturales como los ciclos astronómicos (ver Capítulo 5), las erupciones volcánicas (ver Capítulo 6), o las posibles influencias de la actividad humana por, entre otras, la contaminación atmosférica y las emisiones de gases de efecto invernadero.

Debe recordarse también que estas interpretaciones físicas no solo se hacen con el planeta Tierra, ya que son aplicables, y de hecho se aplican, a otros cuerpos celestes. Así, los astrónomos deducen temperaturas globales de multitud de objetos midiendo la energía radiada por estos. La temperatura global media de la superficie del

Sol, por ejemplo, es de unos 5500 °C, la de Marte de -60 °C y la de Venus de 460 °C (ver Figura 23). Estos valores son índices de temperatura globales, promediados, tras los cuales pueden existir variaciones locales muy importantes, pero que no impiden que se pueda caracterizar de una forma general las condiciones climáticas en esos cuerpos celestes.

Así pues, de acuerdo con lo anteriormente expresado, debemos considerar la temperatura global terrestre simplemente como un índice, un indicador que describe un aspecto de la situación climática del planeta de una forma muy general. Pero esta descripción es parcial y no exclusiva, ya que existen otros muchos indicadores importantes. Por ello, el índice de temperatura media global, aisladamente considerado, es muy insuficiente para evaluar la situación climática del planeta.

Una vez aclarados el significado conceptual y la utilidad práctica de la temperatura media global, la siguiente pregunta que debemos formularnos, es: ¿Puede calcularse dicha temperatura con un nivel de fiabilidad y representatividad aceptable? La realidad es que se trata de un cálculo nada sencillo, tanto desde el punto de vista técnico como conceptual, que debe hacer frente a numerosas dificultades.

En primer lugar, las lecturas de temperatura que deben integrarse en una media global, proceden de diversas fuentes y de diferentes tipos de medidas. En los continentes, se trata de datos procedentes de miles de estaciones meteorológicas, operadas por los servicios meteorológicos nacionales, regionales y locales. Estos servicios utilizan con frecuencia instrumentos y procedimientos de recogida de datos que difieren según los países y que han evolucionado tecnológicamente en el transcurso del tiempo a diferentes velocidades, lo que incide en la precisión, exactitud y homogeneidad de las medidas.

Por otro lado, la densidad espacial de la distribución geográfica de las estaciones meteorológicas, difiere mucho de una zona a otra del globo, dependiendo fundamentalmente del grado de desarrollo científico y económico de cada país. Además, esa densidad ha evolucionado sustancialmente a lo largo del tiempo, aumentando el número de estaciones, especialmente en los países desarrollados. Y, por último, existen numerosas estaciones meteorológicas que, a principios del siglo XX, estaban situadas en zonas rurales, en las afueras de grandes ciudades. Pero, con el paso del tiempo y la evolución urbana, estas estaciones han acabado «engullidas» por la edificación y la urbanización. En estos casos, se habla de las *islas de calor*, ya que la temperatura en las ciudades es siempre más alta que en su entorno rural, por lo que la evolución de las medidas en este tipo de estaciones tiene un sesgo al alza que debe ser corregido.

Por lo que se refiere a las lecturas de temperatura en la superficie del mar, los datos se obtienen a partir de instrumentos embarcados en boyas fijas, en barcos científicos o comerciales y, desde los años 80 del siglo pasado, también en satélites meteorológicos. En este último caso, la temperatura de la superficie se mide indirectamente, a partir de la radiación emitida, que es registrada por los sensores del satélite. Estos sensores han ido variando en su tecnología con el paso de los años de una generación de satélites a otra, por lo que también es imprescindible la introducción de factores de corrección para homogeneizar los datos.

En resumen, que la dificultad principal para calcular la temperatura media global, reside en la integración de numerosos datos heterogéneos, provenientes de orígenes múltiples y diferentes, además de cambiantes a lo largo del tiempo. Para resolver estas dificultades, deben utilizarse complejos procedimientos estadísticos que requieren múltiples correcciones y abundantes ponderaciones, para equilibrar la correspondencia entre las diferentes fuentes de información. Como consecuencia, el resultado final es producto de un tratamiento estadístico cuya precisión y exactitud, desde un punto de vista científico, debe considerarse con mucha cautela, ya que se trata de una verdad estadística, no física.

Ante esta situación, podemos legítimamente preguntarnos acerca de la fiabilidad de estos procedimientos y a la representatividad de los resultados obtenidos. Y muy especialmente, la pregunta clave es: ¿Pueden afectar estos procedimientos, de una forma sustancial, a las evaluaciones que se están realizando sobre la evolución de la temperatura global, sobre el calentamiento del planeta?

A este respecto, es importante señalar que los procedimientos estadísticos aplicados se apoyan en conceptos matemáticos correctos, admitidos y probados desde hace años. Dichos procedimientos, basados en la teoría de las probabilidades, no solo permiten obtener una cifra del índice de temperatura, sino también del margen de error (o intervalo de confianza) del valor obtenido, es decir, una indicación del nivel de fiabilidad del resultado, de forma que cuanto más amplio sea ese intervalo, menos fiable es el resultado. Y, a pesar de que el cálculo estadístico deba conciliar, como ya se ha mencionado anteriormente, un gran número de datos heterogéneos en una media global, sus variaciones en el transcurso de las últimas décadas, pueden ser estimadas con relativa precisión.

Pero el margen de error es muy variable de un tipo de medidas a otras, y ese dato suele pasar desapercibido para la opinión pública. Así, por ejemplo, se ha calculado que la temperatura media absoluta para el periodo 1961-1990, es de 14 °C, con un intervalo de confianza de 0,5 °C (es decir, entre +13,5 y +14,5 °C, equivalente a un error del 3,6 %). En cambio, si se calcula la anomalía de la temperatura en 2010, es decir, la desviación ese año concreto respecto la temperatura media correspondiente al intervalo 1961-1990, se obtiene un valor +0,53 °C, con un intervalo de confianza de 0,09 °C (entre +0,44 y +0,62 °C, equivalente a un error del 17 %). En este segundo caso, porcentualmente, el margen de error es mucho más amplio, casi cinco veces superior con respecto a la estimación anterior y, por lo tanto, la fiabilidad del valor es mucho más baja. En esas condiciones, se podría afirmar que entre el intervalo 1961-1990 y 2010, el planeta se ha calentado ligeramente, pero es imposible precisar el nivel exacto de ese calentamiento.

Aunque este tema será profusamente analizado y discutido en los próximos capítulos, es pertinente señalar que un incremento de +0,53 °C a lo largo de los 20 años transcurridos entre 1990 y 2010, implica que el planeta se habría calentado como promedio 0,026 °C por año. Es decir, un ritmo que, por comparación con la historia previa del planeta, no justifica ninguna alarma ni puede tener implicaciones catastróficas.

3.2. ¿Cómo se calcula la Temperatura Media Global?

Una vez conocidas las bases conceptuales y el significado indicativo de la temperatura media global, además de las dificultades que entraña su obtención, debemos adentrarnos en los detalles de su cálculo. Y para ello, es inevitable formularse una nueva pregunta: *¿Cómo se puede hablar de temperatura media global del* planeta, cuando solo se dispone de un número limitado de estaciones meteorológicas y que además están mayoritariamente concentradas en el hemisferio norte, especialmente en Europa, Estados Unidos y Canadá?

Como se ha mencionado ya anteriormente, uno de los aspectos más críticos para estimar de una forma fiable la temperatura planetaria con una precisión de una décima de grado, es la irregular distribución en el globo terrestre de las estaciones meteorológicas. Es cierto que, desde hace unas décadas, se está midiendo de forma continua la temperatura de la superficie de los continentes y océanos desde los satélites. Pero esas mediciones abarcan solo un período muy corto, de menos de 50 años y no representan nada más que un registro de una duración insignificante, de tan solo de unos pocos segundos, en comparación con la dilatadísima evolución de la temperatura a lo largo de la historia geológica de la Tierra.

La Figura 16 muestra la distribución geográfica de unas 26 000 estaciones meteorológicas superficiales del Global Historical Climatology Network (GHCN), donde además se ha representado en colores, el periodo transcurrido desde que iniciaron su actividad.

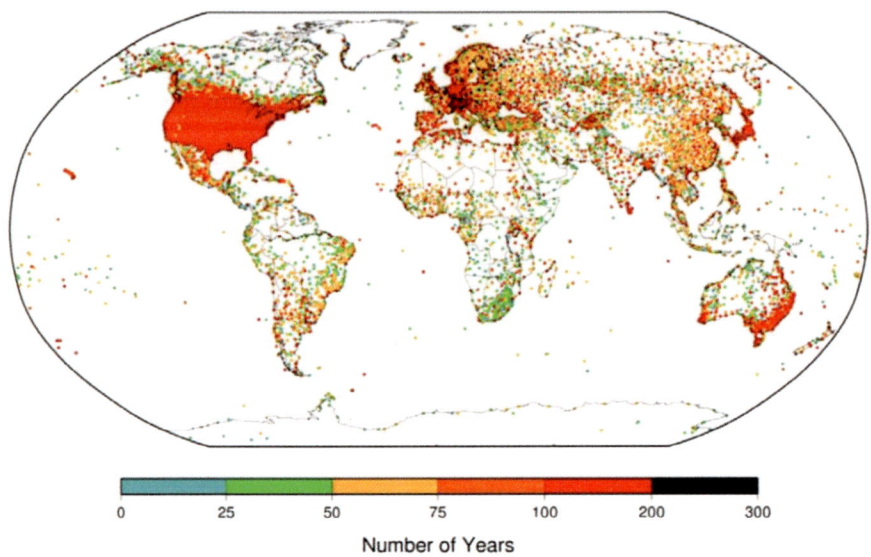

Figura 16. Distribución geográfica de las 26 000 estaciones meteorológicas superficiales integradas en el Global Historical Climatology Network (GHCN). Los colores, de acuerdo con la leyenda, indican la longevidad de sus respectivos periodos de registro. Fuente: GHCN - CDR Program (2018).

Como se puede observar, la situación es totalmente irregular, tanto en lo que se refiere a la distribución geográfica como a la antigüedad de los datos. Casi dos tercios de las estaciones se encuentran en el hemisferio norte, en una zona situada entre las latitudes de 30° y 60° norte, es decir, en las zonas de clima templado de dicho hemisferio. Aquí se encuentran también las estaciones meteorológicas con los registros más antiguos de medición de temperatura. Debe tenerse en cuenta que tan solo una pequeña minoría (226 estaciones) ya existía cuando se inició el registro sistemático de la temperatura, hace unos 150 años. La estación meteorológica de Berlin-Dahlem (Universidad Libre, Alemania), es la más antigua de todas, con datos meteorológicos desde 1719 y registros continuos ininterrumpidos desde 1756.

Pero la distribución de las estaciones no es solo irregular desde el punto de vista geográfico, también lo es desde el punto de vista de las zonas climáticas de ambos hemisferios, lo que hace extremadamente compleja una determinación del índice de temperatura media global anual de la superficie terrestre y, además, con exactitudes de décimas de grado, como suele presentarse.

En la Antártida, por ejemplo, tan solo existen dos docenas de estaciones meteorológicas, que además se encuentran predominantemente en la costa del continente. Y en el Polo Norte, la situación es aún peor, con un menor número de estaciones. Pero todavía más grave es la situación en los océanos, que a pesar de ocupar la mayor superficie del globo, cuenta con un número reducidísimo de observatorios, a pesar de (como se ha detallado en el Capítulo 1) su gran influencia en la evolución del tiempo meteorológico y de la temperatura atmosférica. No obstante, el hueco de mediciones de temperatura de los océanos está siendo compensado con los datos aportados por los satélites (al menos hasta cierto punto), aunque con la limitación ya mencionada de su escasa cobertura temporal, tan solo las últimas décadas.

Es cierto que con los modernos algoritmos estadísticos es posible llegar muy lejos en relación con las correspondientes correcciones de temperatura, pero sin olvidar que, los resultados que ofrecen los programas y modelos aritméticos de la evolución y simulación de la temperatura, solo son fiables en tanto los parámetros de partida introducidos en estos modelos sean completos y correctos. Y muy especialmente, como se verá en el Capítulo 12, cuando los datos abarquen intervalos temporales lo suficientemente largos.

Estos comentarios deben servir de advertencia para tomar con precaución datos como los representados en la Figura 15, ya que no pueden tomarse como una base absolutamente sólida (como con frecuencia se hace en los medios de comunicación respecto de las temperaturas medias globales anuales). En realidad no se trata de una información inamovible, «cincelada en piedra», sino que aún queda mucho espacio y campo de maniobra para futuras mejoras, interpretaciones y optimizaciones.

Debe tenerse en cuenta que, como recomienda el manual de *Buenas Prácticas de Laboratorio* (BPL), no debe abusarse de los números decimales, que pueden tener validez estrictamente aritmética, pero carecer (por una exagerada y aparente precisión) de sentido físico en relación con el parámetro medido. Así lo manifestó el premio Nobel de Física de 1973, el noruego-canadiense Ivar Giaver[2], quien fue extremamente crítico al respecto en una conferencia pronunciada durante el encuentro anual de los premios Nobel, que se celebró en 2015 en Lindau (Alemania). En aquella reunión, puso en duda la fiabilidad de precisar la temperatura media global hasta una décima de grado, precisamente como consecuencia de los problemas antes mencionados: la irregular distribución de las estaciones meteorológicas, así como las dificultades para comparar las mediciones modernas con las medidas de temperatura realizadas a mediados del siglo XIX.

En cualquier caso e independientemente de los dificultades y limitaciones mencionadas, es necesario disponer de un dato que, aún de forma aproximada, represente la temperatura media global, una referencia para la climatología a escala planetaria (Jones *et al.*, 2012). Para ello, la metodología que se utiliza actualmente se describe a continuación. Para este fin, se ha definido una rejilla o malla global de observación, con un tamaño de 5º de longitud x 5º de latitud (aproximadamente, unos 500 km x 500 km). Los datos que se consideran corresponden al archivo de temperaturas medias mensuales proporcionadas por más de 5500 estaciones meteorológicas distribuidas alrededor del mundo. Para cada una de ellas, se calcula la anomalía térmica, verificando la diferencia entre la temperatura media mensual y el promedio correspondiente a 1961-1990 para ese mismo periodo y esa misma estación. Y el valor correspondiente a cada una de las celdas de la malla, se obtiene calculando la media de las anomalías obtenidas en las estaciones de observación situadas dentro de su perímetro.

Para todas las medidas, tanto las anomalías individuales de cada observatorio, como para los valores promedio de cada celda, se

---

[2] Ivar Giaver formó parte durante un tiempo del *International Panel of Cimatic Change* (IPCC), un grupo de estudio sobre el cambio climático promovido por la ONU, del cual se excluyó voluntariamente por desacuerdo con sus métodos de trabajo.

calcula la estimación de las incertidumbres derivadas de la precisión del termómetro utilizado, de la homogeneización, del muestreo de las celdillas de la rejilla cuando se dispone de un número finito de medidas, de los posibles sesgos derivados de la presencia de áreas urbanas, y de las posibles desviaciones en promedios regionales sobre áreas con cobertura deficiente de observatorios. En la Figura 17 se representan las anomalías de temperatura para el mes de diciembre de 2021, obtenidas mediante los cálculos arriba descritos.

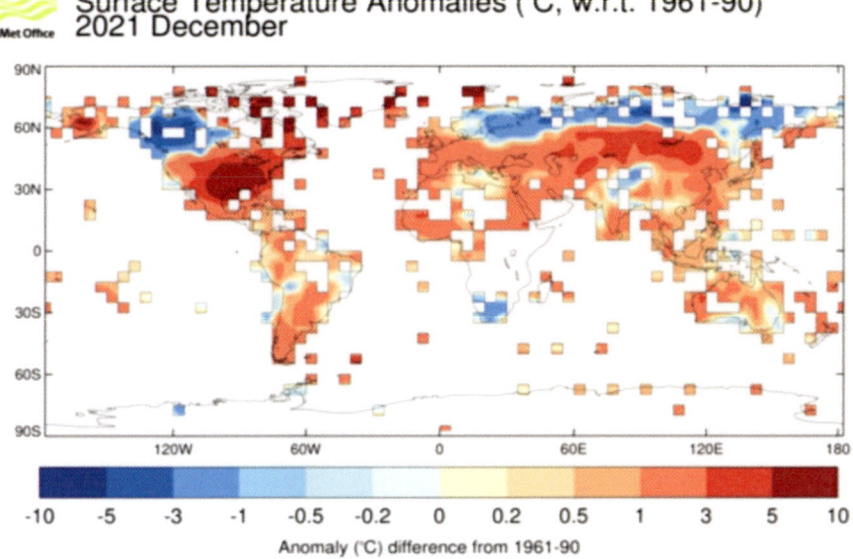

Figura 17. Distribución global de las anomalías de temperatura en superficie, correspondiente al mes de diciembre de 2021. Fuente: www.metoffice.gov.uk.

En la Figura 17, se puede observar claramente como la distribución de las cuadrículas con información es muy irregular y heterogénea, existiendo una notable falta de control meteorológico en las áreas oceánicas, especialmente sobre el Ártico y el Antártico. Así mismo, en los continentes, hay grandes zonas sin cubrir, como ocurre en el interior de Groenlandia, en el desierto del Sahara y en gran parte del África Subsahariana. También en América del Sur, sobre una parte importante de la Amazonia junto con zonas de Perú y Ecuador, tampoco se disponen de datos meteorológicos seriados.

Por lo que respecta a la distribución de valores anómalos, como cabía esperar, hay grandes zonas del «mundo controlado» que presentan anomalías positivas respecto a la media 1961-1990. Sin embargo, hay otras muchas zonas (de las que, curiosamente, nunca se habla) que presentan anomalías negativas de temperatura media global. Así, en el extremo meridional de África, pese a ser pleno verano en enero, presenta una significativa anomalía negativa. Lo mismo puede observarse para el invierno del hemisferio norte en la meseta tibetana, al norte de la India, en el norte de América (Alaska y Canadá) y en la franja septentrional de Eurasia.

En la Figura 17 se puede observar también como la distribución espacial de las cuadrículas con un tamaño aproximado de 500 km x 500 km, introduce serios problemas en los cálculos. Así, en España, se dispone tan solo de 2 o 3 rejillas para definir las temperaturas medias y las anomalías de todo el país. Un número tan exiguo, teniendo en cuenta lo variado de nuestro clima (atlántico, mediterráneo y continental) es muy insuficiente.

Posteriormente, para controlar la evolución de la temperatura, se calculan series temporales de los promedios, diferenciando entre los dos hemisferios, una serie distinta para cada uno de ellos (Jones, 1994). Dichos promedios se calculan para cada mes, y se utilizan luego como base de cálculo para obtener a su vez promedios estacionales y anuales. Los meses considerados para cada una de las estaciones son marzo, abril y mayo para la primavera; junio, julio y agosto para el verano; septiembre, octubre y noviembre para el otoño; y diciembre, enero y febrero para el invierno. Las series anuales y estacionales comienzan en 1851 para el hemisferio norte y en 1856 para el hemisferio sur.

3.3. ¿Cómo podemos saber el clima que existió en el pasado?

La metodología descrita en los párrafos anteriores, permiten conocer la evolución de los parámetros climáticos que ha tenido lugar desde hace unos 150 años, un plazo muy breve, excesivamente corto respecto del conjunto de la historia climática del planeta. Para poder establecer una comparación entre los acontecimientos climáticos actuales y los que han ocurrido en el pasado, remontándose hasta las etapas más antiguas del desarrollo de la atmósfera de la Tierra, la geología ha desarrollado diversos métodos basados en las huellas que las variaciones que los parámetros del clima dejan en los medios naturales. Así, se han elaborado técnicas basadas en la perforación de sondeos, para extraer testigos de estos archivos naturales del clima, tanto en los continentes (en los hielos polares, los sedimentos lacustres, los suelos, las estalagmitas y estalactitas, los troncos de árboles, etc.), como en el fondo de los océanos, aprovechando la información proporcionada por corales, sedimentos y fósiles. A todos estos métodos indirectos, se les conoce habitualmente como *proxies*, vocablo inglés que significa apoderado o representante.

El análisis detallado, cada vez más preciso y riguroso gracias al desarrollo tecnológico, de ciertas características biológicas, químicas o físicas de los testigos mencionados, pueden correlacionarse cuantitativamente, con las variaciones de la temperatura, además de otros parámetros relacionados con el clima, como son la pluviosidad o la salinidad del agua del mar. Estas correlaciones son posibles, asumiendo que las leyes físicas y químicas que rigen actualmente la naturaleza, son también válidas para los tiempos pasados. Esta asunción es una aplicación directa de uno de los principios básicos de la geología, el *Actualismo*, formulado por el geólogo escocés Charles Lyell (ver Capítulo 2), y que puede resumirse en una sola frase: *El presente es la clave del pasado.*

Por su interés, y porque constituye el método esencial utilizado para la determinación de las condiciones climáticas en tiempos muy antiguos, se describirá a continuación la metodología basada en los isótopos de oxígeno. Como es bien conocido, los átomos de muchos de los elementos que integran la Tabla Periódica, pueden presentarse bajo diferentes composiciones de sus partículas elementales (esencialmente protones, neutrones y electrones), adoptando diferentes formas, una especie de mutantes conocidos como *isótopos*, con características físicas (esencialmente su peso atómico) diferentes. Gracias a esas propiedades físicas, puede llegar a conocerse que porcentaje de cada uno de los isótopos está presente en una determinada sustancia.

Uno de los materiales más abundantes de la naturaleza es el agua, presente en forma de vapor, de líquido o de hielo, constituida por hidrógeno y por oxígeno, que presentan diferentes isótopos. En el caso del hidrogeno, además del común, existen el deuterio y tritio, mientras que el átomo de oxígeno presenta otros tres isótopos conocidos como ^{16}O (el oxígeno común), el ^{17}O y el ^{18}O, atendiendo a su número atómico. Por eso, ocurre que las moléculas de agua, la de la conocida fórmula de H_2O, pueden tener pesos moleculares diferentes en función de los isótopos de hidrógeno y de oxígeno que incorporen a su estructura. Y, se ha comprobado, que el vapor de agua, formado en la superficie de los océanos, por comparación con la composición del agua del mar, se encuentra empobrecido en las moléculas constituidas por isótopos pesados.

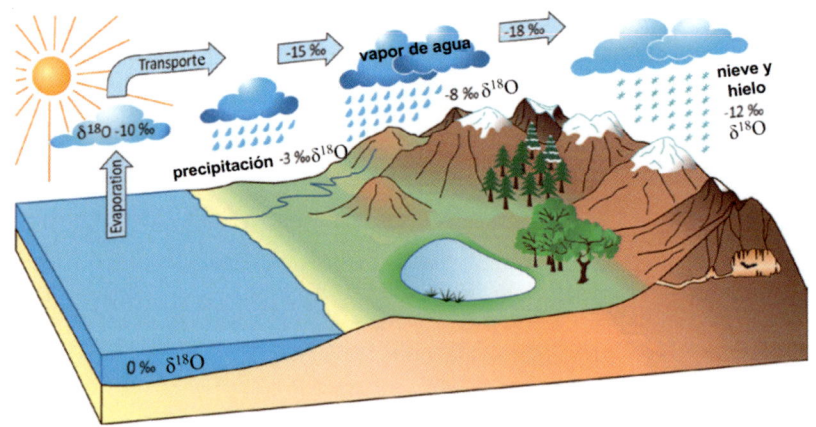

Figura 18. Esquema gráfico del proceso de fraccionamiento de los isótopos de oxígeno en el ciclo del agua. Fuente: www.gfzpublic.gfz-potsdam.de.

Además, como se puede apreciar en el esquema de la Figura 18, en las regiones templadas y polares, el proceso de enfriamiento de las masas de aire y la correspondiente compensación del vapor de agua en forma de nubes y de lluvia, lleva asociado una disminución adicional en el contenido de los isótopos pesados del oxígeno. Existe, por tanto, una relación estrecha entre la temperatura del aire y el cociente entre las formas ligeras y pesadas de las moléculas de agua presentes en las precipitaciones, de forma que, cuanto más frío sea el aire, las precipitaciones se encontrarán más empobrecidas en moléculas pesadas de agua.

Así, esa relación isotópica, constituye un «termómetro», que permite estimar las variaciones pasadas de la temperatura, gracias a la medida de estos cocientes isotópicos en el agua de precipitaciones antiguas, directamente conservada en el hielo de los casquetes glaciares, o indirectamente preservada en archivos geológicos como la celulosa de los anillos de los árboles o la calcita (carbonato cálcico, que incorpora en su estructura los isótopos pesados de oxígeno) presente en las estalactitas, los sedimentos de los lagos o el caparazón de algunos fósiles.

La comparación entre los datos isotópicos proporcionados por registros geológicos correspondientes a periodos históricos, cuya evolución térmica es conocida (y cuyos detalles serán comentados en los capítulos siguientes), como, por ejemplo, las etapas cálidas coetáneas con el Impero Romano y la Edad Media, o la Pequeña Edad del Hielo posterior al Renacimiento, han permitido verificar la validez del método y extrapolarlo a tiempos más antiguos.

La mayor parte de los registros paleoclimáticos aportan informaciones locales, relativas al clima del emplazamiento o lugar de medida, como si se tratase de datos proporcionados por un único observatorio meteorológico. Sin embargo, diferentes parámetros medidos en un mismo testigo y diferentes testigos de una misma región, pueden combinarse e integrarse posteriormente en bases de datos globales, y mediante la aplicación de los métodos estadísticos anteriormente descritos, estimar las variaciones climáticas a gran escala acaecidas a lo largo de la historia del planeta.

De este modo la geología y la paleoclimatología han permitido establecer las amplitudes, las velocidades y los mecanismos que han generado los cambios climáticos en tiempos pasados, y comprender la forma en que el clima reacciona a diferentes tipos de perturbaciones o acontecimientos. Gracias a estas informaciones, como se describirá en detalle a lo largo de los próximos capítulos, se ha podido caracterizar de forma precisa la evolución del clima en los últimos siglos, de los últimos millones de años y de toda la historia geológica terrestre. Así, se ha podido verificar que el sistema climático terrestre puede producir inestabilidades importantes, muy rápidas, pero que también tiene la capacidad para equilibrarlas posteriormente.

A la vista de todas estas informaciones, es indudable que el conocimiento sobre la evolución climática del pasado y sobre la velocidad de los procesos antiguos de cambio climático, tanto de calentamiento como de enfriamiento, proporcionan una base de conocimientos esencial para interpretar la situación actual y también para evaluar posibles cambios climáticos en el futuro.

3.4. Conclusiones y puntualizaciones del capítulo

De todo lo anteriormente expuesto, puede concluirse que la *temperatura media global*, a la que tanta importancia se le atribuye en todas las informaciones relativas al cambio climático, no es más que una construcción matemática, realizada mediante un cálculo, y no una observación o medida directa. Dicho cálculo se realiza a partir de numerosos datos heterogéneamente distribuidos por el planeta, medidos con instrumentos muy diversos y cuya homogeneización requiere ajustes estadísticos muy complejos que, como en otros muchos campos (ciencia, economía, política, etc.) debe estar en continua revisión. Por la propia naturaleza del dato obtenido, debe considerarse que ajustar los valores hasta niveles decimales es muy arriesgado e imprudente. Sobre todo, si se tiene en cuenta la capacidad de manipulación implícita en los tratamientos estadísticos, como se verá con detalle en el Capítulo 12.

En cualquier caso, y a pesar de esta inevitable incertidumbre sobre la validez, precisión o exactitud del dato numérico obtenido, debe reconocerse la utilidad y la necesidad de ese *índice de temperatura media global*. En efecto, su disponibilidad es imprescindible para demostrar que actualmente existe una evolución climática positiva, y que como consecuencia de la misma, el mundo está en un proceso de calentamiento global.

Pero, al mismo tiempo, deben tomarse todas las precauciones antes de utilizarlo como un índice cuantitativo, tomándolo como base para afirmar que el mundo se ha calentado un determinado número de décimas de grado y que, superado un límite arbitrario (fijado no se sabe bien por quién y por qué, en 1,5 °C), se producirá una evolución climática catastrófica, que requeriría la adopción de medidas excepcionales que afectan al conjunto de la humanidad. Es decir, que debemos considerar las informaciones relativas a la temperatura media del planeta como un indicador que nos permite conocer la evolución del clima, pero (al menos de momento), no como un valor absoluto que represente con fiabilidad dicha temperatura media global.

Con mayores motivos, lo mismo se puede decir, utilizando idénticos argumentos, sobre la fiabilidad de los valores de la temperatura media del planeta en tiempos pasados. Si no podemos garantizar la fiabilidad del dato en los tiempos actuales, con numerosas observaciones simultáneas en miles de observatorios, ¿cómo establecer la situación térmica de la Tierra a partir de observaciones de *proxies*, mucho más dispersos tanto en el espacio como en el tiempo?

Evidentemente, es imposible obtener con precisión ese tipo de medida. Sin embargo, del mismo modo que ocurre con las temperaturas actuales, sí que es posible establecer un índice que nos permite conocer, de forma cualitativa, la evolución de la temperatura de la Tierra. Y establecer, de forma indudable, como se verá con detalle a lo largo de los capítulos siguientes, que nuestro planeta ha sufrido cientos, miles de ciclos de calentamiento y enfriamiento. Algunos de esos ciclos han supuesto temperaturas mucho más extremas que las actuales, por lo que la presente situación de la temperatura de la Tierra no debe considerarse excepcional ni preocupante, sino que muy al contrario, forma parte de la más absoluta normalidad.

4.

Breve introducción a la inestable y cambiante temperatura de nuestro planeta

En los capítulos anteriores hemos aprendido lo extremadamente complejo que resulta el análisis de la evolución climática terrestre, dada la gran variedad de diferentes situaciones, la enorme cantidad de parámetros que intervienen en la evolución del clima, y la extrema dificultad de caracterizar, como dato significativo, la *temperatura media del planeta*. Además, a estas dificultades debe sumarse el factor *tiempo*, ya que esa complejidad climática no ha permanecido estable, sino que se ha mantenido en continua evolución a lo largo de miles de millones de años, desde el inicio de la historia geológica de la Tierra.

Sin embargo, a pesar de las dificultades, el avance de los conocimientos científicos y el desarrollo de técnicas instrumentales tan sofisticadas como precisas, han facilitado el acceso a informaciones que han permitido reconstruir la evolución de la temperatura de planeta. Aun teniendo en cuenta las limitaciones descritas en el Capítulo 3, durante las últimas décadas se han recopilado datos suficientes para demostrar, aunque sea de una forma relativa, como ha ido evolucionando la temperatura en la superficie de la Tierra, la de su biosfera. Hoy se acepta que nuestro planeta empezó a formarse mucho después del inicio del universo (se estima que el *Big Bang* tuvo lugar hace unos 14 000 millones de años), y que tras un lento y complejo proceso de crecimiento por acumulación de polvo, de gas y de meteoritos, llegó a adquirir su masa actual. Como se ha visto en el Capítulo 2, la roca terrestre más antigua que se ha datado hasta hoy, se remonta a los 4543 millones de años. Pero ese material se formó en profundidad, muy lejos de la superficie terrestre, y por eso, el estudio de esas muestras solo permite conocer las condiciones que existían en ese momento a varios kilómetros de profundidad.

De su composición, de los minerales que las integran, se puede deducir la presión y la temperatura reinantes, pero no aportan ninguna información sobre lo que estaba ocurriendo en la superficie del planeta. Para obtener datos climatológicos de las etapas más antiguas de la historia de la Tierra, es necesario esperar a los primeros restos orgánicos, cuando hace unos 3800 millones de años aparecieron las cianobacterias, que un poco más tarde (hace 3500 millones de años), se agruparon en colonias laminares formando los estromatolitos (ver Capítulo 2). En la Figura 13 se ha mostrado el aspecto que tienen las colonias actuales de estromatolitos, en bajamar, en uno de los pocos lugares del mundo (Bahía del Tiburón, *Shark Bay*, en el noroeste de Australia) donde aún existen estos extraordinarios organismos, presentes en la superficie terrestre desde el inicio de la historia geológica. En la parte izquierda de la figura se muestra el corte transversal de dichas colonias, donde pueden apreciarse las láminas de carbonato cálcico generadas por las cianobacterias. En la reacción de formación del carbonato cálcico a partir del CO_2 disuelto en el agua de mar, se libera el oxígeno que, en forma de burbujas, escapa a la atmósfera.

Estos organismos, cuya existencia llega hasta la actualidad, fueron los responsables de un cambio radical en la composición de la atmósfera terrestre, ya que gracias a su capacidad de fotosíntesis, generaron como subproducto y aportaron a la atmósfera el oxígeno que aún persiste en nuestros días. Y además, los isótopos de oxígeno (^{18}O) que han quedado atrapados en su estructura calcárea, han permitido inferir algunas características de la climatología existente en aquellos momentos. A partir de la información proporcionada por dichos isótopos, la Figura 19 muestra la evolución estimada de la temperatura del planeta a lo largo de su historia, a partir del momento en que los restos fósiles han permitido disponer de información sobre la climatología reinante.

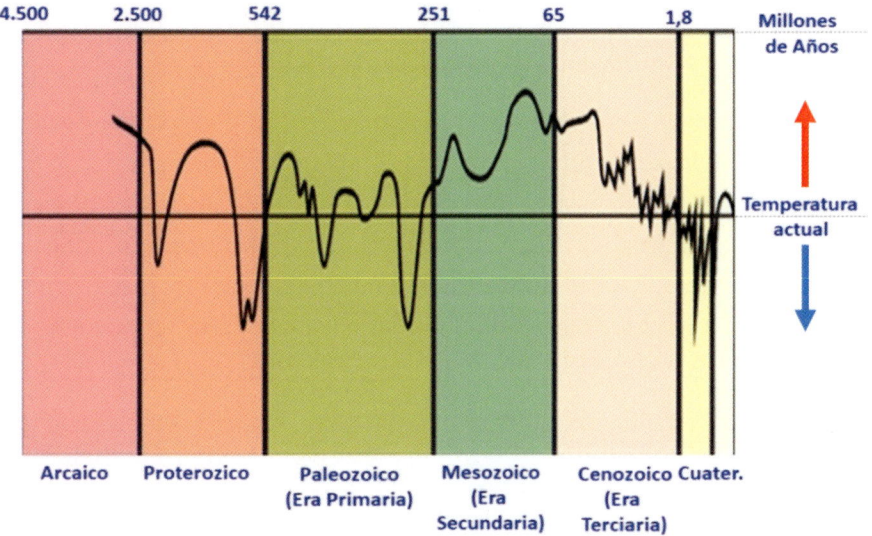

Figura 19. Evolución estimada de la temperatura media de la Tierra desde el inicio de los registros fósiles y sedimentarios. Fuente: Budyco (1982).

Para apreciar correctamente la lectura de los intervalos temporales, debe tenerse en cuenta que la escala del tiempo en el eje X de la Figura 19 no es lineal sino logarítmica. Es decir, que la anchura de las franjas verticales en el gráfico (millones de años) no es proporcional al intervalo temporal representado, para facilitar la representación de un periodo tan dilatado de tiempo en un solo gráfico. En dicha figura, la línea negra horizontal representa la temperatura media actual y la línea en zigzag la variación de la temperatura a lo largo del tiempo. Como puede observarse, a grandes rasgos, los momentos más cálidos han tenido lugar respectivamente durante el Arcaico (hace 2500 millones de años), el Proterozoico (hace 1200 millones de años), el Cámbrico (hace 500 millones de años), el Devónico (hace 400 millones de años), el Carbonífero (hace 330 millones de años), el Jurásico (hace 190 millones de años) y el Cretácico (hace 100 millones de años). Aunque la

Figura 19 carece de escala, los datos existentes sugieren que durante los periodos más cálidos se llegaron a alcanzar temperaturas globales entre 25 y 30 °C, por lo que las temperaturas actuales, incluso teniendo en cuenta el calentamiento registrado en las últimas décadas, puede considerarse como bajas. Por el contrario, durante las etapas más frías, las temperaturas llegaron a los 5 o 6 °C, lo que implica una oscilación térmica total del orden de los 25 °C (entre 5 y 30 °C), indicativa de la elevada capacidad de autorregulación del planeta.

Si realizamos una ampliación del tramo final de la Figura 19 y nos centramos en el periodo correspondiente a los últimos 65 millones de años (ver Figura 20), obtendremos similares conclusiones, una evolución de la temperatura extremadamente variable, aunque pueden observarse las oscilaciones registradas con mucho mayor detalle. La línea azul, que representa la evolución de la temperatura, aparece con un acusado perfil en diente de sierra, una alternancia cíclica de máximos y mínimos. Debe tenerse en cuenta que, en este caso, los intervalos de tiempo no han sido representados en escala logarítmica, sino lineal.

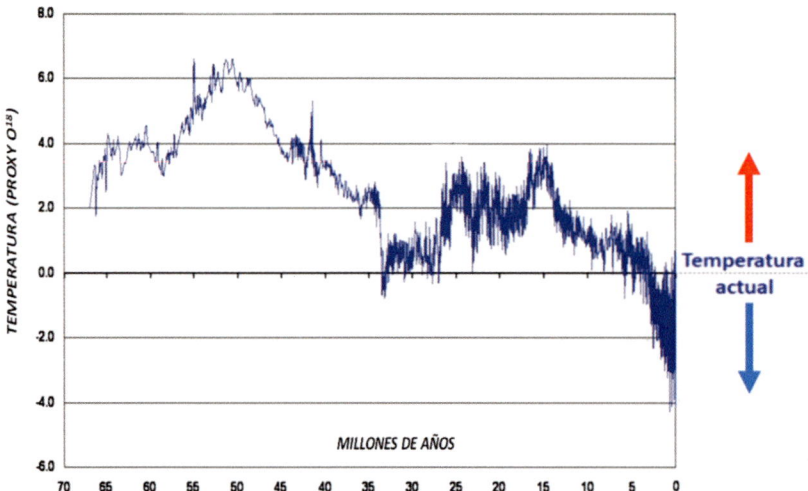

Figura 20. Evolución de la temperatura en la Antártida durante los últimos 65 millones de años, basada en datos *proxy* del isótopo [18]O. El valor «cero» representa la temperatura actual. Fuente: Zachos *et al.* (2001).

Como se ha mencionado anteriormente, puede observarse en la Figura 20 que, hace unos 50 millones de años, la temperatura global rondaba los 20 °C y que, hace unos 15 millones de años rondaba los 18 °C (el valor «cero» representa la temperatura actual, 14 °C). Es decir, que durante los últimos 15 millones de años, el planeta ha experimentado una tendencia general al enfriamiento, que culminó con las glaciaciones cuaternarias que rebajaron la temperatura global por debajo de los 10 °C. Por eso, los 14 °C preindustriales y su posible aumento en 2 °C hasta los 16 °C, en contra de lo que se afirmó en la Cumbre de París de 2015 y de acuerdo con esta gráfica, difícilmente pueden calificarse como catastróficos.

Si continuamos ampliando la gráfica y la serie de datos, y nos fijamos ahora en lo que ha ocurrido durante los últimos 400 000 años, en la Figura 21 se pueden apreciar con mayor detalle las últimas oscilaciones térmicas de nuestra atmósfera, que tienen una ciclicidad aproximada de unos 100 000 años. Los datos para elaborar la Figura 21 han sido obtenidos a partir de un detallado estudio de testigos de sondeo perforados en el hielo del casquete polar Antártico y de Groenlandia, como se explicará a lo largo de los próximos capítulos.

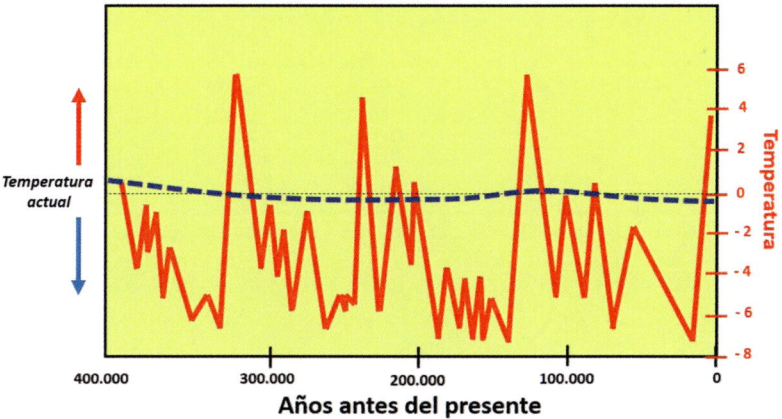

Figura 21. Evolución de la temperatura en la Antártida durante los últimos 400 000 años, basada en datos *proxy* del isótopo ¹⁸O obtenidos en sondeos de hielo. La línea azul en trazos discontinuos marca la tendencia general del periodo representado. Fuente: Jouzel *et al.* (2007).

La comparación entre las Figuras 19, 20 y 21 permite establecer una primera e importante conclusión: las tendencias continuas y lineales representadas en cada una de ellas son solo aparentes, ya que al ampliar las escalas de tiempo y centrar la atención sobre un periodo más breve, de más corta duración, las líneas de trazado uniforme pasan a convertirse en líneas onduladas, mostrando una evidente y marcada evolución oscilatoria. Esa misma tendencia se manifiesta al centrar la atención sobre el tramo más reciente de la Figura 21 y representar la evolución térmica correspondiente a los tres últimos milenios. En efecto, en la Figura 22, se aprecia de nuevo la existencia de máximos y mínimos, que además coinciden con periodos históricos de la humanidad bien conocidos.

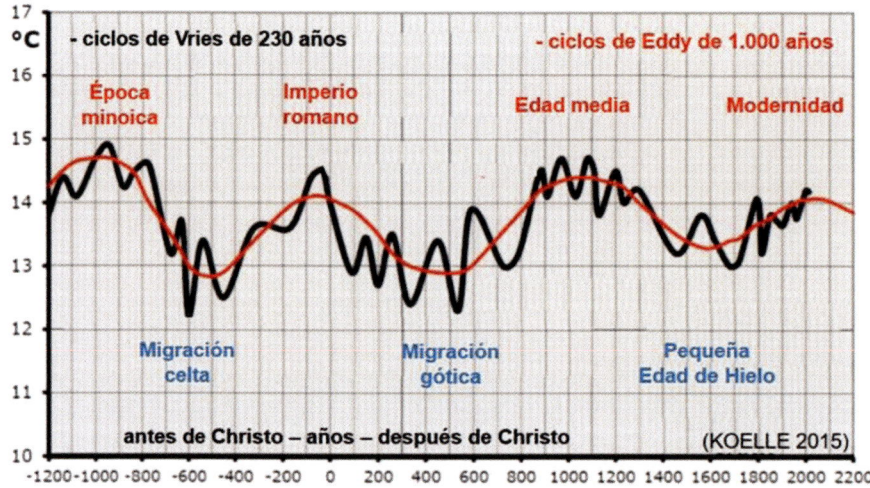

Figura 22. Representación gráfica de la evolución de la temperatura media durante los últimos 3200 años. Fuente: Koelle (2015).

De acuerdo con los datos representados en la Figura 22, la temperatura global era de 13,8 °C en 1900, mientras que a mitad del siglo xix era de unos 13,5 °C. Por lo tanto, la temperatura de referencia tomada por la mayor parte de los climatólogos, no debería ser de

14 °C sino de 13,6 °C, ya que los 14 °C solo se alcanzan mitad del siglo xx.

Antes de seguir adelante y para facilitar la lectura de los capítulos siguientes, debe aclararse que los máximos y mínimos térmicos reflejados en las Figuras 20 y 21 reciben nombres diferentes en función de su duración temporal. Cada uno de los ciclos fríos que aparecen en la Figura 21, con una duración aproximada de unos 100 000 años, se denominan «glaciaciones». Por el contrario, a los periodos cálidos, más breves, con una duración aproximada de 25 000 años, que aparecen entre glaciaciones, se les denomina «periodos interglaciares». Por otra parte, a los periodos cálidos y fríos de duración más breve, con duraciones de tan solo varios siglos, como los que aparecen en la Figura 22, se les denomina respectivamente «óptimos» y «pésimos climáticos».

De la comparación entre las gráficas anteriores, se pueden extraer otras importantes conclusiones. Como se aprecia en el tramo más reciente de las gráficas en las Figuras 19 y 20, en el momento actual se está registrando una tendencia hacia el enfriamiento. Esta aparente contradicción respecto del calentamiento global que la Tierra está experimentando, se debe simplemente a la escala de observación. Porque en realidad, esa es la tendencia que se observa cuando se contempla la evolución climática del planeta a muy largo plazo, desde la perspectiva de muchos millones de años, en oposición a la visión que ofrece actualmente la climatología «oficial», basada en la perspectiva de unos pocos siglos (ver Figura 22).

Por otra parte, la situación actual de la temperatura del planeta no puede considerarse como excepcionalmente cálida. Como se aprecia claramente también en los tramos más recientes de las Figuras 19 y 20, la temperatura actual puede considerarse como intermedia o incluso ligeramente fría, en comparación con toda la historia previa. Las oscilaciones térmicas que ha conocido la humanidad desde sus inicios, las glaciaciones y los periodos interglaciares que se aprecian en la Figura 21, así como los óptimos y pésimos climáticos de la

Figura 22, se corresponden con etapas relativamente frías en comparación con la historia geológica previa.

En realidad, el conjunto del periodo correspondiente a los últimos cientos de miles de años, a pesar de la alternancia de periodos fríos y cálidos, debe considerarse en general como una etapa fría, durante el cual, la mayor parte del tiempo se han mantenido dos polos helados, uno en el norte y otro en el sur. Para encontrar otro periodo equivalente, también con hielo en los dos polos, debemos retroceder en el tiempo unos 30 millones de años (ver Figura 20), hasta encontrar otra etapa glaciar. Y antes de eso, no se había registrado ninguna glaciación desde hacía 260 millones de años, desde el Carbonífero Superior y el Pérmico (Figura 19).

Así pues, lo que desde nuestra perspectiva humana representa la normalidad, así nos lo parece porque es lo que ha existido desde los albores de la aparición del ser humano sobre la Tierra, la alternancia de épocas glaciares e interglaciares similares a la actual han sido realmente una rareza. En efecto, los periodos con presencia glaciar, pueden considerarse como una excepción, representando tan solo algo más del 10 % del total de la historia de la Tierra, que durante la mayor parte de su historia geológica ha estado sometida a temperaturas más elevadas que las actuales.

Además, como se observa con claridad también en las Figuras 20 y 21, las oscilaciones térmicas, los ciclos de calentamiento y enfriamiento, han constituido la norma y no la excepción en el comportamiento climático de la Tierra durante las últimas decenas de millones de años, pudiendo identificarse en este periodo varios centenares de oscilaciones. Una vez reconocida la existencia, duración y ciclicidad de estas oscilaciones térmicas, a lo largo de los próximos capítulos se tratará de explicar su origen, los fenómenos y parámetros que rigen y controlan este comportamiento del planeta, y también, se evaluarán las posibles injerencias y la capacidad de las actividades humanas para modificar estos ciclos naturales. Porque, como indican los registros geológicos, si por algo se caracteriza la historia climática de la Tierra, es por su falta de estabilidad climática.

5.

Controles astronómicos y planetarios de los cambios climáticos

Como se ha explicado en los capítulos anteriores, a lo largo de los millones de años de la historia de la Tierra, ha habido múltiples cambios climáticos, aumentos y disminuciones de temperatura, mucho antes de que el ser humano apareciese sobre la Tierra. Entonces, si no fue el hombre quien causó esos cambios, ¿cuáles son las causas que los provocan? Los cambios de temperatura dependen estrechamente de la evolución de *la insolación*, esa radiación solar que evita, exceptuando lo que ocurre en los lugares de clima extremo, que nos quedemos congelados.

La radiación del Sol que llega a la Tierra determina la evolución de la temperatura en su superficie, tanto para los componentes sólidos (rocas, suelos, hielos), líquidos (agua) o gaseosos (aire). Cualquier modificación en la iluminación que llega hasta la superficie terrestre, afecta inmediatamente a dicha temperatura. A pequeña escala, se trata de un fenómeno fácil de percibir. Todos hemos experimentado una sensación de ligero enfriamiento cuando, en un día soleado, se interpone una nube en la trayectoria de los rayos solares. Es una situación efímera, de muy corta duración, que afecta a una pequeñísima porción de la superficie terrestre y por lo tanto, de efectos insignificantes. Pero a gran escala, la distribución de las zonas climáticas y la evolución del clima a lo largo del tiempo, dependen también de las diferencias en insolación.

Hay procesos que, por su naturaleza, afectan al conjunto del planeta durante largos periodos de tiempo, con consecuencias muy significativas sobre el clima a nivel global. La energía que, en forma de radiación, nos llega desde el sol, no es constante y su variación depende fundamentalmente de «factores astronómicos» que cambian de forma cíclica y periódica a largo de miles o de decenas de miles de años (según los casos), como, por ejemplo, la distancia entre la Tierra y el Sol, la forma de la órbita de la Tierra o la inclinación de su eje de rotación. Pero a estos cambios se le superponen también otros procesos periódicos, de ciclos más cortos y duraciones de algunas docenas de años, relacionados con cambios en el número y frecuencia de las erupciones solares. Estos ciclos, son detectables y medibles desde la Tierra gracias a las manchas solares. A estos parámetros se les denomina «factores heliofísicos».

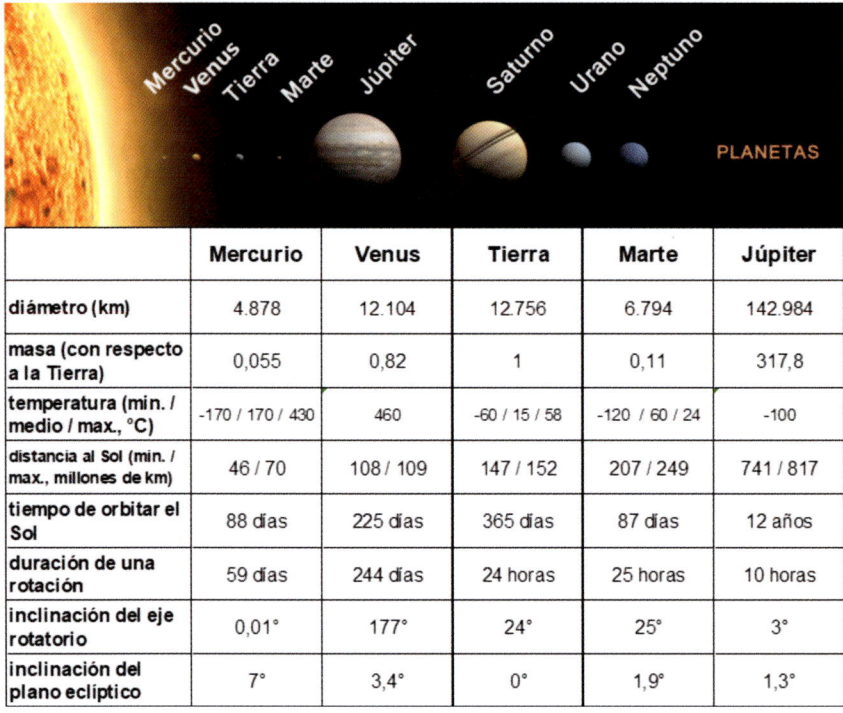

	Mercurio	Venus	Tierra	Marte	Júpiter
diámetro (km)	4.878	12.104	12.756	6.794	142.984
masa (con respecto a la Tierra)	0,055	0,82	1	0,11	317,8
temperatura (mín. / medio / max., °C)	-170 / 170 / 430	460	-60 / 15 / 58	-120 / 60 / 24	-100
distancia al Sol (mín. / max., millones de km)	46 / 70	108 / 109	147 / 152	207 / 249	741 / 817
tiempo de orbitar el Sol	88 días	225 días	365 días	87 días	12 años
duración de una rotación	59 días	244 días	24 horas	25 horas	10 horas
inclinación del eje rotatorio	0,01°	177°	24°	25°	3°
inclinación del plano eclíptico	7°	3,4°	0°	1,9°	1,3°

Figura 23. Presentación sinóptica de los datos característicos de los planetas del sistema Solar. Fuente: base de datos Schoenitzer (2019).

Es necesario recordar que la existencia humana transcurre por un sendero estrecho y arriesgado, con un margen de probabilidades muy pequeño, dentro del sistema solar, ya que la vida vegetal y animal han sido posibles en nuestro planeta gracias precisamente a la distancia y a la posición geométrica que ocupa la Tierra respecto del Sol. En la tabla de la Figura 23, se han representado algunos parámetros fundamentales de 5 planetas de nuestro sistema solar. En ella, se puede comprobar cómo las temperaturas superficiales medias de dichos planetas, disminuyen, obviamente, al aumentar la distancia con el Sol. En esa misma tabla se puede apreciar también como la distancia entre el Sol y los planetas, no es constante, y en el caso de la Tierra varia actualmente en unos 5 millones de kilómetros, es decir, hasta un 3 % de la distancia media. Como veremos posteriormente, esa variación tiene consecuencias climáticas muy importantes.

5.1. Los ciclos astrofísicos de Milankovitch

Los factores astronómicos que varían cíclicamente con períodos a largo plazo, inducen cambios periódicos en el régimen de insolación, y tienen una incidencia directa en la evolución de las temperaturas en la superficie de la Tierra. Su importancia e influencia en el cambio climático fue subrayado por el matemático y geofísico serbio Milutin Milankovitch (1879-1958) y por eso se conocen como los *Ciclos de Milankovitch*. Basándose en los trabajos previos del empresario y filósofo Joseph John Murphy (1827-1894), Milutin Milankovitch identificó en el movimiento de la Tierra alrededor del Sol, como consecuencia de complejas interferencias gravitatorias entre los planetas del sistema solar, tres importantes ciclos astrofísicos (tal y como están descritos en la Figura 24), reconociendo la relación existente entre dichos ciclos y los cambios climáticos. Para realizar los cálculos de la duración de los diferentes ciclos astrofísicos, se basó en trabajos anteriores de John Nelson Stockwell (1832-1920) y Ludwig Pilgrim (1879-1935), tal y como ha resumido recientemente Berger (2021).

Debe recordarse que el Sol y todos los planetas del sistema solar se sitúan, con una pequeña diferencia de muy pocos grados, en un plano llamado *plano de la eclíptica*. Sobre ese plano, la órbita de la Tierra alrededor del Sol cambia periódicamente de forma, en ciclos de unos 100 000-110 000 años de duración, pasando de ser casi circular a una órbita más elíptica, más achatada, situándose el Sol en uno de los dos focos de la elipse. Entre los ciclos de Milankovitch, este es el de más larga duración, conocido como «cambio de la excentricidad». La *excentricidad* es un parámetro numérico que determina el grado de desviación respecto de una circunferencia perfecta (que tendría un valor de excentricidad cero), e iría aumentando hasta un máximo de valor 1 a medida que su forma se va achatando.

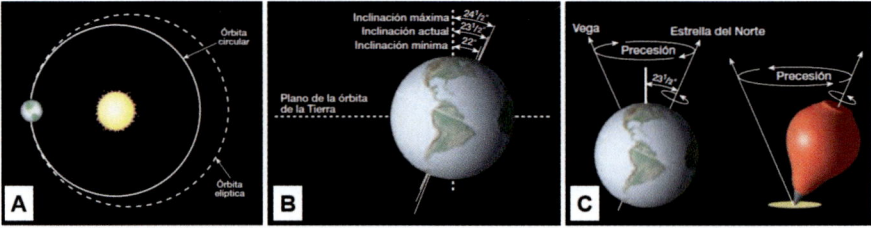

Figura 24. Los 3 ciclos astrofísicos de Milankovitch; gráfica A: variación de la forma más o menos elíptica de la órbita terrestre (excentricidad) que presenta una ciclicidad de unos 100 000 a 110 000 años; gráfica B: variación cíclica de la inclinación del eje rotatorio de la Tierra (llamada oblicuidad). En el curso de unos 41 000 años, la inclinación varía entre 22,1° y 24,5°; gráfica C: descripción del «cabeceo» (o «bamboleo») del eje de rotación (llamado precesión) durante ciclos de unos 19 000-23 000 años. Fuente: Tarbuck *et al.* (2005).

En realidad, desde hace más de un siglo, los científicos se habían dado cuenta de que la órbita de la Tierra no era circular y existía una estrecha relación entre el clima terrestre y la variación de la distancia entre la Tierra y el Sol. La Tabla 1 detalla los valores mínimos y máximos de la excentricidad de la órbita de la Tierra, según los cálculos independientes de dos científicos (John Nelson Stockwell y David McFarland), realizados en 1850 para varios miles de años anteriores a esa fecha (-782 corresponde a 782 milenios antes de 1850). Además, dichos investigadores fueron capaces de correlacionar dichas variaciones con los periodos glaciares conocidos en la época, además de la época fría conocida como *avance glacial báltico*, que tuvo lugar hace 14 000 años, tal y como se detalla también en la Tabla 1.

mínima de excentricidad		máxima de excentricidad		épocas glaciales
Stockwell	Mc Farland	Stockwell	Mc Farland	
−782 0,0022	−791 0,0061?	−836 0,0655	−842 0,0652	
−693 0240	−703 0230	−737 0412	−749 0410	
−616 0134	−623 0121	−656 0364	−665 0353	
−515 0018	−521 0022	−566 0522	−571 0535	(Günz-Eiszeit)
−408 0103	−412 0102	−465 0433	−472 0438	(Mindel-Eiszeit)
−350 0199	−356 0186	−369 0221	−372 0207	—
−257 0097	−260 0093	−301 0361	−305 0377	—
−145 0254	−148 0253	−200 0462	−205 0474	(Riß-Eiszeit)
−45 0105	−45 0104	−98 0408	−100 0408	(Würm-Eiszeit)
−26 0044	—	−13 0197	−14 0197	(Balt. Vorstoß)

Tabla 1. Mínimos y máximos de la excentricidad de la órbita de la Tierra calculados por John Nelson Stockwell y McFarland, véase la explicación en el texto. Fuente: reimpresión en 2015 de la publicación original de Köppen, & Wegener (1924).

Pero fue Milankovitch (1920), al publicar su trabajo titulado *Teoría matemática de los fenómenos térmicos producidos por la radiación solar*, donde incluía una gráfica que décadas más tarde se haría muy famosa (la *curva de insolación sobre la superficie terrestre*), quien cuantificó las consecuencias de los cambios de la órbita de la Tierra en la insolación recibida del Sol, estableciendo su importancia en la evolución del clima de la Tierra (véase la Figura 27). Dichos efectos, perfeccionados posteriormente (Milankovitch, 1930) fueron también incluidos por Köppen, & Wegener (1924, obra citada) en su obra para referirse a la evolución del clima durante el pasado geológico.

La Figura 25 presenta la variación a lo largo del tiempo, según los cálculos de Milutin Milankovitch, de la excentricidad de la órbita de la Tierra alrededor del Sol, desde hace 1 000 000 de años hasta el momento actual y también para el próximo millón de años. En el momento actual (nos encontramos en una época cálida), la excentricidad tiene un valor de 0,0167, menor que el valor promedio (0,02674, representado por la línea azul). Es decir, que la órbita terrestre actual, se aproxima casi a un círculo perfecto. La influencia climática de estos cambios es enorme, ya que los periodos fríos y cálidos de la Tierra se corresponden claramente con las épocas en que la excentricidad es máxima y mínima, respectivamente. La causa de esta correlación es muy simple, ya que el cambio de forma en la órbita implica que varía sensiblemente la distancia con el Sol a medida que la Tierra va girando a su alrededor. En el momento actual, con una órbita casi circular, la distancia es de 147,1 millones de kilómetros en la posición más cercana al Sol (en el *perihelio*, del griego: *peri-helios* = cerca del Sol) y un máximo de 152,1 millones de kilómetros en la posición más alejada (en el *afelio*, del griego *ap(o)-helios* = lejos del Sol). Es decir, que existe una diferencia de unos 5 millones de kilómetros entre la posición más próxima y la más alejada del Sol, que equivale aproximadamente un 3 % de la distancia media entre el Sol y la Tierra, que es de 149,6 millones de kilómetros.

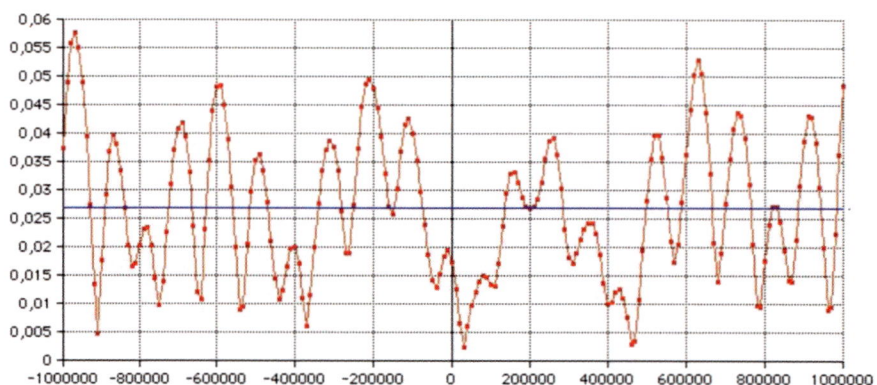

Figura 25. Evolución de la excentricidad de la Tierra orbitando el Sol (eje Y) desde hace 1 000 000 de años (-) y hasta 1 000 000 de años (+) en el futuro (eje X). Fuente: www.geoastro.de.

En cambio, si nos encontrásemos en un periodo de máxima excentricidad, esa diferencia aumentaría hasta los 18 millones de kilómetros, es decir, un 12 % de la distancia media entre la Tierra y el Sol, ya que la distancia varía desde 140,6 millones de kilómetros en el *perihelio* hasta 158,6 millones en el *afelio*. Estas variaciones en la distancia afectan seriamente a la intensidad de la radiación solar que llega a la superficie terrestre, ya que esta disminuye muy sensiblemente al aumentar la distancia (matemáticamente, la intensidad de la radiación disminuye proporcionalmente al cuadrado de la distancia). En la práctica, una excentricidad mayor se traduce en mayores diferencias de temperaturas cuando la Tierra, en su viaje alrededor del Sol, pasa de su posición más próxima a la más alejada. Esta diferencia es muy relevante sobre todo en las altas latitudes geográficas, cerca de los polos, donde las diferencias de la radiación solar (y, por lo tanto, de las temperaturas) entre invierno y verano son más pronunciadas. Además, debe tenerse en cuenta que la excentricidad no solo varía con los ciclos descritos por Milan Milankovitch. Recientes investigaciones geocientíficas han demostrado la existencia de otros ciclos de unos 405 000 a 413 000 años de duración, como puede verificarse a lo largo de cientos de millones de años en la historia de la Tierra (Kent *et al.*, 2018).

Veamos a continuación los efectos climáticos del segundo ciclo de Milankovitch, relacionado con las variaciones en la inclinación del eje de rotación de la Tierra. Como se ha mencionado anteriormente, las órbitas de los planetas en el sistema solar se sitúan sobre el plano eclíptico, y el eje rotatorio de la Tierra está inclinado con respecto a la vertical de dicho plano. A esta inclinación se la denomina *oblicuidad*. Del mismo modo que ocurría antes con la excentricidad, la inclinación del eje no permanece constante y varía entre 22,1° y 24,5° (Figura 24-B) a lo largo de ciclos de unos 41 000 años, y está disminuyendo actualmente a un ritmo de unos 0,00001° cada mes. Y también, dichas variaciones, al afectar a la radiación solar, tienen implicaciones en la evolución de la temperatura terrestre.

Cuando la oblicuidad es máxima, las diferencias de temperatura (o sea de la insolación que llega a la Tierra) entre verano e invierno son mayores que durante períodos de pequeña oblicuidad. En realidad, nuestras típicas cuatro estaciones no se deben a la variación de la distancia entre la Tierra y el Sol, sino a la variación aparente de la oblicuidad respecto de la radiación solar. En efecto, a lo largo de un año, al ir viajando la Tierra a lo largo de su órbita, el eje de rotación terrestre no está permanentemente orientado en la misma posición hacia el sol. Estos cambios hacen que la cantidad de iluminación recibida por unidad de superficie varíe notablemente, tal y como puede apreciarse gráficamente en la Figura 26. Las máximas y mínimas insolaciones corresponden respectivamente a verano e invierno, mientras que en las etapas intermedias transcurren la primavera y el otoño.

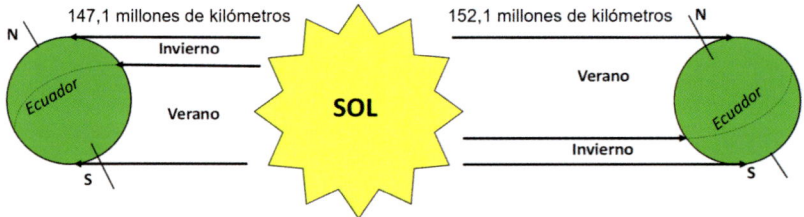

Figura 26. Diferencias de iluminación solar sobre la superficie terrestre entre el verano y el invierno, como consecuencia de la orientación relativa del eje de rotación respecto de la iluminación. Fuente: Ortega (2021).

El tercer ciclo de Milankovitch está relacionado con el movimiento denominado «precesión», es decir, un «cabeceo» o «bamboleo» que experimenta el eje de rotación de la Tierra. Se trata de un movimiento similar al de una peonza, cuando su eje de rotación describe una figura cónica (Figura 24-C), y se cree que es debido a la heterogeneidad de la composición del planeta y la correspondiente distribución irregular de su masa. Estos ciclos de precesión tienen una duración aproximada entre 19 000-23 000 años. Como consecuencia del movimiento de precesión, el eje de rotación de la Tierra, al desplazarse siguiendo su órbita, va variando su orientación relativa respecto de la radiación solar, intensificando la diferencia de temperatura entre el verano y el invierno en uno de los dos hemisferios, mientras que en el hemisferio opuesto se produce el efecto contrario. Esta diferencia es debida a que, a lo largo de un ciclo completo de precesión, la posición más alejada o próxima de la Tierra respecto al Sol (respectivamente, el *afelio* o el *perihelio*), va cambiando inicialmente del invierno al verano para regresar posteriormente a las posiciones iniciales.

Para evaluar correctamente la influencia climática de los tres ciclos descritos, teniendo en cuenta que cada uno de ellos tiene una duración distinta, así como un impacto diferente en la insolación que recibe la Tierra, es imprescindible calcular sus efectos combinados. El propio Milutin Milankovitch realizó esos cálculos, determinando el efecto térmico de la variación de la insolación, tal y como se representa en la Figura 27, dentro de un rango temporal de 150 000 años hacia el pasado y hacia el futuro. Como puede apreciarse en la gráfica, las variaciones oscilan entre aumentos o disminuciones máximas del 3 % respecto de la línea horizontal central, considerada como valor medio de todo el ciclo.

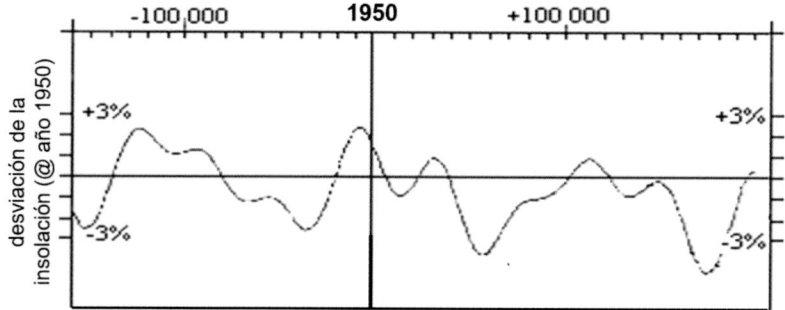

Figura 27. Evolución cíclica de los efectos térmicos derivados de la insolación (desviación en % respecto del valor de referencia de 1950) según los cálculos originales de Milutin Milankovitch. Fuente: Berger (1980).

A pesar de su indudable interés, estos cálculos cayeron pronto en el olvido, hasta que a finales del siglo xx, se inició una investigación mediante sondeos en el casquete glaciar de Groenlandia. Allí, el hielo acumulado a lo largo de centenares de miles de años, alcanza varios miles de metros de espesor. El hielo está finamente estratificado en pequeñas capas, cada una de ellas correspondiente a la nieve acumulada durante un año (Figura 28). Y en su interior, quedaron ocluidas burbujas de aire, atrapadas entre los estrellados cristales de nieve, antes de convertirse en hielo por la presión de las sucesivas capas que se fueron acumulando encima.

Figura 28. Sondeos en el hielo de Groenlandia, testigo de sondeo y detalles de las capas anuales. Fuente: NSF (Ice Core Facility). Doug Clark, Univ. Washington.

La composición del aire herméticamente cerrado en esas burbujas proporciona una información valiosísima sobre la composición de la atmósfera y las condiciones climáticas de cada momento, gracias al *proxy* o indicador indirecto del isótopo de oxígeno ^{18}O (Railsback *et al.,* 2015). El estudio sistemático de cada uno de los millares de capas de hielo ha permitido establecer una detallada información sobre la evolución climática del planeta durante los últimos centenares de miles de años.

La sorpresa saltó cuando, al representar gráficamente los resultados obtenidos, se detectaron oscilaciones térmicas que seguían un ritmo y una secuencia temporal que coincidía asombrosamente con las predicciones realizadas por Milutin Milankovitch (Figura 29). No es difícil imaginar que Milankovitch hubiese saltado de gozo si hubiese podido llegar a ver confirmados sus cálculos. Porque, a pesar de las diferencias geométricas entre las dos gráficas (curva suave y redondeada la de Milankovitch, mientras que la de los sondeos de hielo es una línea quebrada y angulosa, con perfil en diente de sierra, al tener una mayor resolución temporal), la tendencia general de ambas y la disposición de los máximos y mínimos, así como los periodos de ascensos y descensos, son idénticos.

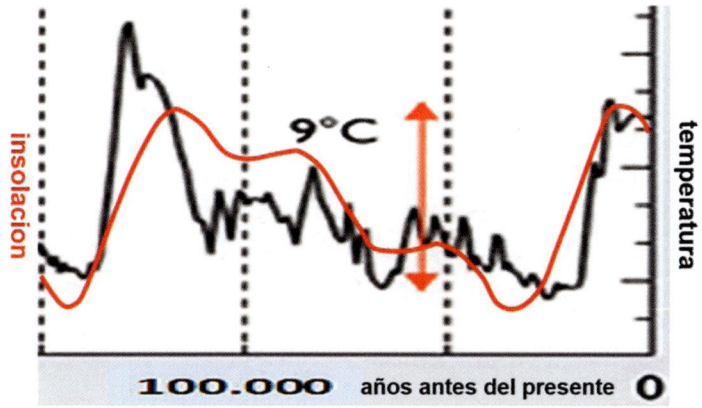

Figura 29. Comparación entre la evolución de la temperatura registrada en el hielo durante los últimos 150 000 años (línea negra) y las predicciones de Milutin Milankovitch (línea roja, extraída de la Figura 27). Fuente: Ortega (2022d).

Pero podemos obtener conclusiones todavía más interesantes si comparamos las predicciones de los ciclos de Milankovitch con los registros de temperaturas correspondientes a periodos más largos y antiguos. Para ello, se aplica un método similar al de la Figura 28, perforando el fondo marino en lugar del hielo. Luego, también se analiza el $\delta^{18}O$, pero buscando su contenido en los restos fósiles, especialmente polen y caparazones calcáreos de foraminíferos, como indicador *proxy* de la temperatura que existía en el momento en que quedaron atrapados cuando se depositó el sedimento. El estudio sistemático de los fondos marinos mediante esta técnica, ha permitido diferenciar múltiples periodos alternantes, cálidos y fríos, que se han denominado *Estadios Isotópicos Marinos*, abreviado como MIS por su denominación en inglés (*Marine Isotope Stages*).

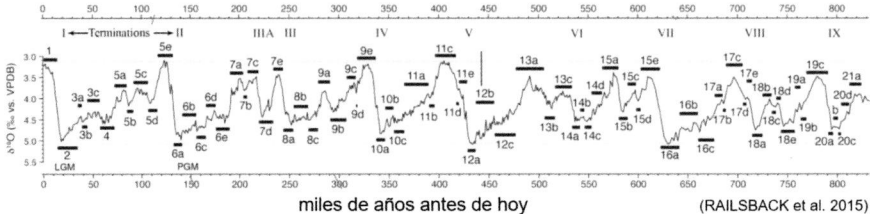

(RAILSBACK et al. 2015)

Figura 30. Evolución de la temperatura obtenida mediante indicadores *proxies* correspondiente a los últimos 830 000 años. Los trazos negros horizontales indican los 21 episodios MIS detectados durante dicho periodo. Véase la explicación en el texto. **Nótese** que en esta gráfica, al contrario que en el resto de figuras, el momento actual se sitúa a la izquierda y aumenta la antigüedad hacia la derecha. Fuente: Railsback *et al.* (2015).

La Figura 30 presenta la evolución de la temperatura a lo largo de los últimos 830 000 años, basada en los datos *proxy* anteriormente mencionados. En la gráfica, con la forma típica en diente de sierra, se pueden observar ocho ciclos, de algo más de 100 000 años cada uno como promedio, similares al representado en la Figura 29. Mediante trazos cortos horizontales, se han representado los 21 episodios MIS cálidos (parte superior) y fríos (parte inferior), según los datos publicados por Railsback *et al.* (2015). En esta figura se observa que la alternancia entre periodos cálidos y fríos muestra una cierta ciclicidad, y es interesante constatar que si se divide la duración total del periodo representado en la gráfica (830 000 años), por el número de episodios MIS detectados (20), se obtiene una duración promedio de 41 500 años para cada uno de ellos. Es decir, la duración calculada por Milutin Milankovitch para el segundo ciclo, sugiriendo que el ritmo de alternancia de los MIS está controlado por las variaciones en la oblicuidad del eje de rotación terrestre.

En la Figura 31 se presenta de nuevo, para el intervalo temporal de los últimos 250 000 años, la evolución de la temperatura a partir de datos *proxy* obtenidos en testigos de hielo de Vostok de la Antártida (línea de color rosado) y la evolución de la insolación, es decir, la cantidad de calor proveniente de la radiación solar recibida por metro cuadrado (línea negra), calculada de acuerdo con los ciclos de Milankovitch. La comparación entre ambas curvas permite comprobar que, en general, existe una excelente correlación entre los periodos fríos y los mínimos de insolación, mientras que los periodos cálidos se sitúan en coincidencia con los máximos de radiación solar, aunque evidentemente la correlación no es perfecta. En especial, la disarmonía entre ambas gráficas es más acusada entre -135 000 y -180 000 (años antes del presente), por lo que sería muy interesante estudiar en detalle este periodo y comprobar los acontecimientos geológicos que podrían a ver influido en la divergencia observada entre ambos parámetros, como, por ejemplo, algún episodio volcánico intenso.

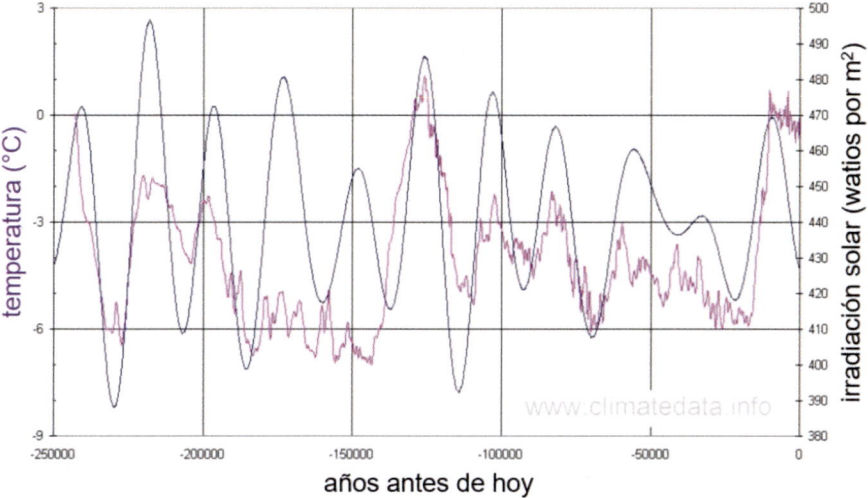

Figura 31. Evolución comparada de la temperatura y de la insolación durante los últimos 250 000 años. Véase la explicación en el texto. Fuente: www.climatedata.info.

Algunas de las discrepancias detectadas entre ambas curvas pueden ser explicadas por las variaciones en insolación asociadas al tercer ciclo de Milankovitch, la precesión asociada al cabeceo del eje rotatorio de la Tierra, con una duración 19 000-23 000 años de duración. Estos ciclos serían responsables de las etapas más extremas, más frías y calurosas, dentro de los ciclos de duración más larga, es decir, de los 11 máximos de insolación que aparecen en la Figura 31.

Si fijamos nuestra atención en la mitad derecha de esta gráfica, que corresponde al periodo comprendido desde hace 120 000 años hasta la actualidad, se puede apreciar la superposición entre 3 ciclos de unos 41 000 años (correspondientes a la oblicuidad) y a 5 ciclos de unos 23 000 años asociados a la precesión, que a su vez se superponen al ciclo de larga duración, unos 100 000 a 110 000 años, correspondiente a la excentricidad. Es decir, que la representación gráfica de la evolución térmica tiene una geometría compleja como consecuencia de la superposición de tres ciclos con periodicidades diferentes.

Es evidente que, si la órbita de la Tierra alrededor del Sol fuera permanentemente un círculo perfecto, sin excentricidad, no hubiesen existido variaciones en la insolación y no habrían existido épocas glaciales de unos 100 000-110 000 años de duración, ni tampoco las habría en el futuro. Teniendo en cuenta que el ser humano no tiene capacidad para forzar al planeta a mantener una trayectoria perfectamente circular en su órbita, es inevitable la futura aparición de otra época glacial, inevitable e independiente del porcentaje de CO_2 que exista en la atmósfera.

Los registros térmicos obtenidos por medio de los *proxies* correspondientes a los últimos centenares de miles de años, indican que los periodos cálidos glaciares e interglaciares tienen una duración variable entre 11 000 y 30 000 años. Sin embargo, como señala claramente la línea color malva de la Figura 31, esos episodios marcan tan solo una tendencia general y entre ellos se intercalan siempre alternancias de periodos fríos y cálidos de más corta duración, corroborados por los episodios MIS antes mencionados.

Como se desprende de las explicaciones detalladas en las páginas anteriores, en la actualidad se dispone de los conocimientos astrofísicos suficientes para calcular la energía solar que puede recibir la Tierra en cualquier lugar y para cualquier fecha. La tecnología actual, gracias a los potentes ordenadores, permite realizar en pocos segundos los cálculos que a Milan Milankovitch, a John Nelson Stockwell y a Ludwig Pilgrim les costaron años. Pero esta capacidad de cálculo no implica que el comportamiento del clima, en detalle, pueda predecirse con exactitud y los parámetros que lo controlan funcionen como un mecanismo de relojería. Debe tenerse en cuenta que los numerosos factores que intervienen en el clima son muy variables e interfieren unos con otros, ya que a las variables orbitales ya descritas deben superponerse las variaciones atmosféricas y otros parámetros cósmicos, tal y como será descrito a continuación. La superposición de todas estas variables hace que la evolución climática, el comienzo y la duración de los ciclos mencionados, escape a la capacidad de predicción de los modelos informáticos desarrollados hasta la fecha.

Un ejemplo sencillo (aunque, como todos los ejemplos, con limitaciones) para explicar la complejidad de las interacciones entre múltiples parámetros, puede ser el de los ciclos de las mareas. El repetitivo cambio de pleamar y bajamar cada 6 horas aproximadamente es cierto y previsible, pero el inicio y la duración exacta de cada marea, así como también su altura e intensidad, varían constantemente por los incesantes cambios respectivos entre las posiciones de la Luna, la Tierra y el Sol, además del tamaño y forma de cada masa de agua, ya sea mar u océano.

5.2. Nuestro Sol pulsante y la radiación cósmica

Además de los factores planetarios, es decir, los factores astrofísicos que causan los cambios de la órbita terrestre alrededor del Sol y por consecuencia influyen en los cambios climáticos en nuestro planeta, existen también oscilaciones de la actividad solar a corto plazo que modifican la intensidad de la insolación e influyen finalmente en las temperaturas superficiales de la Tierra. En el caso de los cambios orbitales, se trata de ciclos de muchas decenas de miles de años de duración, mientras que las variaciones de actividad solar, los *ciclos heliofísicos* tienen duraciones más cortas, de «solo» varias docenas o cientos de años. Y por ello, al contrario que los anteriores, por ser más breves, pueden llegar a observarse y sentirse, durante el intervalo de una vida humana.

En el interior del Sol tienen lugar permanentemente poderosas reacciones nucleares, donde átomos de hidrógeno se fusionan formando átomos de helio, a temperaturas de alrededor de unos 15 millones de grados centígrados y elevadísimas presiones. En la superficie del Sol, en la llamada fotósfera, lo que observamos en el cielo como un astro amarillo, reinan temperaturas de hasta 5700 grados. Desde ahí, la energía del Sol se emite radialmente hacia el universo, y una parte de esa radiación electromagnética, es recibida en la Tierra en forma de luz y calor. Además, como se mencionó en el Capítulo 1, la radiación solar contiene rangos de frecuencia invisibles para el ojo humano, como son la radiación de rayos X, de ondas cortas, las radiaciones ultravioletas (UV), las radiaciones infrarrojas y las radiaciones de ondas larga (recordar la Figura 5).

Debe tenerse en cuenta que el interior del Sol actúa como un imán gigantesco, como una dínamo, con una estructura interna formadas por capas de plasma y sus correspondientes campos magnéticos que están sujetos a modificaciones continuas. Estas inducen variaciones y cambios en las radiaciones electromagnéticas solares, que pueden ser medidas y analizadas desde la Tierra, desde satélites en el Espacio y ahora, muy especialmente, también por la plataforma *Parker Solar Probe*, en maniobra de aproximación al Sol, esperando que se acerque a él, en el año 2024 hasta menos de 7 millones de kilómetros.

Las pulsaciones del Sol se manifiestan en la variación de la intensidad de su radiación, en los cambios de su diámetro (de cerca de 1,4 millones de kilómetros, unas 110 veces el radio de la Tierra) y también en su movimiento de rotación, modificando el valor de la denominada *constante solar*[3], y por ello afectando a la temperatura y el clima terrestre. Es evidente por tanto que la constante solar, al contrario de la

---

[3] Se denomina «constante solar», o «irradiancia solar total», a la cantidad de energía recibida en forma de radiación del Sol por unidad de tiempo y unidad de superficie, medida en la parte externa de la atmósfera terres-

opinión expresada en libros de textos antiguos, donde se afirmaba que es constante, se trata de un parámetro sujeto a variaciones periódicas como consecuencia de la actividad solar y la insolación cambiante. O, mejor dicho, pulsante.

El origen de las pulsaciones del Sol está relacionado con sus corrientes de convección internas y con las influencias de las órbitas de los planetas a su alrededor. No debe olvidarse que, a fin de cuentas, existe una interrelación entre todos los cuerpos del universo, y que también la posición y el movimiento de nuestro sistema solar ejerce su influencia en la Vía Láctea, esa galaxia espiral a la que pertenece nuestro sistema solar y que modula las pulsaciones de nuestro Sol.

Los procesos de pulsación energética del Sol causan erupciones solares periódicas, muy espectaculares, que actualmente seguimos en tiempo real con nuestros satélites de observación y telescopios solares en tierra, provocando erupciones y chorros violentos de plasma, expulsado desde el interior del Sol, alcanzando una gran altura por encima de su superficie (Figura 32). Estas erupciones tienen un tamaño enorme, pudiendo alcanzar diámetros de decenas de miles de kilómetros y alturas de miles de kilómetros, y algunas de ellas llegan a ser varias veces más grandes que el diámetro de la Tierra, unos 12 756 kilómetros.

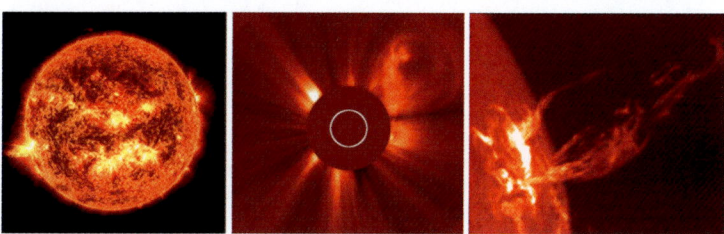

Figura 32. Las erupciones solares provocan verdaderas fuentes y chorros violentos de plasma que son manifestaciones de las pulsaciones energéticas del Sol. Estas erupciones, también conocidas como tormentas solares, tienen gran influencia en la intensidad del viento solar, que al llegar a la Tierra pueden causar verdaderas tormentas protónicas y geomagnéticas. Fuente: *Solar Dynamic Observatory* (www.sdo.gsfc.nasa.gov).

---

tre, en un plano perpendicular a los rayos del Sol. El valor obtenido de las mediciones de satélites y aceptado actualmente es de 1361 W/m².

Años	Números	Años	Números	Años	Números	Años	Números	Años	Números
1750	83,4 Máx.	1800	14,5	1850	66,5	1900	9,5	1950	83,9
1751	47,7	1801	34,0	1851	64,5	1901	2,7 Mín.	1951	69,4
1752	47,8	1802	45,0	1852	54,2	1902	5,0	1952	31,5
1753	30,7	1803	43,1	1853	39,0	1903	24,4	1953	13,7
1754	12,2	1804	47,5 Máx.	1854	20,6	1904	42,0	1954	3,7 Mín.
1755	9,6 Mín.	1805	42,2	1855	6,7	1905	63,5 Máx.	1955	40,5
1756	10,2	1806	21,1	1856	4,3 Mín.	1906	53,8	1956	141,7
1757	32,4	1807	10,1	1857	22,8	1907	62,0	1957	190,2 Máx.
1758	47,6	1808	8,1	1858	54,8	1908	48,5	1958	148,8
1759	54,0	1809	2,5	1859	93,8	1909	43,9	1959	159,0
1760	62,9	1810	0,0 Mín.	1860	95,7 Máx.	1910	18,6	1960	112,3
1761	85,9 Máx.	1811	1,4	1861	77,2	1911	5,7	1961	53,9
1762	61,2	1812	5,0	1862	59,1	1912	3,6	1962	37,6
1763	45,1	1813	12,2	1863	44,0	1913	1,4 Mín.	1963	27,9
1764	36,4	1814	13,9	1864	47,0	1914	9,6	1964	10,2 Mín.
1765	20,9	1815	35,4	1865	30,5	1915	47,4	1965	15,0
1766	11,4 Mín.	1816	45,8 Máx.	1866	16,3	1916	57,1	1966	47,0
1767	37,8	1817	41,1	1867	7,3 Mín.	1917	103,9 Máx.	1967	93,6
1768	69,8	1818	30,4	1868	37,3	1918	80,6	1968	105,8 Máx.
1769	106,1 Máx.	1819	23,9	1869	73,9	1919	63,6	1969	105,5
1770	100,8	1820	15,7	1870	139,1 Máx.	1920	37,7	1970	104,5
1771	81,6	1821	6,6	1871	111,2	1921	26,1	1971	66,7
1772	66,5	1822	4,0	1872	101,7	1922	14,2	1972	68,9
1773	34,8	1823	1,8 Mín.	1873	66,3	1923	5,8 Mín.	1973	38,0
1774	30,6	1824	8,5	1874	44,7	1924	16,7	1974	34,5
1775	7,0 Mín.	1825	16,6	1875	17,1	1925	44,3	1975	15,5
1776	19,8	1826	36,3	1876	11,3	1926	63,9	1976	12,6 Mín.
1777	92,5	1827	49,7	1877	12,2	1927	69,0	1977	27,5
1778	154,4 Máx.	1828	62,5	1878	3,4 Mín.	1928	77,8 Máx.	1978	92,5
1179	125,9	1829	67,0	1879	6,0	1929	65,0	1979	155,4
1780	84,8	1830	71,0 Máx.	1880	32,3	1930	35,7		
1781	68,1	1831	47,8	1881	54,3	1931	21,2		
1782	38,5	1832	27,5	1882	59,7	1932	11,1		
1783	22,8	1833	8,5 Mín.	1883	63,7 Máx.	1933	5,6 Mín.		
1784	10,2 Mín.	1834	13,2	1884	63,5	1934	8,7		
1785	24,1	1835	56,9	1885	52,2	1935	36,0		
1786	82,9	1836	121,5	1886	25,4	1936	79,7		
1787	132,0 Máx.	1837	138,3 Máx.	1887	13,1	1937	114,4 Máx.		
1788	130,9	1838	103,2	1888	6,8	1938	109,5		
1789	118,1	1839	85,8	1889	6,3 Mín.	1939	90,4		
1790	89,9	1840	63,2	1890	7,1	1940	67,5		
1791	66,6	1841	36,8	1891	35,6	1941	49,1		
1792	60,0	1842	24,2	1892	73,0	1942	30,6		
1793	46,9	1843	10,7 Mín.	1893	84,9 Máx.	1943	15,2		
1794	41,0	1844	15,0	1894	78,0	1944	9,6 Mín.		
1795	21,3	1845	40,1	1895	64,0	1945	33,1		
1796	16,0	1846	61,5	1896	41,8	1946	92,4		
1797	6,4	1847	98,5	1897	26,2	1947	151,5 Máx.		
1798	4,1 Mín.	1848	124,3 Máx.	1898	26,7	1948	136,2		
1799	6,8	1849	95,9	1899	12,1	1949	135,1		

Tabla 2. Listado del promedio anual de manchas solares observadas entre 1750 y 1979. Durante los 221 años transcurridos desde el mínimo de 1755 hasta el mínimo de 1976, ha habido 20 mínimos en el número de manchas solares, lo que corresponde a una periodicidad media de unos 11 años. La evolución posterior de las manchas solares hasta la actualidad, está representada en la Figura 33. Fuente: Aemet (1981).

Junto con las erupciones solares aparecen también chorros de plasma, con temperaturas de hasta 7000 grados y, en la superficie del Sol, puede observarse la aparición de las famosas *manchas solares*, con temperaturas algo más bajas. Estas manchas solares representan zonas más frías que su entorno (unos 1000-1600 °C por debajo de las erupciones de plasma) y por eso aparecen más oscuras y se pueden distinguir desde la Tierra. Desde tiempos muy antiguos, los hombres han observado las manchas solares, comprobando que su número varía permanentemente y considerándolo como un índice de la actividad solar. Recientemente, al poder observarlas y medirlas desde los satélites, se ha podido comprobar que están directamente relacionadas con la intensidad de la insolación.

Los ciclos de actividad solar (y de las tormentas solares y de las manchas solares que de ellos se derivan), están relacionados con los cambios de la polaridad del campo magnético solar. Las observaciones realizadas desde tiempos inmemoriales han comprobado que tienen una periodicidad media de unos 11 años, a lo largo de los cuales se alternan máximos y mínimos, tal y como se puede apreciar en ver la Tabla 2 y la Figura 33. Esta periodicidad es conocida como *ciclo de Schwabe*, en honor a su descubridor, el astrónomo y botánico Samuel Heinrich Schwabe (1789-1875). Además, existe otro ciclo de manchas solares, llamado *ciclo de Hale*, de unos 22 años de duración media, que consiste en dos ciclos de Schwabe con polaridad opuesta.

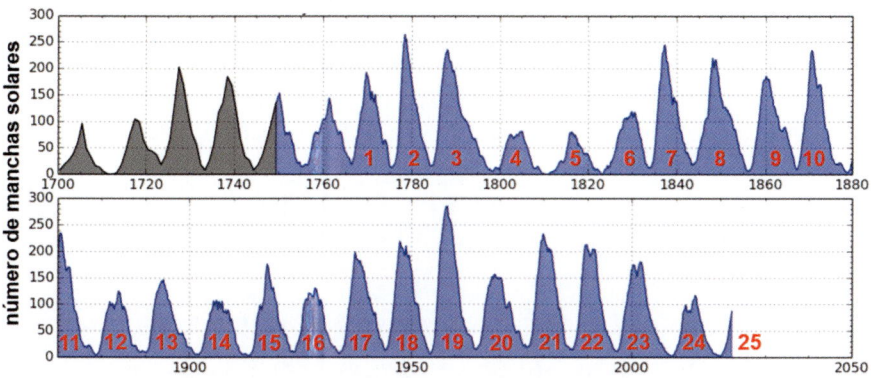

Figura 33. Evolución en el número de manchas solares desde 1700 hasta la actualidad. El periodo comprendido entre 1700 y 1749 (en gris), corresponde al compendio de observaciones diversas. El periodo posterior, representado en azul, donde están numerados los últimos 25 ciclos, se corresponde con los valores promedio obtenidos a partir de observaciones mensuales. Fuente: Sunspot Index and Long-term Solar Observations (www.bis.sidc.be).

123

En la práctica, esta periodicidad implica que cada 22 años la polaridad vuelve a ser la misma. Fue el astrónomo americano George Ellery Hale quien lo descubrió en 1908.

Hay un hecho curioso en la distribución geográfica de las manchas en la superficie del Sol, y que es digno de atención. Al comienzo de un nuevo ciclo, estas aparecen primero en latitudes «heliográficas» medianas (+/-35° respecto del ecuador solar), luego empiezan a desplazarse hacia zonas más ecuatoriales y llegan a su número mínimo al situarse a unos +/-15° de latitud. Los dibujos que produce esta distribución espacial y temporal se llaman *diagramas de mariposa* (ver Figura 34).

Los ciclos solares de 11 años de duración son muy importantes para la agricultura, por su influencia en la intensidad de precipitaciones y los periodos de sequía sobre los continentes, especialmente en regiones semidesérticas, como, por ejemplo, en Namibia, al suroeste de África, donde es muy importante prever la aparición de períodos de poca o nula precipitación. En este sentido, se ha podido observar cierta relación entre las cantidades máximas de manchas solares y los picos de precipitación, aunque con un cierto desplazamiento de pocos años (Uhlig, 2022) y, evidentemente, teniendo también en cuenta también las particularidades climáticas locales del Atlántico Sur.

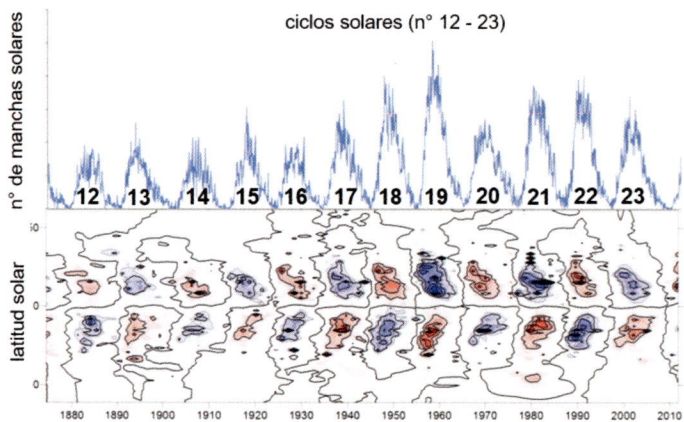

Figura 34. La gráfica superior representa la evolución del número de manchas solares durante los últimos 140 años, mostrando una distribución periódica: los ciclos numerados como 12 a 23. La gráfica inferior corresponde al *diagrama de mariposas* de la distribución espacial y temporal durante esos mismos ciclos, véase la explicación en el texto. Fuente: www.climatedata.info.

Estudiando con detalle las relaciones entre las precipitaciones en Europa y las oscilaciones de la actividad solar durante 114 años, entre 1901 y 2015, se pudo comprobar la significativa influencia de los ciclos de manchas solares en el régimen de lluvias (Laurenz *et al.*, 2019, véase la Figura 35).

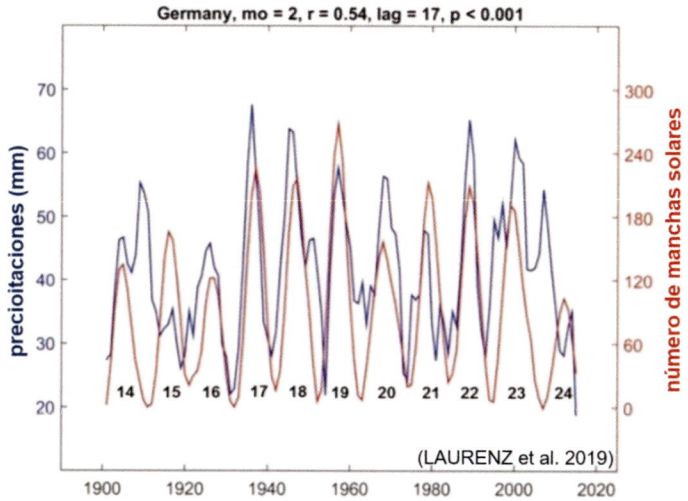

Figura 35. Evolución comparada entre la actividad solar (nº de manchas solares, en rojo, eje Y derecho) y las precipitaciones registradas en los meses de febrero en Alemania, entre 1901 y 2015 (en azul, eje Y izquierdo). Para esta gráfica, se han elegido los datos del mes de febrero, por ser los que presentan una mejor correlación. Fuente: Laurenz *et al.* (2019).

Además, puede verificarse que los aumentos de las precipitaciones preceden unos 3-4 años al mínimo de la actividad solar, es decir, en el momento cuando el número de machas solares empieza a descender. Un aplazamiento parecido de varios años, se presenta también para la Oscilación del Atlántico Norte (NAO) que está controlada por la actividad solar (ver el Capítulo 1).

Durante los últimos 20 años, estos fenómenos, relaciones y dependencias se están investigando intensivamente y se demuestra cada vez más la complejidad de la relación entre la actividad solar, las temperaturas de los océanos, los fenómenos meteorológicos y el clima, especialmente cuando se superponen los diferentes ciclos solares y oceánicos. Sin embargo, como han denunciado prestigiosos divulgadores científicos, como, por ejemplo, Nigel Calder (1931-2014, periodista científico británico), desde finales del siglo XX, los estudios de cambio climático se han focalizado sobre las consecuencias del efecto invernadero relacionadas con el aumento del dióxido de carbono en la atmósfera, ignorando las significativas influencias de las variaciones en la radiación solar.

Porque además de las variaciones en insolación inducidas por los cambios en las manchas solares, existe otro proceso que afecta a la cantidad de energía que llega a la Tierra desde el Sol, la radiación cósmica. Se ha mencionado anteriormente lo fácil que resulta comprobar como experimentamos una sensación de ligero enfriamiento cuando, en un día soleado, se interpone una nube en la trayectoria de los rayos solares. ¿Qué ocurriría si existiese un proceso que, por su naturaleza, afectase de forma continua y sistemática a la cantidad de nubes que cubren el conjunto del planeta?

Conocemos bien que las nubes se forman cuando el aire, calentado por la irradiación del calor terrestre, se eleva hasta que llega a su punto de rocío y se condensa el vapor de agua en forma de gotas muy pequeñas o en cristalitos de hielo. La formación de nubes, además, se ve favorecida por la presencia de partículas en suspensión (polvo o incluso sal, por ejemplo), que actúan como núcleos para favorecer la condensación. Pero este proceso puede verse además estimulado por otro fenómeno adicional, por otro tipo de radiación diferente a la proveniente del Sol. Desde principio del siglo XX se sabe que el planeta está siendo constantemente bombardeado por partículas subatómicas, a cuyo flujo se ha bautizado, atendiendo a su proveniencia desde el espacio exterior, como *radiación cósmica*. Estas radiaciones, al interactuar con las partículas en suspensión de la atmósfera, son capaces de transmitirles cargas eléctricas (ionizarlas), proporcionando así un estímulo complementario para favorecer la nucleación y la formación de nubes. Pero resulta que, del mismo modo que ocurre en otros muchos procesos naturales, el flujo de radiación cósmica no es constante a lo largo del tiempo. Y, ¿cuáles son las causas de esas fluctuaciones?

En primer lugar, debemos buscar las causas en nuestra estrella más cercana, el Sol. El enorme flujo de radiación procedente de nuestro astro rey, interfiere con la radiación cósmica, dificultando la entrada de esta última en la atmósfera terrestre. Es como si una especie de viento, el *viento solar*, empujase a la radiación cósmica hacia otro sitio. Y evidentemente, ese viento solar será más fuerte cuando más intensa es la actividad en la superficie del Sol. Es decir, que cuantas más manchas solares haya, mayor será la fuerza del viento solar, tal y como está representado gráficamente en la Figura 36. Las consecuencias de esta interferencia entre radiaciones, no hace más que acentuar los procesos ya descritos anteriormente. Es decir, cuanto más activo sea el Sol, cuantas más manchas solares tenga, menos radiación cósmica llegará a la Tierra; a menor radiación cósmica, menor formación de nubes, y por lo tanto mayor insolación, lo que producirá un aumento de temperatura. Por el contrario, la ausencia o disminución de las manchas solares producirá un descenso de la insolación y en un enfriamiento de los océanos y de la atmósfera terrestre (Svensmark *et al.*, 2017).

En la Figura 36 se puede comprobar gráficamente la correlación inversa que existe entre el número de manchas solares (es decir, el índice de actividad solar) y la radiación cósmica que llega a la Tierra. Se ha observado que este fenómeno, la incidencia de la radiación cósmica en la formación de nubes, es más pronunciado encima de los continentes que sobre los océanos, lo cual justifica por qué la distribución de los continentes y océanos es de gran importancia para entender la distribución de la formación de las nubes y de las precipitaciones.

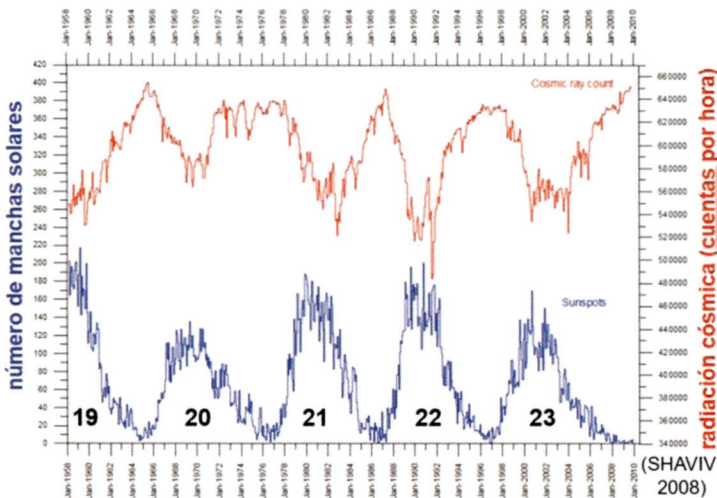

Figura 36: Representación gráfica de la evolución de la actividad solar (ciclos 19 a 23 entre los años de 1958 y 2010) y de la intensidad de la radiación cósmica que llega a la Tierra. La gráfica muestra el comportamiento opuesto de ambos parámetros, de forma que una actividad solar intensiva (curva azul, eje Y izquierdo), reducen o casi bloquean a la radiación cósmica (curva roja, eje Y derecho). Véase la explicación en el texto. Fuente: Shaviv (2008).

Además de los ciclos cortos de la actividad solar ya descritos, con 11 y 22 años de duración, se han reconocido también otros más largos, como son el *ciclo de Gleissberg* (de unos 70-90 años); el *ciclo de Suess*, llamado también ciclo de Vries en honor al biofísico holandés Hessel de Vries (de unos 200-230 años); el *ciclo de Eddy*, dedicado al astrónomo John Allen Eddy (de unos 1000 años de duración) y el *ciclo de Hallstatt*, de unos 2000-2300 años (USGS Fact Sheet 2000). En realidad, estos ciclos más largos de la actividad solar pueden considerarse como múltiplos del ciclo de Hale de 22 años de duración. En consecuencia, a lo largo del tiempo se produce una superposición continua de estos ciclos solares, que dificulta la descomposición en los ciclos individuales que lo integran. Uno de los aspectos más interesantes del análisis del conjunto de estos ciclos es la posibilidad de apoyar los pronósticos sobre la evolución futura de la temperatura en la Tierra.

Utilizando estos criterios, en la Figura 22 se había realizado una proyección hacia el futuro, basada en la superposición de los ciclos de unos 230 y 1000 años de duración aproximada, que llegaron a sus máximos respectivos al iniciarse el siglo XXI. En ese momento, al superponerse, aumenta su influencia en la evolución de la temperatura, explicando así el aumento de las temperaturas globales experimentado al final del siglo XX e inicio del siglo XXI, del mismo modo que ocurrió durante los óptimos climáticos de la Edad Media y de la Época Romana, tal y como puede apreciarse en la gráfica.

De acuerdo con esta información, se puede llegar a la conclusión de que la Tierra, durante los próximos siglos, iniciará un nuevo ciclo de descenso de temperatura similar al de la Pequeña Edad de Hielo. Debe tenerse en cuenta que estas interpretaciones están fundamentadas en sólidas observaciones de la actividad solar, que pueden ser contrastadas con datos históricos, especialmente evidentes durante tres períodos de muy poca actividad solar registrados durante las postrimerías de la Edad Media y los siglos siguientes. Dichos periodos, cada uno de ellos coincidente con momentos de mínimos en el número de manchas solares, han sido bautizados como los mínimos de Spörer (siglo XV), de Maunder (siglo XVII) y de Dalton (entre 1790 y 1830). Estos tres períodos coinciden con la etapa conocida como Pequeña Edad de Hielo, entre 1500 y 1850 (Sirocko, 2012). Los datos históricos atestiguan que esta época se caracterizó por las malas cosechas, con la consiguiente subalimentación de la población y la aparición de epidemias como la peste.

Posteriormente, durante la segunda mitad del siglo XIX, aparece una tendencia creciente en el número de manchas solares, como se aprecia claramente en la Figura 33. Es decir, que durante los últimos 180 años hemos estado dentro de un ciclo creciente de la actividad solar. Entonces, ¿cómo puede sorprendernos que las temperaturas de la atmósfera terrestre hayan subido del mismo modo que lo hicieron al final de los periodos fríos (las migraciones céltica y gótica) representados en la Figura 22?

En este contexto, es esencial recordar que la mayor parte de los estudios sobre la evolución climática actual se basan en los datos registrados desde el inicio de la época industrial, hacia 1850. Es decir, el mismo momento aproximadamente en que se inicia el ciclo actual de creciente actividad solar. Entonces, ¿puede considerarse científicamente correcto atribuir la responsabilidad exclusiva del aumento de temperatura a la actividad antrópica, ignorando la incidencia climática de las variaciones en la radiación solar? La realidad es que existen pruebas y datos muy sólidos para confirmar que la enorme influencia climática de la radiación solar no está siendo debidamente considerada.

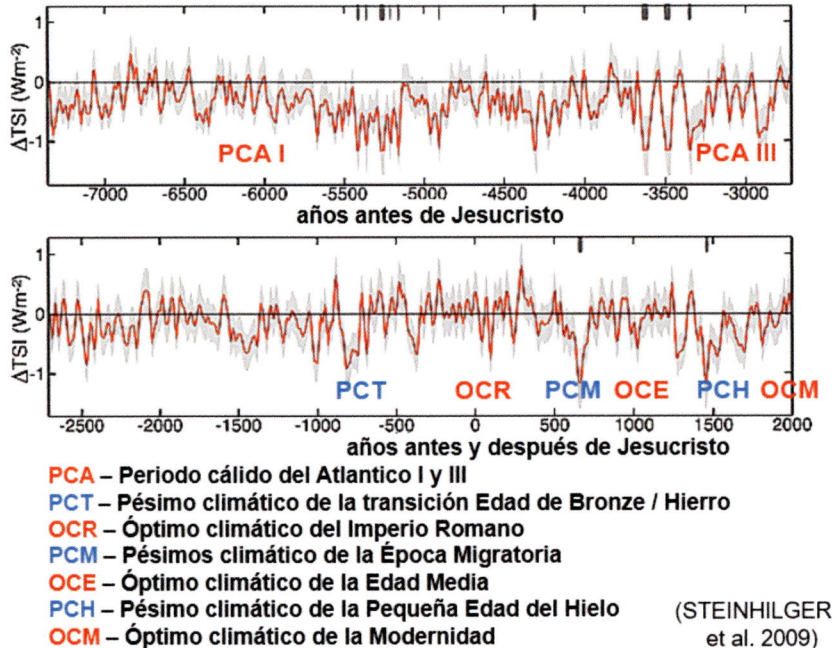

PCA – Periodo cálido del Atlantico I y III
PCT – Pésimo climático de la transición Edad de Bronze / Hierro
OCR – Óptimo climático del Imperio Romano
PCM – Pésimos climático de la Época Migratoria
OCE – Óptimo climático de la Edad Media
PCH – Pésimo climático de la Pequeña Edad del Hielo
OCM – Óptimo climático de la Modernidad

(STEINHILGER et al. 2009)

Figura 37. Representación de la evolución de diferencias de temperaturas respecto al valor de referencia de 1986, calculadas a partir de los valores de insolación total (TSI - *Total Solar Irradiance*, eje Y izquierdo: energía en watios/m²) a lo largo de los últimos 9000. Véase la explicación en el texto. Fuente: Steinhilger *et al.* (2009).

En la Figura 37 se ha representado gráficamente en color rojo, la evolución de la diferencia de temperatura en cada momento respecto de un valor de referencia correspondiente al año 1986 (el «cero» de la línea horizontal), durante los últimos 9000 años. Dichas diferencias han sido calculadas a partir de las diferencias de insolación (TSI - *Total Solar Irradiance*), que a su vez han sido estimadas a partir de las concentraciones de un indicador *proxy*, el isótopo de ^{10}Be en testigos de hielo (Steinhilber *et al.*, 2009). Los tonos grises representan el margen de error de los cálculos realizados. Adicionalmente, se mencionan los distintos períodos históricos de tiempos cálidos en color rojo y los fríos en azul.

Es muy llamativo comprobar como los períodos de más bajas temperaturas documentados históricamente (ver también la Figura 38) coinciden con períodos de baja actividad solar, mientras que las etapas de temperaturas elevadas (incluyendo el Óptimo Climático Moderno, OCM), se corresponden con períodos de elevada energía solar.

La Figura 37 aporta argumentos adicionales para confirmar todavía más el papel relevante de los ciclos solares, ya que se observa cómo entre los periodos fríos de la Invasión Migratoria (PCM) y de la Pequeña Edad de Hielo (PCH), hay un lapso de tiempo de unos 1000 años, similar al que existe entre los óptimos climáticos de la Época Romana (OCR) y de la Edad Media (OCE). Y mil años después, con la periodicidad prevista por los ciclos de Eddy, llegamos al actual *Óptimo Climático Moderno*. Es importante recordar aquí que, durante estos últimos óptimos climáticos, las temperaturas fueron hasta 1 o 2 °C más altas que las de hoy, y que los límites de cultivo agrícola ascendieron en las montañas unos 200 metros en altitud por encima de los niveles actuales.

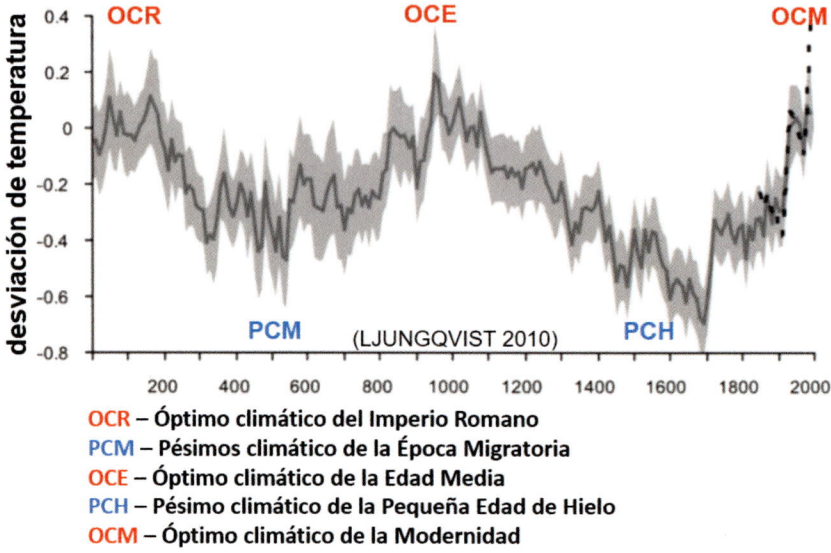

OCR – Óptimo climático del Imperio Romano
PCM – Pésimos climático de la Época Migratoria
OCE – Óptimo climático de la Edad Media
PCH – Pésimo climático de la Pequeña Edad de Hielo
OCM – Óptimo climático de la Modernidad

Figura 38: Representación de la evolución de diferencias de temperaturas, respecto al valor de referencia basado en la temperatura media entre 1961 y 1990, en el hemisferio norte durante los dos últimos milenios. En rojo y en azul, respectivamente, se mencionan las abreviaturas de las distintas épocas históricas con temperaturas más elevadas y frías. La línea de puntos en el extremo derecho representa una simulación realizada por el autor. Fuente: Ljungqvist (2010).

Podemos ahora preguntarnos, si los datos sobre la actividad solar nos permiten explicar la evolución climática de los últimos milenios, ¿pueden ayudarnos también a comprender lo que ha ocurrido durante las últimas décadas? De acuerdo con los datos registrados, los años 2008 y 2010 tuvieron baja actividad solar, y estuvieron caracterizados por crudos inviernos en el hemisferio norte. Lo mismo ocurrió en los inviernos de 1979 y 1999, con grandes nevadas que sembraron el caos en el centro de Europa. Estas intensas nevadas aparecen inmediatamente después de años con mínima actividad solar y al comienzo de nuevos ciclos de máximos de manchas solares (ciclos n°21 y n°22 en la Figura 33). Del mismo modo, los descensos súbitos de las temperaturas, con nevadas extremas al final de la primera decena del presente milenio se pueden atribuir a los efectos del actual mínimo de actividad solar entre los ciclos de manchas solares n°24 y n°25.

Y, ¿qué puede ocurrir en el futuro más inmediato? Es previsible que durante la transición de la década de los años 20 a los años 30 del actual siglo, aparezca un nuevo período de sequía seguido, pocos años más tarde, por fríos invernales y de nevadas extremas, al final del actual ciclo solar n°25. La gran duda que se plantea actualmente es confirmar si el actual ciclo solar sigue la tendencia de debilitación registrada durante los últimos cuatro ciclos o va a recuperar su fuerza. La debilidad de la actividad solar en el inicio del ciclo n°25, parece indicar que continua la tendencia regresiva, lo que explicaría también el actual estancamiento, es decir, una paralización relativa del calentamiento global.

Así lo sugiere la evolución registrada durante las dos últimas décadas, tal y como se puede apreciar en la Figura 39 donde se ha representado la desviación mensual (en grados centígrados, escala en el eje Y izquierdo) respecto de la temperatura global media registrada a lo largo del siglo xx, entre los años 1901 y 2000. La gráfica muestra claramente como los máximos, a partir del año 2016, tienen una tendencia descendente.

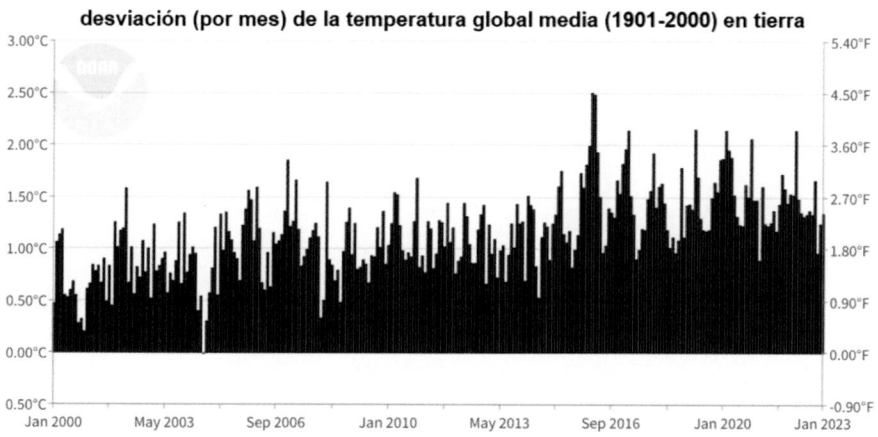

Figura 39: Desviación mensual de la temperatura media durante el periodo de 2000 al 2022. Véase la explicación en el texto. Fuente: NOAA *National Oceanic and Atmospheric Administration* (www.ncdc.noaa.gov).

Como se aprecia en la Figura 33, el número de manchas solares está disminuyendo a partir de los años 60 del siglo pasado, después del ciclo solar n°19. Es decir, que los vientos solares se están suavizando y la radiación cósmica que puede alcanzar la Tierra es más fuerte, lo que intensifica la formación de nubes encima de los océanos. Pero no debe olvidarse que las variaciones de la actividad solar son el resultado de la superposición de varios ciclos heliofísicos de diferente duración, tal y como ya ha sido descrito y se ha representado en la Figura 22. Si recordamos ahora que en las primeras décadas del nuevo milenio se superpusieron un ciclo de unos 230 años con otro de unos 1000 años de duración, de manera que ambos acababan de culminar sus respectivos máximos, es previsible que la evolución de la actividad solar siga disminuyendo durante las próximas décadas y los siglos venideros, lo que traerá consigo, de acuerdo la ciclicidad descrita, periodos de temperaturas más bajas. Si cambiamos ahora la escala temporal de observación, y en vez de centenas o millares de años, nos remontamos a periodos mucho más antiguos de la historia de la Tierra, podremos comprobar que desde hace muchos millones de años, la intensidad de la radiación solar ha tenido una importancia primordial en la evolución climática de nuestro planeta.

Las correlaciones entre insolación y clima descritas anteriormente han sido posibles gracias a los sofisticados instrumentos de medida hoy disponibles y a *proxies* relativamente de fácil acceso, como el hielo, los espeleotemas o los anillos de crecimiento de árboles, ya que (en términos geológicos y en comparación con la dilatadísima historia de la Tierra) se trata de épocas recientes. Pero ¿cómo extrapolar este tipo de razonamientos hacia tiempos muy remotos? Para ello se ha recurrido a otro tipo de variaciones en la intensidad de la radiación cósmica, cuya causa se sitúa fuera de nuestro sistema solar y que ha podido detectarse mediante el estudio de la composición de los meteoritos. En efecto, dichos objetos, al viajar por el espacio exterior, han sufrido el bombardeo de la radiación cósmica, que, en función de su intensidad, ha producido determinadas alteraciones en su composición isotópica. Para conocer la variación de la intensidad de las radiaciones a lo largo del tiempo, se ha seleccionado una serie de meteoritos de diferentes edades, lo que ha permitido obtener información correspondiente a los últimos 500 millones de años. La comparación con la temperatura se ha realizado mediante el *proxy* del isótopo de oxígeno ^{18}O presente en caparazones y conchas de fósiles de diferentes edades.

Los datos obtenidos se han representado conjuntamente en la gráfica de la Figura 40, donde la línea roja representa la evolución de la temperatura global y la radiación cósmica aparece representada por la línea negra. La gráfica ilustra de forma rotunda el carácter sincrónico de ambos parámetros, confirmando que las temperaturas tienden a ascender cuando disminuye la intensidad de la radiación cósmica (porque habría disminuido el nivel de formación de nubes), y viceversa. Nótese que la escala de la temperatura y de la radiación cósmica en la gráfica de la Figura 40 ascienden de formas opuestas, creciente hacia arriba a la izquierda para la temperatura, y al contrario, aumentando hacia abajo a la derecha, para la radiación cósmica.

También debe mencionarse que la comparación entre la Figura Figuras 40 y la Figura 19 ofrece geometrías muy diferentes, que pueden explicarse por las diferencias entre las escalas utilizadas, logarítmica en el caso de la Figura 19 y aritmética en la Figura 40. A pesar de esta diferente representación, los máximos de temperatura coinciden razonablemente bien entre ambas figuras, exceptuando los últimos millones de años, que la Figura 40 muestra una tendencia ascendente, opuesta a la de la Figura 19. En cualquier caso, para la mayor parte de los últimos 500 millones de años, es evidente que existe una estrecha correlación entre la evolución térmica y las variaciones de la radiación cósmica.

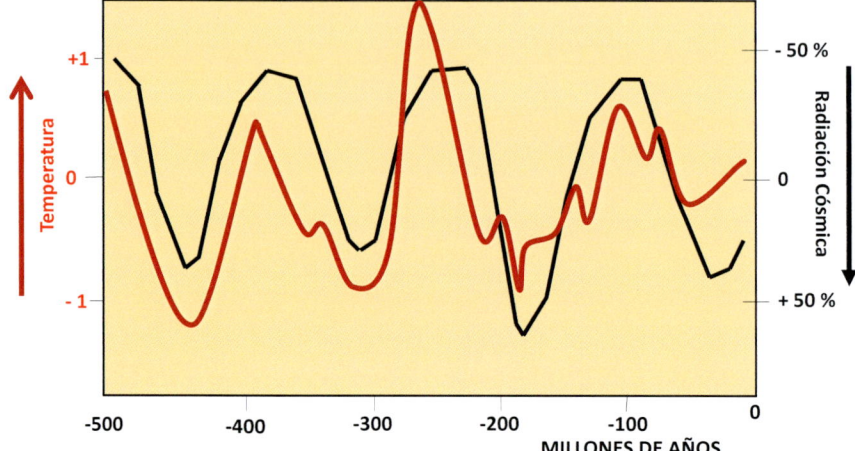

Figura 40. Comparación entre la evolución de la temperatura y las oscilaciones de la radiación cósmica registrada en la composición isotópica de los meteoritos. Véase la explicación en el texto. Fuente: gráfica basada en Shaviv, & Veizer (2003).

A la vista de la Figura 40, es inevitable invocar su comparación con la Figura 36, con una geometría idéntica para ciclos más recientes y de una duración mucho más breve, confirmando la solidez de las relaciones entre la radiación cósmica, la insolación y la evolución térmica del planeta. Por ello, se hace necesario volver a preguntarse: ¿por qué los estudios de cambio climático están focalizados sobre las consecuencias del efecto invernadero y el aumento del dióxido de carbono en la atmósfera, mientras se ignoran las consecuencias de las variaciones en las radiaciones solar y cósmica?

5.3. Clima, ¿*quo vadis*?

Tomando como base las observaciones descritas en las páginas anteriores y las conclusiones que de ellas se derivan, podemos formular algunas preguntas esenciales: ¿A dónde va el clima? ¿Qué le espera a la humanidad, a la flora y la fauna del planeta en un futuro próximo y lejano? Para responder a estas preguntas, ilustrando la relación entre los factores astrofísicos de los ciclos de Milankovitch y los factores heliofísicos del Sol pulsante, se recurrirá a un sencillo símil, aún a sabiendas de que un ejemplo de este tipo siempre corre el peligro de ser poco acertado. Imaginemos una sala grande y alta, iluminada por una bombilla antigua que cuelga del techo, una de esas bombillas cuya luz vacila inmediatamente cuando fluctúa la red eléctrica. La iluminación de esa sala dependerá de sus dimensiones (altura, longitud y anchura), de la altura donde pende la bombilla respecto del techo y, sobre todo, de su potencia lumínica y de la estabilidad en el suministro de la corriente eléctrica.

Cuando la bombilla reciba poca potencia y/o abunden las variaciones de corriente, la iluminación de la sala puede reducirse y ser oscilante. En este símil, la bombilla ejerce el papel del Sol pulsante, que en los ciclos anteriormente descritos, varía su potencia lumínica de forma que en la Tierra se detecta una insolación oscilante. Pero la iluminación de la sala depende también de la altura a la que está colocada la bombilla. Imaginemos ahora que la sala es el sistema solar y que la altura de la bombilla es variable, como ocurre con los ciclos de Milankovitch, acercando y alejando el suelo, el techo y las paredes de la fuente de luz. Es indudable que el ejemplo tiene limitaciones y es excesivamente sencillo. Para mejorarlo, debería suponerse una cierta capacidad giratoria de la bombilla, y además que la bombilla se quedase relativamente quieta (como es el caso del Sol), mientras que la sala cambia la posición, como hace la Tierra). En cualquier caso y a pesar de estas restricciones, puede comprenderse fácilmente que la iluminación recibida en cada punto de la habitación en cada momento, dependerá simultáneamente del movimiento de la bombilla y de las variaciones de la corriente eléctrica que hacen variar la potencia lumínica.

Como se ha descrito en la primera parte de este capítulo, a mediados del siglo pasado, Milutin Milancovitch calculó las variaciones pasadas y futuras de la insolación basándose en los ciclos astrofísicos que él consideró como decisivos. En la gráfica de la Figura 27, ya comentada, se ha representado la variación de la radiación solar hacia el pasado y hacia futuro, a partir de un momento determinado (en la gráfica se ha tomado el año 1950 como origen hacia el pasado y el futuro), dentro de un rango temporal total de unos 300 000 años. Puede observarse que las variaciones de insolación oscilan entre aumentos o disminuciones máximas del 3 % respecto de la línea horizontal central, un «cero» de referencia considerado como valor medio de todo el ciclo.

En el momento actual, en relación con los tres ciclos de Milankovitch, nos encontramos en el comienzo de un ciclo de unos 100 000 años, caracterizado por valores pequeños de la excentricidad. Eso quiere decir que, en estos momentos, la órbita de la Tierra es casi circular y, por lo tanto, la distancia Tierra-Sol es prácticamente continua, con variaciones mínimas, en comparación con los periodos donde la órbita es más elíptica (Berger, 1977).

Respecto al ciclo de la oblicuidad, el referido al cambio del eje rotatorio que tiene unos 42 000 años de duración, en el momento actual se ha recorrido ya una cuarta parte del mismo, y el ángulo de inclinación es ahora mismo de 23,4°, con tendencia a la disminución. A medida que el valor del ángulo vaya decreciendo, las diferencias de temperatura entre las estaciones invernales y veraniegas resultarán menos pronunciadas, lo que teóricamente debe favorecer la formación de nieve y hielo en las zonas polares. Pero no debe olvidarse que, actualmente, la Tierra se encuentra más próxima al Sol durante el invierno del hemisferio norte, y la posición más alejada coincide con el verano en este mismo hemisferio. En la posición más cercana, el Polo Norte recibe un 7 % más de energía solar que el Polo Sur cuando llega el invierno austral, seis meses más tarde, coincidiendo con el momento en que la Tierra está más alejada del Sol. Esta situación permite explicar por qué el hielo ártico está disminuyendo, mientras el hielo antártico aumenta en la actualidad.

Sin embargo, esta situación cambiará en el curso de los próximos 12 000 años, cuando se cierre el tercer ciclo de Milutin Milancovitch, el de la precesión o «bamboleo» del eje rotatorio del planeta, con una duración de entre 19 000 y 23 000 años. La principal diferencia que existe entre el momento presente y lo que ocurrió hace 12 000 años, cuando se inició la actual época interglaciar cálida, es que en aquel momento la inclinación del eje rotatorio era más pequeña que en la actualidad para favorecer el enfriamiento de la Tierra.

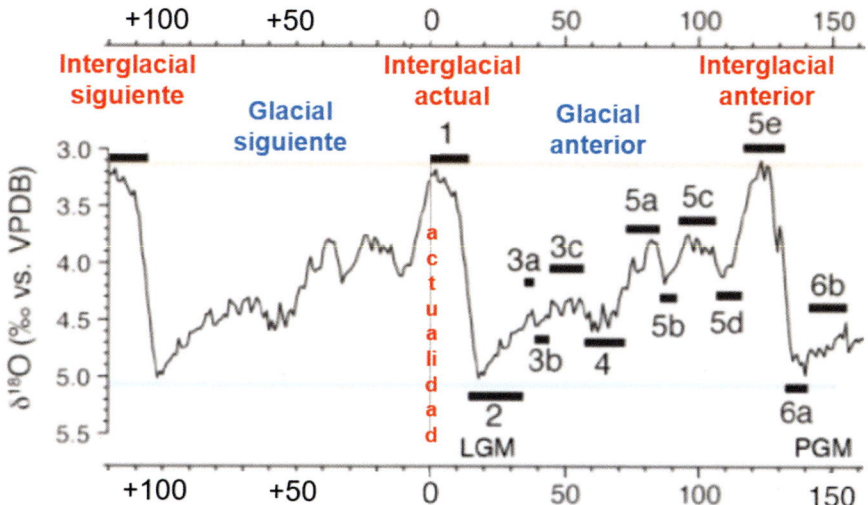

Figura 41: Extrapolación predictiva de la evolución climática para los próximos 120 000 años, basada en la evolución anterior registrada durante un periodo de la misma duración, en los datos MIS (estadios isotópicos marinos, véase Capítulo 1). Eje X: milenios antes (-) y después (+) de la actualidad. Eje Y: valores índice del parámetro *proxy* $\delta^{18}O$, indicador inversamente proporcional a la temperatura del agua del mar (los valores más pequeños indican temperaturas más elevadas). Véase también la Figura 30. Fuente: Uhlig (2024).

La época interglaciar cálida actual dura ya unos 12 000 años, lo que corresponde al promedio de la duración de una época interglaciar entre dos periodos glaciales. Tan solo este hecho, ya hace suponer que, de acuerdo con los ciclos seculares que se vienen sucediendo desde hace millones de años, pronto (en términos de la cronología geológica), deberemos hacer frente a una nueva glaciación. En la Figura 41 se ha intentado proyectar hacia el futuro la evolución climática para los próximos 120 000 años, reproduciendo los estadios isotópicos marinos MIS 1-6b (ver Figura 30) correspondientes a los últimos 120 000 años. Debe tenerse en cuenta que en la Figura 41, el pasado está representado desde el cero hacia la derecha de la gráfica, mientras que el futuro se representa hacia la izquierda. Evidentemente, el futuro desarrollo del clima y de las temperaturas no va a ser idéntico al de los últimos 120 000 años, pero, atendiendo a la historia anterior, caben pocas dudas de que su evolución, el próximo ciclo de enfriamiento será escalonado, de un modo similar a lo ocurrido durante las anteriores épocas glaciares.

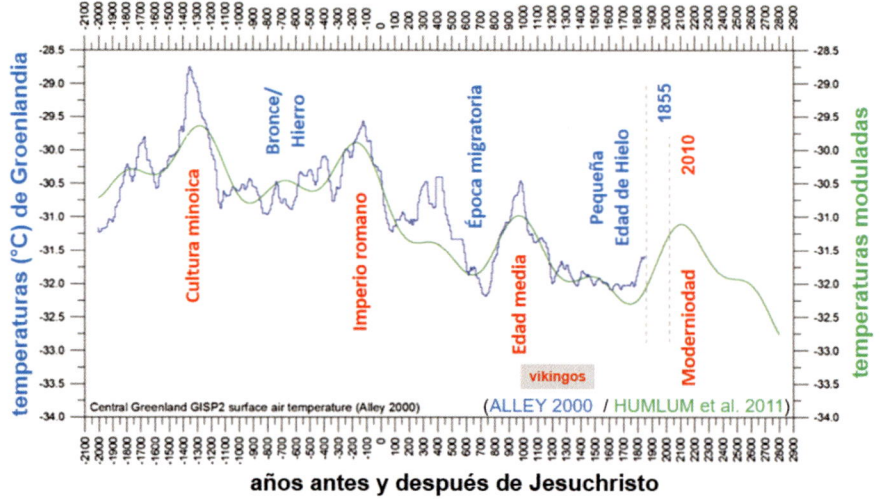

Figura 42: Evolución de la temperatura terrestre durante los últimos 4000 años, según los datos *proxy* obtenidos en testigos de hielo del sondeo GISP-2 en Groenlandia Central. Véanse las explicaciones en el texto. Fuente: Alley (2000).

En la Figura 42, se ha ampliado la parte central de la Figura 41, representando (véase la línea azul) la evolución térmica escalonada correspondiente a los últimos 4000 años, a partir de datos *proxy* obtenidos en los testigos de hielo del sondeo GISP-2 (*Greenland Ice Sheet Project* 2) de Groenlandia Central (Alley, 2000). Dicho sondeo, finalizado en 1993, atravesó completamente la capa de hielo de Groenlandia, llegando al sustrato rocoso a una profundidad de 3029 metros. El hielo atravesado en dicho sondeo corresponde a la evolución climática de los últimos 110 000 años, hasta el año 1850, que fue el hielo más «joven» detectado. Como consecuencia del calentamiento acaecido posteriormente a la Pequeña Edad de Hielo, las capas de hielo más recientes han desaparecido. De acuerdo con los datos de ese sondeo, Humlum *et al.* (2011) calcularon el desarrollo futuro de la temperatura para los siguientes 8 siglos, hasta el año de 2800 (línea verde en la Figura 42). En la gráfica, se pueden distinguir claramente los altibajos de temperatura correspondientes a los diferentes periodos cálidos y fríos registrados en Europa durante los últimos 4000 años, que en su conjunto, de forma aparentemente contradictoria con el ascenso actual de las temperaturas, marcan una tendencia descendente a lo largo de los últimos cuatro milenios.

De acuerdo con el pronóstico representado en la Figura 22, la Tierra se encuentra actualmente en el máximo del Óptimo Climático cálido de la Modernidad, a punto de iniciar el descenso hacia al siguiente periodo frío. En este contexto, es imprescindible no perder de vista que los océanos actúan como enormes acumuladores de calor (y de CO_2), guardando durante siglos y milenios la energía térmica que van cediendo paulatina y lentamente a la atmósfera, «taponando» el enfriamiento y dando lugar a un retardo en las consecuencias de las faltas de insolación derivadas de los ciclos planetarios y cósmicos. Ello implica que, aún podremos disfrutar de temperaturas templadas durante las próximas décadas, tal vez durante los próximos dos o tres siglos, antes de que las temperaturas medias globales desciendan uno o dos grados centígrados.

Dado el continuo ascenso y descenso en la evolución térmica, es difícil extrapolar hacia el futuro las mediciones de periodos breves para establecer las tendencias a largo plazo, pero, aun así, debe mencionarse que en la evolución de las temperaturas medias globales durante las últimos dos décadas (véase la Figura 22), parece observarse un cierto estancamiento del calentamiento global, apreciándose que en algunos casos (por ejemplo, durante los años 2011, 2018, 2021 y 2022) la temperatura media global fue más baja que en años anteriores. Con posterioridad al próximo periodo frío, dentro de muchos siglos y en conformidad con la tendencia reflejada en la Figura 42, las temperaturas ascenderán hacia un nuevo óptimo climático, cálido similar al actual. Pero ese calentamiento, a largo plazo, continuará con la presente tendencia descendente, encaminando al planeta hacia una nueva época glacial, que de acuerdo con los ciclos astrofísicos de Milankovitch, tendrá varios miles de años de duración.

Durante esa futura glaciación, las temperaturas globales medias pueden llegar descender unos 10-15 °C por debajo de las actuales (BGR, 2004), y ese desarrollo natural, que representa simplemente la continuidad de los ciclos astronómicos y cósmicos que llevan en funcionamiento desde hace millones de años, no puede ser frenado, ni muchísimo menos detenido y revertido, mediante la disminución de las emisiones antrópicas de CO_2.

Es posible que estas reflexiones sobre el futuro desarrollo climático puedan parecer abstractas y especulativas, pero si prestamos atención a lo que está ocurriendo en el momento actual, podemos comprobar que se ajustan bien a las previsiones anteriormente mencionadas. La actividad solar, representada por las manchas solares, ha disminuido durante las últimas décadas, como se puede apreciar en las Figuras 33, 34 y 43. Nuestra tecnología permite hoy controlar la actividad solar y medir la insolación en la superficie de la Tierra (TSI *Total Solar Irradiance* en inglés), gracias a los satélites, las estaciones espaciales, y también gracias a la sonda solar Parker, ya mencionada, que está ahora mismo viajando hacia el Sol para acercarse a una distancia de menos de 7 millones de kilómetros del Sol durante los próximos años.

La Figura 43 representa la evolución de la TSI, expresada en watios por metro cuadrado, a lo largo de las dos últimas décadas. En la gráfica pueden reconocerse los últimos ciclos solares (nº23 y nº24, así como el inicio del ciclo actual, el nº 25), separándose de la TSI media, representada por la línea horizontal negra, que corresponde a un valor de 1361,03 W/m².

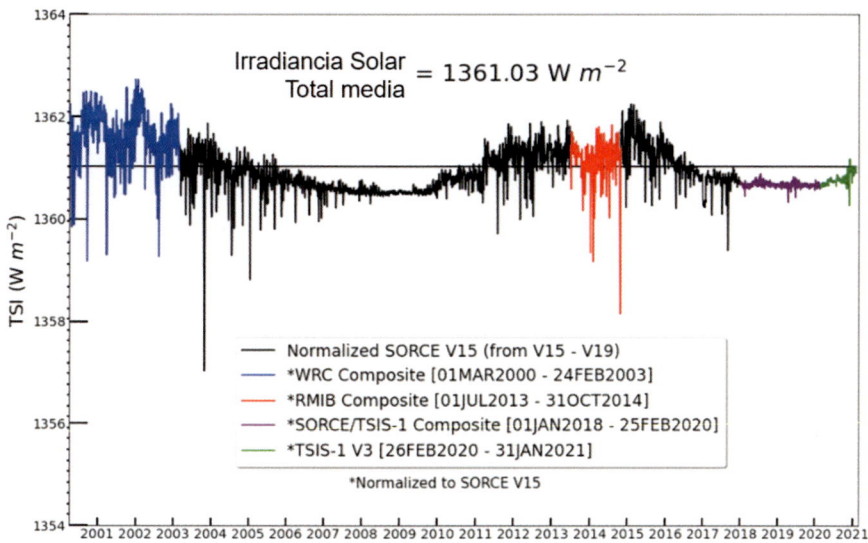

Figura 43. Evolución de la Irradiancia Solar Total (TSI *Total Solar Irradiance*, W/m²) durante los últimos 20 años (eje de X). Fuente: gráfica basada en informaciones provenientes del banco de datos científico CERES (*Clouds and The Eartch's Radiant Energy System*, www.ceres.larc.nasa.gov).

La gráfica de la Figura 43 confirma la tendencia antes mencionada, ya que el máximo correspondiente al ciclo solar n°24 es inferior al anterior ciclo n°23, pero aún es pronto para poder estimar la intensidad del n°25, que aún se está iniciando. Después de la muy reducida actividad solar registrada durante los años 2019 y 2020, el Sol está ahora aumentando su actividad radiante a partir del año 2021, cuyo desarrollo deberá ser seguido con la máxima atención durante los próximos años.

5.4. Conclusiones del capítulo

Como se ha descrito a lo largo del presente capítulo, y también en el Capítulo 1, las variaciones de la insolación solar tienen una enorme influencia en la evolución de la temperatura y de las precipitaciones, favoreciendo o perjudicando las actividades humanas que dependen del clima, como son esencialmente la agricultura y la pesca. A lo largo

143

de las páginas anteriores hemos visto como las pulsaciones de la radiación solar tienen una evolución controlada por ciclos cortos con una duración media de 11 años, y otros más largos con duración múltiplo del anterior, que alcanzan hasta el millón de años.

Estos ciclos de larga duración no han podido ser identificados por la humanidad hasta tiempos relativamente recientes, cuando la tecnología lo ha permitido. En cambio, los ciclos cortos han podido ser observados desde tiempos inmemoriales, y es posible que hayan servido de inspiración para la interpretación bíblica que Moisés hizo de los sueños del faraón, aquellas vacas y espigas hermosas que fueron devoradas por otras vacas y espigas famélicas, indicadoras de la alternancia entre periodos fecundos y baldíos, con un ciclo de 7 años (Génesis, Capítulo XLI, versículos 1 a 36).

En cualquier caso, a la luz de toda la información proporcionada a lo largo de este capítulo, parece fuera de toda duda que la cantidad de radiación solar que llega a la Tierra, depende de los ciclos astrofísicos descritos por Milutin Milankovitch, de la dinámica pulsante del Sol y de las variaciones en la radiación cósmica que nos llega desde el espacio exterior. La combinación entre estos tres procesos determina la alternancia entre periodos cálidos y épocas glaciales, causando los continuos cambios de la temperatura y del clima, y provocando el desplazamiento de las zonas climáticas.

6.

La parte fría de los volcanes

En 1815, el volcán Tambora, en Indonesia, entró en erupción y escupió a la atmósfera enormes cantidades de partículas finas de ceniza. Esa erupción fue aún más intensa que las erupciones del volcán Mount St. Helens en EE.UU. (1800 y 1980), o la del Pinantubo en Filipinas en 1991, la del 2010 en Islandia (volcán Eyjafjallajökull), que interfirió con el tráfico aéreo del hemisferio norte, o la reciente erupción del volcán submarino Hunga Tonga en el Pacífico que, en diciembre de 2021, produjo efectos devastadores en la corteza oceánica, en el mar y en la atmósfera, similares a la famosa erupción del Krakatoa del siglo XIX. Las erupciones de este tipo de volcanes son muy explosivas y las partículas de ceniza de tamaño ultrafino (entre 0,1-1,0 μm), forman *aerosoles* y alcanzan alturas muy elevadas, rebasando incluso el nivel de la tropopausa, la zona de transición entre la troposfera y la estratosfera, donde tienen lugar los fenómenos meteorológicos (Figura 4). La tropopausa se sitúa a una altura variable, que oscila entre los 9 km en la región de los polos y unos 16 km en el Ecuador. Estos aerosoles, que llegan a extenderse por todo el planeta, pueden oscurecer la atmósfera terrestre y favorecen la nucleación de gotas de agua alrededor de cada partícula, estimulando la formación de nubes. Los volcanes, además de las cenizas, emiten también grandes volúmenes de diversos tipos de gases, como es, por ejemplo, el dióxido de azufre (SO_2), que mediante procesos fisicoquímicos, contribuye también a la formación de aerosoles de composición sulfatada (xSO_4), dióxido de carbono (CO_2) y muchos otros más.

6.1. Actividades volcánicas

En 1816, después de la erupción del Tambora, en el hemisferio norte, hubo un «verano sin sol», acompañado por malas cosechas, una elevada mortalidad de animales domésticos y serias hambrunas. Unas consecuencias paisajísticas inesperadas, fueron las impresionantes puestas de sol del periodo artístico que, en el Imperio austríaco, se conoció como *Biedermeier* (Figura 44).

Figura 44. Ejemplo de pintura del estilo *Biedermeier*. Cuadro titulado *El Benediktenwand por la noche, del pintor* Carl Spitzweg. Fuente: www.meisterdrucke.es.

En este movimiento, se documentaron en los lienzos de varios pintores famosos, espléndidos atardeceres teñidos por una paleta de rojos, naranjas y violetas, que trasladaron a sus lienzos. La causa de estos intensos colores y luces crepusculares en las puestas de sol, cuando el astro está desapareciendo en el horizonte, está en la dispersión de la radiación por las finas partículas de los aerosoles de origen volcánico (ver Figura 44). Tres décadas antes de estos artísticos ocasos, en 1783, el volcán Laki en Islandia escupió a la atmósfera sus cenizas y gases tóxicos durante 8 meses. Como consecuencia de esta erupción, casi dos tercios de la cabaña ganadera de la isla pereció y cerca de una cuarta parte de la población islandesa murió, muchos de ellos de hambre. En Europa, gran parte de los cultivos fueron destruidos, provocando hambrunas que llegaron muy al Sur, hasta Francia. Según algunos historiadores, el malestar social generado por el hambre y el frío a consecuencia de este cataclismo volcánico, fue un factor que contribuyó significativamente a prender la mecha de la Revolución Francesa.

Figura 45. Nube de cenizas del relativamente pequeño volcán Raikoke, situado en la cadena de islotes existentes entre Japón y Rusia). Fotografía obtenida el 22 de junio de 2019 por el ISS. Fuente: NASA Earth Observatory.

La Figura 45 muestra la nube de ceniza en forma de seta del volcán Raikoke, que forma parte del denominado *Cinturón de Fuego Circun-Pacífico*, y que ascendió hasta la estratosfera, por encima de la capa de nubes, hasta una altura de 13 km. Aún más intensa fue la erupción explosiva del volcán de Hunga Tonga-Hunga Ha'api, acaecida en el archipiélago de Tonga (Pacífico Sur) en enero de 2022. De acuerdo con las estimaciones de la NASA, su columna de gases alcanzó los 30 km de altura, dispersando un enorme cantidad de dióxido de azufre a la atmósfera (ver Figura 46). La explosión eruptiva principal, que tuvo una fuerza equivalente a una bomba atómica de

10 megatones, fue capaz de borrar del mapa la isla entera, su onda de choque alteró la presión atmosférica y el nivel del mar en todo el mundo, y el estampido se pudo escuchar a 9000 km de distancia.

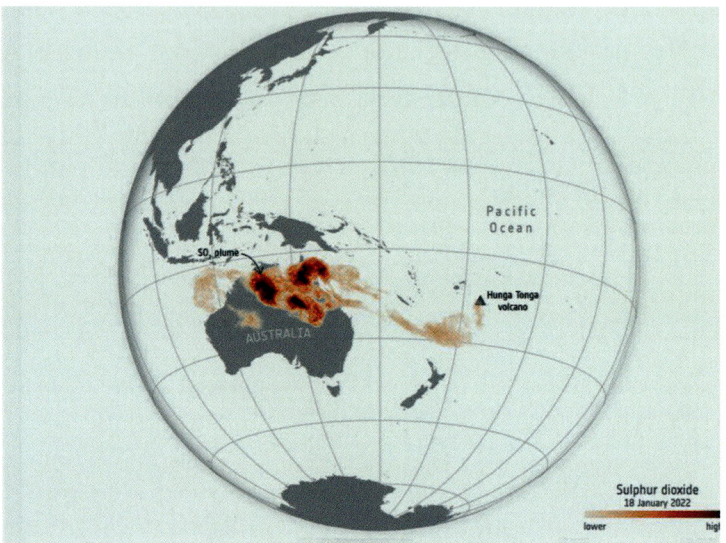

Figura 46. Imagen generada a partir de los datos proporcionados por el satélite *Copernicus Sentinel* 3 días después de la erupción del volcán Hunga Tonga-Hunga Ha'api, que muestra la enorme columna de dióxido de azufre sobre Australia, a más de 7000 km al oeste de la erupción. Fuente: Agencia Espacial Europea.

Debe tenerse en cuenta que los fenómenos volcánicos intensos, pueden afectar globalmente a la atmósfera, permaneciendo sus cenizas y aerosoles en suspensión hasta varios años después de la erupción. Actualmente, en la superficie emergida de la Tierra, por encima del nivel del mar, hay más de 1500 volcanes activos[4], de los cuales siempre hay algunos centenares escupiendo cenizas y gases. Esto significa que aerosoles y gases de origen volcánico, como es el CO_2, están siendo inyectados continuamente en la atmósfera terrestre.

---

[4]   Debe tenerse en cuenta que, desde el punto de vista geológico, se considera como «activo» a todo volcán que haya estado en actividad durante el último millón de años, ya que aun llevando mucho tiempo dormido, puede reactivarse.

Un buen ejemplo, reciente y próximo, ocurrió en el otoño de 2021, cuando entró en erupción el volcán Tajogaite, en la isla canaria de La Palma, que duró solo unos tres meses. En este caso, se trató principalmente de una efusión de lava, y los aerosoles y gases volcánicos alcanzaron tan solo unos pocos kilómetros de altura. Si se hubiese tratado de una erupción de tipo fuertemente explosivo, el desastre, tanto a escala local como global, hubiera sido de otra magnitud. En el siglo XVIII, el volcán Timanfaya (situado en las Montañas de Fuego, en la isla canaria de Lanzarote) estuvo activo entre 1730 y 1736, seis largos años para los isleños, ya que durante ese periodo el volcán devoró una quinta parte de la superficie de la isla (Figura 47). Esta erupción, de tipo predominantemente efusivo, fue muy similar la anteriormente mencionada de La Palma a finales de 2021.

Figura 47. Grabado de época representando la erupción del volcán Timanfaya (Montañas del Fuego) en la isla canaria de Lanzarote, que estuvo activo entre 1730 y 1736. Fuente: www.verdeyazul.diarioinformacion.com.

Otra catastrófica y gigantesca erupción, muy importante por sus consecuencias, fue la del volcán Ilopango (El Salvador, Centroamérica), ocurrida en el siglo VI antes de Jesucristo, de la cual se ha interpretado que sus aerosoles dieron la vuelta a la Tierra y durante 14 años afectaron el clima, sobre todo en el hemisferio norte, dejando también sus huellas en la región mediterránea. Se ha calculado que esa erupción escupió alrededor de 43,6 km^3 de magma y que, durante el periodo preclásico maya, causó la huida de los habitantes en un área de unos 20 000 km^2 (Dull *et al.*, 2019). Las capas de cenizas provenientes de dicha erupción, se pueden observar hoy como sedimentos de «tierra blanca joven», y sus cenizas han podido ser detectadas incluso en los sondeos de hielo ya mencionados en capítulos anteriores, lo que ha permitido su datación precisa en 539-540 años antes de Jesucristo.

Porque los testigos de los sondeos en el hielo de la Antártida o los glaciares de Groenlandia, constituyen auténticos archivos congelados de las actividades volcánicas de tiempos pasados. Especialmente, de las grandes erupciones que escupieron sus cenizas y aerosoles hasta la estratosfera, con alturas por encima de los 16 km, y que dieron la vuelta al mundo. Analizando el hielo del período correspondiente a la segunda mitad de la última glaciación (hace entre 60 000 y 9000 años), en la Antártida se han documentado un total de 749 grandes erupciones volcánicas, cuyas cenizas tenían contenidos de más de 10 kg/km^2 de sulfatos (Lin *et al.*, 2021). En los testigos correspondientes a Groenlandia, el número de erupciones detectadas con más de 20 kg/km^2 de sulfatos, fue de 1113, entre las cuales hay 85 que coinciden con las de la Antártida. Además, puede afirmarse, a juzgar por la cantidad de ceniza y sulfatos, que más de la mitad de este grupo de 85, fueron mucho más intensas que las erupciones registradas durante los últimos 2500 años.

Debe considerarse por tanto que, lejos de la visión excepcional y anómalamente catastrófica que con frecuencia los medios de comunicación nos presentan, las erupciones volcánicas, desde el principio de los tiempos, forman parte de la más absoluta normalidad y de la propia naturaleza de nuestro querido planeta. Además de los grandes volúmenes de aerosoles, que afectan negativamente a la temperatura terrestre, las erupciones volcánicas aportan a la atmósfera grandes volúmenes (cientos de millones de toneladas) de CO_2, gases sulfurosos y vapor de agua. Sin embargo, frecuentemente, estas emisiones no son tenidas en cuenta en las discusiones sobre el cambio climático ni tampoco en los modelos matemáticos de predicción, a pesar de su enorme importancia cuantitativa.

6.2. Tectónica de placas

Para entender adecuadamente las implicaciones climáticas de la actividad volcánica, es imprescindible tener en cuenta sus características geológicas, ya que no todos los volcanes son iguales, no emiten a la atmósfera las mismas cantidades de gases, ni tampoco tienen periodos de actividad similares, ni todos están en tierra firme o por encima del nivel del mar, pues muchos son submarinos. Y para comprender dichas diferencias, es imprescindible desviarnos por un momento de la temática climatológica, para proporcionar al lector una visión sobre la dinámica de la corteza terrestre, que, como es bien sabido, está constituida por una mosaico de fragmentos denominados *placas tectónicas*.

En la Figura 48 se han representado los límites de las placas tectónicas actuales, así como sus direcciones de desplazamiento señaladas por las flechas. Debe tenerse en cuenta que el tamaño, geometría y movimiento de estas placas ha cambiado varias veces a lo largo de los 4500 millones de años de historia de la corteza terrestre. Como se puede apreciar en esta figura, existen dos tipos de límites entre placas:
- Los dibujados con un trazo continuo, que marca la línea a lo largo de la cual dos placas se están separando, como, por ejemplo, el que recorre el Atlántico, de norte a sur por su zona central.
- Los marcados con una línea dentada por pequeños triángulos, que señalan las zonas donde dos placas están convergiendo,

chocando una con la otra, como ocurre, por ejemplo, en la costa occidental de América del Sur.

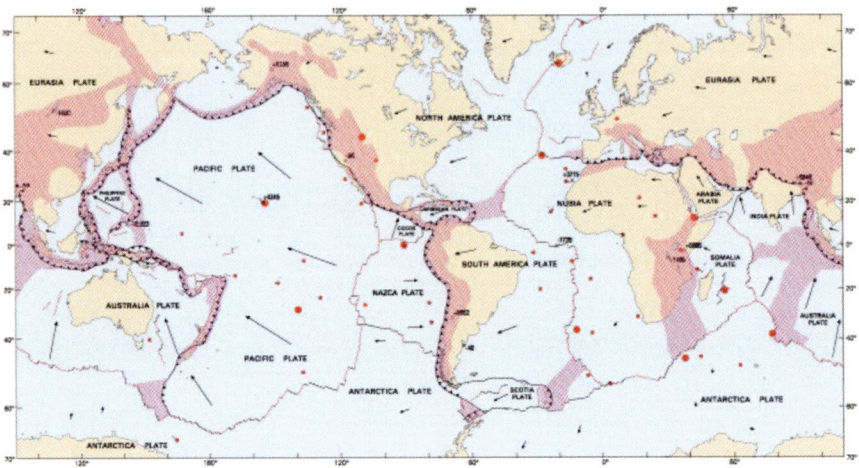

Figura 48. Mapamundi donde se muestran las diferentes placas tectónicas que constituyen la corteza terrestre. Fuente: www. naukas.com.

En los lugares donde dos placas se están separando, no llega a generarse ningún hueco, porque el espacio está siendo continuamente rellenado por material volcánico fundido que asciende desde el manto (Figura 49). Este proceso es conocido como *sea floor spreading* (en inglés, «expansión del fondo oceánico»), y la línea que separa las placas en vías de separación, se denomina *dorsal centro-oceánica*. En la actualidad, estas actividades volcánicas submarinas están teniendo lugar de forma permanente por todo el globo, a lo largo de un total de más de 65 000 kilómetros, la longitud total de las dorsales centro-oceánicas. En el caso del Atlántico, la actividad volcánica de su dorsal comenzó hace unos 200 millones de años cuando empezó a romperse un antiguo continente llamado Gondwana, dando lugar a las porciones de tierras emergidas que hoy forman los continentes de África y Sudamérica. Este proceso de separación entre placas está realizándose de forma continua, pero a una velocidad inapreciable para nuestros sentidos. No obstante, la moderna tecnología GPS ha permitido comprobar que dichos desplazamientos tienen lugar a un ritmo de varios centímetros por año, de 2 a 4 cm/año en el Atlántico y unos 5-14 cm/año en el Índico-Pacífico.

Para mantener el equilibrio y compensar el exceso de superficie creada, en otras áreas llamadas «zonas de subducción» (líneas dentadas por pequeños triángulos en la Figura 48), la corteza oceánica está siendo empujada por debajo de la placa tectónica colindante hacia una profundidad que varía entre 600 y 700 kilómetros (Figura 49). Como consecuencia de este descenso se producen intensos y frecuentes terremotos. Además, el aumento de presión y temperatura produce la fusión de las rocas, formando magmas de distintos tipos y composiciones mineralógicas que vuelven a ascender hacia la superficie, dando lugar a la aparición de volcanes de naturaleza explosiva.

Estos procesos, denominados «geodinámicos», ya que se relacionan con la movilidad de las masas continentales de nuestro planeta, pueden desarrollarse gracias a la estructura profunda de la Tierra, constituida por varias capas concéntricas (Figura 49). Nosotros estamos viviendo encima de una sólida y delgada corteza terrestre de 25-50 km de espesor en las zonas continentales, pero mucho más delgada (solo 6-10 km) debajo de los océanos. Esta corteza está como *flotando* encima de una potente capa, menos rígida, más plástica y moldeable, denominada *manto*, con unos 2850 km de espesor medio. El manto, a su vez, está envolviendo al núcleo metálico de la Tierra, con un diámetro de unos 7000 km. Podemos comparar la estructura terrestre con un redondeado aguacate maduro, donde la piel correspondería a la corteza, su carne amarillenta al manto y su hueso al núcleo.

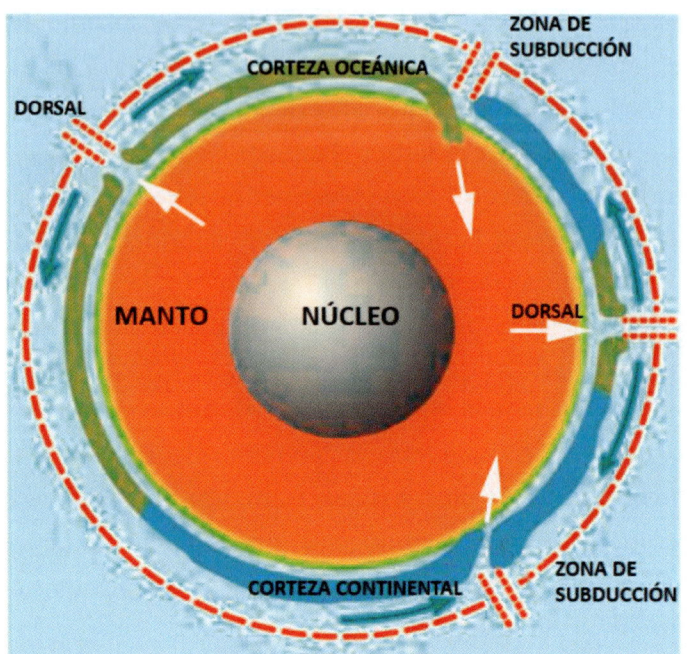

Figura 49. Esquema de la estructura interna de la Tierra, mostrando sus diferentes capas y los desplazamientos de la corteza entre las dorsales centro-oceánicas y las zonas de subducción. Fuente: figura modificada a partir de www.masteres.ugr.es.

6.3. Volcanismo de las dorsales centro-oceánicas

Así pues, esta estructura interna de nuestro planeta y la dinámica que tiene asociada, configura la existencia de dos tipos básicos muy diferentes de volcanismo. En primer lugar, los incontables volcanes submarinos situados a lo largo de las dorsales de todos los océanos del mundo que, como se ha dicho, alcanzan los 65 000 km, incluyendo los 20 000 kilómetros de la dorsal centro-atlántica (Figura 50). A lo largo de las dorsales centro-oceánicas, la actividad volcánica genera enormes volúmenes de CO_2 y otros gases, que son disueltos por las aguas marinas, además del ascenso de fluidos calientes desde el manto llamados *fluidos hidrotermales*. También, son frecuentes los temblores sísmicos, pero con una intensidad relativamente muy baja.

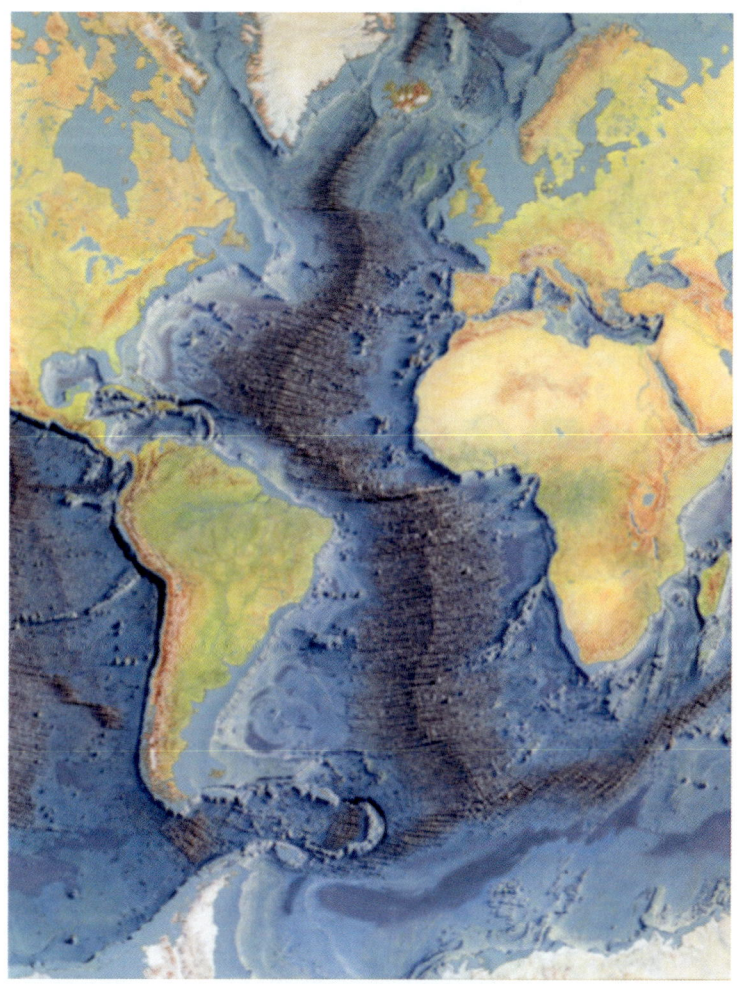

Figura 50. Mapa del relieve del fondo marino del Océano Atlántico, con su larga dorsal central, donde se está formando nueva corteza oceánica gracias al volcanismo submarino. Fuente: Mapa mundial del suelo marino, dibujado de Heinrich Berann y basado en los trabajos de Marie Tharp y Bruc Heezen (1977).

La energía que permite el ascenso de este material volcánico fundido y de los fluidos asociados, es de tipo térmico. El manto terrestre es térmicamente heterogéneo y las rocas, que como consecuencia de la presión y la temperatura que existe a gran profundidad, tiene un comportamiento plástico, son capaces de desplazarse (a velocidades lentísimas, de unos pocos centímetros por año), arrastradas por las diferencias térmicas, siguiendo las denominadas *corrientes de convección*. El ascenso de estas rocas calientes hasta la superficie, asociada a los procesos volcánicos, produce la aparición de acentuadas anomalías geotérmicas. Es decir, zonas mucho más calientes que su entorno, que han sido bautizadas como *hot spot* (en inglés, «punto caliente»). Cuando un *hot spot*, aislado, se sitúa en el interior de una placa oceánica, como ocurre, por ejemplo, al noroeste de la costa africana, se forman los archipiélagos de islas volcánicas, típicos de todos los océanos, como son Madeira, Canarias o Cabo Verde, en el caso del Atlántico (ver Figura 50). Ejemplos correspondientes a otros océanos serían los archipiélagos de Hawái en el Pacífico y de las islas Seychelles o las Comoras en el Índico.

Figura 51. Dorsal centro-atlántica aflorante en Islandia. El estrecho valle central marca la fractura que separa las dos placas oceánicas, a la izquierda la placa norteamericana y a la derecha la placa euroasiática. Parque Nacional Thingvellir. Fuente: Archivo La vanguardia/Getty images/istockphoto.

Cuando la geometría, siempre cambiante, de las corrientes de convección en el manto, da lugar a que varios *puntos calientes* se sitúen en proximidad y con una cierta alineación, el efecto combinado de sus flujos térmicos hace que se fragmente la placa, formándose una dorsal, que no es otra cosa que una asociación alineada de puntos calientes. La Figura 50 muestra dicha alineación central del Atlántico, en cuyo extremo norte, entre Groenlandia y Escandinavia, aparece Islandia, situada exactamente encima de la dorsal centro-atlántica, como se muestra en la Figura 51.

En otras palabras, que los islandeses están sentados precisamente encima del dorsal centro-oceánica, que está en plena actividad desde hace millones de años. Por eso, no son raras allí las erupciones volcánicas, como la más reciente, la de Fagradalsfjall-Meradalir, que tuvo lugar en los años 2021 y 2022, y que **más** recientemente (julio de 2023 y marzo de 2024), ha vuelto a entrar en erupción. Se ha estimado que, a lo largo de toda su historia, del tramo de dorsal centro-oceánica que atraviesa Islandia de parte a parte, han surgido unos 50 millones de km^3 de magma. Y en asociación con este volcanismo, existe una importante anomalía geotérmica que comprende toda la isla y su entorno.

Hay un dato geológico, muy relevante para la evolución climática del área occidental del Atlántico Norte, que muy raramente es tenida en cuenta en los modelos climáticos. En la parte superior de la Figura 50, se observa como alrededor de Islandia, el fondo marino configura una «meseta», una altiplanicie formada por rocas volcánicas y sedimentos marinos, que llega hasta muy cerca de Groenlandia. Dicha meseta y su entorno están situados en la periferia del enorme *hotspot* localizado debajo de Islandia y, por lo tanto, su gradiente térmico (es decir, el calor que asciende desde el interior de la Tierra) es más alto de lo normal, y este flujo alcanza la región situada al este-sureste de Groenlandia. Es decir, que a la hora de interpretar el retroceso de los hielos glaciares de Groenlandia, además de los factores climáticos, deberían tenerse también en cuenta estos parámetros geológicos, que son sistemáticamente ignorados.

Pero el caso de Islandia es excepcional, ya que representa un fragmento de dorsal centro-oceánica que está emergido, mientras que la inmensa mayoría de sus trazados corresponden a volcanes submarinos situados a profundidades de entre 2000 y 3000 metros. Allí, surgen grandes volúmenes de lava (Figura 52-A) al mismo tiempo que se emiten gases como dióxido de carbono (CO_2) y dióxido de azufre (SO_2), que a veces forman fumarolas donde los gases van acompañados por soluciones hidrotermales, ricas en minerales, principalmente sulfuros de hierro, manganeso, cobre y zinc. Son los llamados *black smokers* (en inglés, «fumadores negros», ver la Figura 52-B), cuyas temperaturas pueden alcanzar los 400 °C. También existen los *white smokers* («fumadores blancos»), cuyas soluciones hidrotermales están cargadas de sulfatos de bario ($BaSO_4$) y de sílice (SiO_2). Su nombre deriva del color que adoptan al mezclarse con el agua fría del fondo oceánico, al formar una suspensión o precipitado sólido de pequeñas partículas blancas.

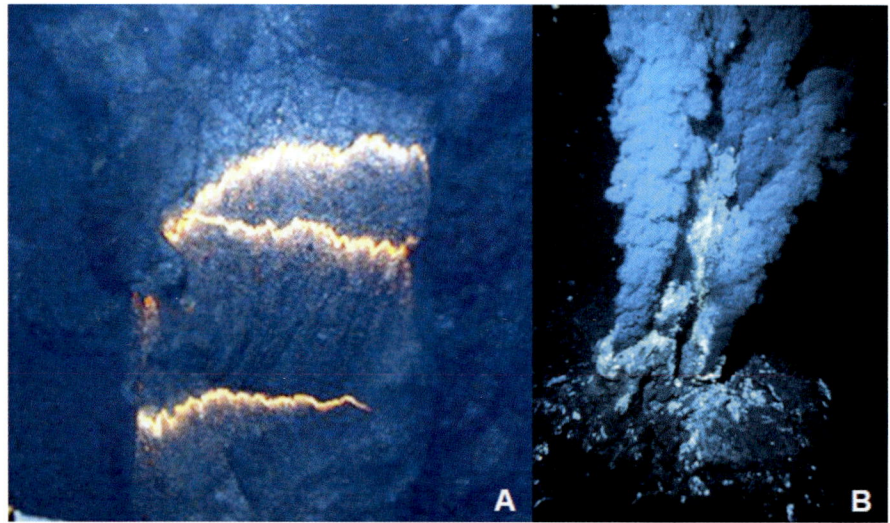

Figura 52. Ejemplos de actividades volcánicas e hidrotermales submarinas: (A) coladas de lava en las dorsales centro-oceánicas; (B) emisiones de gases y finas partículas sólidas en los llamados *black smokers*. Fuente: www.es.wikipedia.org.

En contra de lo que pudiera pensarse, ya que cuando aparece en las tierras emergidas, la actividad volcánica arrasa con todos los seres vivientes que encuentra a su paso, es impresionante ver la vida submarina que surge alrededor de estos *black* y *white smokers*. A profundidades de varios miles de metros, en completa oscuridad, sin luz para la fotosíntesis, existen microbios habituados a temperaturas y presiones muy altas, que se «alimentan» de hidrocarburos, especialmente del metano, que suelen abundar en los fondos oceánicos. La actividad de esos microrganismos «quema» (oxida) los hidrocarburos, utilizando para ello el oxígeno que aportan los óxidos de hierro y los sulfatos de las fuentes hidrotermales. Y esos procesos químicos producen la energía vital y la fuente de proteínas para la fauna que sobrevive a estas profundidades (Gold, 2001). Así, esos microbios tan resistentes a condiciones extremas (denominados «extremófilos») son el comienzo de la cadena alimentaria de la fauna abisal, formada esencialmente por cangrejos, gusanos tubulares, bivalvos y anémonas de mar.

Además, los cálidos fluidos hidrotermales de las actividades volcánicas submarinas, extraen (disuelven) de las rocas del subsuelo oceánico diferentes metales, que son depositados en forma de sulfuros (de hierro, manganeso, cobre, plomo, cinc, etc.), pudiendo llegar a formar grandes yacimientos minerales. Así se formaron, hace más de 250 millones de años, las famosas minas de Río Tinto y otros yacimientos del mismo tipo, en la denominada *Faja Pirítica Ibérica* (suroeste de España y Portugal), explotados desde los tiempos de los fenicios, los cartagineses y los romanos hasta la actualidad.

En otras ocasiones, el volcanismo submarino de tipo *hot spot*, llega hasta la superficie de los océanos, formando islas o grupos de islas. Como los *hot spots* suelen estar fijos en las profundidades del manto, y son las placas tectónicas las que se desplazan por encima de ellos, se forman rosarios o cadenas de islas volcánicas, que pueden tener longitudes de varios miles de kilómetros. Los anteriormente mencionados archipiélagos de Canarias, Hawái o Seychelles son típicos ejemplos de esta situación de vulcanismo intraplaca.

Por el contrario, la actividad volcánica que tiene lugar a lo largo de las zonas de subducción tiene características completamente diferentes, con erupciones acompañadas de fortísimas explosiones e intensos terremotos. Como puede apreciarse en la Figura 49, los terremotos históricos más catastróficos e intensos (California, Chile, Japón, etc.) se han localizado sobre estas zonas. Los procesos de subducción, aunque mediante mecanismos totalmente diferentes a las dorsales centro-oceánicas, también producen importantes yacimientos minerales. Así, los ricos yacimientos de cobre de Sudamérica (esencialmente en Chile y Perú), se formaron hace unos 35 millones, gracias a estos procesos.

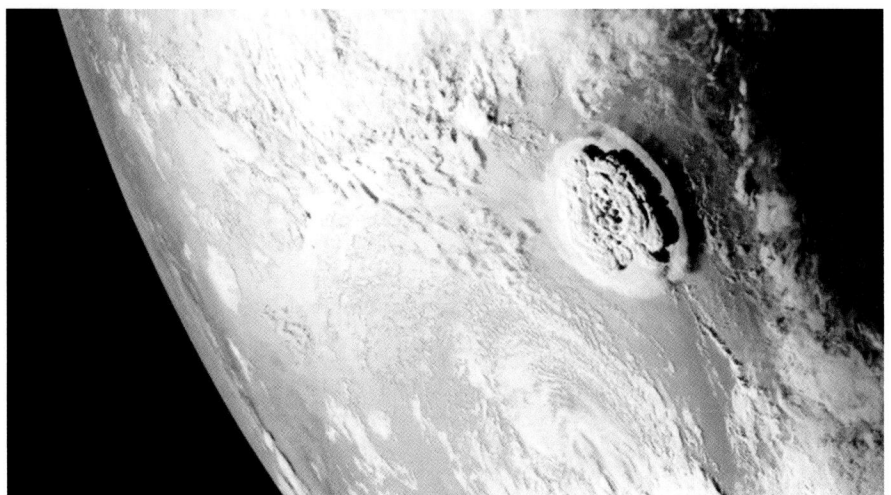

Figura 53: Explosión del volcán Hunga Tonga-Hunga Ha'apai en el archipiélago Tonga, vista desde el espacio y captada por el satélite NOAA. Fuente: www.bbc.com.

Como ejemplo de las catastróficas consecuencias de la actividad volcánica asociada a las zonas de subducción, se puede volver a mencionar la reciente erupción del volcán Hunga Tonga-Hunga Ha'api, en la isla Nomuka (que prácticamente desapareció), perteneciente al archipiélago de Tonga (a unos 2500 km al noreste de Nueva Zelanda y unos 1000 km al este-sureste de Fiji). Este volcán se sitúa sobre la zona de subducción de la placa pacífica, que se sumerge en el suroeste del Pacífico por debajo de la placa australiana (ver Figura 48). El intensísimo calor de la erupción submarina produjo volúmenes de vapor de agua a gran temperatura, que ascendió hasta la estratosfera (alcanzó 58 km de altura; ver Figuras 46 y 53), junto con finísimas partículas de cenizas volcánicas y gases como el dióxido de azufre y el dióxido de carbono. Además, la erupción produjo casi 200 000 rayos, que en algunos instantes alcanzaron una frecuencia de 2600 rayos por minuto, alcanzando algunos de ellos altitudes sin precedentes en la atmósfera terrestre, entre 20 y 30 kilómetros de altura (www.elespectador.com/ciencia).

Como consecuencia de la erupción, casi se duplicó la concentración de vapor de agua en la atmósfera, lo que causó una intensa formación de nubes sobre el área oceánica, afectando significativamente a las condiciones meteorológicas. Pero, además, de acuerdo con los datos recientemente publicados por el Instituto Español de Oceanografía, la erupción del Hunga Tonga-Hunga Ha'api provocó las mayores alteraciones atmosféricas en 139 años, desde que entró en erupción el volcán Krakatoa de Indonesia en 1883, unas perturbaciones que circunvalaron todo el planeta a la velocidad del sonido al menos tres veces (www.cronicabalear.es/2023).

Es evidente que si este tipo de erupciones se repitiesen con frecuencia, el clima terrestre se vería seriamente afectado. Además, no se debe subestimar las consecuencias térmicas de esta actividad volcánica, que pueden inducir un calentamiento importante del agua oceánica, incluso a grandes profundidades, dando lugar a emisiones a la atmósfera de enormes cantidades del CO_2 disuelto en ella, como se describirá con detalle en el siguiente capítulo.

Teniendo en cuenta estas informaciones, se puede afirmar que los dos tipos básicos de volcanismo descritos, pueden tener consecuencias climáticas muy importantes. Por una parte, el volcanismo explosivo asociado a las zonas de subducción tiene efectos más aparentes, especialmente por los espectaculares volúmenes de cenizas y gases volcánicos que lanza hasta niveles muy altos de la atmósfera, interfiriendo directamente con los fenómenos meteorológicos y climáticos. Por otro lado, el volcanismo submarino es aparentemente más discreto y sus consecuencias pasan más desapercibidas. Pero se trata de un fenómeno mucho más extendido de lo que parece, y probablemente no se puede todavía calibrar adecuadamente. Es necesario recordar la extensísima longitud de las dorsales centro-oceánicas (65 000 kilómetros), y la indudable existencia de un elevadísimo número de desconocidos volcanes situados a lo largo de su trazado, que están emitiendo cantidades formidables de CO_2, de una forma casi «clandestina» y que pasa totalmente desapercibida. En el capítulo siguiente se analizarán las potenciales consecuencias climáticas de esta fuente de dióxido de carbono.

El registro geológico de la historia de la Tierra, ha permitido también establecer el papel que ha jugado el volcanismo y la tectónica de placas para explicar las altas concentraciones de CO_2 que tuvo nuestra atmósfera en tiempos pasados. Por ejemplo, durante el Cámbrico, hace unos 520 millones de años, llegó a ser de unas 10 000 ppm, más de veinticinco veces la concentración actual de 420 ppm. Mas tarde, hace unos 200 millones año, la mencionada apertura del Atlántico, fue acompañada por una intensa y muy extendida actividad volcánica, que produjo una concentración de CO_2 en la atmósfera de más de 4000 ppm, diez veces más alta que la concentración actual. Después, hace unos 180 millones de años, el Atlántico continuó abriéndose, y el volcanismo relacionado causó la descarga de enormes coladas y estratos de lava (las *magmatitas del Karoo*, en África del Sur), de más de 1400 metros de espesor. Como se describirá con detalle a lo largo del próximo capítulo, debe reconocerse que las emisiones antrópicas, que están contribuyendo en menos del 3-4 % a la concentración actual de en la atmósfera CO_2 (unos 420 ppm), en comparación con los valores descritos para las emisiones volcánicas, pueden considerarse insignificantes.

6.4. Grandes Provincias Ígneas

Otro gigantesco suceso volcánico ocurrió hace unos 66 millones de años, cuando se formaron los espesos estratos de lava en la meseta del Decán, al este de Bombay, en la India, que alcanzaron una extensión aproximada de millón y medio de km^2 y espesores de más de 2000 metros. Es decir, unos 3 millones de km^3, de los que casi dos terceras partes ya han sido erosionados (Figura 54). Algo similar, episodios volcánicos muy intensos, tuvieron lugar también durante esta misma época en la Columbia Británica (Canadá). Es pertinente recordar aquí, como se mencionó en el Capítulo 2, que este episodio volcánico tuvo implicaciones climáticas muy severas, hasta el punto de que muchos investigadores le atribuyen la responsabilidad principal en la extinción de los grandes dinosaurios.

Estos eventos de gigantescas erupciones (con volúmenes de rocas magmáticas de más de 1 millón de km^3), ocurrieron varias veces en diferentes etapas de la historia geológica, y suelen denominarse *Grandes Provincias Ígneas* (LIP por sus signas en inglés, *Large Igneous Provinces*). Su origen se atribuye a enormes penachos magmáticos (*plumas*) del manto terrestre (una especie de gigantescos *hot spots*), asociados a la tectónica de placas divergentes. Las consecuencias de estas erupciones fueron siempre extinciones masivas de fauna y flora, así como también cambios climáticos extremos debidos a la liberación de calor, y a las emisiones de lavas, cenizas y gases volcánicos. En oposición, desde el punto de vista positivo, debe mencionarse que gracias a los LIP se han formado grandes yacimientos del grupo del platino (paladio, iridio, rodio y otros), además de otros metales como níquel y cromo, imprescindibles para las tecnologías industriales modernas.

Figura 54. Los inmensos mantos basálticos en la meseta del Decán, al este de Bombay, en la India, se formaron por intensas erupciones. Fuente: www.de.wikipedia.org.

Esta pequeña incursión en el pasado geológico tiene como objeto ilustrar la importancia y las potenciales dimensiones de las actividades volcánicas que todavía hoy día están activas, escupiendo cenizas, aerosoles y gases a la atmósfera terrestre. Hemos de ser conscientes de la existencia incontrolable de estas gigantescas fuerzas de la naturaleza, que pueden hacer acto de presencia en cualquier momento. Se ha estimado que el volcanismo relacionado con las zonas de subducción y los *hot spot*, producen unos 4 km^3 de magma por año, mientras las zonas de las dorsales centro-oceánicas del Atlántico y del Pacífico generan unos 3 km^3 (Schminke, 2010).

6.5. Emisiones volcánicas

La zona oriental de África, el área conocida como valle del Rift y de los Grandes Lagos (Victoria, Tanganika, Malawi, etc.), es un buen ejemplo para comprender como se inicia la fragmentación de una placa continental. Del mismo modo que ocurrió hace unos 200 millones, cuando comenzó la apertura del Atlántico y África se fue separando de América del Sur, el África oriental (desde Etiopía hasta Mozambique) está jalonada por un alineamiento de *hot spots*, con una longitud de unos 6000 kilómetros, cuya formación se inició hace aproximadamente 20 millones de años. A lo largo de este alineamiento existe una abundantísima actividad volcánica. Por ejemplo, al norte de Tanzania existen unos 200 campos volcánicos muy activos (incluyendo al famoso Kilimanjaro) que cubren unos 2500 km^2 y que emiten permanentemente grandes volúmenes de SO_2 y CO_2. Uno de los volcanes más activos, el Nyiragongo, emite anualmente a la atmósfera alrededor de 1,3 millones de toneladas de SO_2 y un millón de toneladas de CO_2 (Biggs *et al.*, 2021).

Por lo tanto, existe información suficiente para afirmar que la incesante e infatigable actividad volcánica del planeta tiene una importancia primordial en su evolución climática. En primer, lugar por sus emisiones de dióxido de carbono y otros gases a la atmósfera, por la formación de aerosoles de ceniza y por su influencia en el supuesto efecto invernadero. Y en segundo lugar porque sus emisiones pueden alcanzar grandes altitudes, llegando incluso hasta la estratosfera (Figura 4), donde pueden llegar a mantenerse durante varios años, y donde los vientos de altura pueden distribuirlas por todo el globo. En el Capítulo 5 se han estudiado con detalle las consecuencias climáticas que se derivan de las variaciones en la radiación que nos llega del Sol, controlada por parámetros astrofísicos. Pues bien, a esas variaciones, pueden añadirse también otras variables de origen volcánico. Las moléculas de azufre y de cloro que, conjuntamente con el vapor de agua, llegan a las capas altas de la atmósfera, pueden formar aerosoles de ácido sulfúrico y de compuestos clorosos. Estos aerosoles, por las pequeñísimas dimensiones de sus partículas (tienen tamaños del mismo rango que las longitudes de onda que la luz), tienen la capacidad de dispersar y reflejar parcialmente los rayos solares. Y este fenómeno tiene una inmediata consecuencia climática, ya que disminuye la radiación solar que llega a la superficie terrestre y el aire de la atmósfera se enfría.

Además, las gotitas de los aerosoles volcánicos también pueden absorber radiación de diversas longitudes de onda (entre ellas el infrarrojo próximo), causando un calentamiento (de entre 2 y 5 °C) en las zonas inferiores de la estratosfera. Este efecto puede causar una especie de abombamiento térmico, haciendo que el ozono llegue a mayores alturas de la atmósfera, donde finalmente se desintegra al recibir radiación solar más intensa. De un modo general, puede afirmarse que los procesos térmicos, físicos y químicos de la estratosfera son muy complejos, y pueden verse a veces muy afectados por las erupciones volcánicas, aunque sus consecuencias suelen tener una persistencia temporal limitada. Por lo que se refiere a la problemática específica del comportamiento del ozono en la atmósfera, esta será analizada con detalle en el Capítulo 11.

Como se recordará, en el Capítulo 1 fue analizado el fenómeno conocido como Oscilación del Atlántico Norte (NAO) y su influencia en los fenómenos meteorológicos de Europa. Los conocimientos actuales permiten afirmar que las grandes erupciones volcánicas pueden influir en dichas oscilaciones. Los aerosoles de origen volcánico, catapultados hasta la estratosfera, pueden absorber la radiación solar más intensamente en las regiones del hemisferio norte, como consecuencia de la inclinación del eje de rotación de la Tierra (ver Capítulo 5). Durante el invierno del hemisferio norte, se puede desarrollar un gradiente de temperatura y de presión de aire más pronunciado hacia el Polo Norte, intensificando los *vórtices polares* al nivel de la estratosfera, lo que a su vez afectará al nivel inferior de la troposfera. Esta interacción constituye un ejemplo más de la interdependencia múltiple que existe entre estratosfera y troposfera, poniendo de manifiesto la gran complejidad de la evolución meteorológica y climática, además de la gran cantidad de variables que intervienen, no siempre bien conocidas ni debidamente tenidas en cuenta.

La gigantesca erupción del volcán Pinatubo (Filipinas), ocurrida el 15 de junio de 1991, escupió partículas finas de ceniza y gases (sobre todo dióxido de azufre) hasta una altura de unos 40 kilómetros, dentro de la estratosfera. Este hecho, ofreció a los vulcanólogos y climatólogos una oportunidad excepcional para estudiar en directo el impacto del volcanismo en el clima (Self *et al.*, 1993). Se estimó que la erupción generó unos 30 millones de toneladas de aerosoles, incluyendo ácido sulfúrico, que se extendieron por el globo entero y se mantuvieron en la estratosfera por más de dos años, influyendo a nivel global en los fenómenos meteorológicos y climáticos. Después de la erupción, pudo verificarse que la temperatura media superficial en el hemisferio norte descendió entre 0,5 y 0,6 °C, y en otras regiones de la Tierra llegó a bajar hasta 0,4 °C durante los años 1992 y 1993.

Sin embargo, a pesar de este descenso, es interesante constatar que los inviernos del hemisferio norte fueron un poco más suaves de lo habitual. Una posible explicación para este fenómeno, es que durante el período invernal más oscuro (con menos iluminación), el efecto térmico de la reflexión de la radiación solar por los aerosoles en la estratosfera, fue menos importante que la absorción de la radiación térmica reflejada de la Tierra. Como consecuencia, el nivel de la estratosfera situado por debajo de los aerosoles, se calentó más en las regiones tropicales, dando lugar a circulación más fuerte de los vientos hacia el norte, hacia las latitudes geográficas más elevadas. Este efecto produjo que el *jetstream* (ver Capítulo 1) ganase en intensidad, conduciendo el aire más templado de los océanos hacia las masas continentales del hemisferio norte.

Por otra parte, debe tenerse también en cuenta que, como consecuencia de la actividad volcánica, tanto terrestre como submarina, y muy especialmente durante los periodos en que ocurren grandes eventos volcánicos, el agua de los océanos y la atmósfera aumentan su temperatura, por la influencia de los gigantescos volúmenes de lava ardiente, cenizas y gases volcánicos. Como consecuencia, el agua de los océanos puede absorber menos CO_2 (a mayor temperatura, menor capacidad de disolución), por lo que aumentan las emisiones a la atmosfera y, como se ha mencionado antes, ha habido periodos en la historia de nuestro planeta en que el contenido atmosférico de CO_2 ha sido muchísimo más elevado que en la actualidad.

Desde la perspectiva de los tiempos geológicos, es muy probable que en el futuro, sin que podamos hacer nada por evitarlo, porque excede a nuestra capacidad, aparezcan nuevos periodos de actividad volcánica intensa. Del mismo modo que ha ocurrido en el pasado, es posible que dichos eventos afecten a la evolución climática y a la biodiversidad. Por eso, el ser humano moderno debe mantener una postura más humilde ante la naturaleza (sus predecesores fueron mucho más respetuosos con ella) y tener en cuenta que él mismo, ¿quién sabe?, es solo un pasajero temporal en esa nave espacial llamada Tierra que gira alrededor del Sol. Puede venir aquí a cuento la cita del arquitecto y escritor suizo Max Frisch (1911-1991): «La naturaleza no conoce catástrofes. Catástrofes solo las conoce el hombre, siempre que las haya sobrevivido».

7.

El dióxido de carbono y otros gases atmosféricos. Mitos y leyendas del efecto invernadero

7.1. La composición de nuestra extraordinaria atmósfera y la física de los gases

No cabe duda de que las temperaturas que hacen viable la vida sobre la Tierra se deben esencialmente a la existencia del agua en los océanos y a que nuestra atmósfera tiene hasta un 4 % de agua en forma de vapor. Sin estas características, no veríamos azules nuestros cielos y no tendríamos las precipitaciones del agua dulce necesaria para la existencia de la flora y la fauna, tal y como las conocemos en la actualidad, que en definitiva, no sería posible. En cambio, no se vería tan afectada la biósfera subterránea, integrada por microbios como las arqueobacterias, resistentes a grandes presiones y temperaturas, que viven a profundidades de varios kilómetros y soportan temperaturas de hasta 120-150 °C (Gold, 2001; Cario *et al.*, 2019). La comparación entre las atmósferas de los planetas y sus respectivos satélites de nuestro sistema solar, demuestran claramente lo única, lo singular y lo excepcional que es la atmósfera terrestre. Y sin embargo, a pesar de ello, se recurre con cierta frecuencia a comparar las atmósferas de la Tierra y Venus, pretendiendo ilustrar las negativas consecuencias del CO_2. Pero ambas atmósferas son, por multitud de circunstancias y razones, totalmente diferentes e incomparables.

En el Capítulo 5, se describió la atmósfera hostil, en definitiva, mortal para la vida, de nuestro planeta vecino, Venus, con un elevadísimo contenido de dióxido de carbono y una espesa capa de nubes de ácido sulfúrico. Allí, la temperatura está en el rango de 460 °C (Figura 23), su atmósfera llega hasta una altura de 259 kilómetros y está compuesta en más del 96 % por CO_2, acompañado por pequeñas cantidades de nitrógeno (3,5 %), y trazas de vapor de agua y otros gases. La presión atmosférica en su superficie es casi 90 veces mayor que la presión atmosférica terrestre. Además, en la superficie de Venus no hay agua, no existen mares ni océanos. También es muy diferente la capa superior de la atmósfera de Venus, con nubes muy densas formadas por gotitas de ácido sulfúrico (H_2SO_4), muy reflectantes, que le proporcionan su alta luminosidad en el cielo (el lucero del alba) y casi opacas.

La alta temperatura de la atmósfera de Venus y su elevado contenido en CO_2, es utilizado muy a menudo como advertencia de lo que puede ocurrir, si los valores de dióxido de carbono crecen en exceso. Sin embargo, esta comparación carece de sentido, ya que pasa por alto las extremas diferencias entre ambos planetas. Como ya se mencionó en el Capítulo 1, los extensos océanos de la Tierra, que cubren casi el 71 % de su superficie, y sus nubes formadas por vapor de agua y cristalitos de hielo, juegan un papel esencial en el desarrollo del clima terrestre. La atmósfera de Venus contiene 2400 veces más CO_2 que la Tierra, y además carece de oxígeno y del importante papel neutralizador del nitrógeno.

Teniendo en cuenta, además, las diferencias en condiciones fisicoquímicas entre ambas atmósferas, la comparación entre ellas carece totalmente de sentido. Es impensable que en el futuro, por mucho que se multiplique el contenido actual en CO_2, aparezcan condiciones tan hostiles para la vida. Por lo tanto, es absolutamente incorrecto recurrir a las condiciones de temperatura de Venus, como argumento para demostrar el supuesto efecto pernicioso del CO_2 en las discusiones sobre el cambio climático.

En realidad, el gas cuyo efecto invernadero es más fuerte en la atmósfera terrestre, el más abundante y crucial para el desarrollo de la temperatura atmosférica, es el *vapor de agua* (recordar la Figura 5), ya que puede alcanzar concentraciones de varios dígitos expresados en tanto por ciento, en zonas muy húmedas. De hecho, el vapor de agua es el responsable de unos dos tercios del llamado efecto invernadero en un cielo sin nubes, y hasta un 90 % si está muy nublado. Por el contrario, el CO_2 es un gas que está presente en la composición de la atmósfera solo a nivel de trazas. Su concentración actual es de unas 420 ppm (partes por millón, equivalentes al 0,042 %). Es decir, cien veces menos que el vapor de agua, por lo que su incidencia real en el efecto invernadero es, en comparación, casi insignificante.

En realidad, ¿qué son 420 ppm? Si uno no está acostumbrado a pensar habitualmente en valores muy pequeños, en rangos de concentraciones a nivel de traza de pocas ppm, puede resultar complicado imaginar lo que realmente representa la cantidad de 420 ppm. Imaginemos un cubo de 1 m³ de volumen, es decir, de 100 cm de longitud en cada arista, y que, por lo tanto, contiene un millón de cm³. En el interior de ese cubo, cabría un millón de pequeños dados que tuviesen, cada uno de ellos, un centímetro de longitud en cada lado. Si comparamos este cubo con las proporciones de la composición de la atmósfera terrestre, 780 000 dados corresponderían al nitrógeno (N_2), habría 21 000 dados que serían de oxígeno (O_2), 4000 dados de vapor de agua (H_2O), 1000 dados del gas noble argón (Ar), y tan solo 420 dados de CO_2. También se podría expresar de otra manera aún más sencilla. Siguiendo con el ejemplo del mismo cubo, el contenido de CO_2 correspondería a un dado de 7,4 cm de lado, el cubito blanco de la Figura 55. Es decir, a un pequeño dado del tamaño aproximado del famoso cubo mágico.

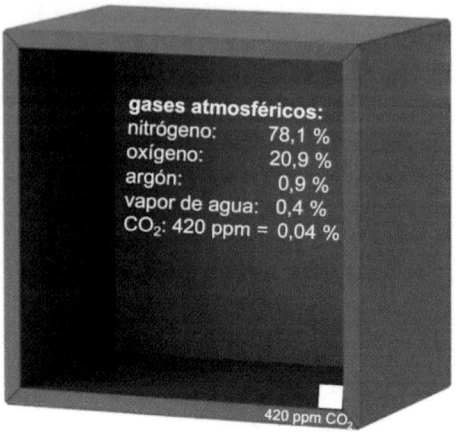

gases atmosféricos:
nitrógeno: 78,1 %
oxígeno: 20,9 %
argón: 0,9 %
vapor de agua: 0,4 %
CO_2: 420 ppm = 0,04 %

420 ppm CO_2

Figura 55. Comparación gráfica entre el tamaño de un cubo de un 1 m³ de volumen, y un pequeño cubo equivalente a 420 ppm (ver explicación en el texto). Fuente: Uhlig (2024).

Las comparaciones anteriores ilustran que esas 420 ppm corresponden a una mínima, casi despreciable, concentración de un gas prácticamente inofensivo como es el CO_2. Las implicaciones climáticas de esa pequeña proporción serían mucho más significativas si, en lugar de dióxido de carbono, se tratase de 420 ppm de aerosoles opacos emitidos por las erupciones volcánicas hacia la atmósfera (ver Capítulo 6), que reducirían considerablemente el paso de los rayos de Sol. A menudo, se hace referencia a que la cantidad actual de CO_2 en la atmósfera, esas 420 ppm, es muy superior a la que existía al inicio de la época industrial, antes de 1850, que era de 280 ppm. Pero, en realidad, ese aumento, incluso si se llegase a duplicar el valor tomado como referencia, hasta los 560 ppm, no tendría apenas influencia en el clima terrestre, como se verá a lo largo del presente capítulo.

Si seguimos con el ejemplo del cubo y los dados, y lo extrapolamos a la atmósfera de nuestro vecino planeta Venus, del millón de dados totales, 960 000 corresponderían al CO_2, casi el cubo completo. Esta proporción no es para nada comparable con los 420 dados de CO_2 presentes en nuestra atmósfera terrestre, reforzando la evidencia de que el papel del dióxido de carbono en las respectivas atmósferas de ambos planetas no es comparable.

Fijemos ahora la atención en un producto cotidiano como es el agua mineral con gas, que contiene en disolución entre 6 y 8 gramos de CO_2 por litro. Es decir, entre 6000 y 8000 ppm, 15 o 20 veces más que la concentración de CO_2 en la atmósfera terrestre. Si se calienta el agua gasificada (por ejemplo, cuando se deja una botella al sol), aumenta la presión. Pero al abrir la botella, la presión disminuye de repente, el agua no puede mantener disuelto todo el CO_2 presente en el líquido y este se escapa bruscamente (es decir, que se *desorbe*, ya que científicamente a este proceso se le denomina «desorción»). Algo similar ocurre con el agua de los océanos cuando se calienta, que emite a la atmósfera parte del CO_2 que lleva disuelto. Este fenómeno, basado en la capacidad de disolución del CO_2 en el agua (*Producto de Solubilidad*), que es variable en función de la temperatura, tiene una enorme importancia climática, y será tratado en detalle más adelante.

Otro tema recurrente, con mucho éxito, para explicar la evolución de la temperatura en la atmósfera terrestre, es la comparación del actual proceso de calentamiento con el de un invernadero. Pero en realidad, un invernadero, con sus paredes y su techo de cristal, es un sistema cerrado, mientras que la atmósfera terrestre es un sistema abierto, por lo que la comparación es excesivamente simple y en el fondo, incorrecta desde el punto de vista físico (recordar la Figura 4). Según las leyes termodinámicas, al calentar un gas (en nuestro caso el aire de la atmósfera), aumenta su volumen, disminuye su densidad, y sube. Ese es precisamente el mecanismo que utilizan las grandes aves rapaces y los planeadores para elevarse en el aire, aprovechando las corrientes térmicas ascendentes. Es decir, que el aire caliente sube hacia los niveles más altos de la atmósfera, mientras que el aire frío, más pesado, se mantiene en el fondo de los valles.

Este comportamiento es el mismo para todos los gases que componen la atmósfera, que están sujetos a las mismas leyes termodinámicas y es inevitable que al calentarse, asciendan. Es decir, que el CO_2 no puede causar una retención física de calor y contribuir al calentamiento de los niveles inferiores de la atmósfera, porque en cuanto aumente su temperatura, ascenderá a niveles más altos. Tan solo una superficie separadora podría impedir mecánicamente que el aire cálido ascendiese. Pero ese límite no existe, la atmósfera no tiene un techo de vidrio y no funciona como un invernadero. Aunque, excepcionalmente y como veremos a continuación, las nubes, pueden ejercer esa función de «tapadera» en determinadas circunstancias.

La estructura de la atmósfera de la Tierra es muy compleja, integrada entre otras unidades por la troposfera y la estratosfera, abierta hacia arriba, hacia la ionosfera y hacia el cosmos. Cada vez se van entendiendo mejor las interacciones entre la estratosfera y la troposfera. Los fenómenos climatológicos que observamos en la atmósfera suceden principalmente en los primeros 16 kilómetros de altura, en la llamada troposfera. En esta zona, están las capas de nubes que pueden (hasta cierto punto) ejercer el papel de «capa de cierre» por encima de las capas atmosféricas superficiales, con enorme influencia y control en las variaciones de la temperatura, como se puede apreciar bien durante el invierno. Durante la noche, cuando el cielo está cubierto, por debajo de la capa de nubes se mantiene el calor acumulado en el aire durante el día. Sin embargo, cuando no hay nubes y en el cielo invernal brillan las estrellas, se siente mucho más intensamente el frío nocturno, porque el aire caliente se escapa hacia arriba.

Otro ejemplo del poder aislante de las nubes es la situación meteorológica conocida como *inversión térmica*, típica de los días fríos de invierno en zonas montañosas. Cuando un mar de nubes cubre el fondo de un valle, si el día es soleado por encima de las nubes, hace más calor en las cumbres que en el fondo del valle, como consecuencia de la diferencia de insolación. Sin embargo, por la noche ocurre lo contrario, ya que el calor diurno se esfuma hacia el espacio por encima de la cobertura de nubes, mientras que en el fondo del valle, el aire protegido por la capa nubosa se enfría mucho más lentamente.

Complementariamente, conviene recordar aquí los conceptos explicados en el Capítulo 1 sobre la capacidad que tienen los gases atmosféricos para absorber la radiación solar. Es cierto que las moléculas de los gases que aparecen a nivel de trazas en la atmósfera pueden absorber parte de la radiación térmica infrarroja reflejada por la superficie terrestre. Pero esas moléculas también están emitiendo esta radiación térmica en todas direcciones, y como resultado entre el 70 y el 90 % de la radiación térmica que devuelve la Tierra hacia arriba, se escapa hacia el cosmos. Así, solo entre el 10 % y el 30 % del calor acumulado en la superficie terrestre puede ser absorbido por gases sensibles al infrarrojo. De entre ellos, con mucho, el más importante cuantitativamente es el vapor de agua, mientras que el resto de gases atmosféricos tiene un papel muy secundario. En realidad, la capacidad del CO_2 para absorber radiación térmica está limitada a un rango muy pequeño de longitud de onda, y la del metano es aún menor (ver Figura 5). Es decir, que su importancia es muy limitada y su variación puede jugar un papel secundario, muy inferior al del vapor de agua.

Además, en lo que se refiere a la radiación térmica, su capacidad dc absorción por parte del CO_2, está ya saturada para contenidos similares a los actuales, de unos cientos de ppm, por lo que debido a su comportamiento físico, los efectos son muy limitados. Sería algo similar a pintar una placa negra (que por su color, ya absorbe el 100 % de luz) con pintura negra, ya que esa nueva capa de pintura no aumentaría la absorción. Es decir, que un aumento adicional de CO_2 en la atmósfera, en la práctica, no tiene consecuencias sobre la absorción de la radiación térmica reflejada de la superficie terrestre (Hug, 2013). De acuerdo con los cálculos realizados, la capacidad de absorción específica del CO_2 en una muestra de aire cuyo contenido sea tan solo 357 ppm (equivalente a la composición de la atmósfera en 2007) está saturada al 99,94 % (HUG, 2007). Dicho valor confirma los resultados experimentales obtenidos por el profesor Robert W. Wood más de un siglo antes (Miatello, 2012). En la misma línea, el meteorólogo holandés y premio Nobel Paul Josef Crutzen (especialista en química de la atmósfera), afirmó que «ya hay tanto CO_2 en la atmósfera que en muchas zonas espectrales la absorción de CO_2 está completa, y cualquier aumento de CO_2 no tiene consecuencias» (Graedel, & Crutzen, 1994). Es decir, que ni tan siquiera el comportamiento físico del gas puede apoyar que el dióxido de carbono ejerza algún control adicional sobre la temperatura atmosférica.

Sin embargo, se sigue pregonando a los cuatro vientos su culpabilidad, utilizando incluso imágenes tendenciosas sobre las emisiones antrópicas de CO_2. Así, en documentales referidos al clima, para mostrar las enormes cantidades del peligroso CO_2 que envían a la atmósfera las actividades industriales, se muestran imágenes de torres de enfriamiento de diversas centrales o plantas, que en realidad están emitiendo «humo blanco», es decir, inofensivo vapor de agua. Sin embargo, con el adecuado encuadre a contraluz del sol vespertino, se presenta como una venenosa nube amenazante de color gris oscuro a negro.

7.2. ¿Qué ocurre con el metano?

Algo similar puede decirse del *metano* (CH_4), un gas del que existen muchas fuentes naturales de emisión, y que emiten los seres vivos y al que se le atribuye (especialmente al proveniente del ganado vacuno rumiante, de otros animales domésticos o salvajes e incluso del ser humano) graves consecuencias climáticas por su supuesta contribución al efecto invernadero. Sin embargo, la concentración del metano en la atmósfera terrestre es de unas 1,9 ppm, tan solo un 0,00019 %, algo menos de 2 dados en el ejemplo anterior del cubo de un millón de dados. En algunos casos, para magnificar una cifra tan ridícula y hacerla más impresionante, se cambia la unidad de medida, presentándola como 1900 ppb (partes por billón). Esta forma de presentar el dato puede sobresaltar un poco más a los que no están habituados a manejar este tipo de cifras, pero, en realidad, el contenido atmosférico sigue correspondiendo a un insignificante 0,00019 %.

Además, el período de persistencia del metano en la atmósfera es solo de unos 10 años. Es decir, que este gas traza (en realidad, casi ultratraza), no se concentra acumulativamente y para siempre en la atmósfera, sino se descompone en relativamente poco tiempo, pasando a CO_2 y H_2O. Por ello, afirmar que el metano es un gas con efecto invernadero «peligroso», incluso más peligroso que el CO_2, es absolutamente equívoco. Y no solo por el ínfimo porcentaje de su presencia, sino también porque su capacidad de absorción para la radiación térmica está restringido a un rango de longitud de onda muy limitado (ver la Figura 5), como será posteriormente analizado en detalle.

Regresemos de nuevo a los sondeos de hielo, ya mencionados en capítulos anteriores, que nos proporcionan información sobre la composición de la atmósfera en épocas pasadas. Si estudiamos la correlación entre el metano y la temperatura, se observa que existe una estrecha correlación entre ambos, que aumentan y disminuyen de forma simultánea (Petit *et al.*, 1999). Por lo tanto, no puede extrañar que el contenido medio de metano en la atmósfera haya aumentado de cerca de 1 ppm a casi 2 ppm en el curso del siglo XX, al mismo tiempo que subieron las temperaturas, al iniciarse el ciclo de calentamiento cuando a mitad del siglo XIX concluyó la Pequeña Edad de Hielo.

Por otro lado, debe tenerse en cuenta que las concentraciones de metano se están analizando sistemáticamente tan solo a partir de los años 80 del siglo pasado. En consecuencia, las afirmaciones que se están haciendo sobre la influencia climática del metano se basan tan solo en un lapso de tiempo muy corto. Es decir, que se está cometiendo el mismo error que con otras variables climáticas, como la temperatura o el CO_2, al no considerar espacios de tiempo lo suficientemente largos para apreciar debidamente la ciclicidad y las causas de su evolución.

Además, en la actual discusión climática, no se presta atención al hecho de que una parte importante del metano presente en la atmósfera, procede de la desgasificación de la corteza terrestre, y posiblemente también del *manto* terrestre. Este origen interno explicaría, entre otras cosas, la formación de los enormes yacimientos de metano en las plataformas submarinas de los océanos (en forma de hidratos de metano), así como los enormes yacimientos subterráneos de gas natural. En efecto, en muchos yacimientos de gas natural se ha observado que durante su explotación, sorprendentemente, el reservorio se rellena desde el interior, desde niveles más profundos (www.gml.noaa.gov). Es, por lo tanto, posible, que el metano no sea tan solo un combustible fósil, sino que al menos parcialmente, sea también una fuente renovable de energía, porque de acuerdo con Chen *et al.* (2021), nuestros conocimientos sobre el metano son todavía muy incipientes. Es evidente, por lo tanto, que una parte significativa del aumento del metano en la atmósfera tiene un origen completamente natural y es totalmente independiente de las actividades antrópicas. En este contexto, es también interesante recordar las emanaciones naturales de metano e hidrógeno del Monte Quimera, en Yanarta (Turquía, ver Figura 56), conocidas desde hace más de 2500 años como los «fuegos eternos» (www.es.wikipedia.org).

Figura 56. Aspecto de los «fuegos eternos» de Yanarta, en Monte Quimera (Turquía). Fuente: www.economiacircularverde.com.

7.3. El CO_2, la temperatura y el tiempo

Las informaciones proporcionadas por los datos *proxies*, de nuevo a partir de los sondeos en el hielo, nos permiten saber que la atmósfera terrestre se ha calentado más de 10 °C desde el momento más frío de la última época glacial, hace 21 000 años (véase el Capítulo 4). Y que dicha glaciación terminó hace unos 12 000 años, cuando las temperaturas experimentaron un fuerte aumento. Ese ascenso condujo a un período muy cálido (óptimo climático) que tuvo lugar hace unos 8000 años. Durante los 4000 años comprendidos entre el final de la glaciación y el óptimo climático, a pesar del aumento de temperatura, la concentración del CO_2 en la atmósfera disminuyó desde 270 ppm hasta 250 ppm. Posteriormente, durante los siguientes 8000, desde el Óptimo Climático Atlántico hasta los tiempos modernos, el CO_2 inicio su ascenso hasta llegar a las 280 ppm, valor que alcanzó antes de iniciarse la época industrial (Indermühle *et al.*, 1999). Es decir, que durante un periodo en el que la temperatura experimentó un notable ascenso, la concentración de CO_2 disminuyó. Esta falta de correlación sugiere, como veremos en detalle, que en contra de la corriente de opinión generalizada, no existe una relación causa-efecto entre aumento de CO_2 y el calentamiento global.

Una de las supuestas consecuencias climáticas que se le atribuyen al CO_2 es el *efecto de retroacción*. Es decir, no solo el aumento de la temperatura como secuela de una mayor concentración de CO_2 en la atmósfera, sino también por el aumento de la evaporación. En otras palabras, que la subida de la concentración del CO_2 en el aire de la atmósfera, produce un aumento en la formación de nubes, reduciendo el retorno de la radiación térmica hacia las zonas altas de la atmósfera y hacia el cosmos y, por lo tanto, favoreciendo aún más el calentamiento.

Sin embargo, este razonamiento tampoco es correcto. En primer lugar, porque las nubes reducen la radiación solar que llega a la superficie de la Tierra y, por lo tanto, contribuyen a que disminuya el calentamiento directo de la superficie de la Tierra. Y en segundo lugar, porque los datos disponibles indican que no hay ninguna correlación entre el contenido atmosférico de CO_2 y la evaporación. La mayoría del agua evaporada proviene de la superficie de los océanos (ver Capítulo 1), y la evaporación depende exclusivamente de la temperatura y no de la concentración de CO_2 de la atmósfera. A su vez, la temperatura de los océanos depende de la insolación, que está controlada por la presencia de nubes, y en definitiva, por los ritmos astrofísicos de la radiación cósmica y la actividad solar (ver Capítulo 5).

En cambio, sí que existe una correlación entre el contenido del CO_2 del aire y la temperatura en la Tierra, como se puede apreciar claramente en la Figura 57. La gráfica, realizada a partir de los sondeos de hielo en Groenlandia, representa la evolución de la temperatura (línea roja) y del CO_2 (línea azul) durante los últimos 450 000 años. Puede observarse que ambos parámetros aumentan y disminuyen de forma casi simultánea, sugiriendo que existe una estrecha relación entre ambos.

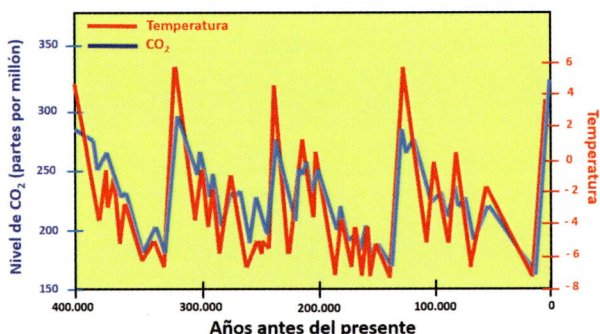

Figura 57. Evolución de la temperatura y el CO_2 atmosféricos durante los últimos 400 000 años. Fuente: Jouzel *et al.* (2007).

Sin embargo, esta correlación no ha funcionado de la manera como se la suele interpretar. Es pertinente recordar aquí, que esta misma gráfica fue incluida en 2006 en el famoso video de Al Gore, *Una verdad incómoda,* sobre el calentamiento global. En ese documental, que ha tenido una enorme influencia en la opinión pública, se interpretaba la gráfica de la Figura 57 afirmando que el aumento de CO_2 provocaba la elevación de la temperatura, llegando a profetizar que el calentamiento así inducido causaría millones de muertos.

Pero, estudiando la gráfica con mayor detalle, se puede comprobar que el sincronismo entre CO_2 y temperatura sugiere en realidad todo lo contrario. Si ampliamos la Figura 57 para centrarnos en el periodo correspondiente a los últimos 150 000 años (ver Figura 58), se puede observar cómo la línea roja asciende antes que la azul. Es decir, que el aumento de la temperatura es anterior al del dióxido de carbono.

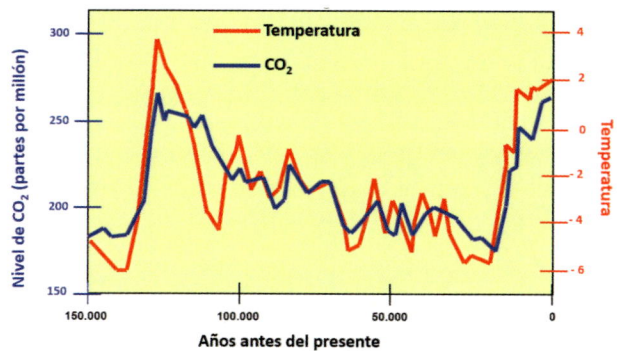

Figura 58. Evolución de la temperatura y el CO_2 atmosféricos durante los últimos 150 000 años. Fuente: Jouzel *et al.* (2007).

El desfase entre ambos parámetros resulta todavía más evidente si realizamos una nueva ampliación, poniendo el foco en el periodo comprendido entre 245 000 y 235 000 años atrás (Figura 59), donde puede observarse que el valor máximo de la temperatura se alcanza 800 años antes que el pico correspondiente al dióxido de carbono. Por lo tanto, como demuestran las gráficas, sí que existe una relación causa-efecto entre el aumento del CO_2 en la atmósfera y el aumento de temperatura, pero en sentido inverso. Es decir, que es el calentamiento quien precede al aumento de CO_2 y, por lo tanto, el calentamiento atmosférico no puede ser consecuencia del efecto invernadero inducido por el dióxido de carbono.

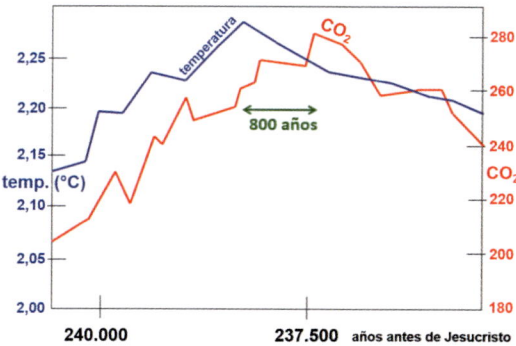

Figura 59. Evolución de la temperatura y el CO_2 atmosféricos durante el periodo comprendido entre los 235 000 y 245 000 años. Fuente: Caillon *et al.* (2003).

Este desfase puede explicarse fácilmente por el comportamiento del agua de los océanos, que constituye la principal fuente de emisiones de dióxido de carbono a la atmósfera. Como se ha explicado anteriormente, al ir ascendiendo la temperatura de los mares, disminuye la solubilidad del CO_2 en el agua, aumentando el flujo de dióxido de carbono hacia la atmósfera y creciendo su contenido en el aire (ver Figura 60).

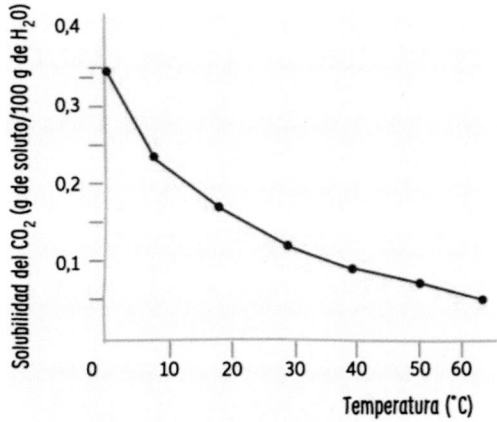

Figura 60: Variación de la solubilidad del CO_2 en agua en función de la temperatura. Fuente: Lide (2008).

No obstante, la gran profundidad existente en algunas zonas oceánicas, hace que se necesite mucho tiempo para calentar la enorme masa de agua de todo el planeta, lo que produce el retraso que se detecta entre el aumento del CO_2 y a la temperatura. La misma explicación puede aplicarse para el ciclo inverso, donde también se detecta un retraso entre el descenso de temperatura y la disminución del CO_2, consecuencia del tiempo que se requiere para enfriar el agua de los océanos. Como consecuencia, los elevados valores de CO_2 subsiguientes al calentamiento, persisten durante miles de años en la atmósfera. Si extrapolamos a la situación actual lo observado en la Figura 59, deberíamos concluir que el ascenso del CO_2 registrado desde el inicio de la época industrial, es consecuencia de la elevación de la temperatura del agua oceánica que tuvo lugar siglos antes.

Por lo que respecta a las emisiones antrópicas, es cierto que se elevaron durante la revolución industrial, pero, como se puede apreciar en las Figuras 57 y 58, apenas alteraron la evolución natural de la temperatura de la atmósfera, netamente ascendente desde 21 000 años antes, desde que se alcanzó el punto frío álgido del último ciclo glaciar. El mismo retraso que se observa entre el calentamiento y el aumento de CO_2 atmosférico en Groenlandia, ha sido observado también en los sondeos de hielo en la Antártida, donde después de los pronunciados aumentos de temperatura de los tres últimos deshielos registrados, aparecen aumentos de entre 80 y 100 ppm CO_2 con retrasos que oscilan 600 y 400 años (Fischer *et al.*, 1999).

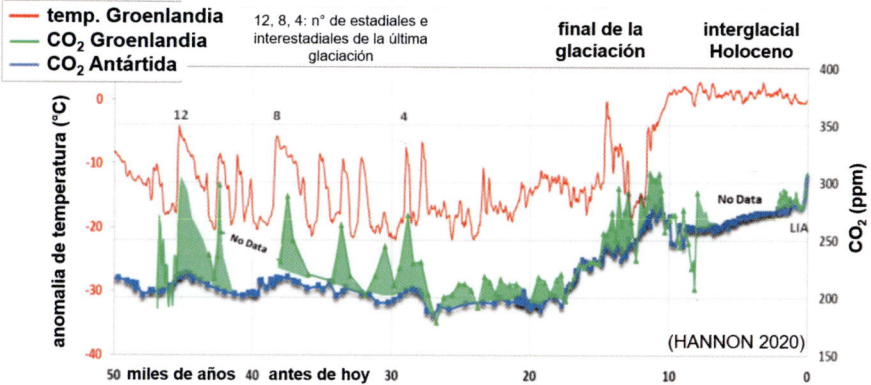

Figura 61: Comparación de concentraciones de CO_2 en testigos de hielo de la Antártida (curva azul) y de Groenlandia (curva verde) de los últimos 50 000 años. La curva roja presenta las variaciones de temperatura. Fuente: Hannon (2020).

Cuando se comparan los datos obtenidos de los testigos de hielo de Groenlandia con los de la Antártida (Hannon, 2020, ver Figura 61), se observa que la evolución de las concentraciones de CO_2 en Groenlandia muestran variaciones a corto plazo, de varios cientos de años de duración, mientras que en la Antártida, la evolución presenta plazos más largos, de varios miles de años. Esta diferencia puede deberse a las respectivas posiciones geográficas (diferentes latitudes) y al distinto tamaño de los océanos que rodean a ambos continentes. Además, se ha observado que las concentraciones de CO_2 en Groenlandia varían con las estaciones del año. Esta variación está relacionada con la fotosíntesis de las plantas, que en verano es más activa y consume más CO_2. En cambio, en la Antártida, donde hay muy poca vegetación, no se produce esa diferencia estacional.

Por lo tanto, puede concluirse que los datos expuestos en las gráficas anteriores, así como las experiencias de laboratorio realizadas para medir la capacidad de absorción del CO_2 en el aire, demuestran de forma rotunda que el contenido de dióxido de carbono en la atmósfera terrestre no puede ser responsable del aumento de temperatura.

7.4. Las interacciones entre la atmósfera y los océanos

En el Capítulo 1 se analizó la gran importancia de los océanos y sus oscilaciones para el desarrollo de la temperatura de la atmósfera terrestre y, por lo tanto, para comprender adecuadamente el funcionamiento del sistema Agua-CO_2, es imprescindible profundizar en su interacción mutua. Los océanos, no solo son los más importantes acumuladores de calor de la Tierra, sino que también constituyen los más grandes depósitos de CO_2, más de 100 billones de toneladas (100 000 Gton) disueltos en sus aguas, una cantidad enorme e incomparablemente grande, en comparación con las 30 Gton, que actualmente suponen las emisiones antrópicas.

Es importante recordar aquí, que, al contrario de lo que ocurre con la mayoría de sustancias (como se comprueba fácilmente al cocinar, cuando los ingredientes se disuelven mejor en agua caliente), el CO_2 se disuelve mejor en agua fría (ver Figura 60). Y esa característica tan particular, es fundamental para comprender el comportamiento de los océanos y de la atmósfera. Como se ha comentado anteriormente, durante los períodos en que el agua del mar está más fría, la solubilidad del CO_2 en ella es más elevada y se puede mantener más CO_2 disuelto. Eso significa que, cuando el agua de los océanos se calienta, lentamente, después de un período de frío, el agua va liberando CO_2, que se va acumulando en la atmósfera. Pero este mecanismo de interferencia, tan sencillo de enunciar, se desarrolla mediante procedimientos un poco más complicados, ya que hay considerar otras variables, como, por ejemplo, la profundidad, la denominada «Profundidad de Compensación de Carbonato» (CCD: *Carbonate Compensation Depth*). Los carbonatos, llegan a los océanos gracias a la meteorización (alteración de las rocas por los agentes atmosféricos como la lluvia y los cambios de temperatura) de rocas ricas en minerales de calcio (como las calizas, formadas por carbonato de calcio, $CaCO_3$), y también por los restos calcáreos de organismos marinos muertos, como, por ejemplo, los foraminíferos, moluscos, corales, algas, huesos de peces vertebrados, etc.).

La solubilidad de CO_2 en el agua de los océanos aumenta con la profundidad, es decir, con el descenso de la temperatura, y también con el aumento de la presión hidrostática (recordemos el ejemplo, mencionado anteriormente, de la botella de agua mineral con gas). Pero de acuerdo con la Ley de Henry (formulada en 1803 por William Henry, químico y médico inglés), el CO_2 almacenado en el agua será devuelto a la atmósfera cuando aumente la temperatura de esta. En efecto, de acuerdo con la citada ley, existe siempre un equilibrio entre la concentración del gas disuelto en el agua y la presión parcial que ejerce ese mismo gas por encima de la superficie. Así pues, las sustancias volátiles (como lo es el CO_2), son permanentemente intercambiadas entre los océanos y la atmósfera terrestre a través de la superficie del agua. Y, según la diferencia de temperatura entre ambos medios, este proceso de intercambio se puede acelerar o ralentizar. Y un intercambio idéntico, regido por los mismos principios, se producirá con el vapor de agua.

Teniendo en cuenta que la temperatura del agua del mar depende de la radiación solar que reciba, es evidente que cualquier cambio en la incidencia de los rayos solares modificará la dinámica del intercambio entre el agua marina y la atmósfera. Así, el intercambio tendrá lugar a velocidades muy diferentes en las zonas tropicales y ecuatoriales, respecto de las áreas próximas a los polos. Del mismo modo, los cambios cíclicos en la órbita terrestre, la actividad solar y la radiación cósmica (ya descritos en el Capítulo 5), tendrán su correspondiente influencia en la temperatura del agua oceánica, y por consiguiente, también en el contenido atmosférico de CO_2. En otras palabras, que las interacciones entre el agua y el aire están en realidad controladas por un complejísimo sistema integrado por el Sol, los océanos y la atmósfera.

7.5. Modelos informáticos de la simulación del clima

Los modelos informáticos de simulación del clima realizados hasta la fecha, no han conseguido reproducir correctamente el pasado geológico del clima terrestre. Sin esta capacidad retrospectiva, conociendo lo que ya ha ocurrido, es difícil que sus predicciones y vaticinios a largo plazo sean fiables. Por lo tanto, no es de extrañar que las extrapolaciones que se están realizando para el próximo siglo, basadas principalmente en observaciones meteorológicas y la evolución climática de los dos últimos siglos, difieran significativamente de la realidad observada, existiendo demás una significativa dispersión entre los valores profetizados para el calentamiento terrestre que se avecina, que varían entre 0,5 y 10 °C.

Otros científicos han tratado de incluir en sus modelizaciones parámetros astrofísicos, como, por ejemplo, Kaspar, & Cubasch (2007), o Wilson (2019), modelizando el calentamiento que se produce en la troposfera como consecuencia de una reducción en la radiación que recibe la estratosfera suprayacente. Otra línea de investigación con resultados prometedores ha intentado una aproximación al problema mediante la correlación entre la evolución de temperatura y los cambios en la cobertura nubosa, que permitiría la modelización retrospectiva hacia las últimas décadas. Esa es precisamente, la asignatura pendiente de los modelos de simulación actuales, ya que fallan estrepitosamente y ofrecen resultados dispersos y variables, al basar sus estimaciones en el papel preponderante del CO_2 como agente controlador del clima.

Kauppinen, & Malmi (2019) llegaron a la conclusión de que, en la práctica, son las capas de nubes bajas, es decir, la humedad relativa del aire, quien controla el desarrollo de las temperaturas cerca de la superficie, y no el CO_2. En la Figura 62 se presenta la estrecha interdependencia, una relación inversa, entre la evolución de la temperatura y de la nubosidad baja, para el período de 1983-2008. La temperatura está presentada como desviación respecto de un valor de referencia (temperatura media global de 15 °C, equivalente al valor 0 en el eje Y izquierdo). La evolución de las capas de nubes bajas (línea azul), se presenta como porcentaje de la nubosidad, tomando como referencia una cobertura nubosa media del 26 % (= valor 0 en el eje Y derecho).

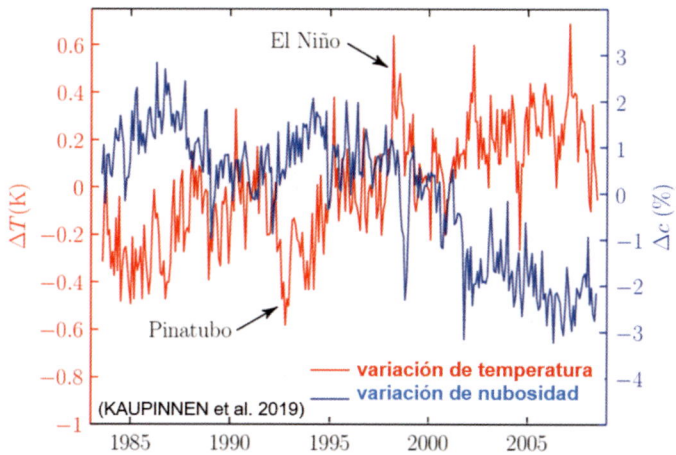

Figura 62. Relación antitética entre la evolución de la temperatura y de la nubosidad baja durante el período de 1983-2008. Véase la explicación en el texto. Fuente: Kauppinen, & Malmi (2019).

Durante el periodo de 25 años representado en la Figura 62, es totalmente evidente que, de forma armónica y sincronizada, la temperatura sube a medida que desciende la nubosidad y viceversa. Se ha comprobado que, como promedio, se produce una subida de la temperatura de 0,15 °C por cada 1 % en la disminución de la humedad relativa del aire. La sensibilidad climática de esta correlación queda confirmada por la detección de dos fenómenos singulares de relevancia meteorológica: la erupción volcánica del Pinatubo (ver comentarios correspondientes en el Capítulo 6) y el fuerte episodio de El Niño a finales de los años 90 (ver Capítulo 1).

7.6. ¿Qué tiene que ver el CO_2 con la temperatura?

Un aspecto esencial y que debe ser tenido en cuenta, es que las variaciones representadas en la Figura 62, muy acusadas, se producen de forma independiente a la evolución del CO_2 atmosférico, que en este período fue totalmente lineal y ascendente (ver Figura 7-11). De acuerdo con estos datos, Kauppinen, & Malmi concluyeron que la influencia antrópica en el clima es prácticamente inexistente, porque el papel que ejerce el CO_2 en la evolución de la temperatura es extremadamente pequeño. Además, la concentración de CO_2 en la atmósfera está predominantemente controlada por la temperatura de los océanos, ya que tan solo una parte muy pequeña (menos del 3-4 %) es de origen antrópico. Según estos mismos autores, durante los últimos 100 años, como consecuencia del aumento del CO_2 en la atmósfera, la temperatura ha subido tan solo 0,1 °C. Y, de ese aumento, la parte que puede atribuirse a la contribución humana ha sido aproximadamente del rango de 0,01 °C.

Es imprescindible señalar aquí, que las conclusiones alcanzadas por Kauppinen, & Malmi son totalmente coherentes con los datos y observaciones expuestos en el Capítulo 5. Si recordamos la fuerte influencia de la radiación solar en la formación de las nubes, y atendiendo a la correlación existente entre nubes y temperatura, puesta de manifiesto en la Figura 62, no debe extrañarnos que exista una excelente correlación entre insolación y temperatura, como puede verificarse en la Figura 63.

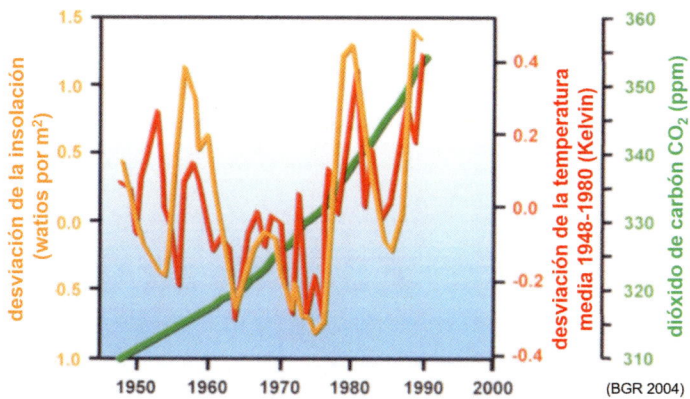

Figura 63. Evolución comparada de la temperatura (curva roja), la insolación (línea naranja) y CO_2 atmosférico (curva verde), entre 1950 y 1990. Fuente: BGR (2004).

Como se puede apreciar claramente en la Figura 63, durante la segunda mitad del siglo XX, la evolución de la insolación y de la temperatura presentan curvas zigzagueantes muy similares, mientras que el desarrollo del CO_2 es casi lineal, ascendente y ligeramente curvado. Es decir, que el dióxido de carbono aumenta de una forma regular y monótona, de una forma totalmente diferente a los ascensos y descensos de la temperatura y de la insolación, que evolucionan de forma prácticamente idéntica. Si el aumento de la temperatura fuese debido al CO_2, la línea roja de la Figura 63 debería mostrar una geometría similar a la línea verde, en lugar de mostrar un trazado con bruscas subidas y bajadas. Pero evidentemente no ocurre así, y la explicación es sencilla, ya que, como se observa en los dos gráficos anteriores, es la radiación solar la que controla la formación de nubes y la temperatura.

Las mismas conclusiones pueden obtenerse de las observaciones efectuadas en la Antártida por diversas agrupaciones científicas entre los años 1890 y 2000 (incluyendo la NASA), representadas en la Figura 64. En el gráfico de la derecha, se observa una estrecha correlación entre la evolución de la temperatura (línea roja) y la radiación solar (línea negra), que a lo largo de toda la gráfica mantienen tendencias prácticamente idénticas. En cambio, en la gráfica de la izquierda, donde la línea azul corresponde a la variación del CO_2 en la atmósfera, la temperatura y el CO_2 se muestran como parámetros independientes en la mayor parte de su trazado.

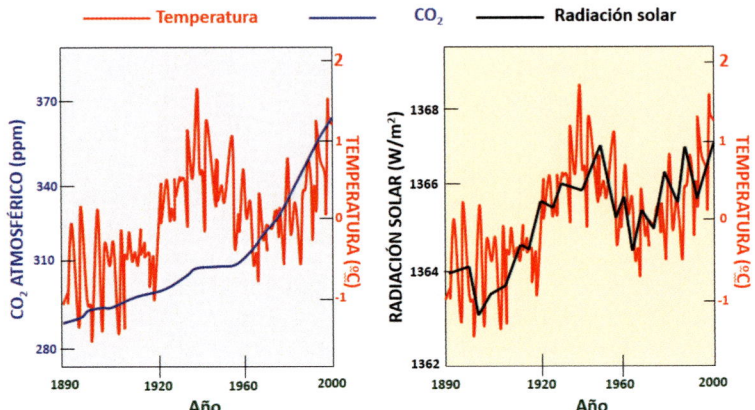

Figura 64. Comparación entre la evolución de la temperatura (línea roja), la radiación solar (línea negra) y contenido atmosférico del CO_2 desde 1890 hasta final del siglo XX, a partir de las observaciones realizadas en la Antártida. Fuente: SOON (2004) y Harvard Smithsonian Center for Astrophysics (en Durkin, 2007).

Numerosos científicos de gran prestigio, como ha sido ya mencionado en el Capítulo 3, manifiestan que la «sensibilidad climática» postulada continuamente por el IPCC[5] es excesiva, ya que sus modelos climáticos adolecen de no tener en cuenta parámetros esenciales en la evolución climática, como son los ciclos cósmicos y su influencia en la cobertura de nubosidad. Y esa es precisamente la razón por la que fallan al simular tanto los cambios climáticos pasados como los actuales, porque para adaptar dichos modelos a los cambios climáticos recientes (siglo XX y XXI), se acentúa la importancia del CO_2. Este enfoque parecía válido para el acentuado ascenso térmico registrado a final del siglo XX (1976-1998), sin

[5] Estas siglas corresponden al *Intergovernmental Panel on Climate Change*, una agrupación de científicos seleccionados por los gobiernos y dirigida por la ONU para el estudio del Cambio Climático, y que serán mencionadas siempre en el texto como IPCC.

embargo, los modelos basados esencialmente en el CO_2 no permiten explicar el descenso de las temperaturas ocurrido durante el periodo entre 1945 y 1976, ni tampoco los estancamientos en el aumento de las temperaturas que tuvieron lugar entre 1998 y 2014, y actualmente, a partir de 2018 (Vinós, 2023).

La opinión de que el aumento de temperatura registrado a finales del siglo pasado es debido a la emisión antrópica de CO_2, sigue apoyándose en la gráfica conocida como *palo de hockey*, a pesar de las enormes dudas y críticas que ha generado la manipulación de datos climáticos durante su elaboración, tal y como será analizado con detalle en el Capítulo 12.

Complementariamente, a lo largo del Capítulo 9, se aportarán datos relativos a la ciclicidad climática durante los últimos siglos, mostrando como el proceso de calentamiento se ha ralentizado desde el inicio del nuevo milenio, cuando el Óptimo Climático de la Modernidad ha alcanzado su máximo actual (ver Figura 39). Las mismas conclusiones, además de poner en evidencia la independencia entre la evolución del CO_2 atmosférico y la temperatura, pueden deducirse del análisis de los datos climáticos de la NOAA (*National Oceanic Atmospheric Administration*, www.ncdc.noaa.gov), desde finales del siglo xix hasta la actualidad, representados en la Figura 65.

En efecto, en la gráfica se observa cómo desde 1880, casi desde que comenzaron a registrarse sistemáticamente las temperaturas con termómetros, hasta 1980, el contenido de CO_2 ha aumentado de una forma continua desde 291 ppm hasta 338 ppm (es decir, un aumento de 47 ppm), mientras que la temperatura ha ascendido tan solo unos 0,8 °C. Pero además, se detectan dos intervalos, entre 1880 y 1910, así como entre 1945 y 1975, en que las temperaturas descienden, a pesar del aumento de CO_2 en la atmósfera. Este enfriamiento es especialmente llamativo para el segundo de estos intervalos, cuando tuvo lugar un considerable incremento en las emisiones antrópicas de CO_2 durante ese mismo periodo, como consecuencia de la generalización en el uso del automóvil.

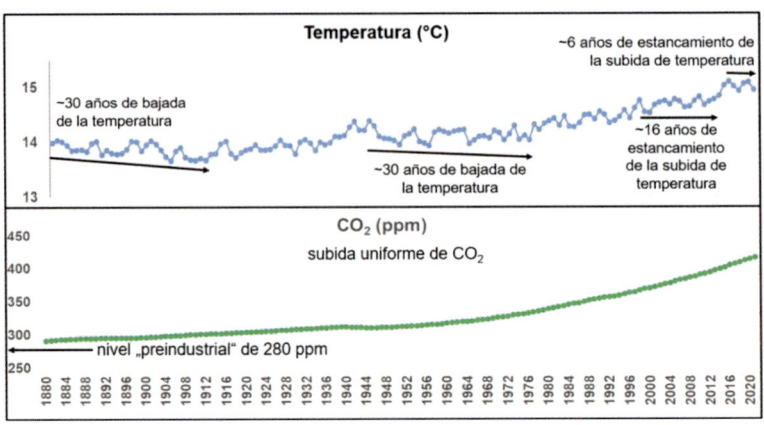

Figura 65. Evolución de la temperatura y el CO_2 durante los últimos 140 años basada en datos de la NOAA (*National Oceanic Atmospheric Administration*, www.ncdc.noaa.gov. Fuente: Uhlig (2024).

Debe recordarse que durante los años 40 y de nuevo durante los inviernos de 1962/1963, 1978/1979 y 1986/1987, hacía tanto frío que llegó a congelarse el Mar Báltico y también el lago Constanza, al sur de Alemania. Uno de los autores, recuerda haber patinado esos años en el hielo de los riachuelos y lagos cerca de su casa, en Karlsruhe, situada a una altura de 120 metros sobre el nivel del mar, en el tramo superior del valle del Rin. Sin embargo, como se observa en la Figura 65, durante ese período frío de hace más de 50 años, la concentración del CO_2 continuó subiendo (unos 20 ppm) sin detenerse.

Posteriormente, durante el período comprendido desde mediados de los años 70 hasta finales de los 90 (unos 25 años), la concentración media global de CO_2 subió casi de manera continua desde 330 ppm hasta 365 ppm (un aumento de 35 ppm), mientras la temperatura media global subió casi medio grado centígrado. Debe recordarse aquí la «crisis del petróleo» de los años 70 (1973-1980), cuando se redujeron las emisiones antrópicas de CO_2 a la mitad, al disminuir el consumo de los combustibles fósiles. El descenso fue debido a los altos precios que alcanzó el crudo, que llegaron a cuadruplicarse porque los países árabes productores de petróleo redujeron la producción. Y sin embargo, a pesar de esa disminución, el CO_2

atmosférico aumentó en 9 ppm durante ese mismo lapso de tiempo. Entre los años de 1997 y 2014, la concentración de CO_2 atmosférico continuó su ascenso, desde 364 ppm hasta 399 ppm (35 ppm), mientras la temperatura se mantuvo más o menos estable.

Aún más llamativo resulta el pronunciado estancamiento de la temperatura registrado durante los últimos 15 años (visible también en la Figura 39), mientras que la concentración del CO_2 ha continuado su ascenso hasta el valor actual de 420 ppm. Deben recordarse aquí las fuertes restricciones asociadas a la pandemia del coronavirus (2020-2022), que supusieron una reducción del orden del 7-8 % en las emisiones antrópicas. Sin embargo, esta disminución no ha supuesto ninguna ralentización en el aumento de la concentración de CO_2 en la atmósfera.

Por otra parte, si centramos nuestra atención en los principales periodos de calentamiento que se observan en la gráfica de la Figura 65, es decir, los intervalos 1920-1940 y desde 1970 hasta final de siglo, es significativo que en ambos casos el aumento de temperatura se produce a un ritmo idéntico de 0,1°C por década, a pesar de las enormes diferencias de emisiones antrópicas de CO_2 durante ambos periodos.

Así pues, la historia reciente de las evoluciones respectivas de la temperatura, de las emisiones antrópicas de CO_2, y del contenido de CO_2 en la atmósfera, confirma de nuevo que el dióxido de carbono evoluciona de forma totalmente independiente de las emisiones antrópicas. Y lo mismo puede decirse de las relaciones entre CO_2 de origen natural y temperatura, que tienden a evolucionar de forma independiente y sin guardar correlación entre ellos, a lo largo de los tiempos geológicos. La Figura 66, que puede considerarse complementaria de la Figura 40, muestra como a lo largo de los últimos 500 millones de años, existe una excelente correlación entre las variaciones de la temperatura media global y la radiación cósmica, cuyos máximos y mínimos no coinciden con la evolución del CO_2 atmosférico, sugiriendo que es la radiación cósmica el factor principal que controla la evolución de la temperatura planetaria.

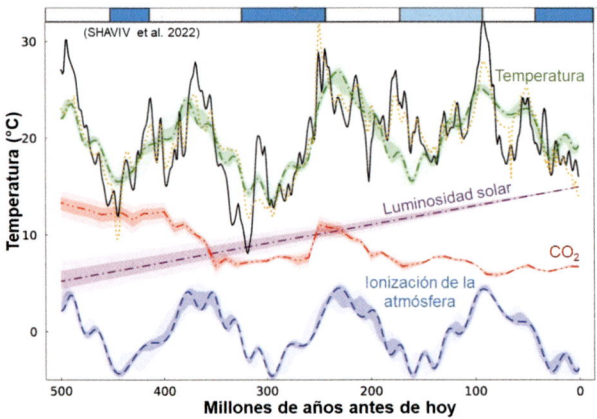

Figura 66. Evolución comparada entre la temperatura global media (verde), la intensidad de la ionización provocada por la radiación cósmica (azul), la luminosidad solar (violeta) y la concentración atmosférica de CO_2 (rojo). Exceptuando la temperatura, se trata de parámetros cualitativos, sin escala. Fuente: Shaviv *et al.* (2022).

A la luz de los datos expuestos, es imposible sostener que exista una relación causa-efecto entre unos parámetros que evolucionan de una forma tan independiente y disarmónica. Es necesario recordar que, cuando verdaderamente existe una relación de causa-efecto entre dos procesos, su interrelación debe verificarse en todo momento, a lo largo de toda su evolución, y no solo en determinados intervalos temporales.

7.7. El CO_2 y la vida

No se debe olvidar (hay que repetirlo las veces que sea necesario) que el CO_2 presente en la atmósfera terrestre, no puede ser presentado, tal y como hacen con frecuencia los medios de comunicación, como un gas venenoso o contaminante. El CO_2 es químicamente inerte, inactivo, y no puede reaccionar de manera tóxica con otras substancias. De hecho, estimado lector, sus pulmones están permanentemente llenos de CO_2. Es un gas esencial para la vida de las plantas, los hongos, las algas y el fitoplancton, que durante la fotosíntesis convierten el dióxido de carbono (CO_2) en el imprescindible oxígeno (O_2), vital para el ser humano y el mundo animal en general. Los valores recomendados para la calidad del aire en el interior de edificios, especificados en la norma alemana DIN 1946-2, indican que valor límite superior de la concentración de CO_2 no debe pasar por encima del 0,15 % (1500 ppm). Debe tenerse en cuenta que, si una habitación está mal ventilada, el contenido de CO_2 puede subir rápidamente hasta el 1 % (10 000 ppm), ya que el aire derivado de la respiración humana puede contener hasta un 5 % (50 000 ppm o 50 000 dados en el ejemplo del dado al inicio de este capítulo). A partir de una concentración de un 9 % de CO_2 en el aire, se pueden presentar síntomas de asfixia o de parálisis (debido a la anoxia o bajada del contenido en oxígeno), por eso puede ser peligroso acercarse en exceso a algunas zonas con actividad volcánica emisora de este gas. Como ejemplo, este es el caso reciente de la población de Puerto Naos, en la isla de La Palma, tuvo que ser desalojada como resultado de una fuerte emisión de CO_2 ligada a la erupción del Tajogaite en 2021.

Pero el carácter inocuo del CO_2 no se debe confundir con el de otro gas cuya fórmula química es parecida, el monóxido de carbono (CO), que es extremamente tóxico para el ser humano y para los animales. Es el gas que se forma durante una combustión incompleta, por ejemplo, en chimeneas, braseros y parrillas domésticas sin entrada de aire fresco, en habitaciones cerradas. Solo en Alemania, mueren más de mil personas cada año por intoxicación con el monóxido de carbono, y las cifras en España también son elevadas.

Para el mundo vegetal, las cosas son muy diferentes. Al menos la cuarta parte del CO_2 presente en la atmósfera terrestre, está acumulándose continuamente en las plantas mediante la *fotosíntesis*, un proceso sin el que no existiría en la Tierra el oxígeno necesario para la respiración y la vida. Dicho proceso se desarrolla mediante la siguiente reacción química:

6 x H_2O (agua) + 6 x CO_2 + luz (energía solar) → 6 x O_2 + $C_6H_{12}O_6$
(glucosa)

Debe recordarse que la glucosa es el «ladrillo» básico de todas las combinaciones de la química orgánica que producen las proteínas, los aminoácidos y otras sustancias constituyen los tejidos animales y vegetales. Se ha comprobado que, cuando sube el contenido de CO_2 en la atmósfera, aumenta también el crecimiento de las plantas, que acumulan en su interior más CO_2 en forma de glucosa. Es decir, que las plantas generan masa vegetal, la biomasa, retirando CO_2 de la atmósfera terrestre. Y al aumentar el contenido de CO_2 en la atmósfera, crece la biomasa y por lo tanto, se produce más oxígeno. Como consecuencia de este aumento, los satélites de observación han detectado un incremento del color verdoso en el agua de los océanos, asociado al aumento de su temperatura, debido al desarrollo explosivo del fitoplancton y de sus depredadores como el zooplancton y el krill (Dutkiewicz *et al.*, 2019). Este cambio implica un enorme aumento de la productividad vegetal y animal que constituye, además, un importante sumidero de CO_2, que no está siendo debidamente considerado en los modelos existentes.

Es pertinente recordar también que, como consecuencia de la evolución climática en tiempos pasados, se han modificado en muchas ocasiones la posición de las zonas climáticas del planeta. Así, al mismo tiempo que las zonas templadas con bosques de hoja caduca se han desplazado hacia los polos durante los períodos de calentamiento, o se han retirado hacia el Ecuador en periodos fríos, los límites del arbolado en las montañas suben o bajan de altitud respectivamente. Estos cambios implican que, en el caso de un período de calentamiento global, la superficie terrestre con árboles y arbustos se incrementa considerablemente y, en consecuencia, se intensifica la fotosíntesis, aumentando el consumo de CO_2 y la producción de oxígeno. Entonces, ¿cómo puede considerarse que altos contenidos de CO_2 en la atmósfera son perjudiciales para la naturaleza?

Los investigadores que estudian la productividad vegetal han detectado que la fotosíntesis de la mayoría de las plantas ha aumentado un 65 % como consecuencia de la subida del contenido de CO_2 en la atmósfera desde los tiempos preindustriales (desde el año de

1850). Incluso, se ha evaluado que, si el contenido de CO_2 continuase ascendiendo hasta los 600 ppm, se podría esperar otro aumento adicional de la actividad fotosintética, del orden del 35 % (Vahrenholt, & Lüning, 2020). En el caso contrario, si se produjese un descenso en la concentración de CO_2, por ejemplo, hasta el nivel de una tercera parte del valor actual (150 ppm), se perjudicaría el crecimiento vegetal en un 30-40 %. Debe tenerse en cuenta que el crecimiento de las plantas se paraliza durante épocas glaciales, no solo por la bajada de las temperaturas (por debajo de unos 8-10 °C no funciona la fotosíntesis), sino también por la reducción asociada de la concentración del CO_2 en la atmósfera terrestre.

Este hecho es muy importante para las plantas que son útiles a la humanidad (como, por ejemplo, el trigo, el centeno, el arroz, etc.), que serán necesarias en grandes cantidades para alimentar a la vertiginosamente creciente población mundial. En muchos cultivos de invernadero, el aire está artificialmente enriquecido en CO_2 (hasta 1600 ppm), para estimular el crecimiento de las plantas. En el momento actual, según Winkler *et al.* (2019), el crecimiento actual de la vegetación, estimulado por el aumento en el rendimiento de la fotosíntesis, como consecuencia a su vez de los elevados contenidos en CO_2 y combinado con unas condiciones ambientales más cálidas, los bosques de hoja caduca y de coníferas están aumentando anualmente un área equivalente al tamaño de Alemania. Por lo tanto, no está teniendo lugar una muerte lenta de los bosques y una desertización generalizada, sino más bien, como se ha podido determinar por los cálculos de biomasa realizados desde satélite, todo lo contrario. Sin embargo, los modelos informatizados que vaticinan desastres climáticos, minimizan o ignoran la importancia de la biosfera en el control de CO_2 en la atmósfera.

Tampoco está debidamente justificado el alarmismo climatológico que señala los incendios forestales como uno de los responsables del calentamiento global. Está fuera de toda duda que debe hacerse todo lo posible para evitar incendios, que además, en su mayoría no tienen causas naturales y son provocados. Pero ni el CO_2 emitido, ni el calor generado por los incendios, tienen la capacidad de elevar la temperatura global. Incluso, estudiando los incendios globales por satélites entre 1998 y 2015, Andela *et al.* (2017) llegaron a la conclusión que las superficies quemadas habían disminuido un 25 % respecto a años anteriores. Un estudio de la NASA sobre los incendios en el periodo de 2003 a 2015, confirma esta tendencia. En realidad, en el año 2020, a pesar de ocurrir muchos incendios, fue el año menos activo desde 2003 (www.atmosphere.copernicus. eu). Tampoco es cierto que, como consecuencia de los incendios, ya sean naturales o provocados, se esté reduciendo la vegetación y el arbolado a nivel global, contribuyendo así a acelerar el cambio climático, como se ha mencionado con anterioridad a partir de las investigaciones de Winkler *et al.* (2019, obra citada).

Durante las últimas décadas, se han optimizado innovadoras técnicas analíticas de espectrometría de laser, capaces de analizar en el aire atmosférico concentraciones muy pequeñas de los diferentes isotopos del oxígeno y carbono. De esta manera, es posible determinar el origen natural o antrópico del CO_2 en la atmósfera, ya que cada uno de los diferentes emisores de CO_2 (las plantas, los combustibles fósiles, los océanos, etc.), deja el rastro de su «huella» isotópica particular. Los primeros ensayos de este tipo de investigaciones fueron realizados en la estación meteorológica del Jungfraujoch (en los Alpes de Suiza, a 3580 de altitud y muy lejos de cualquier fuente antropogénica), y pusieron de manifiesto que más de la mitad del CO_2 atmosférico analizado es de origen natural (vegetal) y que la porción antrópica es pequeña (Pieber *et al.*, 2022).

7.8. Los regímenes del CO_2 en el pasado (lo que el planeta nos cuenta)

La concentración del CO_2 en la atmósfera terrestre ha estado sujeta a profundos cambios durante la historia geológica, tal y como puede deducirse a partir de datos *proxy*, como son, por ejemplo, los isótopos $\delta^{13}C$, $\delta^{18}O$, y el $\delta^{11}B$ (Royer, 2014). Como ya fue descrito en el Capítulo 2, la corteza de la Tierra tiene una edad de unos 4500 millones de años, y las formas de vida más antiguas que se han encontrado son los estromatolitos, unas colonias macroscópicas de microorganismos que representan una especie de mezcla entre algas y bacterias, y que han logrado sobrevivir hasta la actualidad (Figuras 13 y 67). Los estromatolitos fueron los pioneros en comenzar, gracias a la fotosíntesis, la producción de oxígeno (O_2), que fue así incorporándose a atmósfera primitiva, hace más de 3000 millones de años. Poco a poco, la evolución hizo que aparecieran las primeras plantas, intensificando la producción de oxígeno y emitiéndolo a la atmósfera, que se fue enriqueciendo progresivamente en ese gas.

Figura 67. Foto A: Aspecto de los estromatolitos, auténticos fósiles vivientes, que representan a los organismos más primitivos que aún sobreviven en la actualidad (Hamelin Pool, Shark Bay, Australia). Fuente: Uhlig (2024). Foto B: Formaciones de hierro bandeado (Parque Nacional Karijini, Australia). Fuente: www. wikipedia.org.

Aunque no es el objetivo principal de este capítulo, para comprender adecuadamente la evolución de la atmósfera terrestre, es imprescindible describir someramente los procesos geológicos que dieron lugar a su origen. La formación de la corteza terrestre estuvo acompañada por una actividad volcánica muy intensa, escupiendo inmensos volúmenes de lava, de cenizas y de gases volcánicos (sobre todo compuestos de azufre y cloro), además de enormes volúmenes de CO_2. Hace aproximadamente unos 600 millones de años, se registraron también gélidos periodos glaciares, y el volcanismo submarino fue muy activo, abasteciendo gigantescos volúmenes de hierro desde las profundidades de la Tierra. Dichas emanaciones formaron, gracias al presencia del oxígeno ya incorporado a la atmósfera, enormes yacimientos de óxidos de hierro, bien estratificados (por eso se les llama «bandeados», ver la Figura 67-B), con muchos cientos de kilómetros cuadrados de extensión, especialmente en Norteamérica, Sudamérica, África, India y Australia, que representan hoy en día los recursos de mineral de hierro más importantes del mundo.

La actividad volcánica, además del hierro, emitió también enormes cantidades de gases, incluyendo al CO_2. Podemos conocer la evolución de la concentración del CO_2 en la atmósfera a partir de los 450 millones de años de edad, con una razonable continuidad y precisión, gracias a los *proxies*, ya que los datos anteriores a esta época son mucho más escasos y dispersos. Estas informaciones, evidentemente, no poseen una resolución temporal y una precisión tan elevada como la que, modernamente, aportan las estaciones meteorológicas y los satélites, pero son suficientes para conocer las características de la atmosfera en periodos tan antiguos de la historia de nuestro planeta.

En la gráfica de la Figura 68 se han integrado 761 conjuntos de datos *proxy*, extraídos de varias investigaciones geoquímicas y agrupados en un valor único (puntos rojos), para cada 10 millones de años (Royer, 2014). Las áreas grises representan datos análogos del proyecto GEOCARB (Berner, 2006 y 2008). Como se puede apreciar en el gráfico, existieron concentraciones muy altas de CO_2 atmosférico durante los intervalos comprendidos entre 410-390, 300-280, 230-180 y 60-30 millones de años. Durante esos periodos las concentraciones alcanzaron valores de varios miles de ppm, es decir, hasta 10 veces más altos que los niveles actuales (420 ppm). ¿Cuáles fueron las causas que produjeron tan altos contenidos de CO_2 en la atmósfera terrestre?

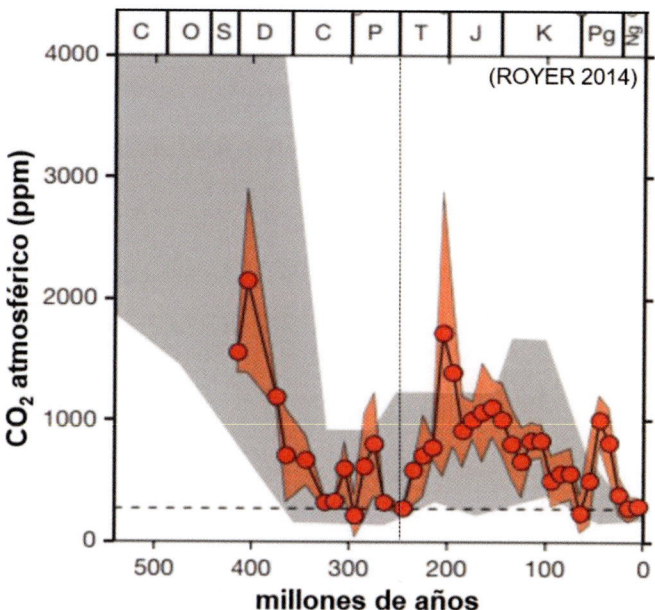

Figura 68. Evolución de la concentración de CO_2 (ppm) en la atmósfera terrestre, durante los últimos 500 millones de años (véanse las explicaciones en el texto). La línea discontinua horizontal, representa la concentración actual (aproximadamente, 400 ppm). Fuente: Royer (2014).

La respuesta a esta pregunta nos la proporciona la Geología Histórica, *la rama de la geología que estudia las transformaciones que ha experimentado la Tierra desde su formación.* Gracias a ella, sabemos que los intervalos mencionados (hace 410-390, 300-280, 230-180 y 60-30 millones de años) correspondieron a periodos en los que sucedieron importantes acontecimientos tectónicos, como la fragmentación de antiguos continentes, la formación de nuevas cordilleras y una intensa actividad volcánica asociada, que se tradujo en emisiones de enormes volúmenes de lava, cenizas y gases volcánicas a la atmósfera. Durante esos periodos (algunos de los cuales fueron ya descritos en el Capítulo 6), el registro fósil demuestra que existieron cambios bruscos en la biodiversidad, sobre todo en la fauna, ya que en muy poco tiempo, numerosas especies desaparecieron y fueron sustituidas por otras diferentes.

Durante el intervalo comprendido entre 410 y 300 millones de años atrás, se formaron grandes cadenas montañosas en Europa (hoy prácticamente erosionadas) y también en Norteamérica. Más tarde, hace unos 250 millones de años, a lo largo de un periodo de unos 30 millones de años, la concentración del CO_2 descendió hasta situarse por debajo de los 1000 ppm, para ascender de nuevo por encima de 2000 ppm durante el periodo comprendido entre 230 y 180 millones de años. Este último ascenso está relacionado con la intensa actividad volcánica submarina asociada a la apertura del océano Atlántico (Schaller *et al.*, 2015 y Van Der Meer *et al.*, 2014).

A lo largo de los siguientes 140 millones años, los contenidos de CO_2 descendieron de nuevo hasta valores próximos a los 1000 ppm. Más recientemente, hace unos 60-30 millones de años, volvieron a subir hasta valores próximos a las 1500 ppm, al mismo tiempo que se formaban las cadenas montañosas de los Pirineos, los Alpes y el Himalaya. Con posterioridad a estos grandes eventos tectónicos, durante los últimos 30 millones de años, el CO_2 atmosférico, ha ido disminuyendo hasta alcanzar los valores preindustriales y volver a subir ligeramente hasta los 420 ppm actuales (véase la Figura 69).

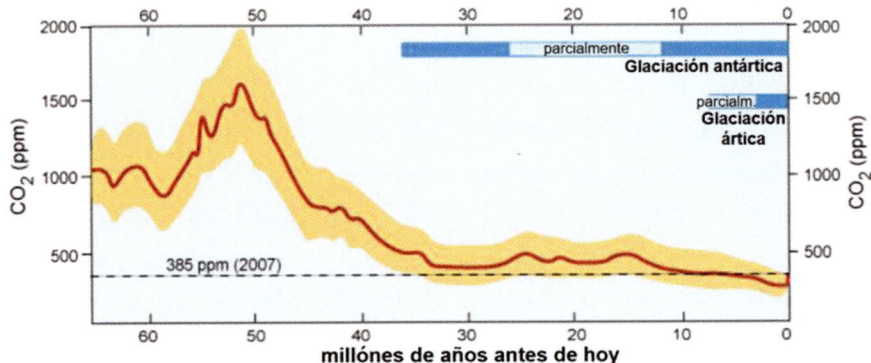

Figura 69: Evolución del CO_2 atmosférico durante los últimos 66 millones de años. Fuente: www.wiki.bildungsserver.de.

Figura 70: Aspecto de flora existente hace 325-280 millones de años, durante el Carbonífero y el Pérmico. Fuente: Enciclopedia de Meyer (edición 1885-90).

Durante las épocas en que ha existido un alto contenido de CO_2 en la atmósfera, el crecimiento intensivo de las plantas se ha visto favorecido. Durante los periodos geológicos denominados «Carbonífero» y «Pérmico» (pertenecientes al Paleozoico o Era Primaria), hace unos 325-280 millones de años, se formaron en todo el mundo bosques enormes, gigantescos volúmenes de biomasa, gracias a los cuales se formaron los grandes yacimientos que representan los mayores recursos mundiales de carbón, explotados desde el inicio de la revolución industrial hasta la actualidad. Después, en las épocas posteriores ya mencionadas (durante el Mesozoico o Era Secundaria y la Era Terciaria), se formaron también yacimientos de carbón, pero a una menor escala, tanto en calidad como en cantidad. Para explicar la aparición de esos enormes bosques, debe recordarse que la elevada concentración de CO_2 en la atmósfera terrestre multiplica la eficacia de la fotosíntesis y la productividad de las plantas. Como se ha mencionado anteriormente, un aumento de tan solo 200 ppm de CO_2 (pasando de 400 a 600 ppm, es decir, un aumento del 50 %) implica que la actividad fotosintética crezca un 35 % (Vahrenholt, & Lüning, 2020, ya citado anteriormente). Entonces, el aumento tan desmesurado de CO_2 que se produjo durante los periodos mencionados (especialmente el Carbonífero), permite explicar el crecimiento gigantesco de las plantas.

Los helechos de aquellos tiempos llegaron a alcanzar alturas de 40 metros, sin olvidarnos de otras plantas arborescentes, que produjeron la gigantesca biomasa (Figura 70) que formó los enormes yacimientos de carbón. Estas gigantescas plantas, a lo largo de millones de años, después de morirse y descomponerse, fueron cubiertas por incontables capas de fango, arena y nuevos niveles de biomasa, acumulando estratos que alcanzaron en su conjunto miles de metros de espesor. El aumento de presión (debido al peso de materiales acumulados) y de temperatura, al aumentar la profundidad, produjo la compactación de los restos orgánicos, y la pérdida de los fluidos remanentes (agua y gases de descomposición), formándose así el carbón y contribuyendo también a la formación de los depósitos de gas.

Así pues, los combustibles e hidrocarburos fósiles que sirven hoy de fuente energética mayoritaria y el suministro para la industria química y petroquímica, como son carbón, gas natural y petróleo (aunque este último tiene una historia algo diferente), no son otra cosa que productos de la degradación de materiales orgánicos, que se formaron hace millones de años, gracias a los contenidos extremamente altos de CO_2 de la atmósfera terrestre.

También, la enorme cantidad de biomasa que se formó hace algo menos de 200 millones de años, como consecuencia del elevado nivel de CO_2 atmosférico (ver Figura 68), permitió el despliegue de las poblaciones animales que cubrían la Tierra en esa época, especialmente de los herbívoros y de sus depredadores, lo que permite explicar el enorme desarrollo que tuvieron los dinosaurios. Las causas climáticas que condujeron o acompañaron la extinción de los dinosaurios, han sido ya explicadas con detalle en el Capítulo 2.

Después de la extinción de los dinosaurios, hace unos 50-60 millones de años, las concentraciones de CO_2 volvieron a ascender hasta las 1500 ppm (Figura 69). En aquellos momentos, reinaba en Europa un clima de subtropical a tropical, con vegetaciones selváticas, pantanosas y ciénagas, en las cuales se formó el lignito que ha sido explotado hasta tiempos muy recientes en varios países, entre ellos España, como, por ejemplo, en la Cuenca de Andorra (Teruel) o la coruñesa Cuenca de As Pontes (Figura 71).

Figura 71. Antigua explotación a cielo abierto del yacimiento de lignito de As Pontes (Galicia). Fuente: Uhlig (2024).

Así pues, la historia geológica del planeta, nos permite conocer que durante los últimos 500 millones de años, las concentraciones de CO_2 en la atmósfera de la Tierra han llegado a alcanzar valores varias veces superiores a los actuales, como consecuencia de intensos procesos tectónicos y de actividades magmáticas asociadas. Con posterioridad a los periodos con altas concentraciones, los valores de CO_2 han descendido gracias a mecanismos naturales espontáneos para mantener el equilibrio. Dichos mecanismos han sido, en primer lugar, el aumento del crecimiento de plantas y reducción del CO_2 por intensificación de la fotosíntesis y el papel que desempeñan los hongos como sumidero del carbono[6]. En segundo lugar, el enfriamiento del agua de los mares durante las glaciaciones, aumentando su capacidad para disolver CO_2 en su seno.

Y, en tercer lugar, mediante la precipitación en el fondo marino de rocas calcáreas, además de fijar el dióxido de carbono en las conchas y caparazones de los fósiles. Así lo atestiguan los gigantescos e impresionantes macizos calcáreos, con acumulaciones de estratos de caliza de hasta varios miles de metros de espesor, como ocurre, por ejemplo, en los Montes Suabos en Alemania, los Alpes (el Jura y los Dolomitas) o en los Picos de Europa (Figura 72).

Figura 72. Macizo de caliza de los Picos de Europa, alrededores de la estación del funicular en Fuente Dé (Cantabria). Fuente: Uhlig (2024).

---

[6] Cálculos recientes publicados por Hawkins *et al.* (2023) indican que los hongos del planeta son capaces de almacenar un tercio del carbono total derivado de los combustibles fósiles.

Entonces, volviendo a la discusión sobre el cambio climático, es absolutamente incorrecto decir que, como consecuencia del aumento de CO_2 atmosférico, nos encontramos muy cerca de un «punto sin retorno» climático (*point of no return*, en inglés). Durante la larga historia de la Tierra, el planeta ha sido siempre capaz de reducir, de forma espontánea y natural, las altas concentraciones de CO_2 en la atmósfera y además, la línea evolutiva de la vida nunca se ha visto interrumpida por las enormes oscilaciones registradas.

7.9. Recapitulación y conclusiones del capítulo

A lo largo del presente capítulo se ha descrito como el CO_2, un gas que aparece en la atmósfera terrestre a nivel de trazas, no solo no puede ser considerado como un gas contaminante, sino que es imprescindible para la vida. Además, su presencia en una proporción tan pequeña, le impide ser responsable de los cambios climáticos que se le pretenden atribuir. También, la historia geológica demuestra que el planeta tiene mecanismos reguladores que, a largo plazo, tienden a equilibrar contenidos muy altos de CO_2 atmosférico, y que cuando esos valores han aparecido, no se ha impedido ni obstaculizado el desarrollo natural de la cadena evolutiva de la biodiversidad. Tampoco debe olvidarse que la atmósfera terrestre, hacia arriba, hacia el espacio exterior, es un sistema abierto y, por lo tanto, su dinámica no es comparable con la de un espacio totalmente cerrado, como lo es un invernadero.

El aumento de CO_2 atmosférico desde la época preindustrial hasta la situación actual de actividad industrial humana (desde 280 ppm hasta 420 ppm), además de ser insignificante con la experimentada durante otras etapas de la historia del planeta, no supone un aumento significativo del llamado *efecto invernadero*, ya que su capacidad de absorción es muy limitada y además se ha rebasado ya el punto de saturación. Es decir, que desde el punto de vista climático, el aumento de CO_2 es irrelevante en comparación con otros factores, como, por ejemplo, el vapor de agua, y su capacidad para controlar el calentamiento de la Tierra a través de la formación de nubes. Las oscilaciones oceánicas y la periódicamente cambiante actividad solar, que a su vez controla la formación de nubes, influyen de forma determinante en la evolución de la temperatura atmosférica, tanto a corto como a medio y largo plazo.

La evolución de la concentración del CO_2 en la atmósfera depende esencialmente de la temperatura del agua de los océanos, capaz de acumular en disolución inmensos volúmenes de este gas. Además, como dato absolutamente concluyente y en contra del postulado principal del *efecto invernadero*, los datos *proxies* en los sondeos de hielo glaciar demuestran que es el CO_2 quien aumenta en la atmósfera como consecuencia del aumento de la temperatura, y no al revés. En conclusión, que exceptuando disquisiciones teóricas al respecto y algunos ensayos de laboratorio (en sistemas cerrados y, por lo tanto, no comparables con la realidad), hasta la fecha no se ha podido comprobar que sea el CO_2 el responsable de controlar la evolución del clima. Y la historia geológica del planeta, con datos abrumadores, confirma esta conclusión.

8.

Las oscilaciones y vaivenes del nivel del mar

Existe una clara correlación entre los cambios del nivel del mar y los cambios climáticos. O, mejor dicho, entre las variaciones del nivel marino y los ciclos de calentamiento y enfriamiento que, periódicamente, afectan a la superficie de la Tierra. En dichas oscilaciones, las diferencias de temperaturas pueden llegar a ser superiores a los 10 °C, entre las máximas de las épocas interglaciales cálidas y las mínimas de las gélidas épocas glaciales. Durante las glaciaciones, enormes volúmenes de agua se acumularon en forma de hielo, tanto en los polos como en las montañas y tierras emergidas, alcanzando volúmenes muy superiores a las actualmente existentes, como se detallará en el Capítulo 10.

8.1. Hasta 120-140 metros de diferencia

Esta acumulación implicó que, por la abundante precipitación en forma de nieve, su acumulación y su transformación en hielo durante las épocas glaciales, los océanos perdieran gigantescos volúmenes de agua. Así, desde que se alcanzó el momento más frío durante la última glaciación, hace unos 21 000 años, hasta la actualidad, el nivel del mar ha subido más de 130 metros. Durante la época cálida anterior, hace entre 126 000 y 115 000 años, el nivel del mar llegó a estar más de 5 metros por encima del nivel actual. (McCarren *et al.*, 2018).

La Figura 73 representa las oscilaciones del nivel del mar durante los últimos 440 000 años.

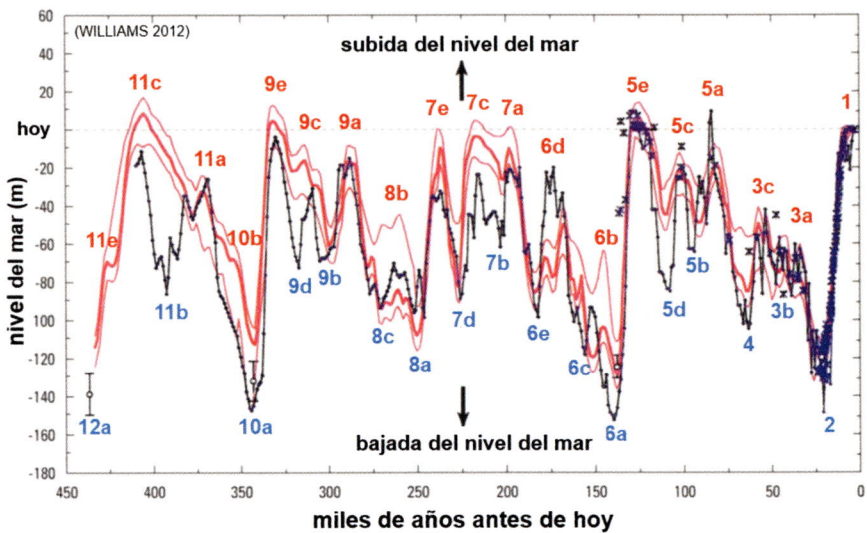

Figura 73. Representación gráfica de la evolución del nivel del mar (eje Y, en metros) a lo largo de los últimos 440 000 años (eje X). Cada línea corresponde a la evaluación realizada por diversos autores, a partir de diversas estimaciones de isótopos de oxígeno, el *proxy* ^{18}O. Los números indican los Estadios Isotópicos Marinos (MIS), de los que ya se ha hablado en el Capítulo 1. Fuente: gráfica modificada por Williams (2012) basada en Alverson *et al.*, 2001).

Los datos representados en la Figura 73, indican claramente que el aumento del nivel de mar que se está registrando actualmente, unos pocos milímetros al año, no tiene nada de extraordinario y es del mismo orden que las variaciones de origen natural experimentadas en tiempos pasados. Además, no puede extrapolarse linealmente hacia el futuro, sin límites temporales, ya que a partir de un determinado momento, en un futuro geológico más o menos próximo, empezará a descender de nuevo.

Existen numerosas evidencias geológicas de que, hace unos 21 000 de años, cuando el hielo alcanzó su máxima extensión durante la última glaciación (ver Figura 73), el nivel del mar estaba hasta más de 130 metros por debajo del nivel actual. Teniendo en cuenta que a las aguas le ha costado todos esos años ascender ese centenar largo de metros, es muy fácil obtener el promedio dividiendo ambas cantidades, resultando que la subida media anual del mar durante los últimos veinte milenios ha sido de unos 6 milímetros. Sin embargo, las cosas no son tan simples, ya que el ascenso del nivel del mar, en paralelo con la evolución de las temperaturas, no es uniforme y continuo, sino que se caracteriza por un vaivén de episodios fríos y cálidos, que provocan continuas subidas y bajadas del nivel del mar. A lo largo de este capítulo, se analizarán en detalle los ritmos y velocidades de esas variaciones.

8.2. Miedo a Neptuno

Uno de los temores que más han calado en la población, como consecuencia del calentamiento global, es el miedo a que Neptuno, el dios romano del mar y de los océanos, amplíe sus dominios, invadiendo la tierra firme. Y no es de extrañar que ese miedo se haya extendido, si tenemos en cuenta los mensajes apocalípticos que se han lanzado a los cuatro vientos, algunos de ellos difundidos por organismos internacionales de primer nivel, de los cuales se han hecho eco inmediatamente todos los medios de comunicación.

En los primeros años del siglo XXI, nada más y nada menos que la mismísima ONU, predijo que el aumento del nivel de mar haría desaparecer en dos décadas (es decir, para los años actuales) todas las playas del Mediterráneo, como consecuencia del calentamiento y la fusión de los hielos. Además, profetizó también que Ámsterdam y Venecia iban a quedar totalmente inundadas. Los 20 años establecidos en la profecía ya han pasado y afortunadamente, podemos constatar que nada de eso ha ocurrido, como se ha comprobado para muchas (casi todas) las profecías de los alarmistas climáticos. Las playas siguen donde estaban y tanto Venecia como Ámsterdam continúan intactas.

Además, por lo que se refiere a Venecia, la subida del nivel del mar, conocida localmente como *aqua alta*, es un fenómeno que ocurre periódicamente cada cuatro o cinco años, inundando la ciudad cuando las pleamares en el Adriático son máximas y los vientos asociados a las borrascas soplan del Sureste, desde el mar en dirección a la laguna. Para que se produzca el *aqua alta* deben confluir todas estas causas combinadas, que «empujan» las aguas y el oleaje hacia la laguna veneciana. Como ocurre siempre con las pleamares, el agua vuelve a bajar a las seis horas, tal y como viene ocurriendo desde tiempos inmemoriales (los primeros documentos que recogen este tipo de oscilaciones marinas extremas datan del siglo VI después de Jesucristo). Además, no debe olvidarse que en el Mediterráneo, un mar interior cerrado, las amplitudes de altura de la marea son muy pequeñas, del rango de pocos decímetros, no de varios metros como ocurre en las aguas oceánicas del Atlántico.

A pesar de la total falta de acierto de estas gravísimas predicciones, nadie se ha molestado en emitir la más mínima disculpa por el error y la falsedad de esos pronósticos, además de la exageración con que se transmitieron en su día. Simplemente, las predicciones se han sustituido por otras, igualmente alarmistas, pero a más largo plazo, como si no hubiese pasado nada. Y desgraciadamente, siguen sin difundirse (al menos debería hacerse con igual entusiasmo que las informaciones catastrofistas) los datos e informaciones que contradicen los falsos vaticinios.

En la Figura 74, la línea azul representa las variaciones del nivel del mar registradas por los datos geológicos durante los últimos 400 000 años, donde el valor «cero» y la línea negra discontinua, corresponden al nivel actual del mar. En la misma figura, la línea roja muestra la variación de la temperatura media del planeta durante el mismo periodo. Como puede comprobarse por la comparación entre ambas gráficas, existe una estrecha correlación entre la evolución de la temperatura media global y la variación del nivel del mar. Dicho paralelismo es totalmente lógico y fácilmente comprensible, si tenemos en cuenta que las causas primordiales del ascenso del nivel del mar están relacionadas, por un lado, con la fusión del hielo de los casquetes glaciares, que a su vez está controlado por la temperatura media del planeta. Y por otro, con un simple fenómeno físico, ya que el incremento de la temperatura provoca una dilatación, un aumento de volumen de agua líquida, que también contribuye al ascenso del nivel.

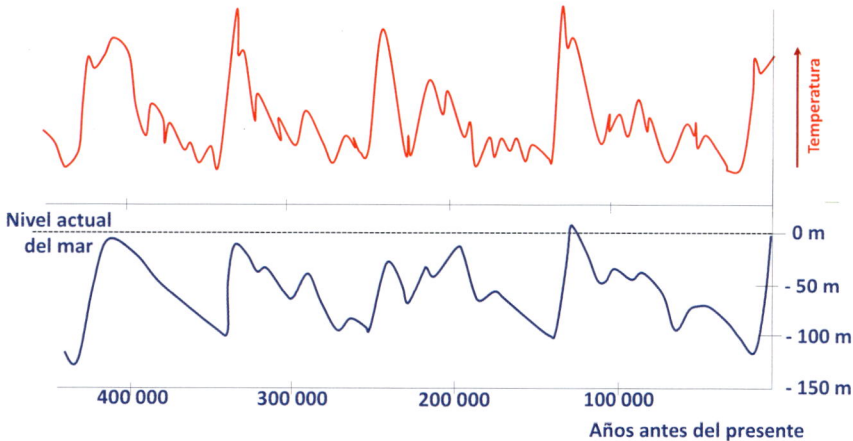

Figura 74. Variaciones de la temperatura y del nivel del mar registradas por los datos geológicos durante los últimos 400 000 años. Fuente: Hansen *et al.* (2001).

Debe tenerse en cuenta que para enfriar el agua de los mares, se requiere mucho más tiempo que para calentarla. Por ello, la acumulación de varios miles de metros de hielo glaciar en los casquetes, requiere mucho más tiempo que su fusión. Por eso, tal y como reflejan las gráficas de las Figuras 73 y 74, el nivel del mar asciende con relativa rapidez durante los periodos cálidos, mientras que desciende con un ritmo más lento durante las etapas de enfriamiento.

Es interesante constatar que durante los cuatro ciclos de calentamiento y enfriamiento reflejados en la Figura 74, el máximo alcanzado por el nivel del mar es muy similar al actual. Aunque nuestro nivel de conocimientos no nos permite predecir con detalle el futuro (la gráfica adjunta solo representa la tendencia general y no las pequeñas oscilaciones o variaciones de pocos siglos), no parece aventurado suponer que nos estamos acercando a uno de esos máximos. Pero no debe olvidarse que, aunque la tendencia general ha sido de ascenso del nivel del mar durante los últimos 21 000 años, el aumento no ha sido continuo y durante ese mismo periodo, han existido avances y retrocesos, relativamente bruscos, asociados con los ciclos térmicos de corta duración, de *tan solo* varios siglos (ver Capítulos 1, 4, 5 y 6), que se superponen a la tendencia a largo plazo.

A lo largo de la historia de la ciencia, con frecuencia se ha utilizado la información proporcionada por los fósiles, como indicadores para establecer las diferencias entre el nivel del mar actual y el que pudo existir en la antigüedad. Pero este tipo de datos debe ser tomado con muchas precauciones, ya que puede tratarse de informaciones aparentes y engañosas, tanto por exceso como por defecto, ya que la superficie terrestre no es tan estable como aparenta. Antiguamente, antes de que se establecieran las bases de la geología moderna, cuando se encontraban fósiles marinos en estratos situados en las cimas de las montañas, se interpretaban como consecuencia del Diluvio Universal, ya que toda observación científica debía ser obligatoriamente interpretada de acuerdo con las prescripciones de la Biblia (ver Capítulo 2).

Pero, hoy en día, sabemos que esos estratos fueron sedimentados en el fondo marino y, posteriormente, han sido elevados hasta su posición actual por los empujes asociados al movimiento de las placas tectónicas. Y esos movimientos no son bruscos ni catastróficos como consecuencia de cataclismos. Por el contrario, son muy lentos, inapreciables a simple vista y están ocurriendo ahora mismo sin que nuestros sentidos puedan percibirlos, aunque podemos detectarlos gracias a la precisión de la tecnología GPS. Hoy en día, el Everest (8848 m.s.n.m) sigue creciendo a medida que la India continúa presionando la placa asiática, del mismo modo que el Montblanc (4809 m.s.n.m.) sigue ganando altura gracias al empuje de África contra Europa. En lo que respecta a nuestra Península Ibérica, cada año se desliza unos 2 mm hacia el nordeste, haciendo que aumente la altitud de los Pirineos.

Por otra parte, no hace falta situarse en una cordillera o en una zona inestable (áreas sísmicas o volcánicas), para que dichos movimientos existan. La corteza terrestre no es estática y se está desplazando continuamente en sentido horizontal, y a veces, también verticalmente. Ambos movimientos ocurren a velocidades mínimas, de pocos milímetros al año, o incluso menos. Esto implica que, si tomamos el límite de la tierra firme como referencia exclusiva para medir las variaciones del nivel del mar, corremos el riesgo de cometer errores importantes. En efecto, las oscilaciones aparentes del nivel marino, se deben en realidad a la combinación entre las variaciones producidas por la formación o la fusión de los hielos (según el momento en que nos encontremos respecto de los ciclos de calentamiento-enfriamiento), y los desplazamientos verticales de la corteza terrestre en cada lugar. Estos movimientos, que en Geología se conocen como *isostasia*, pueden tener sentido positivo o negativo, atendiendo a la naturaleza de los procesos tectónicos de cada zona, haciendo que la línea de costa tienda a avanzar o retroceder y, por lo tanto, se sustraiga o se sume a las variaciones climáticas del nivel del mar. Es decir, que las variaciones que se observan en cada punto pueden ser aparentes, en función del sentido del desplazamiento que pueda estar registrándose en el terreno.

Por lo tanto, mientras las variaciones absolutas del nivel del mar, las que se deben simplemente al deshielo, tenderán a ser similares en todo el planeta, las que observen nuestros sentidos serán, el resultado de la combinación entre las variaciones absolutas y los movimientos, de la corteza en cada lugar. Así, por ejemplo, como se verá en detalle más adelante, en el litoral oriental de la península Ibérica, existen varias fallas a lo largo de la línea costera, que tienden a hundir los terrenos ribereños, haciendo que el ascenso aparente del nivel del mar sea mayor que el real.

El fenómeno contrario puede observarse en la zona nórdica de Europa, donde a pesar de estar fundiéndose el casquete glaciar, el ascenso del agua es compensado por la elevación de la masa continental, como consecuencia de la descompresión que experimenta el terreno al verse paulatinamente liberado del enorme peso de más de 3,5 kilómetros de espesor de hielo (350 kg por cm^2). Como resultado de la combinación de ambos procesos, se observa un avance de la tierra hacia el mar y un aparente descenso del nivel del agua, aunque en realidad el valor absoluto del nivel del mar, esté ascendiendo.

Actualmente, el territorio conocido como Fenoscandia (es decir, el conjunto de la península de Escandinavia, la península de Kola, Carelia y Finlandia), está elevándose unos 10 mm al año como consecuencia de estos movimientos de compensación, después de haber perdido más de 3500 metros de espesor de hielo desde el final de la última glaciación, hace unos 12 000 de años (ver Capítulo 10). Anteriormente, el enorme peso de una cobertura de hielo de varios kilómetros de espesor sobre los continentes del hemisferio norte, hizo que la corteza terrestre se hundiese sobre el nivel inferior, más plástico, el *manto terrestre* (ver Capítulo 6) a lo largo de los 100 000 mil años que aproximadamente duró la última época glacial. En el caso de una capa de hielo continental de más de 3 kilómetros de espesor, como fue en el caso de Escandinavia, eso puede causar un hundimiento de unos 1000 metros de desnivel en altura, respectivamente una tercera parte del espesor de la cobertura de hielo.

Por otra parte, para calibrar adecuadamente el ascenso relativamente rápido del nivel del mar que se detecta en algunos lugares del planeta, además de los movimientos tectónicos verticales de la corteza terrestre, deben evaluarse también otros fenómenos geológicos como puede ser la subsidencia (hundimiento), como consecuencia de la extracción de gas natural y de petróleo del subsuelo (este es el caso en los Países Bajos y en el lago Maracaibo en Venezuela), del bombeo excesivo de agua subterránea (como en el caso de Yakarta, la capital de Indonesia), o la acumulación rápida de grandes volúmenes de materiales sedimentarios. Esto último es lo que ocurre habitualmente en los deltas situados en las desembocaduras de los ríos, donde se depositan grandes cantidades de sedimentos en poco tiempo (con altas velocidades de sedimentación), cuyo peso comprime los anteriores, expulsando de ellos el agua que contienen y provocando su compactación, disminución de volumen y, por lo tanto, su hundimiento. Subsidencias importantes pueden observarse en el delta del Ebro o en el del Nilo, donde una parte de la Alejandría histórica, así como la ciudad de Heracleion, yacen bajo varios metros del agua del Mediterráneo (ver Figura 75).

Figura 75. Restos arqueológicos submarinos de la ciudad de Heracleion. Fuente: www.universomarino.com.

Hasta hace pocos años, las previsiones del IPCC eran relativamente moderadas, pronosticando que el nivel marino se elevaría aproximadamente 20 cm a finales del siglo XXI. Sin embargo, estas previsiones se han ido endureciendo progresivamente hasta duplicarse. En efecto, los últimos pronósticos vaticinan una elevación de 43 cm para 2100, con un ritmo aproximado de aumento de 5,5 milímetros al año. Aunque, eso sí, siempre que se cumplan los acuerdos suscritos en la Cumbre de París, ya que en caso contrario las perspectivas serían mucho más pesimistas, y la elevación podría llegar hasta 1,3 m en el 2100 (aumento de 16,5 mm al año, casi el triple del valor anterior), y hasta los cinco metros para el año 2300 (20 milímetros por año), en el caso de que el planeta se siga calentando y se produzca un deshielo total de los polos. A este respecto, convendría recordar, como se ha mencionado en el Capítulo 4, que durante la mayor parte de la historia del planeta (80 % del tiempo transcurrido), el hielo ha estado ausente en los polos. Y si consideramos solo tiempos más recientes, durante los últimos dos millones y medio de años, ha predominado el frío en un porcentaje del 90 %.

Por otra parte, también la NASA ha actualizado recientemente sus pronósticos, avanzando que el nivel del mar ascenderá cerca de un metro a finales del presente siglo (unos 14 mm por año), si no se consigue refrenar el calentamiento global, reduciendo la emisión de gases de efecto invernadero. Además, ha puntualizado que los océanos alcanzarán niveles que transformarán las costas del planeta en los siglos venideros. Incluso, ha creado una página web, donde una sofisticada aplicación informática, permite al usuario conocer cómo afectará la subida del nivel del mar a cualquier lugar del planeta y para cualquier fecha de los próximos 130 años (Figura 76).

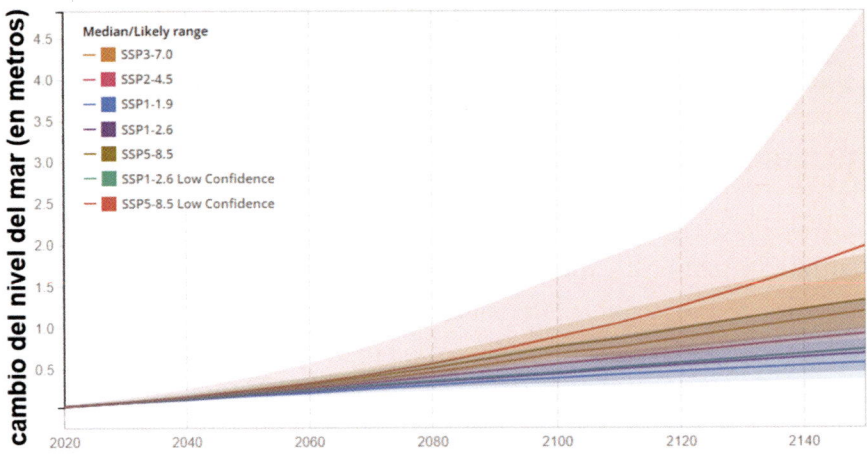

Figura 76. Gráfica de simulación de la subida del nivel del mar para los próximos 130 años, según diferentes escenarios y modelos climáticos. Fuente: www.sealevel.nasa.gov.

Sin embargo, conviene mencionar aquí, como se detallará en el Capítulo 14, que existen muchas voces autorizadas disonantes, que discrepan radicalmente de estas predicciones catastrofistas. En contradicción con estas informaciones alarmistas, hay cada vez más indicios científicos de que la Tierra ya ha llegado o está a punto de alcanzar el máximo de temperatura del actual periodo cálido (el Óptimo Climático de la Modernidad), y que está a punto de iniciarse el siguiente periodo frío, similar a la Pequeña Edad de Hielo (ver Figuras 22 y 100). En primer lugar, debe mencionarse que ninguna de las predicciones realizadas hace 20 o 30 años se ha cumplido (ver Figura 136). Sin embargo, se siguen realizando nuevas profecías, cada vez a más largo plazo y cada vez más catastrofistas, a sabiendas de que solo podrá demostrarse que eran falsas después de mucho tiempo, cuando nadie se acuerde de quien las emitió, o ya sea tarde para exigir responsabilidades.

Pero tampoco debe olvidarse que existen otras fuentes, que ofrecen informaciones mucho más moderadas. Así, el informe CLIVAR (por sus siglas en inglés *Climate Variability and Predictability*, en Pérez *et al.* 2010), basado en las informaciones registradas en las costas atlánticas de nuestro país, indica que los mareógrafos han registrado aumentos sostenidos del orden de 1,4 mm/año durante todo el siglo xx, y de más de 2 mm/año si se considera solo la segunda mitad del siglo xx.

Llegados a este punto, quizás es ya el momento de buscar respuestas a una pregunta esencial: ¿es cierto que la actividad humana, es responsable del cambio climático y ascenso del nivel del mar que hoy presenciamos? El registro geológico ofrece pruebas incontestables sobre elevaciones del nivel del mar en periodos muy antiguos, que desmienten esta interpretación, ya que, como queda plasmado en las Figuras 73 y 74, el nivel del mar se ha elevado y ha descendido varias veces a lo largo del tiempo, siguiendo los periodos glaciales e interglaciales, como viene sucediendo durante los últimos cientos de miles de años, sin ninguna contribución del ser humano. Y por si todo este conjunto de informaciones no fuera suficiente, los datos extraídos de los sondeos de hielo glaciar (ver Capítulo 7), demuestran que el aumento de temperatura precede al ascenso del dióxido de carbono, y que durante los antiguos periodos interglaciares, sin intervención humana capaz de interferir con el clima, se produjeron cambios de temperatura y del nivel del mar más rápidos y acusados que los registrados durante el último siglo.

Por lo tanto, la supuesta asociación directa entre el aumento de la temperatura atmosférica y oceánica con el correspondiente ascenso global del nivel del mar y con la actividad antrópica, entraña grandes dudas. Es decir, que las predicciones de los modelos climáticos basados en dicha correlación, ofrecen datos alejados de la realidad sobre las futuras tasas de elevación del nivel del mar, lo que dificulta la toma de decisiones realistas y objetivas, de cara a la articulación de políticas y estrategias de actuación para corregir, mitigar y prevenir los efectos del cambio climático, especialmente en terrenos costeros, sean estos o no urbanizados.

Este punto de vista es compartido por Bjorn Stevens, director del Instituto Max Planck de Meteorología de Hamburgo, que a pesar de ser uno de los científicos que defiende que el calentamiento global existe y lo provoca el CO_2, reconoció durante la Cumbre del Clima celebrada en Madrid en 2019, que los modelos climáticos que se están utilizando son inadecuados. Este científico, interrogado entonces sobre la realidad de la emergencia climática, respondió que «la emergencia es una declaración más política que científica».

8.3. Los últimos 12 000 años del Atlántico europeo

Las costas atlánticas de Europa están llenas de evidencias que atestiguan las variaciones registradas en el nivel del mar a lo largo de los últimos milenios. La Figura 77 presenta el cambio del nivel del mar, registrado en la zona meridional del Mar del Norte, durante los últimos 10 000 años, después del final de la última época glacial, según Müller (1962). Sus conclusiones se basan en el estudio de sedimentos terrestres en zonas inundadas, como marismas, estuarios y turberas, además de sedimentos eólicos. Debe tenerse en cuenta que, en la zona estudiada, la influencia de los movimientos isostáticos de compensación anteriormente mencionados, es insignificante en comparación con la magnitud de la elevación observada del nivel del mar. Y lo mismo puede decirse de los movimientos de origen tectónico, ya que se trata de una zona muy estable, que no está afectada por fallas o subsidencias.

Como se puede apreciar en la Figura 77, durante los últimos 10 000 años, el nivel del mar se ha elevado en total unos 50 metros, pero a velocidades muy diferentes, que se han ralentizado (registrándose además varias interrupciones) durante los últimos 5000 años. Acabada la última glaciación, entre los años -10 000 y -6000, el nivel del mar subió a una velocidad de unos 10 mm por año. Después, la subida del nivel del mar se frenó, ascendiendo a un ritmo de 2 mm por año hasta la actualidad, como promedio.

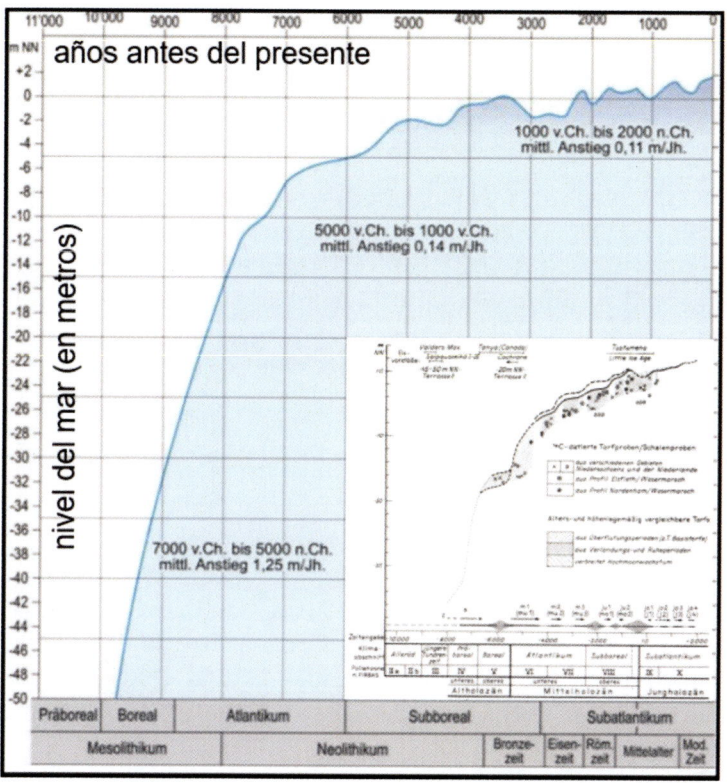

Figura 77. Cambios del nivel del mar, registrados en la zona meridional del Mar del Norte, después de la última época glacial. Eje X: años antes de hoy; eje Y: metros por encima (+) o por debajo (-) de la altura de referencia del año AD 1000. Fuente: www.astrolehrbuch.de. La gráfica integrada a la derecha abajo, presenta el borrador original de **Müller** (1962).

Figura 78. Evolución de la línea de costa y de las tierras emergidas en el entorno del Mar del Norte, desde el final de la última glaciación. En color marrón, las tierras emergidas actuales; en verde oscuro, la tierra firme de hace 7000 años; en verde intermedio, las tierras emergidas de hace 8000 años, y en verde claro, la tierra firme de hace 16 000 años. En blanco, la extensión del hielo continental hace 16 000 años. Fuente: www. education.nationalgeographic.org.

Son abundantes las evidencias de estos cambios en el nivel marino, pero quizás las más espectaculares e ilustrativas se encuentran en el famoso banco de Dogger, también conocido como *Doggerland*. Como se aprecia en la Figura 78, hace 16 000 años, Inglaterra, Escocia e Irlanda eran parte integrante del continente europeo. Un aspecto muy llamativo de esta figura, es la disposición geográfica del sistema fluvial que existía en ese momento. Se conoce con precisión el trazado de los ríos que vertían aguas hacia el norte, hacia el golfo de Noruega, y también hacia el sur, hacia el Golfo de Vizcaya, gracias a los estudios batimétricos y geofísicos que se han realizado en toda esta zona para la exploración y producción de petróleo y gas. Los ríos que vierten al Golfo de Noruega son los tramos bajos de los ríos Rin y Elba, mientras que el río que discurría por el actual Canal de la Mancha recogía, junto a otros, las aguas de los ríos Támesis y Sena.

Figura 79. Las redes pesqueras de arrastre sacan muy a menudo a la luz restos de animales que poblaron el Banco de Dogger durante la última época glacial. Fuente: www.naturalishistoria. files.wordpress.com.

Más tarde, hace 9000 años, Irlanda ya estaba prácticamente separada como isla (exceptuando un estrecho corredor al norte), pero Inglaterra aún seguía unida al continente, ya que no existía todavía el Canal de la Mancha. En ese momento, en el centro del Mar del Norte, el progresivo aumento del nivel del mar, dejó aislada una enorme porción de tierra, hoy conocida como Banco de Dogger (*Doggerbank o Doggerland*). Se trata de un territorio con una extensión de más de 17 000 km², actualmente sumergido a una profundidad entre 15 y 16 m, pero que estuvo emergido hasta hace unos 7000 años. Hasta su inmersión completa bajo las aguas, Doggerland fue un hábitat adecuado para los asentamientos humanos, probablemente similar a las condiciones actuales de la tundra, como lo demuestran los abundantes restos fósiles (principalmente huesos y dientes de mamuts, Figura 79) y las herramientas prehistóricas, que allí se han encontrado. Dichos hallazgos han sido realizados mayoritariamente por los pescadores, al aparecer con bastante frecuencia, atrapados en sus redes de arrastre, lo que ha supuesto para ellos un lucrativo negocio e interesantes ingresos complementarios.

Estas evidencias paleontológicas y arqueológicas dejan fuera de toda duda que el ascenso del nivel del mar, y por lo tanto el calentamiento global, se inició mucho antes de que las actividades humanas pudiesen interferir con el clima, a no ser que atribuyamos a nuestros antepasados, a los hombres de Cromañón, la capacidad contaminante suficiente para desencadenar un cambio climático.

Pero además, los datos disponibles sobre Doggerland nos proporcionan otras informaciones muy valiosas. Teniendo en cuenta la profundidad a la que se encuentra actualmente (15-16 metros) y el tiempo transcurrido desde que fue cubierto por las aguas (7000 años), es fácil deducir que, de acuerdo con Colles (1998) y Duff (2014), la velocidad de aumento del nivel del mar ha sido como promedio, de unos 2,5 mm al año. Si recordamos las medidas realizadas por los mareógrafos, anteriormente mencionadas en el informe CLIVAR, debe concluirse que el nivel del mar ha estado ascendiendo durante seis milenios a una velocidad mayor que la registrada por los equipos de medida de los puertos durante la segunda mitad del siglo XX. Y más importante aún, durante el periodo comprendido entre hace 10 000 y 6000 años (Figura 77), el nivel del mar ha ascendido a un ritmo promedio de 10 mm por año. Es decir, prácticamente el doble de la velocidad de ascenso pronosticada por el IPCC hasta final del siglo

XXI, como consecuencia de la crisis climática y la actividad antrópica. Pero, si el nivel del mar ha ascendido de forma continuada durante milenios, espontáneamente y sin contribución antrópica, a una velocidad muy superior a la actual, ¿por qué se interpreta el moderado ritmo actual como consecuencia de la actividad antrópica y en asociación con una crisis climática generalizada?

El caso de Doggerland no es único ni excepcional, sino que muy al contrario, las costas atlánticas están llenas de evidencias de variaciones del nivel del mar, muy anteriores a la época industrial. García-García *et al.* (2005) estudiaron la evolución sedimentaria de la Ría de Vigo (Galicia, Noroeste de España) mediante perfiles sísmicos y estudios sedimentológicos en testigos de sondeos submarinos. Integrando los resultados obtenidos con otros estudios anteriores, elaboraron la gráfica reproducida en la Figura 80, donde se resume la evolución del nivel del mar en dicha ría española.

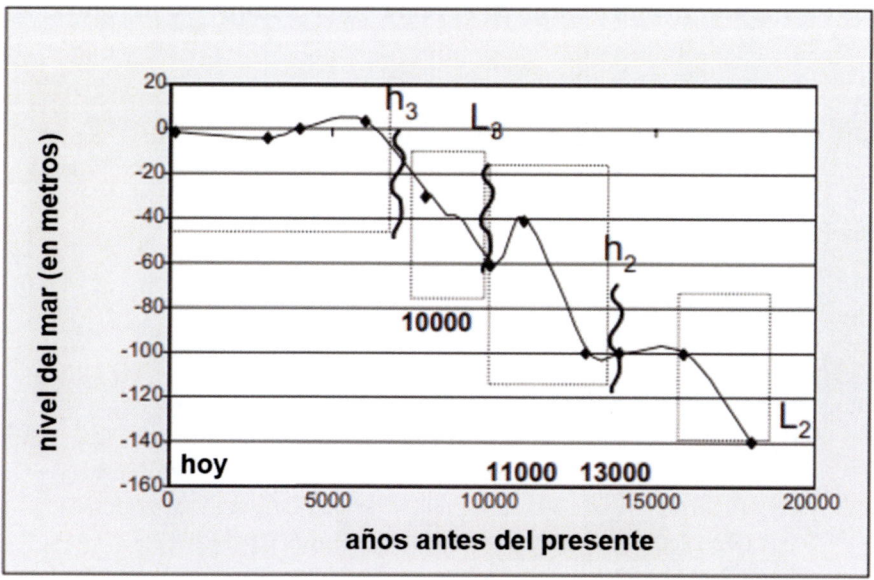

Figura 80. Esquema gráfico de la evolución del nivel del mar en la Ría de Vigo (Galicia, Noroeste de España) durante los últimos 18 000 años. Eje X: años antes de hoy, de izquierda a derecha. Eje Y: nivel del mar por debajo (-) o por encima (+) del nivel actual. Fuente: García-García *et al.* (2005).

Cabe destacar la coherencia de los datos representados en la Figura 80 con los que aparecen en las Figuras 73 y 74, ya que en todos los casos se observa una elevación de aproximadamente 140 metros en el nivel del mar durante los últimos 20 000 años. Debe mencionarse también que, del mismo modo que se observa en la Figura 77, la subida del nivel del mar no fue siempre uniforme, observándose ralentizaciones e incluso periodos de descenso, correspondientes a periodos fríos, como los que tuvieron lugar hace 11 000-10 000 años (durante la etapa Preboreal, también llamada *Dryas primitiva*) y hace unos 6000-4000 años, al final del Óptimo Climático cálido del Atlántico, durante el cual el nivel del mar llegó a situarse unos 2 o 3 metros por encima del nivel actual.

Para reconstruir lo ocurrido en tiempos más recientes, hay ocasiones en que los restos arqueológicos son de inestimable ayuda. Los antiguos asentamientos romanos ubicados a lo largo del litoral atlántico de Galicia, demuestran que el nivel del mar ha subido 2-3 m durante los últimos 2000 años, como se aprecia en el ejemplo de la Figura 81.

Figura 81: Restos murales de una casa rústica romana (de Noville) del siglo III, en la orilla sur de la Ría de El Ferrol, cerca de Mugardos (Noroeste de España) que quedan casi sumergidos por completo durante pleamar. Fuente: Padín Abal (2017).

Además de los restos arqueológicos romanos, la cultura castreña (las poblaciones celtas que habitaban el noroeste peninsular, especialmente Galicia y Asturias), también ofrecen evidencias de los cambios del nivel marino a lo largo de los últimos 30 siglos. Muchas poblaciones castreñas se establecieron en la costa, atraídas por la pesca y probablemente también por la comunicación marítima y sus posibilidades de comercio. Debe recordarse que, primero los fenicios y luego los romanos, navegaron por estas costas de camino hacia las «islas metálicas» o *Casitérides*, es decir, hacia Irlanda, Cornualles (Inglaterra) y Bretaña (Francia), en búsqueda del estaño imprescindible para producir el bronce, que además es también abundante en Galicia.

Tampoco se puede descartar que los habitantes de los castros costeros, ya supieran preparar salazones de pescado antes de la llegada de los romanos. Muchos de estos castros se encuentran al borde del agua, a veces incluso en el área afectada por las mareas. En algunos lugares, se pueden observar todavía restos de estas poblaciones costeras que han sobrevivido a las mareas vivas y a los temporales. Como se puede ver en las Figuras 77 y 80, en aquellos momentos (transición de la Edad del Bronce a la Edad del Hierro, hace unos 3000 años), el nivel del mar estaba unos 3-4 metros más bajo que hoy. La Figura 82 ilustra la situación de uno de estos asentamientos, el Castro de Baroña, en la desembocadura de la Ría de Muros y Noia (al suroeste de Porto de Son, Galicia), que fue ocupado probablemente entre el siglo I a.C. y el siglo I d.C., cuando el nivel del mar estaba aproximadamente 2-3 metros por debajo del nivel de hoy, por lo cual se puede considerar que la línea costera estaría dentro de la zona batimétrica coloreada con el azul más oscuro en la Figura 82-B.

Debe recordarse que, en la costa atlántica gallega, la amplitud de las mareas puede alcanzar hasta varios metros, lo que permite explicar y comprender mejor la posición actual de estos restos arqueológicos, tanto los castros prerromanos como las *villae* romanas (Uhlig, 2021). Desafortunadamente, hasta la fecha no se han desarrollado las investigaciones de arqueología subacuática que serían necesarias para localizar construcciones de protección litoral y/o de amarre, que hubiesen sobrevivido a las mareas vivas y a los temporales, y que permitirían ofrecer una mayor precisión sobre la posición de la línea de costa hace 2000 años.

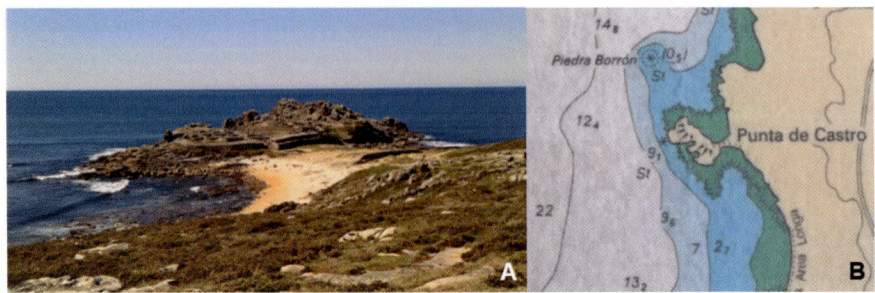

Figura 82. Castro de Baroña (Porto de Son, Galicia, Noroeste de España). (A) Fotografía en bajamar. (B) Carta náutica de la zona (Ría de Muros y Noia, 1:25 000, 425ª, 2017) con representación de batimetrías: las zonas de mareas, en verde; profundidad de hasta 5 metros, en azul oscuro; profundidad de hasta 10 metros, en azul claro; profundidad mayor de 10 metros, en color gris. Fuente: Uhlig (2021).

8.4. Evidencias de las variaciones del nivel del mar en el océano Índico

Algunos de los rasgos geográficos que configuraban nuestro planeta hace 18 000 años, cuando el nivel del mar estaba unos 120 metros por debajo de su posición actual, pueden comprenderse fácilmente observando la línea de costa en los mapas actuales. No es difícil imaginar que, extensiones de agua que hoy aparecen como mares interiores, fueron en esos momentos grandes lagos. Ese es el caso, por ejemplo, del Mar Báltico y del Mar Negro, y también del lugar donde florecieron las primeras civilizaciones fluviales, basadas en una agricultura intensiva: en Mesopotamia. Es decir, entre los ríos Éufrates y Tigris, en una zona actualmente cubiertas bajo las aguas del Golfo Pérsico (entre Arabia Saudita e Irán), entre 40 y 100 metros de profundidad. Porque en aquellos momentos, el Golfo Pérsico no existía, era un valle en tierra firme (Figura 83).

Algunos autores consideran que el famoso diluvio mencionado en la Biblia, está relacionado con tradiciones seculares sobre el ascenso de las aguas en el actual Golfo Pérsico, documentadas en tablillas de escritura cuneiformes sumerio-babilónicas. En ellas, se describen inundaciones repentinas y catastróficas que tuvieron lugar hace unos 9000-8000 años, simultáneamente con el período cálido del Óptimo Climático del Atlántico, cuando se alcanzaron temperaturas más elevadas que las actuales, acelerando el deshielo y el correspondiente ascenso del nivel del mar.

Figura 83. Situación del territorio emergido y de los lagos de agua dulce, en el área actualmente ocupada por el Golfo Pérsico, hace unos 18 000 años. La línea de trazos azules discontinuos señala la posición actual de la costa. Fuente: Figura modificada a partir de Buchner & Buchner (2011).

Uno de los lugares del mundo donde las amenazas derivadas del ascenso del nivel del mar son más graves e insistentes, es el archipiélago coralino de las Maldivas, situado al suroeste de la India, cuya inminente desaparición bajo las aguas ha sido profetizada numerosas veces en las dos últimas décadas por los climatólogos catastrofistas, como consecuencia del escaso relieve de sus islas (más de un millar), totalmente planas, y su mínima elevación sobre las aguas. Así, por ejemplo, en 1988, un periódico estadounidense predijo que en 30 años estarían borradas del mapa. Sin embargo, durante el segundo máximo de calor del Óptimo Climático del Atlántico, a pesar de que el nivel del mar estuvo casi un metro más alto que en la actualidad, las aguas no llegaron a cubrirlas. ¿Cómo es posible que siga existiendo ese paraíso turístico y no haya sido inundado? Porque, la realidad es que, a pesar de las amenazas del mar, existen actualmente proyectos para construir nuevos y enormes complejos hoteleros en sus costas, ¿cómo se puede entender esta aparente contradicción?

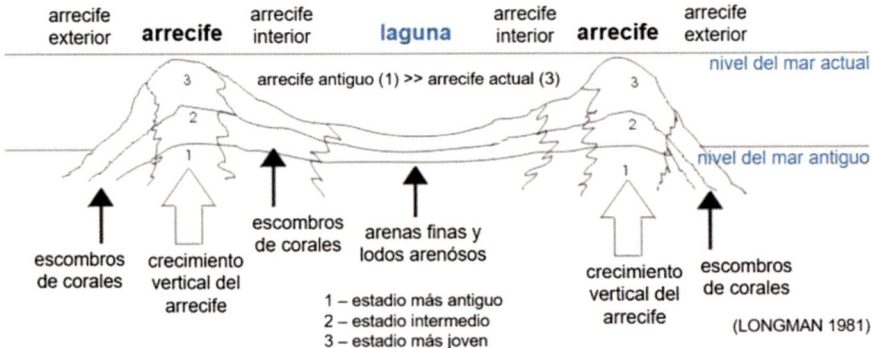

Figura 84. Evolución vertical de los arrecifes de coral, adaptándose a las variaciones del nivel del mar. Fuente: Gráfica de Naseer (2003) basada en Longman (1981), modificada.

En primer lugar, porque durante los últimos 35 años, el nivel del mar no ha ascendido de forma tan rápida como se había profetizado. Y en segundo lugar, porque no debe olvidarse que el crecimiento de los corales se adapta a las variaciones del nivel del mar, de acuerdo con la insolación que reciben. Cuando el nivel del mar asciende, los corales crecen hacia arriba, buscando la luz. Por el contrario, cuando desciende, los corales que quedan situados por encima del nivel del agua, se mueren al secarse y la erosión se encarga de devolverlos al fondo marino. Además, la mayoría de los corales vive en simbiosis con algas que colonizan la superficie de los pólipos de coral, que necesitan de la fotosíntesis para crecer. Estas variaciones, ascendentes y descendentes (Figura 84) han podido ser bien estudiadas en las regiones donde existen volcanes oceánicos (los atolones, por ejemplo), donde los arrecifes de coral suben y bajan frecuentemente, como consecuencia de los movimientos asociados a las actividades volcánicas.

8.5. Las variaciones del nivel del mar en el Mediterráneo

Los fenómenos descritos en páginas anteriores son también detectables en el Mar Mediterráneo. Su particular geometría cerrada y la elevada densidad de población a lo largo de sus costas, hacen que sea uno de los lugares del planeta donde las variaciones del nivel del mar tendrían potencialmente un mayor impacto. Además, dentro de esta problemática general, algunas zonas costeras, como, por ejemplo, el litoral de la región valenciana, son especialmente sensibles por tratarse de zonas muy llanas (Figura 85), con escasa pendiente, donde una pequeña oscilación de nivel de pocos metros afectaría potencialmente una gran extensión de terreno.

Figura 85. El litoral de la región valenciana es especialmente sensible al cambio del nivel del mar por tratarse en la mayor parte de su trazado de una costa muy llana. Fuente: Ortega (2022a).

Si tenemos en cuenta la profusión de construcciones turísticas en la primera línea de playa y la altísima densidad de población en su fértil llanura litoral, emplazada a tan solo unos pocos metros sobre el nivel actual del mar, las posibles consecuencias de un avance hacia tierra adentro son muy evidentes. Pero no se trata de un problema diferente de lo que ocurre en otros lugares del mundo. A pesar de su carácter casi cerrado, con su peculiar geometría, la estrecha comunicación con el Atlántico a través del estrecho de Gibraltar, hace que el nivel de las aguas del Mediterráneo evolucione del mismo modo que todos los océanos del mundo. De hecho, la evolución de la línea de costa en el litoral valenciano, puede considerarse como clónica de la anteriormente descrita para el entorno de Doggerland y el Mar del Norte.

Recientemente, la aplicación de técnicas geofísicas, han permitido detectar frente a la costa del Golfo de Valencia, varios antiguos sistemas de barreras costeras de arena, localizados en una franja de 10 kilómetros a partir de la línea de costa actual (Albarracín *et al.*, 2012). En total, se han cartografiado 27 acumulaciones u ondas de arena, con crestas de hasta 10 m de altura y longitudes de hasta 3 km, situadas a profundidades de entre 60 y 80 metros. La presencia en estas estructuras de sedimentos gruesos, relacionados con ambientes próximos a la costa, y también relieves arenosos equivalentes a las líneas de dunas que vemos en la parte trasera de las playas actuales, nos indicaría la posición de la línea de costa en un momento determinado del pasado, entre la actualidad y el clímax de frío de la última glaciación (ver Figura 86). Es también llamativo que, en concordancia con lo mencionado anteriormente en las costas atlánticas, también en la costa mediterránea, hace unos 6000 años, el nivel del mar llegó a situarse por encima del nivel actual. Los restos de esta invasión marina, todavía pueden observarse actualmente en el Mar Menor de Murcia y en la Albufera de Valencia, verdaderas cuñas de agua salada en tierra firme. En el caso de esta última, persistió como extensión de agua salada hasta el siglo XVII, en que fue aislada del mar y transformada en lago de agua dulce con objeto de ser aprovechado para extender y ampliar el cultivo del arroz.

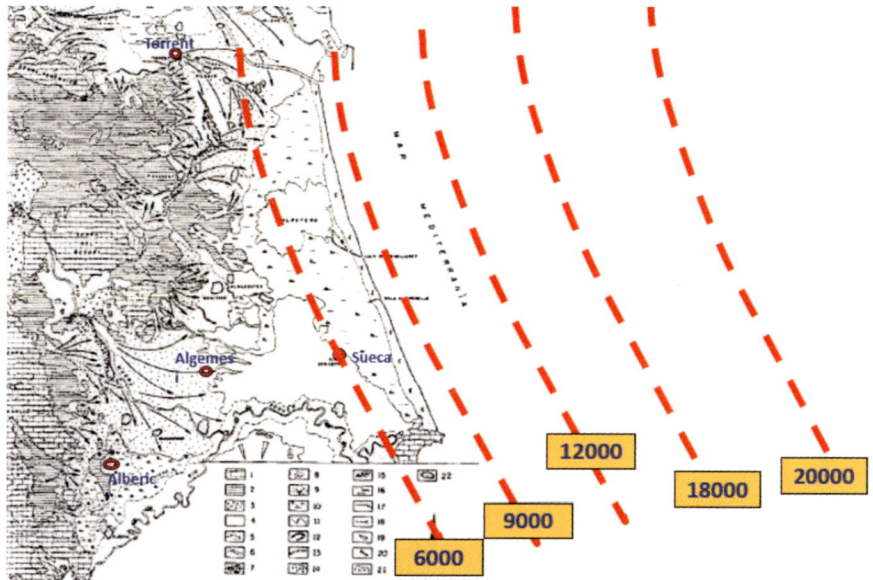

Figura 86. Evolución idealizada de la línea de costa en el Golfo de Valencia durante los últimos 20 000 años. Fuente: Ortega (2022a).

Teniendo en cuenta la escasa pendiente de la plataforma continental, un descenso de 120 metros en el nivel del mar, implicó un retroceso de más de 20 kilómetros y cambios sustanciales en la morfología de la línea de costa respecto de su posición actual. Uno de los puntos del litoral donde los cambios fueron más significativos se encuentra al sur de Alicante, frente a la localidad de Santa Pola, como se puede apreciar en la Figura 87. En el momento en que el nivel del mar estuvo más bajo, la actual isla de Tabarca estuvo englobada en tierra firme, pasando a convertirse en un cabo como prominencia de la línea de costa, a medida que el nivel del agua fue ascendiendo para, finalmente, aislarse y alcanzar su situación actual.

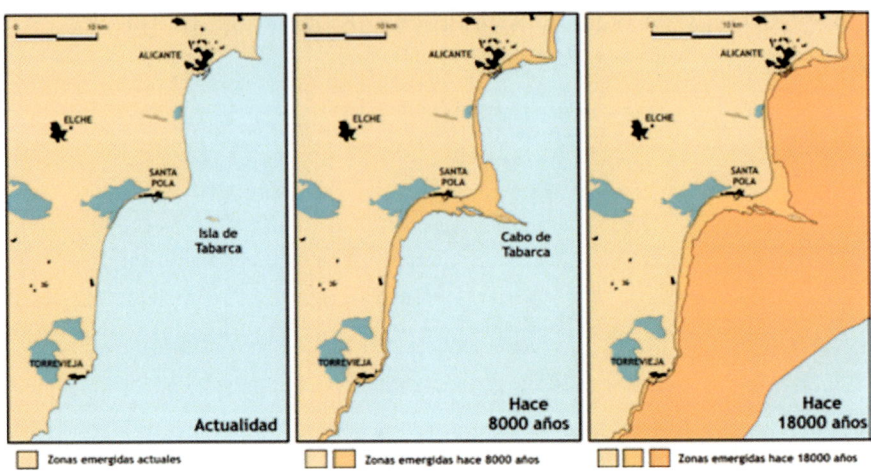

Figura 87. Evolución de la línea de costa al sur de Alicante desde hace 18 000 años hasta la actualidad. Fuente: www.geolodia.es.

Tampoco en este caso conviene olvidar que las variaciones del nivel del mar no son absolutas, y que para ser interpretadas correctamente, deben correlacionarse con los movimientos tectónicos e isostáticos del terreno. El registro continuo de la estación GPS permanente de Valencia, entre los años 2000 y 2019, muestra desplazamientos de 16 milímetros al año en latitud, 20 milímetros al año en longitud y un desplazamiento vertical negativo de 1 milímetro al año. Así, un hundimiento relativo (y, por lo tanto, un aumento aparente del nivel del mar) de un metro cada milenio. Es decir, que en el caso particular de la costa valenciana, la información disponible parece indicar que el ascenso del nivel del mar registrado durante los últimos 20 000 años, además de las causas climáticas, se ha visto aumentado por los procesos tectónicos.

Figura 88. Aspecto interior de la gruta de Cosquer (costa mediterránea de Francia), donde puede observarse en la pared del fondo el gran panel de los caballos, pocos centímetros por encima del nivel actual del mar. Fuente: Clottes, & Courtin (1995).

Otro ejemplo espectacular del ascenso del nivel del mar en el Mediterráneo, es la Gruta de Cosquer (al sureste de Marsella, Francia) con sus fascinantes grabados y pinturas rupestres (Figura 88). A mediados de los años 80, unos buceadores encontraron casualmente la entrada de la gruta, a una profundidad de 37 m. Cuando la entrada de la cueva estaba en seco, la línea costera se encontraba a unos 11 km de distancia, ver Figura 89 (Clottes, & Courtin, 1995). Las pinturas tienen una edad de entre 30 000 y 18 000 años, es decir, en la etapa final de la última glaciación. Desde entonces, el nivel del agua ha ascendido hasta casi alcanzar el nivel de estas pinturas singulares.

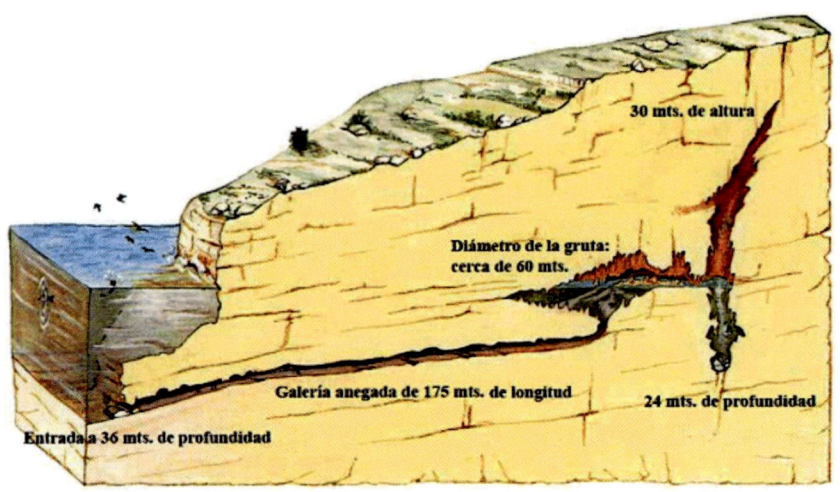

Figura 89. Bloque diagrama representando tridimensionalmente la ubicación de la gruta de Cosquer y su galería de acceso submarino. Fuente: www.apuntes.santanderlasalle.es.

En realidad, estas cuevas inundadas, abundantes en el mundo y de las cuales son representantes conocidos las Cuevas del Drac en Mallorca o los cenotes en Yucatán (ver Figura 99), solo pueden haberse formado cuando el nivel del mar estaba mucho más bajo que en la actualidad, gracias a los fenómenos de disolución de la caliza asociados a los procesos cársticos. O sea, que su sola existencia, con o sin restos arqueológicos o paleontológicos, es ya un indicador innegable de las variaciones del nivel del mar. En los litorales mediterráneos, existen también multitud de restos arqueológicos romanos, que demuestran el ascenso del nivel del mar (hasta 3,5 m) desde hace unos 2000 años, como se aprecia, por ejemplo, en Istria, al noroeste de Croacia (ver Figura 90).

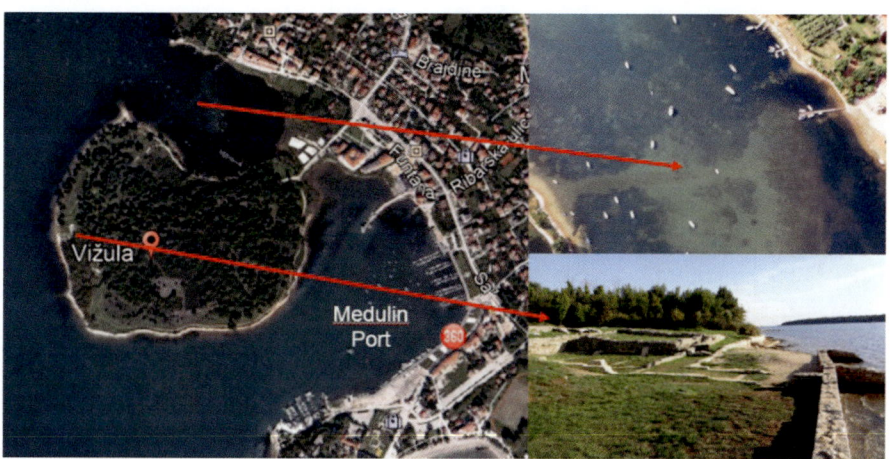

Figura 90. Fotografía aérea de la Península de Vizula (Medulin, Istria, noroeste de Croacia), donde aparecen múltiples restos arqueológicos de asentamientos romanos. En la ampliación de la parte superior derecha, se puede ver el trazado de la antigua vía romana de acceso, hoy sumergida. Fuente: Uhlig (2022), basado en las fotografías aéreas de Öaw (2019).

Idénticas conclusiones pueden deducirse de las recientes investigaciones arqueológicas submarinas realizadas por la Universidad de Salento en los alrededores de Lecce (sur de Italia), donde se han localizado a unos 15 metros del litoral, es decir, en la posición que ocupaba la línea de costa hace unos 2000 años, y a una profundidad que oscila entre menos de 1 metro y 3,5 metros, la estructura de un muelle portuario de aproximadamente 8 metros de ancho y al menos 90 metros de largo (ver Figura 91).

Figura 91. Vista aérea de la estructura del antiguo puerto de Lupiae (Lecce, sur de Italia), actualmente sumergido a una profundidad que oscila entre 1 y 3,5 metros. De acuerdo con esta situación se puede deducir que en esta zona el nivel del mar, durante los últimos 2000 años, se ha elevado a razón de 1,75 mm por año. Fuente: www.unisalento.it.

8.6. Oscilaciones más antiguas del nivel del mar

En las páginas anteriores, se han analizado las variaciones del nivel del mar acaecidas desde el final de la última glaciación. En realidad, el ascenso del nivel del mar registrado durante los últimos milenios, no puede considerarse como un hecho excepcional, sino todo lo contrario, tal y como ha quedado reflejado en la Figura 73, aunque la reconstrucción en detalle de la historia de esas variaciones no es sencilla. Los vestigios correspondientes a los periodos en que el nivel del mar estaba más bajo que en la actualidad y, por lo tanto, la línea de costa estaba alejada de su posición actual, hacia mar adentro, están hoy en día ocultos por las aguas y remodelados por el oleaje y las corrientes marinas.

Por otra parte, los rastros de lo que ocurrió durante los periodos en que las aguas cubrieron las zonas costeras, son con frecuencia muy difíciles de observar, en parte por la escasez de relieve (si se trata de llanuras litorales), en parte por los abundantes sedimentos recientes aportados por los sistemas fluviales, y también por la acción del hombre, que al instalar los sistemas de regadíos y las áreas edificadas, ha modificado sustancialmente las características del terreno. No obstante, gracias a la combinación de las informaciones geológicas con los datos obtenidos mediante las sofisticadas técnicas modernas de observación, la teledetección y la geofísica, en algunos casos ha sido posible restablecer muchos detalles de esa historia.

Si regresamos al litoral de la zona de Valencia, existen evidencias de que, hace unos cinco millones de años, el nivel del mar alcanzó niveles hasta 200 metros más altos que los actuales, y la línea de costa llegó a situarse en las primeras estribaciones del relieve que limita la llanura costera, varios kilómetros tierra adentro, como lo demuestra la presencia en estas zonas de sedimentos y fósiles marinos de edad terciaria.

Figura 92. Ensenada del puerto antiguo de la isla de Tabarca, Alicante. La línea señala una antigua superficie topográfica, sobre la cual se han depositado sedimentos con fósiles marinos correspondientes al Mioceno Superior, indicando que la isla estuvo totalmente cubierta por las aguas hace 6 millones de años. Fotografías y montaje gráfico de Enrique Ortega.

De forma coherente con ese ascenso, también hay evidencias geológicas de que durante el periodo comprendido entre los dos millones y medio de años y el anterior periodo interglaciar, hace aproximadamente 140 000 años, algunos promontorios costeros (como, por ejemplo, la Montaña del Oro, donde se asienta el Castillo de Cullera, provincia de Valencia) fueron islas totalmente separadas de la costa continental. También en la isla de Tabarca, a la que hemos hecho referencia anteriormente, aparecen evidencias de que el nivel del mar estuvo varios metros por encima del actual durante el Mioceno Superior (www.geolodia.es), hace seis millones de años. En el montaje fotográfico de la Figura 92, pueden observarse sedimentos marinos cubriendo una antigua superficie de la isla, erosionada y sumergida, antes de ser depositados.

Y aún más extremos fueron los episodios que ocurrieron hace entre 5 y 6 millones de años, durante el periodo denominado *Messiniense*, cuando el Mediterráneo quedó aislado del Atlántico como consecuencia del levantamiento tectónico de la Cordillera Bética al sur de la Península Ibérica, y de la Región del Rif al norte de Marruecos. Como consecuencia de este proceso, se estima que el nivel del mar, aparentemente y como consecuencia de la elevación del terreno, descendió casi un kilómetro, y el Mediterráneo se convirtió en una enorme salina (www.geo3bcn.csic.es). Como testigo y evidencia de este periodo de la historia geológica, existe una capa de sal de hasta 2 km de espesor (consecuencia de la intensa evaporación del agua, así como de la concentración y precipitación masiva de sal), que está siendo actualmente explotada en Messina (Italia).

En páginas anteriores se han descrito los cambios en el nivel del Atlántico durante los últimos milenios, pero también existen evidencias de variaciones más antiguas, como, por ejemplo, lo atestigua el hallazgo del esqueleto de un elefante terrestre en la cueva de Buelna (Asturias), en un macizo calcáreo carstificado situado en la costa asturiana. Los restos óseos aparecieron englobados por arenas formadas casi exclusivamente por fragmentos de fósiles marinos (ver Figura 93).

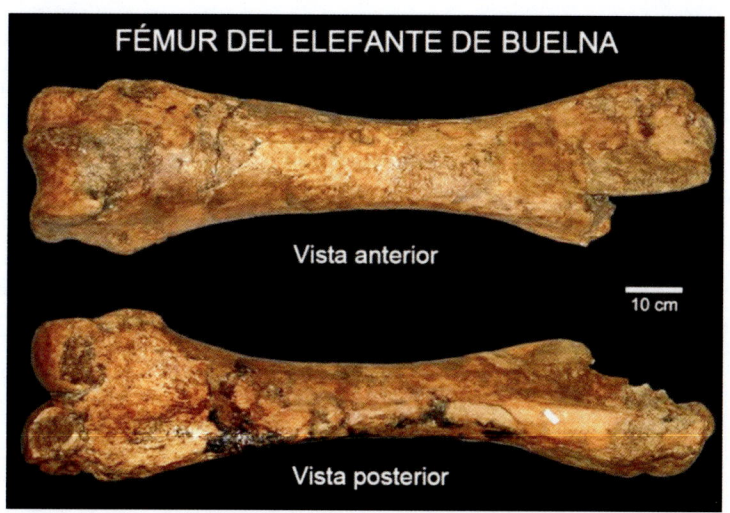

Figura 93. Restos de un fémur del elefante de la cueva de Buelna (Asturias). Fuente: Diego Álvarez Lao, profesor de Paleontología, Departamento de Geología, Universidad de Oviedo.

Para explicar una situación así, en primer lugar debemos suponer que el nivel del mar estaba mucho más bajo que en la actualidad, permitiendo el desarrollo de un sistema cárstico y la formación de la cueva. Posteriormente el mar inundó el sistema de cavernas y, en un momento dado, el cadáver del animal fue arrastrado hasta el mar por corrientes fluviales, o bien el animal cayó por un acantilado, y fue transportado por las corrientes marinas hasta el interior de la cueva inundada, siendo allí enterrado y fosilizado conjuntamente con los fragmentos fósiles existentes en la arena con la que fue cubierto. Teniendo en cuenta que la cueva está hoy situada a una cota de unos 8 m por encima del nivel del mar, debe deducirse que, hace unos 140 000 años (la edad indicada por el fósil del elefante y también por los fragmentos fósiles que lo engloban), las aguas marinas alcanzaron no solo ese nivel, sino incluso una cota bastante superior. Esta última conclusión se basa en el hecho de que los fósiles que acompañan al elefante no son especies intermareales y corresponden a un hábitat de plataforma profunda.

Otro tipo de evidencias son aportadas por observaciones relacionados con los sedimentos y el relieve (geomorfología) de la zona litoral. La Figura 94 presenta un ejemplo de las abundantes playas antiguas (paleo-playas) formadas durante el anterior periodo interglaciar, hace 126 000-115 000 años. Además, esta paleoplaya constituye también un buen ejemplo para ilustrar el avance y el retroceso de las playas de arena en sincronía con la subida y la bajada del nivel del mar. Es decir, que en contra del temor que a veces se suscita en informaciones de los medios de comunicación, las playas no desaparecen como consecuencia del cambio climático, sino que simplemente se desplazan tierra adentro, en respuesta al ascenso del nivel de las aguas.

Figura 94. Ejemplo de una paleo-playa del anterior periodo interglaciar, hace 126 000-115 000 años. Playa de Lourido, al sur de Muxia (Galicia), vista desde el nuevo Parador Nacional de Turismo. Foto izquierda: paleo-playas de cantos, constituyendo actualmente una terraza cubierta de hierba. Foto derecha: paleoplaya de arena, donde puede observarse como el mar penetró tierra adentro, hacia la derecha, internándose en el valle. Fuente: Uhlig (2022).

8.7. Conclusiones del capítulo

Como se ha descrito a lo largo de las páginas precedentes, existen numerosas evidencias de la tendencia ascendente, prácticamente continua, de la subida del nivel del mar desde el final de la última época glacial. Este ascenso, lejos de ser algo extraordinario y anómalo, forma parte de la evolución cíclica natural de nuestro planeta. En efecto, durante los largos periodos fríos, que suelen tener una duración aproximada de 100 000 años, se acumulan en los polos y en las montañas grandes volúmenes de agua en forma de hielo, que pueden llegar a superar los 3000 metros de espesor, y en consecuencia, el nivel del mar desciende. Cuando se rebasa el máximo de frío en cada época glacial y se inicia el ascenso de temperatura, el hielo se empieza a fundir y los océanos van recuperando progresivamente el nivel que habían alcanzado durante el anterior periodo cálido interglaciar. Este vaivén del nivel del mar, se ha repetido cientos, tal vez miles de veces, en la historia de la Tierra.

Así pues, el ascenso actual del nivel del mar, no es más que la consecuencia del último ciclo interglaciar que está experimentando el planeta, una elevación que viene sucediendo desde hace unos 12 000 años, cuando el nivel del agua se situaba unos 120-140 metros por debajo del actual. Desde entonces, la velocidad de ascenso ha sido como promedio de 6 mm al año, pero mucho más rápida al inicio del deshielo (10 mm por año durante los primeros 4000 años), ralentizándose luego hasta unos 2 mm/año durante los últimos 8000 años), ritmo que, con algunas oscilaciones, persiste hasta la actualidad. Es decir, una velocidad de ascenso absolutamente normal, que no es crítica, ni catastrófica.

Es evidente pues, como ya se ha señalado en capítulos anteriores, que el ser humano no es el desencadenante del calentamiento global ni del cambio climático, ni tampoco de sus efectos en los ambientes costeros. Los registros geológicos del pasado sugieren que las previsiones de elevación del nivel basadas en los modelos climáticos al uso, como demuestra además la experiencia reciente de las dos últimas décadas, tienen muy poca fiabilidad. Y teniendo en cuenta la información geológica disponible, no hace falta ser profeta para predecir que el nivel del mar seguirá subiendo, y que los océanos transformarán las costas del planeta en los siglos venideros, tal y como pronostica la NASA. Pero ese ascenso se producirá a una velocidad similar a la actual, o incluso menor, hasta que este proceso se detenga y se invierta, cuando la Tierra inicie una nueva época de enfriamiento.

Sin embargo, a pesar del cúmulo de conocimientos disponibles, las previsiones de las instituciones oficiales siguen lanzando mensajes atemorizadores. Así, investigaciones realizadas por el IEO (Instituto Español de Oceanografía) y el CSIC (Consejo Superior de Investigaciones Científicas), muestran que desde 1993 el nivel del mar sube 2,8 milímetros cada año, duplicando su ritmo de elevación respecto al existente 20 años antes (Vargas-Yáñez, 2023). Una vez más, el estudio se centra en un periodo excesivamente corto, ignorando los ritmos de crecimiento registrados durante los últimos milenios.

Lo mismo puede decirse de los informes del IPCC, que profetizan crecimientos acelerados del nivel marino para el próximo siglo, calificándolos como anómalos y excepcionales aunque se inscriban en la más estricta normalidad. Y, sobre la base de estas predicciones, han aparecido alarmantes noticias en la prensa (Figuras 95 y 96), donde los titulares aseguran que el mar arrasará el litoral valenciano, alcanzando muy pronto los barrios interiores de la ciudad de Valencia.

Figura 95. Fuente: *El Diario* (agosto de 2021).

EL ESPAÑOL

MEDIO AMBIENTE / CAMBIO CLIMÁTICO

El mapa de la España sumergida: las ciudades que veremos 'devoradas' por el mar en 60 años

El último informe sobre el cambio climático del IPCC avisa de que estamos ante un fenómeno "irreversible". Un aumento de sólo 20 centímetros, en el escenario más amable, podría suponer que las olas penetrasen hasta 30 metros hacia el interior de la costa.

22 agosto, 2021 - 01:37

Figura 96. Fuente: *El Español* (agosto de 2021).

En la misma línea, del mismo modo que lo han hecho otras instituciones secundando el alarmismo de estas noticias, el Instituto Cartográfico Valenciano ha desarrollado un visor web de Escenarios e Impactos, donde se muestran los efectos futuros del cambio climático en las playas de la Comunidad Valenciana entre los años 2050 y 2100, según las previsiones más catastróficas del IPCC. De acuerdo con estos cálculos, tan solo en la costa valenciana, habría 27 000 hectáreas agrícolas en riesgo de inundación.

Sin embargo, teniendo en cuenta la naturaleza de los procesos que rigen las variaciones del nivel del mar, y nuestra incapacidad para detener, ralentizar o revertir su ascenso, nuestra actitud debiera ser minimizar sus consecuencias. Cuando sabemos que, inevitablemente, se acerca el invierno, lo inteligente es hacer acopio de leña, preparar ropa de abrigo y acondicionar la casa para el frío, no ponerse a especular sobre cómo podríamos retrasar su venida o incluso cómo evitar su llegada.

9.

¿El clima y nosotros o nosotros y el clima? La influencia del cambio climático en la historia

La preocupación por el clima no es cosa de ahora, viene de antiguo. Nuestros antepasados prehistóricos se sintieron impresionados y a la vez asustados por los fenómenos meteorológicos violentos, entonces incomprensibles y en ocasiones mortales, como los rayos, y los truenos, el granizo y los fríos glaciales. A partir de estos temores, nacieron las primeras religiones y las creencias en seres superiores. El dios del trueno, fue inmortalizado en la cultura griega como Zeus, o como Júpiter para los romanos, y su culto persistió hasta los tiempos de las tribus nórdicas europeas como el dios Thor, que recorría el cielo en su carro tonante, tirado por dos machos cabríos, lanzando relámpagos a la Tierra con su martillo. La memoria de este dios todavía perdura en varios idiomas, en el nombre de un día de la semana a él dedicado: el jueves (del latín *Iovis dies*, o día dedicado a Júpiter), y su equivalente en alemán *Donnerstag* (día del trueno) o en inglés, *Thursday.* Hoy, transcurridos ya más de 300 años desde la revolución científica de la Ilustración, aún se mantiene en nuestro subconsciente, como si se tratase de una especie de «substrato Neanderthal», el arcaico temor a los fenómenos meteorológicos catastróficos.

9.1. Saliendo de África

¿Cuál fue la razón que hizo bajar a los primeros homínidos de los árboles, abandonando los bosques y selvas hace varios millones de años? ¿Fue como consecuencia de las grandes sequías derivadas de las épocas de enfriamiento global que acontecieron hace unos 20 millones de años? Durante esos períodos secos, desaparecieron de África los paisajes selváticos, extendiéndose las sabanas con árboles aislados, y los ancestros de los homínidos se vieron obligados a desplazarse por el suelo en búsqueda de alimentos. Y, para poder avistar a sus enemigos depredadores, escondidos entre las hierbas altas, empezaron a levantarse y aprendieron a moverse utilizando tan solo sus dos extremidades inferiores (Blümel, 2002).

La mayor parte de los investigadores están de acuerdo en que el origen de la humanidad se encuentra en África. No en vano, allí se han encontrado los fósiles de los homínidos más antiguos, empezando por la famosa *Lucy*, la abuela de la humanidad, con tres millones y medio de años de antigüedad, descubierta en 1974. Fue así bautizada, porque en el momento de encontrar los huesos, su descubridor, el paleontólogo Donald Johanson estaba escuchando la canción de los Beatles *Lucy in the Sky with Diamonds*. La historia de cómo esos homínidos fueron evolucionando hasta convertirse en *Homo sapiens* y colonizar el planeta entero, es tan compleja como apasionante, y en el desenmarañamiento de sus misterios, están teniendo un papel estelar los hallazgos que se están realizando en el yacimiento de Atapuerca (Burgos), donde ha sido hallado el *Homo antecessor* (Bermúdez de Castro *et al.* 2012, y Carbonell *et al.*, 2014), el primer homínido europeo, con 800 000 años de antigüedad.

No obstante, a los efectos de la presente obra y para estudiar la relación entre el cambio climático y la humanidad, este capítulo se centrará en la última parte de esa historia, la que transcurrió desde hace unos 70 000-40 000 años, cuando nuestros antepasados, ya pertenecientes a la especie *Homo sapiens* (aunque sin duda no fueron los primeros en hacerlo, ya lo había hecho antes el *Homo antecessor*), salieron del este de África para extenderse por Asia y Europa. Y, por cuestiones conceptuales, se prestará una especial atención a los dos últimos milenios, cuando la información climática que aporta la naturaleza, puede ser contrastada con documentos escritos y datos históricos.

Volviendo a la historia del *Homo sapiens*, la primera pregunta que podemos formularnos es: ¿Por qué desde el África Oriental se dirigieron hacia el norte y no hacia el sur? ¿Comprobaron que hacia el sur, el continente africano no conectaba con otras tierras? ¿O las razones fueron de tipo climático? Mientras que el África Central se iba volviendo más árida, el norte todavía se mantenía húmedo y tal vez fueron periodos fríos registrados hace 60 000 y 40 000 años (estadios isotópicos marinos MIS n°4 y n°3b, ver Capítulo 1 y Figura 97), los que causaron el éxodo del *Homo sapiens* hacia el norte (Müller *et al.*, 2011).

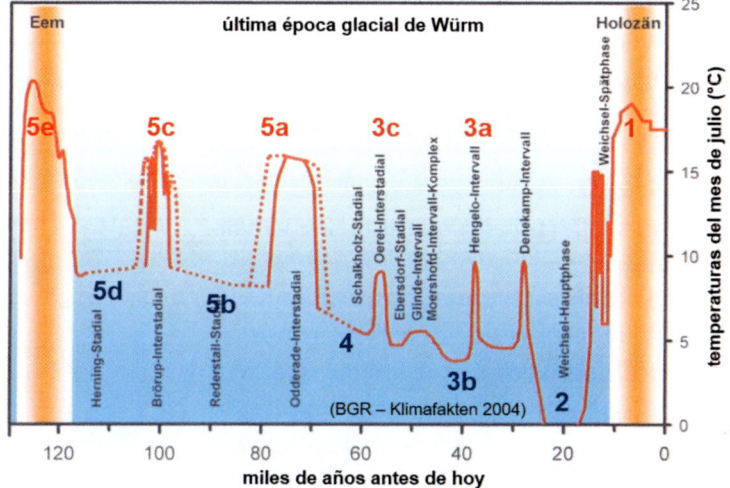

Figura 97: Evolución de la temperatura durante los últimos 120 000 años, donde se han representado los estadios isotópicos marinos (MIS), en letra roja los cálidos y los fríos en azul). Fuente: BGR (2004).

La colonización de Eurasia por nuestros antepasados se realizó principalmente a lo largo del Mediterráneo oriental, hasta donde pudieron llegar cruzando la Península Arábiga, que en aquellos momentos era más verde y no tan desértica (especialmente en las zonas costeras), siguiendo el valle del Nilo hasta alcanzar la costa del Mediterráneo, donde se dirigieron tanto hacia oriente como a poniente. Hacia el oeste, al llegar al Estrecho de Gibraltar, debieron divisar en la otra orilla el Peñón, con sus de imponentes 426 metros de altura, y no es impensable que intentaran cruzar el estrecho en canoa o balsa. En la actualidad, el Estrecho de Gibraltar tiene unos 14 kilómetros de anchura y llega a profundidades de hasta 800 metros. Pero, durante la última glaciación, como se refleja en la Figura 98, el nivel del mar llegó a estar unos 120-140 metros por debajo, por lo que la anchura del estrecho quedó reducida a unos 10 kilómetros. Además, al descender el nivel del mar, quedaron emergidas varias zonas, pequeñas islas intermedias, que pudieron facilitar la travesía (García-Nos *et al.*, 2019). Que los hombres de aquella época pudiesen franquear la barrera marina de Gibraltar, no debe extrañarnos, ya que existen evidencias de que homínidos y animales (por ejemplo, elefantes) han podido cruzar estrechos marinos de hasta 19-20 kilómetros de anchura, como lo demuestran los hallazgos fósiles de la Isla Flores (Java, Indonesia), según Brumm *et al.* (2010).

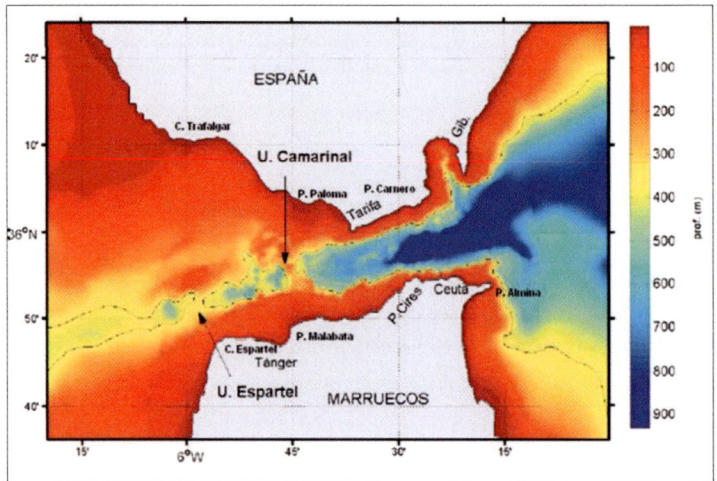

Figura 98. Batimetría del Estrecho de Gibraltar. Durante la última glaciación, el nivel del mar estaba en los tonos amarillos (entre el rojo y el azul), y la amplitud del estrecho era mucho menor. Fuente: Yanguas (2013).

9.2. Llegando a América

Por idénticas razones, hacia el oriente, por el extremo noreste de Eurasia, el desplazamiento hacia América fue sencillo durante los períodos más fríos de la última época glacial como, por ejemplo, el estadio MIS n°2 (hace unos 20 000 años, ver Figura 97). Atravesando Siberia pudieron llegar a pie hasta Alaska, y desde allí, aprovechando el bajo nivel del mar, colonizar el resto del continente. Aunque otros investigadores no excluyen la posibilidad de pobladores anteriores, llegados desde África a la costa del Brasil. Los datos arqueológicos y paleontológicos más fiables, indican que hace unos 13 000 años, el hombre ya había llegado hasta la península de Yucatán (Méjico). Así lo demuestran los restos arqueológicos encontrados en el sistema de cuevas kársticas denominadas cenotes, hoy sumergidas (ver Figuras 99-A, B y C), como consecuencia de la subida del nivel del mar registrada durante los últimos 15 000 años.

Figura 99. Sistema de cuevas, hoy submarinas, en la península de Yucatán, con depósitos de restos de esqueletos de animales terrestres (B) y huesos humanos (C). Mapa de distribución de los cenotes (D). Fuente: Montaje fotográfico de Uhlig (2024), basado en las fotografías de www.sites.northwestern.edu.

Sin embargo, hay datos fehacientes indicando que los aborígenes de Patagonia, en la parte más austral de Chile y Argentina, llegaron hasta allí, mucho más al Sur, antes que los restos encontrados en Yucatán, hace unos 14 000 años. Algunos indicios basados en estudios genéticos, indican que esta población pudo provenir de islas del Pacífico, e incluso se detectan algunos rasgos comunes con poblaciones europeas. Por lo tanto, aún no está claro si la colonización de Sudamérica se realizó exclusivamente por rutas terrestres o también por rutas marítimas mediante embarcaciones, a lo largo de la costa pacífica, o desde los archipiélagos del Pacífico.

Incluso, tampoco está claro si estos pobladores fueron los primeros o hubo otros más antiguos. Se han encontrado útiles de piedra a los que se les asigna una edad de 33 000 años (cueva de Coxcatlan, Valle de Tehuacán, Puebla, Méjico). En San Diego (California, EE.UU.), se han encontrado evidencias muy discutidas, unos huesos de mastodonte que parecen haber sido trabajados por el hombre y que tendrían unos 130 000 años de edad (Holen *et al.*, 2017). También, en Canadá, los arqueólogos han encontrado puntas de flechas, lanzas y hachas de piedra bifaces, a los que se atribuyen edades de unos 126 000-115 000 años, como, por ejemplo, en la isla de Manitoulin, en el Lago Hurón (Lee, 2013; Kraemer, 1983). Por lo tanto, no puede descartarse que existiese una fase de colonización de América más antigua, que podría haber tenido lugar durante la glaciación anterior, entre 240 000 y 130 000 años. La historia de la colonización de América sigue estando llena de interrogantes.

9.3. Un Sáhara verde

Regresemos ahora a Europa y veamos cuáles eran las condiciones climáticas que debieron soportar nuestros ancestros en este territorio, al mismo tiempo que sus parientes habían llegado ya hasta la Patagonia y Yucatán. Durante los periodos interglaciares cálidos, las temperaturas fueron 2-3 °C más altas que las actuales, mientras que en los periodos fríos, descendieron 6-8 °C por debajo de las temperaturas medias de hoy. Eso significa que la diferencia de temperatura entre periodos fríos y cálidos pudo alcanzar valores de más de 10 °C (Figura 97). Los altibajos de las temperaturas no siempre sucedieron de forma paulatina, sino que predominaron las variaciones abruptas, sobre todo durante los ciclos de calentamiento. Las épocas cálidas, como la que podemos disfrutar en la actualidad, representaron episodios relativamente cortos, de poco más de una docena de miles de años. Es decir, que la mayoría de los últimos centenares de miles y millones de años, han sido predominantemente más fríos que cálidos, y el rápido desarrollo de la cultura humana, durante los últimos 10 000-12 000 años, ha tenido lugar a favor del ciclo de calentamiento que representó el final de la última época glacial.

Durante los periodos fríos, el hombre prehistórico que vivía en nuestras latitudes geográficas, pudo sobrevivir tan solo en las regiones bajas, en los valles, fuera de las montañas cubiertas de nieve y hielo. Esa es la razón de por qué la mayoría de las cavernas habitadas de la Prehistoria, hoy conocidas por sus impresionantes pinturas y grabados rupestres, se encuentran preferentemente en valles fluviales (como, por ejemplo, Lascaux y Chauvet en Francia, o Vogelherdhöhle, Hohlefels en Alemania), o en el litoral, como Altamira, Tito Bustillo, El Pendo y El Castillo en el Norte de España, o Cosquer en el Sur de Francia (ver Capítulo 8). Debe tenerse en cuenta que durante el periodo más frío de la última glaciación, hace unos 20 000 años (ver Figura 97), el nivel del mar estaba aproximadamente 120 metros por debajo del actual y la línea de costa se situaba varios kilómetros mar adentro respecto del litoral actual. Eso significa que en la costa cantábrica, se podrían encontrar todavía cuevas que estuvieron habitadas y están actualmente sumergidas, del mismo modo que ocurre en la costa mediterránea francesa, por ejemplo, en la gruta de Cosquer, en los alrededores de Marsella.

Por los capítulos anteriores, ya sabemos que el clima de nuestro planeta ha variado mucho durante la historia geológica, y que en paralelo con esa evolución, las zonas climáticas han ido cambiando de posición. Y esa evolución ha continuado sin detenerse durante los últimos milenios. Así, la parte septentrional del Sáhara no fue siempre tan árida como hoy, sino que por el contrario, desde el final de la última época glacial hasta hace unos 5000 años, fue un territorio con vegetación. Los datos actuales permiten diferenciar dos periodos húmedos, el primero hace 11 000-8000 años y el segundo hace entre 7000 y 5000 años, que coinciden temporalmente con óptimos climáticos registrados en el Atlántico Norte. En esos momentos, se alcanzaron valores 2-3 °C más altos que en la actualidad (Figura 100), las temperaturas más elevadas del periodo interglaciar en el que nos encontramos actualmente.

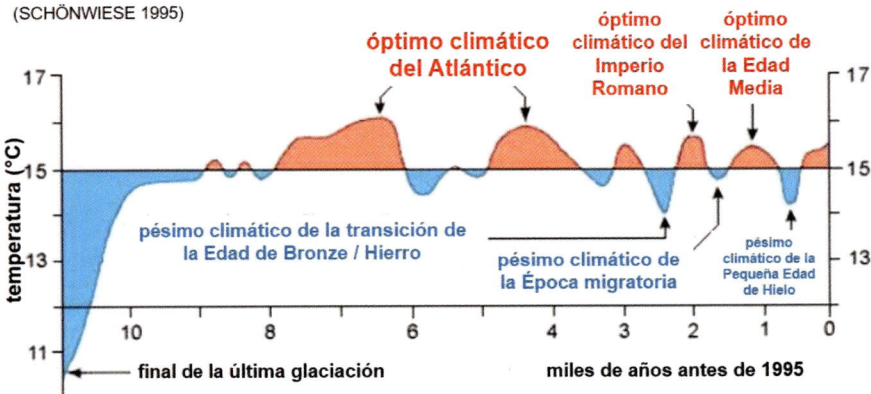

Figura 100. Evolución de las temperaturas atmosféricas medias en el hemisferio norte, desde el final de la última época glacial, hace 11 000 años. Se han representado los períodos cálidos (óptimos climáticos) en rojo y los fríos (pésimos climáticos) en azul. Fuente: Schönwiese (1995).

El arte rupestre localizado en algunas zonas del actual desierto del Sáhara, prueba la presencia, hace miles de años, de grandes mamíferos que habitaron un territorio con vegetación (Figura 101), en aquellos tiempos el Sáhara fue una tierra verde, del tipo de las sabanas situadas hoy en el África Centro-Oriental. Las pinturas y grabados representan animales típicos de la sabana, como antílopes, elefantes, jirafas, rinocerontes e hipopótamos. Además, se han encontrado fósiles de grandes mamíferos, cáscaras de huevos de avestruz, polen y semillas, indicando que existió un ambiente habitable para una fauna y una flora de clima más húmedo que el actual. La pinturas rupestres neolíticas más famosas del Sáhara, son las de Tassili N'Ajjer (sureste de Argelia, Figura 101) y las del Valle de Tadrart, en los Montes de Acacus (sudoeste de Libia). La presencia en los grabados de rebaños de ganado, acompañados por sus pastores, indica que en aquellos momentos, los seres humanos que habitaban estos territorios húmedos, ya habían desarrollado la ganadería.

Figura 101. Pinturas rupestres neolíticas de Tassili N'Ajjer (sureste de Argelia) representado una fauna imposible para las áridas condiciones actuales. Fuente: www.basques-iberians. blogspot.com y www.es.wikipedia.org.

Además, en las imágenes de radar, obtenidas desde satélites, gracias a la capacidad de penetración de dichas ondas, se han podido reconocer los sistemas fluviales escondidos bajo la arena, donde antaño vivieron hipopótamos y cocodrilos (ver Figura 102).

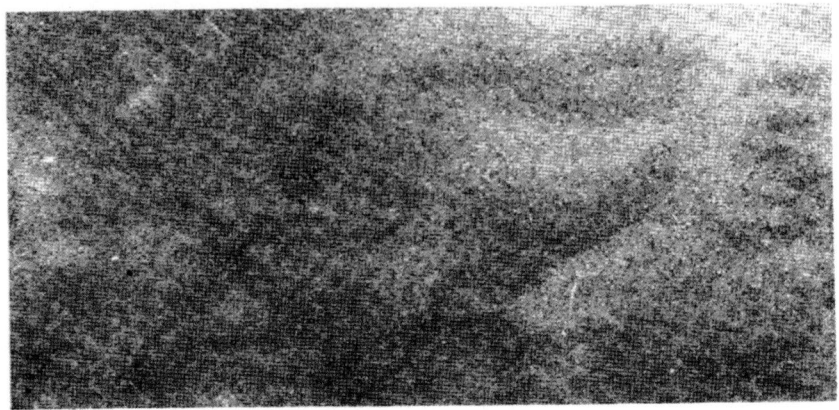

A. LANDSAT MSS BAND–5 IMAGE.

B. SIR–A IMAGE.

0		10 mi
0		10 km

Figura 102. Imágenes satélite correspondiente al noroeste de Sudán. En la imagen superior, obtenida con el sensor Landsat MSS, tan solo se aprecia la superficie arenosa. La imagen inferior, que cubre la misma zona de la imagen superior, ha sido obtenida mediante el satélite SIR-A con ondas de radar, revela la red de drenaje escondida bajo la arena. Fuente: McCauley *et al.* (1982).

Hace aproximadamente 5000 años, se inició un periodo muy árido en el norte de África (que continua hasta la actualidad), provocando una rápida desaparición de la vegetación, coincidiendo aproximadamente con el inicio del segundo máximo de temperatura del *Óptimo Climático del Atlántico* (ver Figura 100). Al empezar la desertización,

256

los cazadores-recolectores que allí vivían, se retiraron hacia la costa mediterránea y hacia el este, hacia el valle del Nilo, donde se asentaron y poco a poco empezaron a cultivar las fértiles tierras aluviales (Hiesel, 2004). Es decir, que la desertización del Sáhara se produjo prácticamente en el límite entre los tiempos históricos y prehistóricos, como lo demuestran las dataciones de las pinturas rupestres de la Figura 101 y la cronología de las crónicas faraónicas.

Como herencia de su época húmeda, con lluvias regulares, el Sáhara almacena en su subsuelo enormes acuíferos con grandes reservas de agua dulce, estimadas en 600 000 km^3, actualmente explotadas en Argelia y Libia. También en Namibia, en el sudoeste de África, las pinturas y grabados rupestres de hace varios miles de años de edad, indican que existieron períodos más húmedos que en la actualidad (Figura 103).

Figura 103. Pinturas y grabados rupestres en Namibia (sudoeste de África). (A) Escenarios de caza de bosquimanos y antílopes en el Brandberg; (B) antílopes saltadores; (C) escenario de caza de bosquimanos y antílopes con la «dama blanca» en el Brandberg y, (D) grabados rupestres de jirafas, leones, antílopes y otros animales en Twyfelfontain (centro norte de Namibia). Fuente: Uhlig (2024).

El segundo máximo climático del Atlántico, que se inició hace unos 5000 años (ver Figura 100), ofreció condiciones climáticas favorables para el desarrollo de las primeras civilizaciones en Mesopotamia (literalmente del griego, *entre dos ríos*, el Tigris y el Éufrates, 4000 años antes de Jesucristo, ver Figura 83), en Egipto (culturas de los Faraones, tercer milenio antes de Jesucristo) y en Sudamérica (Cultura Caral-Supe en el Perú, también durante el tercer milenio antes de Jesucristo).

Hacia el final del óptimo climático mencionado, aproximadamente 2000 años antes de Jesucristo, en China se desarrolló un periodo muy húmedo con precipitaciones muy intensas, que causaron la desaparición de la cultura neolítica de Liangzhu, en el delta del río Yangtsé, 150 kilómetros al oeste-suroeste de Shanghái. Un equipo de científicos internacionales (Zhang *et al.*, 2021) ha descubierto las evidencias de grandes inundaciones que obligaron al abandono de una población neolítica donde vivían más de 30 000 personas. Estos eventos climáticos han sido interpretados en relación con el enfriamiento global en el hemisferio norte, al final del Óptimo Climático del Atlántico, cuando disminuyó la insolación veraniega durante la Oscilación del Sur (ENSO, asociada al fenómeno El Niño, ver Capítulo 1).

El periodo posterior al Óptimo Climático del Atlántico (desde hace 4000 años hasta hoy), se caracteriza por marcados ascensos y descensos de las temperaturas. El *Óptimo Climático de la Cultura Minoica*, alcanzó su máximo de temperatura hace unos 3000 años, y el colapso de esta cultura no se debió a causas climáticas, sino a la aparición y predominio de la cultura de Mykonos en Grecia continental. Durante este período cálido, se extendió la agricultura, el uso innovador de los metales de cobre y de hierro y las aleaciones de bronce, así como también su intercambio comercial a lo largo del Mediterráneo oriental y el Oriente Próximo. De forma aproximadamente simultánea, durante este mismo periodo, se desarrollaron en Centroamérica las primeras civilizaciones de los Olmecas y de los Mayas.

Con posterioridad, las temperaturas descendieron hasta conformar el *Pésimo Climático de la Transición de la Edad de Bronce a la*

Edad de Hierro (véase de nuevo la Figura 100), que alcanzó su máximo enfriamiento hace unos 2500 años. Durante ese periodo, las condiciones climáticas en las regiones septentrionales del hemisferio norte, provocaron migraciones masivas de los pueblos euroasiáticos hacia el sur y suroeste, como consecuencia del avance de los glaciares, del desplazamiento hacia el sur de los bosques de coníferas y el descenso de cota del arbolado en las montañas.

9.4. Tiempos romanos

Un nuevo periodo cálido (el *Óptimo Climático de la Época Romana* entre 300 años antes de Jesucristo y 400 años después de Jesucristo), favoreció la expansión del Imperio Romano hacia el norte de Europa, cuando las temperaturas permitieron el cultivo de la vid en la actual Inglaterra. Durante esa época, el clima fue estable, húmedo y cálido, con temperaturas medias anuales superiores en 1-1,5 °C a las actuales. Egipto se convirtió en el granero del Imperio Romano, gracias a la fertilidad del valle del Nilo y a un régimen de lluvias mucho más estable que el actual. El límite de los bosques boreales avanzó hacia el norte, y al mismo tiempo, los glaciares alpinos se retiraron hacia cotas más altas (del mismo modo que lo hizo la cota del arbolado). Estos cambios permitieron que las actividades humanas se desarrollasen con normalidad a mayor altitud (Harper, 2020), tanto la agricultura como la minería, explotando metales y piedras preciosas, como, por ejemplo, en la zona montañosa de Hohe Tauern, en Austria. También, el retroceso de los hielos favoreció el desarrollo de las comunicaciones, construyéndose calzadas romanas que coronaban puertos por encima de los 2400 metros. Gracias a esta bonanza climática, en el año 218 antes de Jesucristo, el general cartaginés Aníbal y sus tropas (probablemente con más de 40 elefantes), pudieron cruzar los Alpes en su camino hacia Italia.

Desde finales del siglo II antes de Jesucristo, se produjeron movimientos migratorios hacia las provincias septentrionales del Imperio

Romano. Así, los godos que habitaban en las regiones costeras del Mar Báltico (entre los ríos Weichsel y Oder), y los longobardos que vivían en el curso inferior del río Elba, ascendieron valle arriba, acosando a los burgundos, vándalos, markomanos, chatos y otras tribus vecinas. Aunque, como veremos más tarde, estos flujos migratorios se invirtieron posteriormente cuando las temperaturas volvieron a enfriarse.

Durante el siglo III después de Jesucristo (ver de nuevo la Figura 100), se inició un nuevo descenso de temperatura que se mantuvo hasta el siglo VIII que corresponde al *Pésimo Climático de la Época Migratoria*. La época más fría sobrevino a mediados del siglo VI, que se considera como el período más frío de los dos últimos milenios (Figura 104). En ese momento, la zona de convergencia intertropical (es decir, el área de bajas presiones donde convergen los vientos alisios del sur y del norte, generando los diarios chaparrones y habituales tormentas tropicales), se desplazó poco a poco hacia el ecuador. Como consecuencia, en las áreas situadas inmediatamente al norte de la nueva posición de dicha zona de convergencia, disminuyeron las precipitaciones y decreció el caudal de los ríos. Las cuencas del Nilo Blanco y del Nilo Azul, entre otras, ya no recibieron los acostumbrados volúmenes de lluvias monzónicas, lo que perjudicó seriamente la productividad del granero del Imperio Romano (Marriner *et al.*, 2013), generando problemas de abastecimiento de cereales para el sustento de la población.

Fueron tiempos muy difíciles para el Imperio Romano, que terminaron con su caída. A las condiciones climáticas, que causaron una hambruna y sus consiguientes secuelas (suspensión de pagos, reducción de ingresos tributarios, invasiones migratorias y disminución del poder del ejército, tanto por falta de recursos como por plagas y epidemias), hubo que añadir problemas internos estructurales y políticos que culminaron con la escisión en dos imperios diferentes, el oriental y el occidental (Harper, 2015).

La Figura 104 representa la evolución del clima estival europeo durante los últimos 2500 años, obtenida a partir de datos dendrocronológicos, el estudio de varios miles de anillos de crecimiento en troncos de roble (ver también la Figura 107), un árbol muy sensible a los cambios climáticos, especialmente a las precipitaciones. Es muy interesante comprobar cómo estas informaciones son convergentes con las oscilaciones oceánicas, confirmando los óptimos y pésimos climáticos registrados desde el final de la Edad de Hierro y representados en la Figura 100.

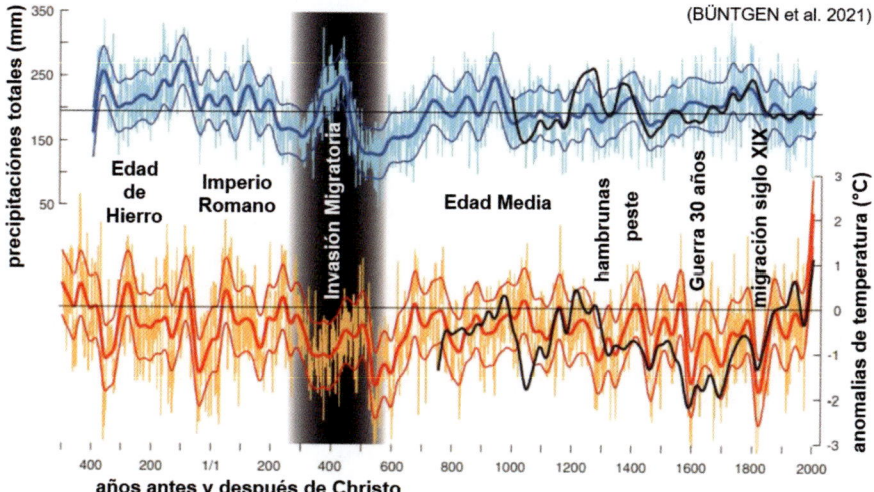

Figura 104. Evolución de las precipitaciones de abril-mayo-junio (en mm, curva azul de trazo grueso) y de las anomalías de temperatura de junio-julio-agosto respecto al valor medio registrado en Europa entre los años 500 a.C. y 2000 d.C. (en °C, curva roja de trazo grueso). Las barras verticales y las líneas de trazo fino, respectivamente azules y rojas, representan el margen de error. Las líneas negras, a partir de la mitad del siglo VIII y del siglo X, representan datos obtenidos independientemente de los otros, en Alemania y en Suiza, respectivamente. Fuente: Büntgen *et al.* (2021).

De una manera clásica o tradicional, en los libros de texto se suele asociar la caída del Imperio Romano con las invasiones de los bárbaros, especialmente de los hunos, y solo en épocas recientes se ha empezado a vincular este fenómeno con los procesos climáticos. Durante el

Pésimo Climático de la Época Migratoria (también llamado en inglés *Dark Age* o *Late Antique Little Ice Age*), que se prolongó desde mediados del siglo III hasta mediados del siglo VIII, el frío y la sequía empujaron a pueblos enteros hacia el sur, y para comprender adecuadamente este fenómeno, es necesario aportar informaciones imprescindibles, no solo climáticas, sino también etnológicas (Büntgen *et al.*, 2021).

Los jinetes de las estepas de Eurasia, que habitaban entre la taiga septentrional de bosques boreales y las regiones desérticas meridionales, no tenían residencia fija, eran nómadas que no conocían la agricultura y recorrían las extensas tierras de la estepa pastoreando sus animales, desde las llanuras de la actual Hungría hasta los territorios occidentales de Mongolia. El descenso de las temperaturas en Asia Central, y los períodos de sequía cada vez más largos, esquilmaron sus pastos. Intentaron emigrar hacia el sureste, provocando conflictos armados con sus vecinos chinos, que respondieron, con la fortificación de sus fronteras mediante la construcción de la Gran Muralla China, cerrándoles el paso. Sin embargo, el camino hacia el poniente estaba aún abierto.

Los godos estaban ya instalados desde hacía siglos en las regiones septentrionales del Mar Negro, y los habitantes de aquella zona periférica del Imperio Romano, no fueron capaces de resistir la masiva afluencia de los jinetes provenientes del Asia Central, atraídos por un occidente más lluvioso y fértil, de acuerdo con las noticias que les llegaban a través de la Ruta de la Seda. Los rumores de la riqueza económica y cultural del Imperio Romano actuaron adicionalmente como un imán, que potenciado por los factores climáticos, como un efecto dominó, acentuó la presión colonizadora en dirección al suroeste y oeste de Europa (Blümel, 2002). Y, del mismo modo que los celtas asaltaron Roma en el siglo IV antes de Jesucristo, durante el Pésimo Climático que tuvo lugar durante la Transición de la Edad de Bronce a la Edad de Hierro, en el año 410 después de Jesucristo, el jefe godo Alarico volvió a saquearla.

Pero la presión migratoria no vino solo desde las estepas asiáticas, también desde el norte de Europa empezaron a mirar hacia el sur como solución a sus problemas. Los chaibonos (de las islas danesas), los norfrisones y los hérulos (habitantes del suroeste de la actual Suecia) se asentaron en las cuencas fluviales de la provincia romana de Germania Inferior, lo que hoy es Holanda (Heimberg, 2015). Y un poco antes de que Alarico entrase a saco en Roma, durante el invierno del 406/407, las tribus germánicas (suevos, vándalos, alanos, etc.) cruzaron el río Rin, completamente helado, por la zona situada en los alrededores de la actual ciudad de Maguncia (suroeste de Alemania), iniciando su migración hacia la Galia, y más tarde, en 409, a Hispania. Los vándalos, incluso, conquistaron el Norte de África en el año 439, donde mantuvieron su reino hasta el siglo VI. Durante el año 559, se produjeron situaciones similares en el río Danubio, también completamente helado, cuando miles de jinetes nómadas de los kutriguros, naturales de la región oriental del Mar Negro, realizaron un ataque relámpago a Constantinopla (actualmente Estambul), que en aquellos momentos era la capital del Imperio Romano Oriental.

Durante este Pésimo Climático, los glaciares de los Alpes avanzaron de nuevo hacia las partes bajas de los valles, y muchas actividades que se habían desarrollado durante el anterior periodo cálido tuvieron que ser abandonadas. Así, en la zona de Hohe Tauern, antes mencionada, los yacimientos auríferos, que habían sido explotados por los celtas y por los romanos, fueron cubiertos por el hielo, y lo mismo ocurrió con los tramos más elevados de la red de calzadas romanas a través de los Alpes. Los árboles de los bosques situados a mayor altura, quedaron atrapados por el hielo, y como consecuencia del deshielo actual, sus restos van quedando al descubierto a medida que el hielo va retrocediendo. El estudio de dichos troncos, ha permitido datar con precisión los movimientos de vaivén, avances y retrocesos, de los glaciares (ver la Figura 113 del siguiente capítulo).

En la Figura 105 se presenta la evolución de algunos parámetros climáticos y económicos durante los primeros 7 siglos después de Jesucristo (Muigg & Tegel, 2022).

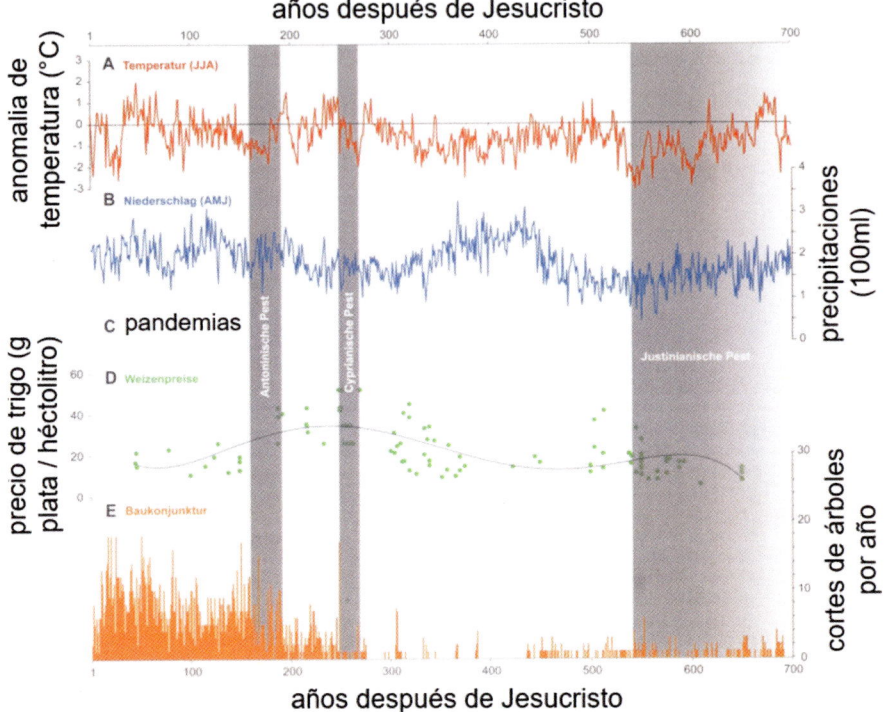

Figura 105. Evolución de los parámetros climáticos y económicos durante los primeros 7 siglos después de Jesucristo. (A) temperatura, línea roja; (B) precipitación anual, línea azul; (C) pandemias (barras grises verticales); (D) precio del trigo (línea verde) y (E) construcción (tala de árboles, barras verticales anaranjadas). Fuente: Muigg & Tegel (2022).

La gráfica muestra la tendencia a la disminución de temperaturas hasta el siglo VI, acompañada de períodos de sequía, momentos en los que el precio del trigo llegó duplicarse. Las barras verticales grises indican los períodos donde sobrevinieron epidemias de peste, siendo la *Peste Justiniana* la más persistente, con una duración superior al siglo. La actividad constructora, estimada mediante el consumo de madera, descendió de forma muy nítida a partir del siglo III. Además, en los testigos de hielo de Groenlandia y de la Antártida correspondientes a este mismo periodo, se encontraron varios niveles con sedimentos volcánicos, indicando que en los años 536, 540 y 547, se produjeron grandes erupciones volcánicas que reforzaron el enfriamiento.

9.5. La Edad Media

A partir del siglo VIII, las temperaturas vuelven a ascender, iniciándose el *Óptimo Climático de la Edad Media*. Durante los siglos IX y X, las temperaturas se situaron 1-2 °C por encima de las actuales, lo que permitió a los vikingos, a finales del siglo X y bajo las órdenes de Erik el Rojo, colonizar Groenlandia, que en aquella época estaba mayoritariamente libre de hielo (*Groenland* significa literalmente «Tierra verde»), aunque la duración de esta colonia fue relativamente breve, como veremos más adelante. Existen evidencias de que, en aquellos momentos, los vikingos fueron capaces de cultivar cereales en Groenlandia, y de que pudieron dedicarse también a la ganadería, porque la producción de heno durante el verano era suficiente para dar de comer al ganado durante los crudos inviernos.

Además, según se cuenta en la Saga de Erik el Rojo, su hijo, Leif Eriksson, consiguió navegar hasta América al principio del segundo milenio después de Jesucristo, como ya lo había hecho antes el noruego Bjarni Herjulfsson en el año de 985. Estas expediciones fueron posibles gracias a que la corriente oceánica situada al oriente de Groenlandia estaba libre de hielo, así como la ruta marítima hacia la costa oriental del actual Canadá. Esta situación permitió el descubrimiento de una nueva tierra más hacia el oeste, llamada *Vinland* (probablemente, «tierra de pastoreo»), que probablemente se corresponde con Terranova.

También existen evidencias de que las costas nororientales de Norteamérica y las regiones de los Grandes Lagos, fueron colonizadas, o al menos visitadas por los vikingos hasta el siglo XIV, como lo demuestran los hallazgos de docenas de naves y artefactos, además de estelas con signos de escritura vikinga (White, 2012, y Busch, 1966). Incluso, algunos investigadores creen que los vikingos llegaron a hacer comercio de trueque con cobre procedente de los yacimientos de los Grandes Lagos.

Durante el Óptimo Climático de la Edad Media, entre los años 900 y 1300 (ver Figura 100), las benignas temperaturas permitieron cultivar vino en las regiones septentrionales de Europa, como, por ejemplo, en el sur de Escocia y el norte de Alemania (Prusia y Brandemburgo). El límite del arbolado se elevó de nuevo unos 200 metros en las laderas de las montañas, siguiendo el retroceso de los glaciares (ver la Figura 113 en el capítulo siguiente).

El aumento de las temperaturas y el retroceso glaciar, trajo consigo la inevitable subida del nivel del mar, por lo que debió intensificarse la construcción de diques y terraplenes en el litoral de los Países Bajos y en el norte de Alemania (Figura 106). Un buen ejemplo de la amenaza que supuso la subida drástica del nivel del mar durante el Óptimo Climático de la Edad Media fue lo ocurrido en la localidad de Rungholt, un importante centro comercial situado en la costa de la *Deutsche Bucht*, en el Mar del Norte, que en 1362 fue inundado y desapareció bajo las aguas como consecuencia de unas mareas extremadamente vivas. Recientemente, en 2023, se han localizado los muros de la iglesia de Rungholt, en las marismas situadas cerca de la islita (*Hallig*) Südfall, en la costa al oeste de ciudad de Husum (norte de Alemania), permitiendo conocer con exactitud cuál era la posición exacta de este pueblo hundido.

Figura 106. Representación medieval de la construcción de diques en la costa del Mar del Norte. Fuente: *Sachsenspiegel*, libro jurídico de Eike von Repgow, escrito entre 1220 y 1235.

9.6. La Pequeña Edad de Hielo

Hacia el año 1300, después de haber superado el máximo térmico del Óptimo Climático de la Edad Media (Figura 104), las temperaturas empezaron de nuevo a descender. Algunos autores sitúan el inicio de la Pequeña Edad de Hielo ya a partir de 1300, un pésimo climático que duró hasta mediados del siglo XIX, y que causó en Europa malas cosechas, hambrunas y plagas, que contribuyeron a los frecuentes enfrentamientos bélicos que se desencadenaron durante esta época.

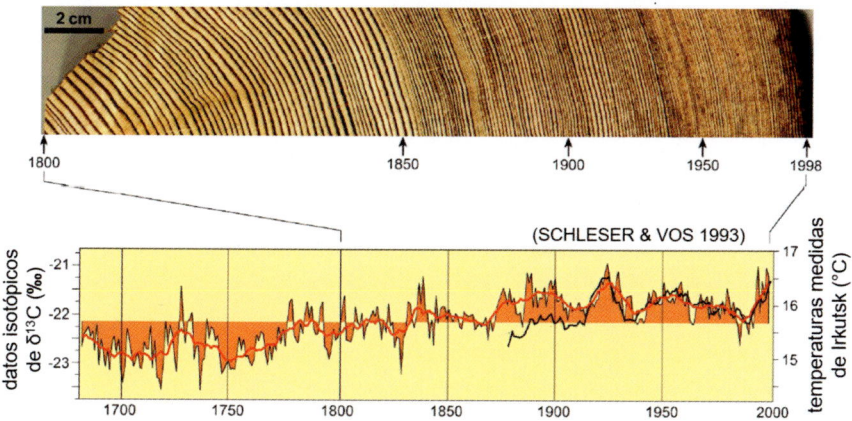

Figura 107. Evolución de la temperatura de los últimos 300 años. Línea negra fina (con campos rellenos en color naranja): valores medios anuales del isótopo de carbono $\delta^{13}C$ en anillos de un **árbol** del Lago Baikal (Siberia). Línea roja: valores medios por década del isótopo de carbono $\delta^{13}C$ en anillos del mismo árbol. Línea negra gruesa (a partir de 1870): valores medios por década de temperaturas registradas mediante termómetro en Irkutsk. Escala del eje Y derecho: grados centígrados. Escala del eje Y izquierdo: contenidos del isótopo de carbono $\delta^{13}C$ en %. Fuente: Schleser, & Vos (1993).

La evolución climática durante este periodo ha podido ser reconstruida con mucha precisión, gracias a la dendrocronología, tal y como se explica a continuación. En efecto, si se analizan para cada anillo del tronco de un árbol, los isótopos estables del hidrógeno, del carbono y del oxígeno, se obtienen indicadores *proxies* que proporcionan información sobre la evolución, año por año, de la temperatura y de la humedad en la atmósfera. En la Figura 107 se representa el corte del tronco de un alerce siberiano con sus anillos de crecimiento anual, y la curva de evolución de los contenidos isotópicos en $\delta^{13}C$, indicadores de los cambios de temperatura a lo largo de los últimos 300 años (Schleser *et al.*, 1993).

El análisis dendrocronológico de miles de troncos de árboles ha permitido reconstruir las condiciones climáticas reinantes durante la Pequeña Edad de Hielo, caracterizada por inviernos largos, muy fríos, y por veranos frescos y cortos, con abundantes precipitaciones. Las temperaturas llegaron a ser hasta 2-3 °C por debajo de las actuales y, como consecuencia, el periodo vegetativo de las plantas se acortó de forma significativa. En estas condiciones, los granjeros de aquellos momentos se vieron obligados a decidir entre sembrar muy tarde (lo que reduciría la productividad de la cosecha), o bien sembrar temprano, con el riesgo de que las heladas primaverales dañasen los brotes jóvenes. Como recuerdo de aquella época, los agricultores de Centroeuropa todavía hoy hablan de los *Días de los Santos del hielo* (en mayo) y del *Frío de la Oveja* (en junio), ya mencionados en el Capítulo 1, que fueron muy pronunciados durante la Pequeña Edad de Hielo.

Al reducirse el periodo vegetativo de las plantas, las cosechas fueron más pobres, los cereales muchas veces no podían madurar por completo y fueron atacados por el mildiu y otros hongos dañinos (Blümel, 2002). Muy probablemente, fueron las hambrunas derivadas de estos pobres cultivos (sin olvidar los problemas económicos derivados de la falta de ingresos, ya que los campesinos no podían pagar los impuestos y diezmos), las que contribuyeron a causar las guerras campesinas del siglo xvi y la Guerra de los 30 Años en el siglo xvii (1618-1648, Figura 104).

A mediados del siglo xvii, e incluso hasta principios del siglo xix, los glaciares avanzaron de nuevo hacia la parte baja de los valles de los Alpes, destrozando granjas y aldeas, hasta que volvieron a retirarse con el comienzo del siglo xx (Richter, 1891, y Holzhauser, 1985;

ver también la Figura 113 del capítulo siguiente). Al mismo tiempo, los bosques boreales de la zona climática templado-fría de las regiones septentrionales del hemisferio norte, se extendieron varios cientos de kilómetros hacia el sur (como se demuestra por la distribución geográfica de los restos de polen de los pinos y otras coníferas, más resistentes al frío), sustituyendo a los árboles de hoja caduca, sobre todo a los robles. En la zona de los Alpes, la transición del invierno a la primavera se producía un mes más tarde que en la actualidad, y hubo muchos años en que las condiciones meteorológicas invernales se prolongaron hasta abril y mayo.

Groenlandia no escapó de los efectos y consecuencias del enfriamiento, el hielo volvió a extenderse en aquella tierra, que los vikingos habían calificado como «verde». Al empeorar las condiciones climáticas, se redujeron las pocas tierras agrícolas y de pastoreo, se crio menos ganado y estallaron hambrunas y epidemias. Los vikingos se vieron forzados a abandonar sus colonias a finales del siglo XV (cinco siglos después de haberlas fundado), y a suspender sus excursiones a Norteamérica. Porque, a partir del siglo XIV, el Atlántico Norte se heló regularmente hasta el sur de Groenlandia, interrumpiendo la ruta marítima entre Escandinavia y Groenlandia, como también hacia el continente norteamericano, por lo que los colonos estuvieron algunas temporadas aislados de Europa. Además, los cambios en la distribución geográfica del hielo flotante, avanzando hacia el sur, hicieron que las colonias de focas se desplazasen también, y tras ellas siguieron los cazadores inuit de Norteamérica, que llegaron también hasta Groenlandia en el siglo XIV, lo que produjo con frecuencia encuentros poco amistosos con los escasos colonos vikingos que se habían quedado allí.

En los siglos XVIII y XIX, el hielo flotante del Ártico llegó hasta Islandia, e incluso hasta las islas Feroe y a Noruega, donde durante algunos años llegó a mantenerse hasta el verano (Lamb, 1979). Estas frecuentes invasiones de hielo flotante, perjudicaron la pesca de bacalao, reduciendo la producción de bacalao seco, un alimento esencial para el invierno en el norte de Europa. Según las informaciones registradas en aquella época, los témpanos de hielo incluso llegaron a Escocia, y eso implica que el borde sur del hielo marino ártico llegó a avanzar unos 2000 kilómetros hacia el sur (Flohn, 1988). Desde el siglo XIV hasta el siglo XVI, el Mar Báltico se congelaba periódicamente, lo que permitía viajar en trineo, como en tierra, entre Suecia, Polonia y Estonia, estimulando el comercio. En el centro de Europa, fue frecuente que los lagos se helasen, como, por ejemplo, el lago de Constanza (entre Alemania, Austria y Suiza), que se congeló con mucha más frecuencia durante los siglos XV y XVI que en siglos anteriores o posteriores. Por ejemplo, durante el siglo XX, tan solo lo hizo en una ocasión, en 1963.

En el siglo XIV, casi mil años después de la epidemia que contribuyó a la caída del Imperio Romano Occidental, la peste volvió a atacar a Europa. Se ha estimado que, entre un 40 y un 60 % de la población de Europa, Oriente Medio y Norte de África, perecieron durante esa época a causa de «la muerte negra». Mas tarde, la peste regresó nuevamente a Europa durante los siglos XV y XVI. Pero ¿qué influencia puede tener un pésimo climático en la aparición de la peste? El historiador Kyle Harper (Harper, 2020) ofrece una explicación muy interesante al respecto. Muchos representantes de los roedores, sobre todo las ratas y las marmotas, son los huéspedes preferidos de la bacteria de causante de la peste, la *Yersinia pestis*, el agente patógeno de la peste pulmonar y de la peste bubónica. La transmisión de esta bacteria suele realizarse directamente, de un organismo a otro, o bien a través de las pulgas como transmisores. Las ratas están acostumbradas al entorno humano, sobre todo en las aglomeraciones de las ciudades, donde su número depende de la oferta de alimentos. En tiempos de las hambrunas relacionadas con los cambios climáticos, al disminuir la disponibilidad de alimentos, decreció también la población de ratas, y las pulgas transmisoras, la *Xenopsylla cheopis*, tenían que buscarse nuevos huéspedes, alojándose en los seres humanos. De esta manera, la peste se transmitía al hombre, causando una extensión muy rápida de la bacteria. Además, deben tenerse en cuenta las deficientes condiciones higiénicas de la época, a veces asociada a la escasez de agua. Sin antibióticos y sin los modernos conceptos de salud pública, la mortalidad alcanzó hasta el 80 % de las personas infectadas (Benedictow, 2008).

Al enfriamiento de la Pequeña Edad de Hielo contribuyó también la influencia climatológica de las enormes erupciones de los volcanes Tambora (1815) y Krakatau o Krakatoa (1883), en Indonesia. Sus aerosoles dieron la vuelta al globo, dando lugar a varios «años sin verano», como se ha detallado en el Capítulo 6. Las malas condiciones de vida y las pesimistas perspectivas de futuro existentes en Europa durante este periodo, del mismo modo que había ocurrido ya en épocas frías anteriores, indujeron las emigraciones masivas. Así, entre los siglos XVII y XIX, mucha gente se vio obligada a abandonar Europa y buscar un futuro en las Américas.

Este Pésimo Climático se manifestó también en otras regiones de la Tierra. El estudio de los anillos de crecimiento en los árboles en el Tíbet, demuestra también descensos súbitos de temperatura en esta época, al mismo tiempo que avanzaban los glaciares (Bräuning, 1999). También, en China y en Japón, se registraron sucesivas hambrunas durante este mismo periodo (Xiao *et al.*, 2020 y www.chikyu.ac.jp). Durante el apogeo de este Pésimo Climático en China, durante los siglos XVI y XVII, las temperaturas descendieron 1,5-2 °C por debajo de las actuales. Se registraron sequías extremas en la zona septentrional del país que, de nuevo, impulsaron movimientos migratorios, empujando hacia el sur a la población manchú. Los disturbios y enfrentamientos entre la población, ocasionaron el final de la dinastía Ming, sustituida por la dinastía Quing el año 1644 (www.medium.com).

Además, la comparación entre la gráfica de la Figura 107 con la evolución del CO_2 atmosférico, representado en la Figura 65, confirma la independencia entre el comportamiento de la temperatura y el dióxido de carbono, ya mencionada anteriormente. Así, durante el último siglo, la evolución de la temperatura estuvo sujeta a continuas oscilaciones y altibajos, mientras que de forma totalmente diferente, la evolución del dióxido de carbono atmosférico registra una variación prácticamente lineal.

9.7. Climatología Histórica de Iberoamérica

Sudamérica tampoco quedó exenta de la Pequeña Edad de Hielo, como está documentado en la Patagonia mediante datos *proxy* obtenidos en testigos de hielo, por datos geoquímicos en sedimentos lacustres y también gracias a estudios dendrocronológicos de anillos de crecimiento en árboles (Douglas *et al.*, 2015). Pero además de aplicar las modernas técnicas geoquímicas e isotópicas a la *Climatología Histórica* de Hispanoamérica, se puede recurrir también, al menos parcialmente, a los documentos históricos. El inicio de la Pequeña Edad de Hielo, coincidió con el periodo final de las culturas autóctonas (aztecas e incas), que dejaron solo escrituras cinceladas en piedra y jeroglíficos que todavía no han sido descifrados por completo, y desgraciadamente no pueden aportar información sobre la influencia de los cambios climáticos durante estas civilizaciones (Haug, 2003).

Cuando los españoles llegaron a América, ya se había iniciado la Pequeña Edad de Hielo, pero ellos no tenían conocimientos o informaciones sobre la posible existencia de anteriores períodos fríos o cálidos en los nuevos territorios, para poder describirlos o documentarlos. No obstante, entre los siglos XVI y XIX, los conquistadores y los colonos escribieron miles de documentos e informes, hoy almacenados y clasificados en el *Archivo General de Indias*, en Sevilla. Aprovechando esta abundante documentación, algunos científicos, como, por ejemplo, Prieto *et al.* (2018), han aportado información detallada sobre la climatología histórica de Las Indias, del mismo modo que ha hecho Nash *et al.* (2021) a escala mundial.

En su mayoría, los territorios pertenecientes a las antiguas colonias españolas y portuguesas de América se encuentran en cálidas regiones tropicales y subtropicales, por lo que las temperaturas no experimentaron variaciones dignas de ser mencionadas en los documentos e informes, ya que fueron siempre muy calurosas todos los años. Sin embargo, sí que aparecen bien documentadas las consecuencias que tuvieron para la economía y la sociedad, los eventos climáticos extremos, como las sequías, fuertes precipitaciones, inundaciones, tormentas y huracanes, así como erupciones volcánicas y terremotos. Por ejemplo, la información sobre la duración de las travesías marítimas, pueden aportar datos interesantes sobre el cambio climático. Para cruzar el Pacífico de Acapulco (Méjico) a Manila (Filipinas), se tardaba entre 40 y 130 días, lo que permite sacar conclusiones acerca de los cambios en las condiciones meteorológicas de vientos y corrientes marinas, dependientes de las variaciones cíclicas de El Niño y de la Oscilación del Sur (ENSO, ver Capítulo 1). Llama la atención que entre 1640 y 1670, como promedio, se necesitaban 122 días para realizar este viaje, un 50 % más largo que antes o después de ese intervalo, como consecuencia de las cambiantes situaciones meteorológicas. Después, entre 1670 y 1750, cuando terminan los informes sobre la navegación de esa ruta, tampoco fue posible realizar travesías cortas, de menos de 80 días, como se hacía antes de 1640 (García *et al.*, 2001). Es interesante recordar que las calmas chichas, la ausencia total de viento y oleaje, que encontró Fernando de Magallanes durante su vuelta al mundo entre 1519 y 1522, retrasando su travesía del Pacífico, fue el motivo por el que se bautizó así a dicho océano. Aunque en realidad el nombre no es muy adecuado, ya que se trata de aguas muy rebeldes en las zonas intertropicales.

Por otra parte, los informes coloniales revelan que más de 600 embarcaciones españolas se hundieron al cruzar el Atlántico, como consecuencia de condiciones climáticas extremas, como fuertes tormentas, huracanes y ciclones tropicales. Combinando estos eventos con datos dendrocronológicos de anillos de crecimiento en troncos de pinos, se observa que existe un descenso del 75 % de ciclones tropicales durante el mínimo de manchas solares de Maunder (ver Capítulo 5), registrado entre 1645 y 1715 (Trouet *et al.*, 2016). Cientos de cuadernos de bitácora, redactados entre los años 1742 y 1803, describen que durante la travesía del estrecho de Magallanes (en Patagonia, al sur de Chile y Argentina), o al doblar el Cabo de Hornos (el cabo más austral de Sudamérica), era frecuente ver a los glaciares «pariendo», así como enormes icebergs, hasta latitudes del orden de los 41-46°S, muy alejadas del Polo Sur. Según los diarios de a bordo, los icebergs que se observaron llegaban a tener hasta 30 metros de altura y 7 km de ancho. Es muy interesante mencionar que el avistamiento de icebergs al norte de la latitud 40°S, está restringido a un intervalo de tan solo 35 años, a finales del siglo XVIII (Prieto *et al.*, 2004). Pero el encuentro con hielos flotantes en la zona de Magallanes fue frecuente entre 1520 y 1670, sugiriendo que todo este periodo fue muy frío.

Los investigadores del equipo de Lara *et al.* (2020), integrando *proxies* (información dendrocronológica y datos provenientes de los corales), han conseguido reconstruir la historia de la evolución térmica de Sudamérica correspondiente a los últimos milenios, estableciendo interesantes correlaciones con los eventos climáticos europeos y la evolución de las manchas solares. Si nos centramos en las conclusiones obtenidas correspondientes a los últimos 500 años, se constata que en Méjico hubo sequías de forma reiterada desde la segunda mitad del siglo XVII hasta mediados del siglo XIX, lo que se corresponde exactamente con la Pequeña Edad de Hielo en Europa (O'Hara *et al.*, 1995 y Merodio, 2007). En las regiones australes de Sudamérica, durante ese mismo período, hubo un clima frío y húmedo. Los datos de radiocarbono en los anillos de crecimiento de los árboles, indican que entre los años 1520 y 1670, los glaciares experimentaron un importante avance (Villalba, 1995). Y también, el período de frío correspondiente al mínimo de Maunder (mínimo de manchas solares entre 1645 y 1715, ver Capítulo 5), se puede detectar también en Sudamérica, ya que se registró un mínimo de precipitaciones durante el verano y un máximo de precipitaciones durante el invierno (Neukom *et al.*, 2010), que puede correlacionarse también con la influencia estival de El Niño y de la Oscilación del Sur (ENSO).

La evaluación de documentos históricos del norte de Perú, correspondientes al intervalo comprendido entre 1550 y 1900, sugiere que la ENSO no fue muy activa durante el siglo XVII. Aunque, sin embargo, sí que hubo años (como, por ejemplo, 1620, 1720, 1810 y 1870, García Herrera *et al.*, 2005), donde sí que parecen detectarse evidencias de gran influencia climática. Teniendo en cuenta la sincronía de eventos climáticos entre Europa y América del Sur, y con carácter meramente especulativo, podemos formular una pregunta. ¿Tuvo algo que ver el cambio climático con el abandono de Machu Pichu, la famosa ciudad de los incas? Teniendo en cuenta que está situada a unos 2430 metros de altitud, y que su abandono se produjo en el siglo xv, tan solo un siglo después de su construcción, no es descabellado pensar que la llegada de inviernos duros, con heladas y fuertes nevadas al iniciarse la Pequeña Edad de Hielo en Europa, obligasen al abandono de huertas en terraza donde no era posible cultivar nada.

9.8. Conclusiones del capítulo

De todo lo expuesto en las páginas anteriores, puede concluirse que la evolución climática registrada en Europa durante los últimos milenios, según los datos *proxies*, es totalmente coherente con los datos históricos que aportan documentos, gráficos y crónicas. También, es evidente que la evolución climática ha condicionado el comportamiento del ser humano, induciendo de forma repetitiva movimientos migratorios, conflictos bélicos, invasiones, hambrunas y periodos de prosperidad que han permitido el florecimiento de la cultura y el desarrollo económico.

Desde este punto de vista, la evolución climática que se está experimentando actualmente no se diferencia (ni cualitativa ni cuantitativamente) de la registrada repetidamente en el pasado. Tomando como ejemplo el gráfico de la Figura 107, correspondiente a los últimos 300 años en Centroeuropa, es evidente que el ascenso de temperatura registrado durante la segunda mitad del siglo xx es similar a las variaciones naturales de temperatura acaecidas espontáneamente durante los dos milenios anteriores. Si se observa la variación de la temperatura durante periodos de tiempo lo suficientemente largos (que es como debe de hacerse, y no restringir la observación a unas décadas o un par de siglos), la evolución climática actual pierde su carácter excepcional y crítico, adoptando un aspecto similar a las variaciones climáticas del pasado.

A partir de la mitad del siglo xix, al terminar la Pequeña Edad de Hielo, las temperaturas en Europa iniciaron su ascenso, permitiendo un desarrollo intelectual, cultural y económico, que exceptuando las crisis bélicas (generadas por causas totalmente independientes de la evolución climática), ha continuado hasta la actualidad, con una evolución paralela en otros continentes. Con el aumento de temperatura, los períodos vegetativos se fueron alargando, las heladas de primavera fueron menos frecuentes, más cortas y menos intensas. En realidad, deberíamos alegrarnos de esta evolución, en vez de demonizar el periodo cálido actual, que ha favorecido el enorme desarrollo de la humanidad. El calentamiento ha permitido también que las rutas marítimas del Nordeste y Noroeste, al norte de los continentes Euroasiático y Americano, estén libres de hielo flotante durante varios meses al año, permitiendo la utilización de rutas más rápidas entre el Atlántico y el Pacífico, además de la posibilidad de realizar pesquerías de forma estable en latitudes del Océano Ártico muy alejadas del trópico de Capricornio.

Esta situación tampoco es nueva. A lo largo de la historia, se puede verificar que los períodos cálidos han sido siempre etapas de prosperidad cultural y civilizadora, como ocurrió, por ejemplo, hace unos 2000 años durante el apogeo del Imperio Romano. En general, la existencia de condiciones climáticas benignas, permitió mejores cosechas, el aumento de la población, la división del trabajo por especialidades, el incremento del comercio suprarregional, la prosperidad y el aumento de las inversiones en cultura y educación. Resulta indicativo que durante los siglos XII y XIII, se fundaron miles de ciudades en Europa. Sin embargo, los períodos fríos, tanto en Europa como en Asia, estuvieron marcados por hambrunas, enfermedades, guerras y migraciones de pueblos enteros.

Desde esta perspectiva, no deja de ser contradictorio que se esté considerando de una manera tan negativa el ciclo climático actual, y que además se califique gratuitamente (a pesar de su similitud con épocas pasadas) como una situación crítica, una *emergencia climática*. Como se analizará en detalle en el Capítulo 12, una gran parte de la responsabilidad en esta visión distorsionada, la tiene el análisis estadístico de los datos climáticos, restringido a periodos de tiempo excesivamente cortos que ignoran los registros de la historia del planeta.

10.

¿Está nuestro planeta realmente en peligro?

Desde hace un par de décadas, es muy frecuente que se difundan informaciones alarmando a la población sobre los riesgos que corre el planeta, afirmando que ese peligro, inminente es consecuencia del cambio climático inducido por las actividades humanas. Sin embargo, el planeta nunca ha corrido (ni tampoco los correrá) riesgos por unos cambios climáticos que forman parte de su propia naturaleza y que constituyen parte de su historia a lo largo de cientos de millones de años. La geología es la ciencia que se encargó de descubrir la existencia de cambios climáticos (las primeras evidencias fueron las glaciaciones) y por eso los geólogos tenemos la certeza de que en la Tierra nunca ha habido estabilidad climática. Aunque, eso sí, los que pueden correr ciertos riesgos son algunas especies de plantas y animales, y sobre todo el ser humano moderno, con su tecnología tan frágil. Pero dejando aparte las capacidades contaminantes de las actividades antrópicas, que son capaces de alterar el equilibrio ecológico de muchos hábitats, aunque nada tengan que ver con el cambio climático, los peligros que corren esos seres vivos no son diferentes a los mecanismos utilizados por la evolución por sustituir unas especies por otras a lo largo del tiempo.

Además de los lentísimos procesos evolutivos y de los cambios climáticos, hay otras amenazas más rápidas e inmediatas para los seres vivos, como son las grandes erupciones magmáticas y los impactos de grandes meteoritos (que, por cierto, también forman parte de la naturaleza de este planeta), que fueron ya mencionados en el Capítulo 6, y que tuvieron una gran influencia en la extinción de algunas especies y en la aparición de otras nuevas. Pero estos acontecimientos son de otro orden, de otra dimensión y no constituyen el tema del que trata este libro. Y, si se mencionan aquí, es solo para subrayar que son las fuerzas cósmicas y las leyes de la naturaleza quienes rigen el destino de la Tierra. En estas condiciones, el ser humano debería aprender disfrutar de este periodo cálido, libre de fríos extremos y de extensas capas de hielo de varios kilómetros de espesor, en lugar de plantearse disquisiciones infundadas sobre sus responsabilidades en el cambio climático. Aunque, eso sí, asumiendo su responsabilidad en la gran asignatura pendiente: mantener limpio el planeta.

Un ejemplo genuino de las discusiones que mantienen en vilo a la opinión pública en relación con el cambio climático, se centra en una pregunta totalmente artificiosa: ¿cuál es la *temperatura ideal* para la vida en la Tierra? Parece ser que alguien, no se sabe muy bien quién, cómo, cuándo y con qué criterios, ha decidido que sea la que existía con anterioridad al inicio de la época industrial, a mediados del siglo XIX. Pero ¿cuánto antes? ¿Unas décadas, unos siglos, unos milenios o unos millones de años? Porque, en función de lo dilatado que sea el periodo de tiempo que elijamos para seleccionar ese «antes», podemos encontrar temperaturas varios grados por encima o por debajo de las actuales. Y, ¿cuáles son las mejores condiciones para la vida sobre la Tierra, más frías o más cálidas que las actuales? Intentaremos encontrar respuesta para esta pregunta a lo largo del presente capítulo.

10.1. Riesgos climáticos para la humanidad y la fauna

Nuestros antepasados cazadores y recolectores de la Edad de Piedra tenían que adaptarse a los cambios climáticos, del mismo modo que también lo hacían los animales que cazaban para sobrevivir. Como se ha descrito en capítulos anteriores, la vida humana siempre ha estado muy condicionada por las características climáticas, y esa preocupación se mantiene en la actualidad. La tecnología nos permite corregir algunos aspectos inconfortables de la naturaleza (podemos disfrutar de calefacción en lugares fríos y de aire acondicionado para combatir el calor en zonas cálidas), pero no podemos evitar catástrofes como los huracanes e inundaciones. Además, la insistencia de los medios de comunicación y de numerosos círculos políticos y ecologistas, han convertido al cambio climático en una de las principales preocupaciones de la humanidad. Este temor se basa en la creencia de que los procesos climáticos que observamos hoy representan acontecimientos anómalos, extraordinarios, que no han ocurrido nunca. Sin embargo, como se ha detallado en capítulos precedentes, los datos geológicos de la historia del planeta, indican todo lo contrario.

Con frecuencia, para generar temor sobre las condiciones climáticas actuales, se utilizan imágenes fraudulentas, sacadas de contexto o indebidamente explicadas, como será analizado en detalle en el Capítulo 13. Y una de las imágenes más icónicas a las que se recurre, para ilustrar gráficamente el drama de la supuesta crisis climática que nos embarga, es la de los osos polares. Se trata de animales especializados en vivir en las zonas árticas marinas, que tienen en el hielo su hábitat natural y de caza. Aparte del manejo tendencioso de algunas fotografías (en el Capítulo 14 se proporcionarán detalles sobre este peculiar fraude informativo), se nos informa con frecuencia acerca de que el futuro de esa especie está en peligro, y que por culpa del ser humano, su población está disminuyendo de forma alarmante, como consecuencia de la disminución de los hielos, lo que les impide desplazarse y cazar a sus presas favoritas, las focas.

Sin embargo, la realidad es muy diferente. Según la Administración Canadiense especializada en el control de esta especie, la colonia actual de osos polares es de unos 32 000 ejemplares, frente a los 10 000 censados hace más de medio siglo (www.polarbearscience. com). Esta tendencia ha sido confirmada por la organización *Global Warming Policy Foundation* (GWPF). Es evidente que este aumento sería imposible si fuese cierto que el cambio climático les está cambiando su hábitat e impidiendo su alimentación. Este aumento de población, a pesar del aparentemente adverso cambio de las condiciones climáticas para el estilo de vida de los osos polares, tampoco debe sorprendernos.

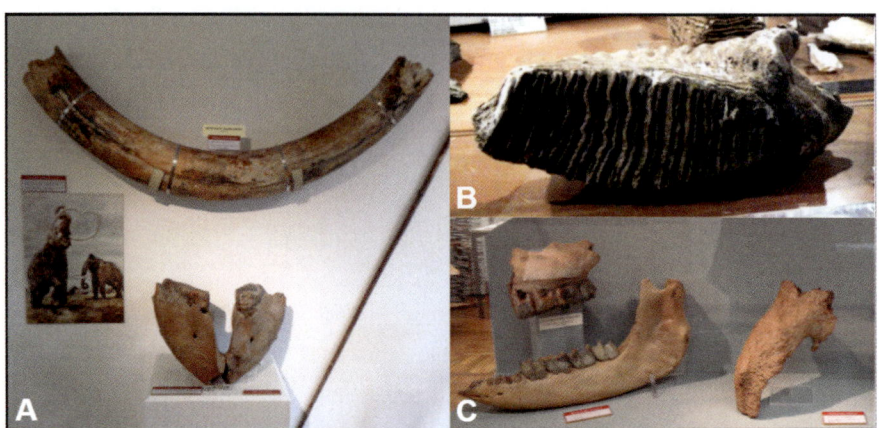

Figura 108: (A): arriba, fragmento de colmillo de un mamut (1,20 m de largo y 13 cm de diámetro); abajo, fragmento de una mandíbula inferior de un mamut; (B): muela de mamut de unos 25 cm de largo, encontrada en una cantera de caliza en Oural (Lugo); (C): fragmentos de mandíbula superior e inferior (de unos 30 cm de largo) y de un dorso de nariz de un rinoceronte lanudo. Los objetos expuestos en la foto A y C aparecieron durante la extracción de arena y grava en el valle del Alto Rin (suroeste de Alemania) y se encuentran expuestos en el museo municipal de Bruchsal (Baden, Alemania). Fuente: Museo de Ciencias Naturales *Luis Iglesias* de la Universidad de Santiago de Compostela (La Coruña) y Uhlig (2024).

Los huesos más antiguos encontrados de un oso polar, tienen una edad de 130 000 años. Esta edad implica que su especie ya existía por lo menos desde antes del comienzo de la última glaciación, e incluso desde antes del último periodo interglaciar cálido, hace unos 126 000-115 000 años. Debe tenerse en cuenta que el oso polar y el oso pardo son subespecies de una misma especie, y por lo tanto son fértiles y se pueden cruzar entre ellos. A partir de investigaciones realizadas sobre su ADN, se ha establecido que el oso polar proviene del oso pardo, de quien ha evolucionado por adaptación al cambio climático antes de la última glaciación. Es necesario recordar aquí, que este tipo de cambios se han producido millones de veces en la historia del planeta, que forman parte de la propia naturaleza y por lo tanto deben relativizarse los aspectos, que desde nuestra perspectiva, pudieran tener componentes emocionales.

Pero, dejando de lado estos aspectos subjetivos (la tristeza de que desaparezca o evolucione una especie que nos cae más simpática que otra), imaginemos por un momento que, realmente, la población de osos polares está disminuyendo como consecuencia del calentamiento global. Aún en este caso, ¿existen verdaderos argumentos para afirmar que las actividades antrópicas son las responsables de esa disminución? Para ilustrar cómo funciona la Naturaleza sin la intervención de la mano del hombre, recordemos lo que ocurrió con los grandes mamíferos que habitaban en Europa, Asia y Norteamérica. Hasta hace unos cuantos miles de años, estos continentes eran el hábitat natural del mamut lanudo, el rinoceronte lanudo, el ciervo gigante, el oso cavernario o los tigres de dientes de sable (Figura 108 y 109). Todos ellos se extinguieron hace aproximadamente 12 000 años, como consecuencia del fuerte aumento de temperatura posterior al final de la última glaciación. Y estas extinciones se produjeron de forma completamente natural y sin que las actividades humanas tuviesen ninguna influencia en aquel calentamiento. Tampoco los cazadores neolíticos tuvieron la capacidad ni ejercieron la presión demográfica suficiente para causar su extinción.

Durante la anterior época interglaciar, hace 126 000-115 000 años, con temperaturas de 2-3 °C por encima de las temperaturas actuales, en Centroeuropa, como, por ejemplo, en el valle del Alto Rin (suroeste de Alemania), en Dinamarca y en Inglaterra, vivieron grandes mamíferos como los que hoy solo se pueden observar en África, al sur del desierto Sáhara, o en Asia (Frey *et al.*, 2018). Se trata de los pequeños elefantes, rinocerontes e hipopótamos (todos ellos denominados como «de bosque») y búfalos de agua, entre muchos otros (Figuras 109 y 111), que se extendieron por las zonas más septentrionales de Europa durante los cortos períodos cálidos. Estos animales avanzaron hacia el norte al mismo tiempo que lo hacía la flora que necesitaban para vivir, como los árboles de hoja caduca. Hace unos 115 000 años, estos grandes mamíferos de ambientes cálidos y húmedos desaparecieron de Europa, retirándose hacia África y Asia, y fueron reemplazados por sus parientes lanudos, la fauna ártica-continental, que sabían sobrevivir mejor en el nuevo ambiente helado (Figura 108).

Figura 109. Grandes mamíferos de las épocas glaciales (fauna ártica-continental), de las épocas interglaciales cálidas (fauna de climas cálidos) y formas transitorias de Europa según varios autores Fuente: Walter (2014).

Durante ese mismo periodo, al sur de los Pirineos, vivían elefantes de gran tamaño, como el espectacular hallazgo en la Cueva de la Silluca, en Buelna (Asturias), del *Elephas (Palaeoloxodon) antiquus* (Pinto-Llona, & Aguirre, 1999, ver Figura 93) y el famoso elefante del Manzanares, encontrado en 1958 en una gravera cercana a Madrid, ver Figura 110), similares a los que hoy día viven en el sur de África y en Asia.

Figura 110. Esqueleto incompleto de *Elephas antiquus*, encontrado en 1958 en los aluviones del río Manzanares, en Villaverde Bajo (Madrid). La aparición de las piezas disgregadas sugiere que el animal quedó atrapado en una zona con fango y después fue arrastrado por las aguas del rio a su posición final, lo que provocaría la dispersión de su esqueleto. Fuente: Museo Nacional de Ciencias Naturales (Madrid).

En la excavación del elefante de Madrid, se recuperaron el cráneo casi completo, con los dos molares superiores implantados en los maxilares, las dos defensas completas implantadas en los alveolos y la mandíbula inferior completa con los dos molares; un omoplato, los huesos largos de las extremidades anteriores y parte de las posteriores, así como diversas vértebras, costillas, etc. *Elephas antiquus* era una especie característica del Pleistoceno Medio en Europa. Vivía en un ambiente boscoso de clima templado, su altura rondaba los 4,5 metros y sus defensas medían en torno a 2,5 metros, y se extinguió hace algo más de 30 000 años.

Figura 111. (A): dorso de nariz de rinoceronte de bosque de la época interglaciar cálida, encontrado en 1802 en Daxlanden (Karlsruhe, Alemania); (B): esqueleto de un elefante de bosque de la época interglaciar cálida encontrado en el valle del Alto Rin. Fuente: Museo del estado federal de Hesse, Darmstadt (Alemania).

Durante los prolongados períodos fríos, pudieron sobrevivir también en las tundras desarboladas que rodeaban los glaciares continentales y sus estribaciones. Pero, también a estos sucesores les llegó la hora de su extinción con el calentamiento asociado al final de la última época glacial, hace unos 12 000 años. Si los seres vivos que habitaron en el valle del Alto Rin hace unos 120 000 años, como, por ejemplo, el hombre Neanderthal, el rinoceronte de bosque o el elefante de bosque, pudieran darnos su opinión sobre cuáles eran para ellos las condiciones climáticas óptimas, seguramente responderían que preferían unos grados por encima de las temperaturas actuales. Es decir, las temperaturas a las que estaban habituados durante el periodo interglaciar en el que vivieron. Muy probablemente, las temperaturas actuales les hubiesen parecido incluso excesivamente bajas. Y, sin duda, hubiesen renunciado también al frío extremo y duradero de la época glacial que sobrevino después. Las bajas temperaturas pueden ser, tal vez, una de las posibles razones que pueden explicar por qué el hombre de Neanderthal desapareció. Su extinción se produjo durante el período del máximo frío, cuando se había retirado al sur de la Península Ibérica (la región más cálida de Europa), hace aproximadamente 30 000 años, antes del final de la última glaciación. O tal vez fueron las avanzadas capacidades cognitivas del «nuevo» *Homo sapiens*, que compitió con él por el mismo hábitat, y supo protegerse mejor contra las extremas condiciones climáticas.

Pensemos en todas aquellas especies que poblaron Europa durante la última época cálida, antes de la glaciación. ¿Dónde están ahora el mamut lanudo, el rinoceronte lanudo, el ciervo gigante, el oso cavernario, el elefante antiguo y el tigre diente de sable? Como se ha mencionado anteriormente, desaparecieron al final de la última época glacial, cuando las temperaturas ascendieron rápidamente como consecuencia del último gran cambio climático, que tuvo lugar hace unos 12 000 años. Algunas especies consiguieron sobrevivir un poco más, como demuestran los restos encontrados en la isla de Wrangel, en el extremo suroriental de Alaska (EE.UU.) y en la isla de San Pablo, en el mar de Bering entre Rusia y Alaska. Allí, se han encontrado restos de mamuts lanudos de baja estatura que sobrevivieron hasta hace unos 4000-5000 años. Probablemente, la población que habitaba en las regiones septentrionales de Norteamérica y de Eurasia, intentaron escapar del calor migrando hacia el norte, hacia el Mar Ártico y las regiones circumpolares cubiertas de nieve y de hielo. Pero esta ruta se convirtió en un camino mortal sin salida, sin los pastos vegetales de la tundra y sin la estepa a los que estaban habituados.

En cualquier caso, la extinción de estas especies, si la comparamos con otros momentos de la historia geológica, no puede considerarse una de esas extinciones masivas (como, por ejemplo, la que se asocia a la desaparición de los dinosaurios ya mencionada en capítulos anteriores), sino simplemente una adaptación natural de la biodiversidad como consecuencia de los cambios climáticos. Además, no les ocurrió lo mismo a todos los mamíferos de aquella época, ya que algunos han conseguido sobrevivir. Así, por ejemplo, los renos del norte de Escandinavia y de Rusia, los caribús del norte de América, además de los osos, capaces de adaptarse con relativa rapidez (las velocidades en los procesos geológicos son siempre muy lentas) a los cambios climáticos.

En realidad, puede calificarse al oso polar como un genio de la supervivencia, que sobrevivió durante la época interglaciar cálida anterior a la última glaciación, y luego fue capaz de mutar al oso polar blanco cuando sobrevino al frío. Y, posteriormente, ha sido capaz de sobrevivir a los óptimos climáticos posteriores a la última época glacial (Óptimo Climático del Atlántico, Época Romana y Edad Media, ver capítulo anterior), cuando se alcanzaron temperaturas más elevadas que las actuales. Y seguramente sobrevivirá también al actual Óptimo Climático de la Modernidad, durante los próximos cientos o miles de años, hasta que se inicie el siguiente pésimo climático y comience la siguiente época glacial, aunque para ello deba emigrar nuevamente hacia el Sur, hacia las regiones que ahora ocupan sus parientes, los osos pardos. De momento, hasta que llegue ese momento, lo único cierto es que la población de osos polares está creciendo, sin que la evolución natural del clima le cause molestias.

10.2. El vaivén de los glaciares

El avance de los glaciares durante las épocas frías, representó siempre una amenaza para los seres humanos, los animales y las plantas, al modificar bruscamente su entorno vital. En las páginas siguientes se describirán ejemplos de lo que ocurrió durante la última época glacial, que se prolongó a lo largo de unos 100 000 años, hasta el inicio del periodo cálido actual. Como es bien sabido, en la actualidad, los glaciares de los Alpes están retrocediendo. En realidad, vienen haciéndolo desde finales del siglo XIX y puede decirse que ahora se están retirando «una vez más», del mismo modo que ya lo hicieron muchas veces con anterioridad, como demuestran multitud de datos. Por ejemplo, el hielo del glaciar de la cima del monte Ortler (Trentino, Italia, con 3905 metros sobre el nivel del mar), tiene menos de 7000 años de edad (Gabrielli *et al.*, 2016), lo que significa que antes de esa edad, la cima del Ortler estaba libre de hielo. Nuestras montañas están llenas de rastros geomorfológicos indicando que, en tiempos pasados, existieron espesas capas de hielo, como son antiguos glaciares y valles con perfil en forma de «U», actualmente despejados por la retirada total o parcial de los hielos.

Ese dato es coherente con el deshielo que se produjo en los glaciares de los Alpes, de los Pirineos y de los Picos de Europa, durante el periodo cálido conocido como Óptimo Climático del Atlántico (desde hace unos 8000 a 4000 años), cuando se alcanzaron temperaturas superiores a las actuales. Pero se trata tan solo del último deshielo anterior al actual, ya que científicos suizos y austriacos han observado hasta 8 ciclos de vaivén (avances y retrocesos) de los glaciares alpinos durante los últimos 10 000 años.

Otro ejemplo para el múltiple vaivén de las glaciaciones en los Alpes es el imponente glaciar de Aletsch (en la ladera meridional de los Alpes berneses, Suiza, Figura 112), que retrocedió en dos ocasiones (óptimos climáticos de la Época Romana y de la Edad Media) y avanzó otras tantas durante los pésimos climáticos de la Época migratoria y de la Pequeña Edad de Hielo (Holzhauser, 1997; Holzhauser *et al.*, 2005, y Auer *et al.*, 2014, ver Capítulo 9).

Figura 112. Imagen frontal del gigantesco glaciar Aletsch, vista desde la pared del valle glaciar. Las morrenas longitudinales negras que se observan en mitad del hielo, corresponden a las morrenas laterales de los glaciares tributarios del Aletsch (Figura 114). El glaciar situado a la izquierda, en segundo plano, ya está desconectado del glaciar principal (es un glaciar colgado que solo conserva su circo de alimentación, como consecuencia de la actual fase de calentamiento, y se observa el valle despejado de hielo con su característico perfil glaciar en forma de «U». Fuente: www.viatgelovers.com/europa/glaciar-aletsch.

En la Figura 113 se han representado los avances y retrocesos del glaciar de Aletsch durante los últimos 5000 años. En el eje X derecho se indica la altitud del hielo glaciar expresada en metros negativos, donde la cota «cero» indica la máxima altura sobre el nivel del mar (que lógicamente corresponde a los periodos cálidos). En la actualidad, el hielo está situado a unos 3000 metros de altura, mientras que durante la Pequeña Edad de Hielo (entre 1350 y 1850), avanzó y retrocedió tres veces, como se puede apreciar en el extremo derecho de la gráfica. En el eje Y izquierdo se indican las cotas a las que se ha ido situando desde mediados el siglo pasado.

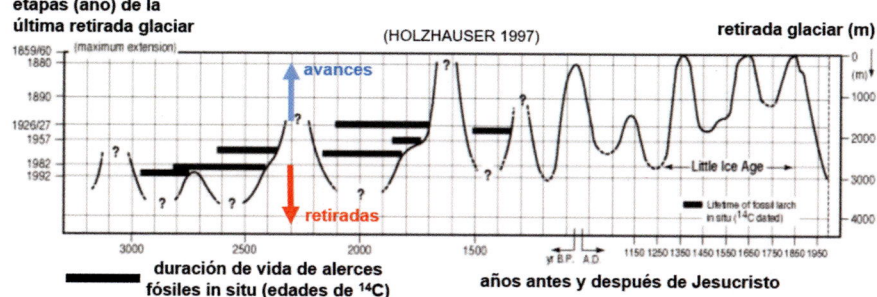

étapas (año) de la
última retirada glaciar

(HOLZHAUSER 1997)

retirada glaciar (m)

Figura 113. Evolución de los repetidos avances y retrocesos del frente del glaciar de Aletsch (ladera meridional de los Alpes berneses, Suiza) durante los últimos 5000 años. Véase la explicación de la gráfica en el texto. Fuente: Holzhauser (1997).

Complementariamente, mediante el análisis dendrológico con análisis de ^{14}C, se han calculado los periodos de vida de algunos troncos de alerce *in situ*, desarrollados durante los periodos en que este glaciar había retrocedido a grandes alturas, permitiendo el crecimiento de estos árboles en su valle glaciar despejado de hielo, que fueron luego englobados por nuevos avances del glaciar y ahora han quedado libres por el deshielo. En la Figura 113, las barras negras horizontales representan los intervalos de tiempo en los que fue posible el crecimiento de los alerces. Además, la gráfica pone en evidencia las conclusiones erróneas que se pueden deducir sobre el calentamiento global, si se consideran tan solo los últimos 170 años de la historia climática del planeta. De acuerdo con los datos representados en la Figura 113, no es de extrañar que el famoso hombre prehistórico *Ötzi*, que vivió hace unos 5300 años, pudiera cruzar los Alpes Orientales a una altura de 3210 metros. En aquellos momentos, la zona por la que transitaba debía estar casi libre de hielo (Bohleber *et al.*, 2020), ya que los glaciares alpinos, que se situaban por encima de los 4000 metros, habían empezado a descender lentamente pocos siglos antes de su muerte.

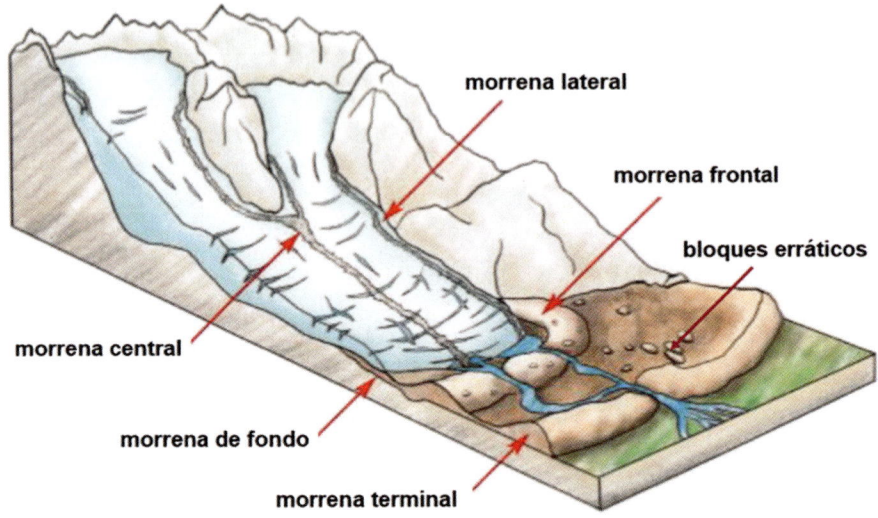

morrena lateral

morrena frontal

bloques erráticos

morrena central

morrena de fondo

morrena terminal

Figura 114. Los detritus que el hielo de los glaciares arranca y arrastra, se depositan durante sus avances y retrocesos en zonas de acumulación que se denominan *morrenas*. Según su posición respecto de la lengua glaciar, pueden diferenciarse varios tipos de morrenas, las más importantes de los cuales son: las de fondo, las centrales, las laterales y las terminales. Fuente: www.hohetauern.at.

Casi por todas partes del entorno de los Alpes y de los Pirineos, se pueden observar las huellas que han dejado los glaciares, al modelar tanto los valles como las agujas, los picos y las crestas de montaña. Los detritus arrancados y arrastrados por el hielo, al fundirse este, han quedado a la vista, acumulados, formando las *morrenas* (Figura 114). El término «morrena» proviene de una palabra de uso local en Savoya, *morêna*, que significa canto o rocalla. La Figura 115 permite formarse una idea del volumen de hielo que acumularon los glaciares durante las épocas frías. En ella aparece el *glaciar colgado* (es decir, un glaciar donde hoy solo queda el *circo* de su cabecera y cuya lengua ya se ha fundido), en la pendiente norte de La Grande Motte (3653 m.s.n.m., en Saboya, Francia). Lo que se observa en la figura es tan solo un exiguo resto lateral del inmenso glaciar del Valle de Isère, que existió durante la última época glacial. Los afilados picos que se observan hoy en las crestas de los Alpes, fueron modelados por los inmensos glaciares que existieron antaño y llegaron a constituir una capa de hielo de más de 2000 m de espesor.

Figura 115. La cumbre de La Grande Motte (3653 metros sobre el nivel del mar en Saboya, Alpes franceses) con su glaciar colgado en la ladera norte. Fuente: Uhlig (2022).

Pero los restos glaciares no están restringidos a las grandes cumbres. También en las montañas centroeuropeas de altura media, se pueden observar testimonios de la actividad glaciar por encima de los 1000-1200 metros. Y lo mismo ocurre en las montañas más meridionales, como en la Península Ibérica, donde llegaron a desarrollarse paisajes glaciares en los Pirineos, en la Cordillera Cantábrica, en la Sierra de Gerês-Xurés (norte de Portugal) y en el Sistema Central. Incluso más al sur, en el sureste de España, la Cordillera Bética (Sierra Nevada, Granada) representa la región más meridional del continente europeo donde se detectan evidencias de anteriores épocas glaciales. Con sus 3482 m.s.n.m., el Mulhacén (Sierra Nevada) es la montaña más elevada de España, y albergó también una capa de nieve y hielo durante la última glaciación.

Figura 116. La línea azul señala la distribución del hielo continental durante la última época glacial en Europa, hace unos 12 000 años. Las zonas coloreadas en tono verde olivo indican áreas cubiertas de bosque y la línea punteada de color malva, el límite del permafrost. Adicionalmente, la línea roja señala el área mediterránea donde quedaron restringidas las cepas de vides silvestres. Fuente: Levandoux (1956) y www. media.diercke.net.

La cobertura de hielo durante el punto álgido, el momento más frío de la glaciación, alcanzó en Escandinavia más de 3500 metros de espesor (Figura 116). Como consecuencia de la posterior fusión de los hielos, la emersión postglaciar (la elevación del terreno al quedar liberado de la enorme carga que supone esa masa de hielo) ha superado los 250 metros de altura. Ese desnivel supera con creces la elevación del nivel del mar derivado de la fusión de los glaciares. Por eso, en muchas regiones de Escandinavia, a diferencia de lo que ocurre en la mayor parte del mundo, el nivel del mar está aparentemente descendiendo en lugar de elevarse (ver Capítulo 8).

Figura 117. Foto satélite de Landsat/Copérnico mostrando los lagos de Zúrich y de Constanza en los Pre-Alpes. Fuente: 2009, GeoBasis-DE/BKG, 2018 Google Earth.

Durante los máximos fríos de las épocas glaciales, las lenguas de hielo de los glaciares alpinos avanzaron hasta zonas muy bajas, alejándose hasta cientos de kilómetros más allá de sus límites actuales. Después de la retirada de los glaciares, los circos y las zonas excavadas por la erosión producida por el hielo, muchas de ellas sin desagüe, se rellenaron de agua, formando los famosos lagos de los Pre-Alpes (como, por ejemplo, el Lago de Constanza en Alemania y el de Zúrich en Suiza, ver Figura 117). También más al sur, en España, encontramos ejemplos de este tipo de lagos. Así, el lago de Sanabria, en la provincia de Zamora (Figura 118), tiene una extensión de 3,5 kilómetros cuadrados, y es el lago de origen glaciar más grande de la Península Ibérica. Su profundidad máxima es de 53 metros y su longitud de unos 3 kilómetros, situándose a una altura de unos 1000 m.s.n.m., en una zona que estuvo cubierta de hielo durante la última época glacial.

Figura 118. Vista aérea del Lago de Sanabria (Zamora). Fuente: Uhlig, 2022.

Al final de cada glaciación, a medida que las lenguas glaciares van retrocediendo, se va depositando la carga sedimentaria (arenas, gravas y fragmentos de roca) que arrastraba el hielo, formando las grandes morrenas (ver Figura 114), que a veces se sitúan muy lejos de los lugares de origen de los materiales transportados. Algunos de los fragmentos de roca así depositados pueden llegar a ser de gran tamaño, grandes bloques que pueden tener una composición totalmente diferente de las rocas de su alrededor, ya que fueron llevadas hasta su emplazamiento actual por el hielo que existió hace miles de años. A estos enormes fragmentos de roca, que pueden alcanzar diámetros de varias decenas de metros y pesos de varios cientos (incluso miles) de toneladas, se les denomina «bloques erráticos» (Figura 119-A), por su carácter «alóctono». Es decir, lo contrario de «autóctono», ya que provienen de una región lejana respecto del lugar donde ahora se encuentran.

Los bloques erráticos pueden haber viajado encima del hielo cientos, incluso miles de kilómetros, y son típicos y abundantes en los paisajes a donde llegó el hielo continental en las épocas glaciales, como, por ejemplo, en el norte de Alemania. Es comprensible que los hombres paleolíticos pensaran que estos gigantescos bloques erráticos hubiesen sido movidos por fuerzas sobrenaturales, y quizás por eso los adoraron como lugares divinos, con ritos similares a los de Stonehenge, en Inglaterra. Es posible que estos bloques erráticos (sobre todo las mesas de glaciar, los bloques erráticos planos, ver la Figura 119-B), sirviesen de modelo, y a veces incluso de materia prima, para construcciones rituales, como, por ejemplo, los monumentos funerarios de la cultura megalítica, dólmenes y otras construcciones similares, de hace 4000-2000 años (Pohanka, 2018).

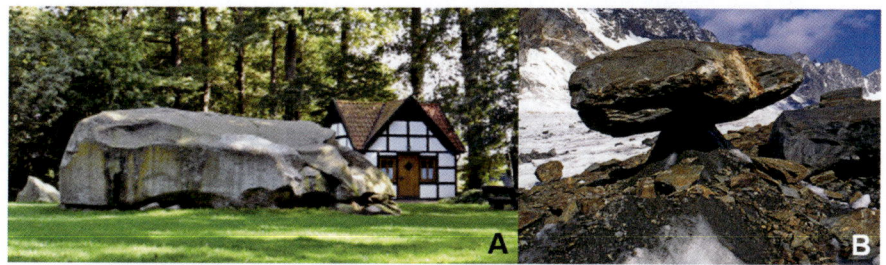

Figura 119: (A) Gran roca de Tonnenheide, un bloque errático situado cerca de Rahden (Renania del Norte-Westfalia, Alemania); (B) Típica mesa glaciar del Glaciar de Aar, en los Alpes suizos. Fuente: www.swisseduc.ch.

Otros testimonios de la antigua presencia de los glaciares, además de las morrenas, los lagos y los bloques erráticos, son las estrías talladas y las superficies pulidas (Figura 120). Este tipo de bajorrelieves prueba que las grandes masas de hielo que se deslizaron sobre la superficie del terreno, dejaron su firma en las superficies de las rocas desde hace miles y millones de años. Este tipo de «huellas glaciales», se encuentran no solo en la superficie del terreno, sino que aparecen también en sedimentos muy antiguos que engloban fragmentos donde se pueden reconocer ese tipo de bajorrelieves. Además, ese tipo de rocas, técnicamente denominadas «tillitas», aparecen dispersas por todo el planeta, incluso en zonas tropicales, muy lejos de las evidencias de las glaciaciones continentales recientes. Estos indicios, hace aproximadamente un siglo, sugirieron a Alfred Wegener (pionero de la Deriva Continental y la Tectónica de Placas, ver Capítulo 2) que en el pasado geológico existieron importantes cambios climáticos (Köppen & Wegener, 1924, reeditado en 2015).

Figura 120. Superficies de roca estriadas y pulidas por el efecto del hielo, cerca de las ruinas incas de Saqsaywaman (al norte de Cuzco, Perú). Esta localidad se encuentra a una altitud de 3500 m.s.n.m., en la cordillera andina de Bolivia, y dista unos 500 kilómetros de las cumbres más próximas cubiertas actualmente por glaciares. Fuente: Uhlig (2022).

En la costa occidental de Noruega, durante las épocas de máximo frío, numerosos glaciares se arrastraron hacia el mar, erosionando las laderas y el fondo de los valles, que adquirieron su característica forma de «U» que hoy día caracterizan el litoral noruego, con sus pintorescos *fiordos*, con acantilados muy abruptos y elevados (Figura 121).

Las Figuras 117 a 121 representan tan solo algunas de las numerosas evidencias que demuestran la gran extensión que ocupó el hielo continental durante la última época glacial. Desde el clímax de la última glaciación, hace aproximadamente 21 000 años, el inconcebible volumen de miles de kilómetros cúbicos de hielo que se ha fundido en todo el planeta, y los miles de kilómetros recorridos por los glaciares en su retirada, hacen que el retroceso del hielo registrado durante los dos últimos siglos sea insignificante.

Figura 121. En el litoral poniente de Noruega los numerosos glaciares de las épocas glaciales llegaron hasta el mar formando los valles glaciares de típica forma de U que hoy día caracterizan el litoral noruego con sus pintorescos fiordos de muy marcados y altos acantilados. Fuente: Uhlig, 2022.

Pero, es evidente que la fusión de los hielos y el ascenso del nivel del mar que lleva asociado, aunque se trate de un proceso estrictamente natural, puede tener consecuencias catastróficas para los asentamientos litorales modernos. Como se ha descrito en el Capítulo 8, se ha calculado que el nivel del mar, durante el clímax antes mencionado, estaba entre 120 y 140 metros por debajo del nivel actual. Y es evidente que, para los cazadores-recolectores paleolíticos, así como más tarde para los agricultores neolíticos o los humanos de la Edad de Bronce, era relativamente fácil escapar del ascenso del mar, desplazándose hacia el interior continental, como hicieron, por ejemplo, los habitantes de Doggerland (ver de nuevo el Capítulo 8). Pero desde que se iniciaron los asentamientos humanos fijos en la costa, con puertos y ciudades, esa adaptación a las cambiantes condiciones del mar es mucho más complicada.

En cualquier caso, es necesario hacer notar que, además de que el retroceso glaciar registrado durante los últimos 150 años es mínimo en comparación con el acaecido durante épocas anteriores, la fusión de los hielos no es uniforme ni está produciéndose por igual en todos los sitios. Hay algunas regiones en la Tierra, por ejemplo, en el Cáucaso, en Groenlandia, en Patagonia, en Nueva Zelanda o en la Antártida, donde las masas de hielo permanecen estables o incluso están aumentando nuevamente. Desde la última década del siglo pasado, se ha registrado un ligero enfriamiento de 0,5 °C en la Antártida occidental, al mismo tiempo que se ha producido un ligero crecimiento de la cobertura de hielo (Küpperbusch, 2015). Esta tendencia ha sido recientemente confirmada por Fogt *et al.* (2022), al comprobar que la extensión de hielo antártico tiene una tendencia positiva y está aumentando desde que en 1979 se iniciaron las mediciones por satélite. En la misma línea, un estudio recientemente publicado en la web de la Unión Europea de Geociencias (Andreasen *et al.*, 2023), precisa que la plataforma de hielo de la Antártida creció 5305 kilómetros cuadrados entre 2009 y 2019. Es también interesante que las temperaturas superficiales del agua en el hemisferio austral, al sur de 45°S de latitud, han descendido continuamente durante las últimas tres décadas.

En este contexto, debe entenderse que las roturas de inmensas placas de la plataforma de hielo continental de la Antártida, que se nos presenta con frecuencia como una alarmante consecuencia del aumento de temperatura ocasionado por las actividades humanas, no tienen nada de extraordinario y forman parte del ciclo natural normal de la nieve y el hielo en la Antártida. Si se forman icebergs, no es porque el hielo se esté fundiendo, sino porque tiene un comportamiento plástico y fluye lentamente, pendiente abajo, hacia el mar. Y, lógicamente, si los hielos se están extendiendo, cuanto más hielo se acumula, con más fuerza empujan las lenguas el hielo hacia el mar abierto, y más icebergs se forman. Estos razonamientos sobre el comportamiento plástico del hielo y la formación de icebergs son igualmente válidos para los glaciares continentales como los de Groenlandia, la Patagonia o Nueva Zelanda. En ellos, también se desprenden de sus frentes enormes masas o rebanadas de hielo, sin que deban atribuirse al deshielo generado por el calentamiento global, como sistemáticamente se nos informa desde los medios de comunicación.

El denominado *Campo de Hielo Sur*, se encuentra en la *Patagonia*, en el extremo sur del continente sudamericano, ocupando parte de los territorios de Chile y de Argentina. Representa la segunda mayor región glaciar del hemisferio sur, después de la Antártida, y ocupa un área de unos 350 km de norte a sur, por unos 30-40 km de este a oeste, cubriendo una superficie de más de 12 000 km². El glaciar Bruegge (también llamado recientemente glaciar Pío-XI, en honor al que fuera Papa entre 1922-1939), ocupa una superficie de unos 1300 km² y es uno de los más grandes entre los casi 50 glaciares del Campo de Hielo Sur. El continuo avance y crecimiento de la lengua de este glaciar, hace que los tremendos derrumbes de hielo en su frente sean muy espectaculares.

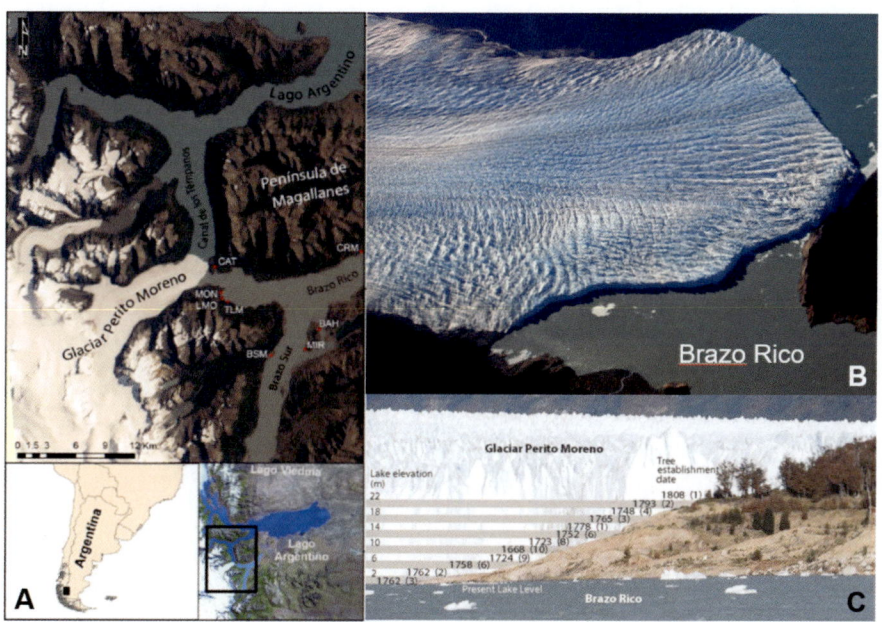

Figura 122. (A) El glaciar Perito Moreno se encuentra en el extremo suroeste de Argentina, formando parte del Campo de Hielo Sur de la Patagonia; (B) Bloqueo y retención de las aguas del Brazo Rico por el avance de la lengua glaciar (fotografía de Mariano Cecowski en Wikipedia); (C) Alturas de retención de agua en las laderas del lago. Fuente: Guerrido *et al.* (2014) para las fotos A y C. Montaje fotográfico de Uhlig (2024).

Más pequeño, aunque mucho más famoso, es el *glaciar Perito Moreno*, la mayor atracción turística de Patagonia (Figura 122-A). Se encuentra en el suroeste de Argentina, en la provincia de Santa Cruz, a menos de 100 kilómetros de la frontera con Chile. Su masa de hielo permanece estable, o incluso avanza ligeramente, desde el comienzo del siglo XX. Su frente tiene una altura de 50-70 metros, ocasionando caídas muy espectaculares de hielo hacia el lago argentino (Figura 122-A). Además, el avance de su lengua glaciar hace que se bloquee periódicamente el brazo meridional del lago (llamado Brazo Rico), reteniendo y elevando el nivel de sus aguas, como puede apreciarse en la Figura 122-B. Cuando el nivel ha subido excesivamente y la presión hidráulica es demasiada alta, se rompe la barrera de hielo y el Brazo Rico se vacía. Entre los años de 1936 y 2018, este proceso se ha repetido 23 veces, como ha podido comprobarse mediante investigaciones dendrocronológicas de los troncos de árboles cortados por el avance glacial. La Figura 122-C muestra las diferentes alturas de retención de agua en las laderas del lago, comprobándose que, después de períodos de poca extensión, durante los siglos XVII a XIX, el glaciar Perito Moreno está creciendo de nuevo desde el comienzo del siglo XX (Guerrido *et al.*, 2014).

Otro importante campo de hielo es el de la isla sur de Nueva Zelanda, el tercero en importancia del hemisferio sur, con sus cerca de 3100 glaciares, incluyendo a los más pequeños glaciares colgados. Se extiende hasta alturas de más de 3000 metros sobre el nivel del mar y alcanza una superficie total de poco más de 1100 km². Como se ha mencionado para los Alpes, también aquí los glaciares muestran un repetido vaivén, pero es muy interesante mencionar que, 58 glaciares de este campo, han crecido entre 1983 y 2008. Entre otros, el glaciar Franz Josef (32,6 km² de superficie) y el glaciar Fox (34,7 km²).

El extremo más austral de la isla meridional de Nueva Zelanda, llega hasta la latitud 47°S, que corresponde a una latitud norte similar a la de los Alpes septentrionales europeos. Pero existe una gran diferencia entre las montañas Nueva Zelanda y los Alpes, ya que la primera está rodeada de agua que, durante el verano austral nunca sube por encima de 18 °C, como consecuencia de las corrientes de aire frío y de agua a baja temperatura superficial proveniente del Océano

Antártico. Además, esta zona está muy afectada por la oscilación del Pacífico Sur asociada a El Niño (ENSO, ver Capítulo 1), así como la Oscilación Antártica (Fitzharris *et al.*, 2007; Mackintosh *et al.*, 2017), demostrando una vez más la compleja interacción del sistema sol-océanos-atmósfera. Como consecuencia de estos fenómenos climáticos, la nieve precipitada y el hielo glaciar no se deshielan por completo durante los veranos australes, por lo que pueden ir acumulándose a lo largo del tiempo, y podían acumularse a lo largo de los años. Esta explicación para el aumento de hielo en Nueva Zelanda, es igualmente válida para los glaciares de la Antártida. Otra diferencia climática muy relevante entre los dos hemisferios (norte y sur), se refiere a las respectivas masas continentales, mucho más extensas en el hemisferio norte, mientras que en el hemisferio sur predominan los océanos. Esta situación y el diferente comportamiento entre los hielos de ambos hemisferios, obligan a plantear si no tendría más sentido evaluar por separado sus respectivas evoluciones climáticas, así como plantearse dudas sobre la representatividad de las temperaturas medias globales que se están utilizando como parámetro para medir el calentamiento global, de acuerdo con las dudas planteadas en el Capítulo 3.

Estas reflexiones se hacen aún más necesarias, si tenemos en cuenta los abundantes datos que contradicen las informaciones habituales y generalizadas sobre dicho calentamiento. Según un informe del NASA Earth Observatory del 6 de junio de 2019, el glaciar de Jakobshavn en Groenlandia está creciendo desde 2016, por lo menos temporalmente. Al contrario, el glaciar del monte Kilimanjaro en Tanzania, con 5895 m.s.n.m., la montaña más alta de África, constituye un resto glaciar muy pequeño, con tan solo 20-40 metros de espesor de hielo, a una altura entre 5700 y 5800 metros, que consigue sobrevivir a duras penas sin fundirse. Pero este exiguo residuo glaciar proporciona un dato interesantísimo sobre la evolución climática de los últimos siglos, ya que el hielo de la cima del Kilimanjaro tiene como máximo unos 800 años (Uglietti *et al.*, 2015). Esa edad indica de forma rotunda que, hace 800 años, en «tiempos preindustriales», las temperaturas fueron más altas que las actuales, ya que llegó a fundirse completamente el hielo en la cumbre. Debe recordarse que esa etapa cálida coincide con el período de mayor actividad solar durante el Óptimo Climático de la Edad Media, que provocó también un deshielo importante de los glaciares en los Alpes (ver Figura 113).

Así pues, el hecho de que los hielos estén aumentando en algunos glaciares, y que existan pruebas de que en tiempos preindustriales se alcanzaron temperaturas superiores a las actuales, contradicen frontalmente las ideas generalizadas sobre el calentamiento global y el cambio climático. Las evidencias, a veces contradictorias según se consideren las masas de hielo continentales o marítimas, sugieren que se trata de un tema extremadamente complejo, sin perder de vista que las tendencias de los cambios climáticos no se manifiestan en decenas o cientos de años sino en miles o decenas de miles de años.

Para evaluar adecuadamente las consecuencias prácticas del cambio climático, conviene también tener en cuenta algunos datos cuantitativos. No debe olvidarse que las áreas glaciares actuales de alta montaña, de Groenlandia, de la Patagonia, de la Antártida y del Ártico, representan tan solo un pequeño resto de las grandes masas de hielo que llegaron a acumularse durante la última glaciación. Los cálculos del hielo glaciar existente en la actualidad indican valores de unos 170 000 km^3 para el hielo continental (Davis, 2019), 2 900 000 km^3 para Groenlandia (Polarportal, 2019), 28 000 km^3 en el Ártico (Piomas, 2019), y 27 000 000 km^3 en la Antártida (Amos, 2013). En total, se llega a un total de unos 30 millones de km^3, bastante similar al valor de 33 millones de km^3, obtenido por Williams, & Hall (1993).

La Figura 123 muestra cómo cambian las proporciones de las superficies continentales y oceánicas de la Tierra, en función de la cobertura de hielos existentes. Debe mencionarse que la tercera de las posibilidades representadas, la de un planeta sin hielo, es puramente hipotética, al menos para el próximo o los próximos siglos. En realidad, según los indicios que proporciona la historia del planeta, es mucho más probable que se inicie una nueva glaciación antes de que se llegue a fundir todo el hielo.

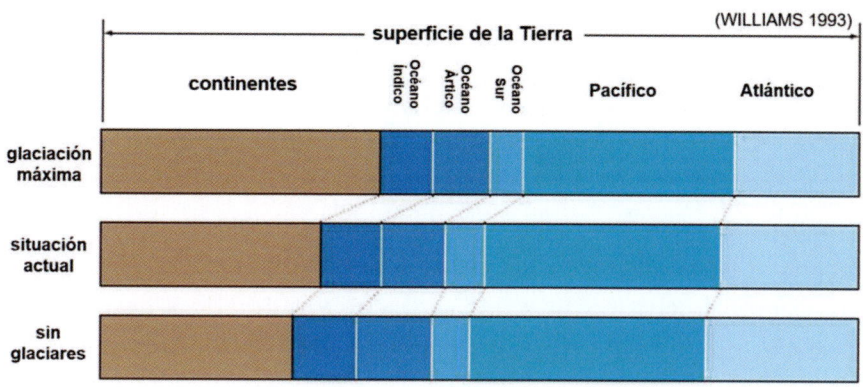

Figura 123. Esquema gráfico de las diferentes proporciones de las superficies continentales y oceánicas, durante tres momentos diferentes: un máximo glacial, el momento actual (período interglaciar cálido) y una situación hipotética de una Tierra sin cobertura de hielo. Fuente: Williams *et al.* (1993).

La superficie de la Tierra es de unos 510 millones de km², de los cuales un 70,7 %, es decir, unos 361 millones de km², corresponden a los océanos. El volumen total de agua en la Tierra se estima en unos 1,4 miles de millones de km³. En tiempos de máxima glaciación, las superficies oceánicas correspondían solo a un 63 % de la superficie terrestre, es decir, a unos 321 millones de km². Los datos geológicos indican que la subida del nivel del mar desde el final de la última glaciación ha sido como promedio de unos 130 m. Tomando como base estos datos y mediante sencillos cálculos geométricos, puede estimarse que durante el clímax de la última glaciación, se habían perdido unos 44 millones de km³ de agua líquida, que se convirtieron en 49 millones de km³ de hielo, ya que agua se dilata 1/11 al congelarse. Si comparamos los volúmenes de hielo existentes durante la última glaciación (79 millones de km³) con los actuales (30 millones de km³), se deduce que durante los últimos 21 000 años, ha desaparecido más de la mitad del hielo de la última gran época glacial. Como consecuencia, las masas de hielo continental del hemisferio norte que se encontraban al sur del círculo polar (por debajo de 66,5°N de latitud) desaparecieron casi por completo (ver la Figura 116).

Desde el punto de vista cuantitativo, estas cifras son suficientes para ilustrar que para modificar el clima terrestre de una manera tan sustancial (diferencias de temperaturas de hasta 10-15 °C) y generar o fundir trillones de toneladas de hielo, hace falta un mecanismo muy poderoso. Y el simple aumento de unas partes por millón de un gas que, como el CO_2, está presente en la atmósfera tan solo a nivel de trazas, no puede tener la capacidad para generar esos cambios. Para explicar las evoluciones climáticas descritas, se necesitan procesos de mucha mayor potencia, como son las variaciones de la radiación solar y otros parámetros astrofísicos, tal y como se ha descrito en capítulos precedentes.

Tomando como base los vaivenes glaciares descritos en páginas anteriores, podemos aventurar cuales son las perspectivas hacia el porvenir. Si se proyecta hacia el futuro la secuencia y el ritmo de los estadios isotópicos marinos (MIS), se intuye que, inevitablemente, la Tierra será sometida a «episodios alternos» de épocas frías y cálidas. La actual época cálida interglaciar ha persistido ya unos 12 000 años, lo que hace suponer que la llegada del próximo periodo frío es inminente, aunque esa inminencia deba considerarse en términos geológicos. Es decir, para los próximos siglos o el próximo milenio.

Y, ¿qué ocurrirá durante los siguientes períodos de frío? ¿Qué pasará durante los próximos pésimos climáticos, relativamente cortos, y durante los ciclos glaciales más largos? Pues las zonas climáticas árticas y subárticas se extenderán de nuevo hacia el sur, sobre todo en el hemisferio norte, donde predominan las masas continentales. Como consecuencia, también se desplazarán hacia el sur las zonas de suelos con *permafrost*, y las zonas con temperaturas medias por debajo de +10 °C. En estas condiciones, no será posible en Europa central la agricultura en campo abierto, ya que la mayoría de las plantas detienen su crecimiento (se bloquea la división celular), cuando las temperaturas se sitúan de forma permanente por debajo de los +5 °C. Y actualmente, el principal período vegetativo, tiene lugar a temperaturas por encima de los +10 °C.

Como consecuencia, las áreas útiles para la agricultura se van a reducir considerablemente. Al mismo tiempo, disminuirán las áreas aptas para asentamientos en el hemisferio norte, debido al crecimiento y a la expansión, tanto en sentido vertical como horizontal, de las masas de nieve y de hielo. Esta situación podría ser compensada, en cierto modo, por el aprovechamiento de nuevas superficies habitables y cultivables, a causa de la bajada del nivel del mar, que en el clímax de la próxima glaciación podría alcanzar de nuevo unos 120-140 metros más bajos. Además, los ciudadanos deberán ir acostumbrándose, paulatinamente, a la continua presencia de situaciones como las de la Figura 124.

Figura 124: (A): Ilustración de la situación meteorológica a finales de 1978 y principio de 1979 en el norte de Alemania. Las nevadas, ventiscas y acumulaciones de nieve extremamente fuertes, causaron situaciones de emergencia y un caos en el tráfico, la logística y el suministro de energía. (B): Ola de frío y nieve en Estados Unidos en febrero de 2021, cuyos efectos llegaron hasta el Estado de Tejas. Fotografía de la autopista Interstate 705 en Tacoma, Estado de Washington. Fuente: Figura A, @picture-alliance/dpa. Figura B, The Guardian/Joshua Bessex/ AP, del 13.02.2021.

Al respecto, debiera servir de experiencia y de lección el caos de nieve que el fin de año de 1978/1979 se vivió en la República Democrática de Alemania. El suministro de energía, generada por la combustión de lignito, colapsó en grandes partes del país, sobre todo en Turingia (este de Alemania). Tan solo la planta nuclear de

Greifswald (noreste de Alemania) pudo continuar manteniendo el suministro de energía. Ante estas adversas situaciones meteorológicas, ¡dichosos aquellos que puedan recibir energía de centrales térmicas que funcionan con gas y están conectadas a gaseoductos o plantas nucleares de sus países vecinos! Porque, aparte de los aspectos ecológicos y económicos ligados a la licuefacción de gas (LNG, en inglés *Liquefied Natural Gas*), que requiere mucha energía y muy altas presiones necesarias para su transporte en gigantescos buques cisterna, también podría haber problemas potenciales para su suministro. Porque existe el riesgo, durante largos períodos de frío extremo, de que los puertos queden inaccesibles para los buques por culpa del hielo, interrumpiendo la cadena logística, como ocurriría igualmente para el petróleo o el carbón que deba ser importado desde ultramar.

Entonces, ¿cuál sería la situación de la energía solar, eólica e hidráulica en Europa durante períodos de extremo frío y extremas nevadas? Los paneles solares cubiertos de nieve, los molinos eólicos bloqueados por fuertes nevadas o heladas, y los embalses congelados no podrían generar energía. Además, con fríos extremos y prolongados, las precipitaciones serían en forma de nieve, incluso en los sistemas montañosas de altitud media, acumulándose en capas glaciares, sin escorrentía para llenar los embalses. Estos cambios afectarían principalmente a países como Noruega y Suiza, que están generando la mayor parte de su energía aprovechando la fuerza hidráulica. Tampoco deben olvidarse los problemas que tendrían los parques eólicos *offshore*, amenazados por gruesos bancos de hielo y por gigantescos icebergs flotantes. Para que hiciesen su aparición estos escenarios, no será necesario esperar varios miles de años hasta la llegada del próximo clímax glacial, bastará la presencia del próximo pésimo climático, la próxima Pequeña Edad de Hielo que, a más tardar, llegará dentro de pocos siglos.

10.3. Fenómenos climáticos extremos

Otra de las consecuencias que se le suelen atribuir al supuestamente anómalo cambio climático actual, es un aumento de la frecuencia y la intensidad de los fenómenos meteorológicos extremos. Empezando por las inundaciones, los registros históricos permiten demostrar que fueron más frecuentes y fuertes durante los siglos XVII al XIX. Por ejemplo, en Heidelberg (suroeste de Alemania), en el famoso puente viejo sobre el río Neckar de esta pintoresca ciudad universitaria, se pueden observar las marcas de las riadas ocurridas en tiempos pasados, siendo la más elevada la del año 1784, que alcanzó un nivel de 8 metros. La Figura 125 muestra otro ejemplo, las marcas de las avenidas del río Meno en Eibelstadt (centro sur de Alemania), registradas desde el siglo XVI hasta la actualidad, siendo las de los siglos XVI-XIX mucho más elevadas que las del siglo XX. Complementariamente, la Figura 126 presenta el gráfico de un opúsculo, publicado en el año 1651, ilustrando las riadas acaecidas ese mismo año.

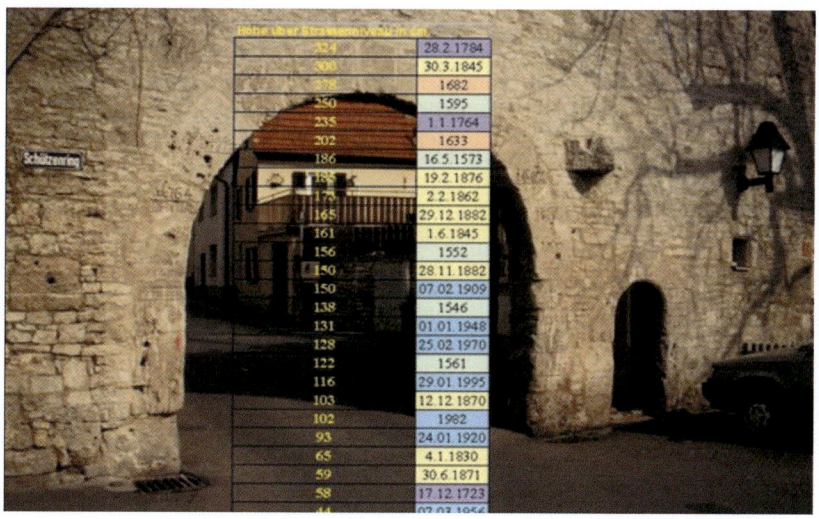

Figura 125. Señales que muestran las alturas alcanzadas por las aguas en las riadas del río Meno en Eibelstadt (centro sur de Alemania), desde el siglo XVI hasta la actualidad. Fuente: DWD (2003).

Figura 126. Opúsculo dedicado a las «crecidas» ocurridas en 1651. Fuente: Biblioteca estatal de Baviera, en Múnich (Fl.-Nr. 03099; de DWD 2003).

Registros similares pueden encontrarse en muchas ciudades españolas, especialmente en la cuenca mediterránea, donde muchísimas localidades ribereñas exhiben en sus calles y plazas, placas conmemorativas señalando el nivel que alcanzaron las aguas durante antiguas crecidas. Estas informaciones indican que, desde tiempos inmemoriales, ha habido siempre fenómenos meteorológicos extremos que, para los habitantes contemporáneos de cada época, de forma subjetiva, siempre les han parecido los más extremos de toda la historia, simplemente porque son los que a ellos les ha correspondido vivir. Estas riadas e inundaciones motivaron que, ya desde tiempos antiguos y mucho antes de las modernas presas de laminación de avenidas o de los pozos de tormenta, se establecieran en muchas regiones de Centroeuropa medidas de protección contra las inundaciones, como, por ejemplo, los *polders* para favorecer el drenaje o la infiltración del agua de la crecida. Se denomina «pólder» a un terreno llano, limitado por diques, en la proximidad de una extensión de agua, ya sea en el litoral, o en la ribera de ríos o lagos. En el caso de sobrevenir una riada, se canalizan y distribuyen grandes masas de agua hacia los polders, para que se filtre de manera natural hacia el subsuelo. Este sistema fue desarrollado durante la Edad Media en los Países Bajos, como mecanismo de protección para combatir la continua subida del nivel de las aguas marinas y para ganarle terreno agrícola al mar (véase la Figura 106 del capítulo anterior).

En oposición, el fenómeno contrario a las inundaciones y riadas, es decir, la aparición de períodos de extrema sequía, según los medios de información, también son ahora más frecuentes y severas como consecuencia del cambio climático, aunque una vez más, los datos históricos registrados indiquen lo contrario. A modo de ejemplo, puede mencionarse que en la segunda mitad del siglo XIX, durante el reinado en España de Isabel II, varias sequías encadenadas habían mermado las cosechas de varios años, lo que provocó un aumento desmesurado de los precios de los alimentos básicos, llegándose a multiplicar por seis el precio, en el caso del pan.

La Figura 127 representa la evolución del índice normalizado de precipitaciones (SPI, *Standardized Precipitation Index*) correspondiente a los 48 estados «contiguos» (o continentales) de EE.UU., con valores promediados para periodos de 9 meses. Los registros corresponden al periodo comprendido desde finales del siglo XIX (1895) hasta la actualidad, de acuerdo con los registros de los Centros Nacionales de Información Medioambiental (NCEI, *National Centers for Environmental Information*), vinculados a la administración nacional para asuntos oceanográficos y atmosféricos (NOAA, *National Oceanic and Atmospheric Administration*). Se trata de una prestigiosa institución que ofrece acceso libre a muchos datos meteorológicos fidedignos, tanto nacionales como internacionales. El código de colores de la Figura 127 asigna los colores amarillo y rojo a los periodos «extraordinariamente secos», reservando el azul y el verde para las etapas «extraordinariamente húmedas». Como se puede apreciar en la gráfica, existe una distribución homogénea para ambos tipos de periodos a lo largo de los últimos 120 años, sin ningún cambio de tendencia apreciable durante las últimas décadas.

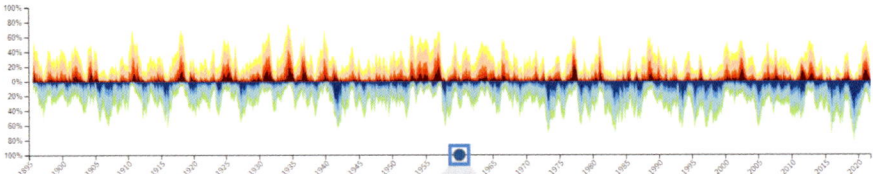

Figura 127. Evolución del Índice Normalizado de Precipitaciones (SPI) desde el año 1895 para los Estados Unidos, véase la explicación en el texto. Fuente: *National Oceanic and Atmospheric Administration*, www.drought.gov.

Para interpretar la secuencia climática observada en la Figura 127, sería muy interesante realizar un estudio detallado de su correlación con las oscilaciones oceánicas, similar a los trabajos realizados en Europa por Willems (2013), tal y como se ha representado en la Figura 128. En efecto, las modernas investigaciones geofísicas y meteorológicas demuestran que las citadas oscilaciones oceánicas, especialmente la *Oscilación del Atlántico Norte (NAO)* y la *Oscilación Multidecadal del Atlántico (AMO)*, tienen una gran influencia en la evolución climática y en la aparición de eventos meteorológicos extremos (ver Capítulo 1). Así, la ciclicidad de las precipitaciones fuertes en Europa, parece tener una fuerte correlación con los periodos en que el índice NAO tiene valores negativos, coincidente además con los períodos de baja actividad solar.

La Figura 128 muestra la evolución de la frecuencia de precipitaciones fuertes en Bruselas (Bélgica) entre 1890 y 2006. Los datos corresponden a las desviaciones respecto de la media de precipitaciones registrada entre 1890 y 2006, representada por la línea recta horizontal de puntos (valor cero). Los puntos azules corresponden a series de 10 años y las cruces negras a series de 15 años. La curva negra representa la ciclicidad, de acuerdo con las Oscilaciones Multidecadales del Atlántico (AMO), con periodos aproximados de 35-40 años, indicados con letras azules (AMO-) y rojas (AMO+), de acuerdo con los trabajos de Willems (2013), modificado por Laurenz (2019). La grafica demuestra de forma contundente que existe una periodicidad concordante entre la frecuencia de precipitaciones fuertes y el índice AMO, que evoluciona en el tiempo en ciclos de unos 35-40 años de duración. Adicionalmente, como se mencionó en el Capítulo 5, cada uno de los ciclos de la AMO podría corresponder a 3 o 4 ciclos de Schwabe, con duración de 11 años, referentes a la actividad solar.

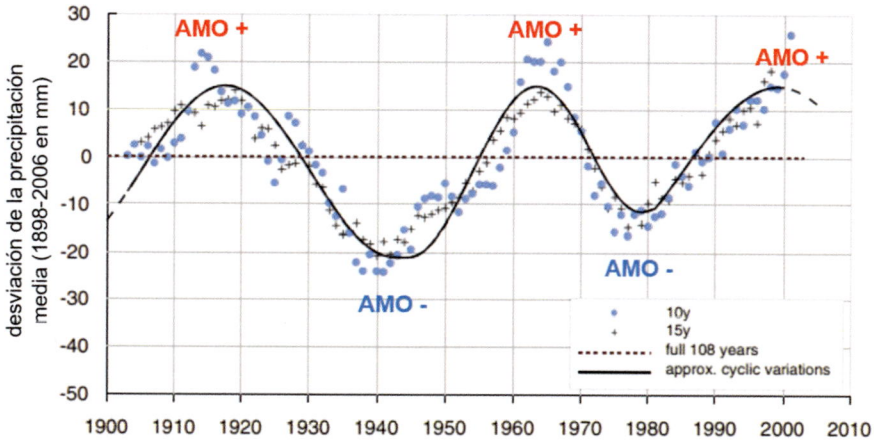

Figura 128. Evolución de la frecuencia de precipitaciones fuertes en Bruselas (Bélgica) entre 1890 y 2006. Véase la explicación en el texto. Fuente: Willems (2015), modificado por Laurenz (2019).

Conclusiones similares a las anteriores se pueden deducir en lo que respecta a los huracanes. En la gráfica de la Figura 129, conceptualmente similar a la anterior, se ha representado la evolución de la frecuencia de huracanes entre los años 1856 y 2008 (la línea horizontal de valor cero representa el promedio de dicho periodo) y del índice de la AMO. Los datos de la gráfica provienen de la *Atlantic Hurricane Database* y el índice de la AMO se ha elaborado a partir de promedios de 11 años con informaciones de la región atlántica (MDR, *Atlantic Main Development Region*), según Enfield *et al.* (2001). La gráfica pone de manifiesto que no se ha experimentado ninguna modificación en la tendencia de la frecuencia de los huracanes durante las últimas décadas, pero también evidencia que existe una cierta correlación entre dicha frecuencia y la AMO.

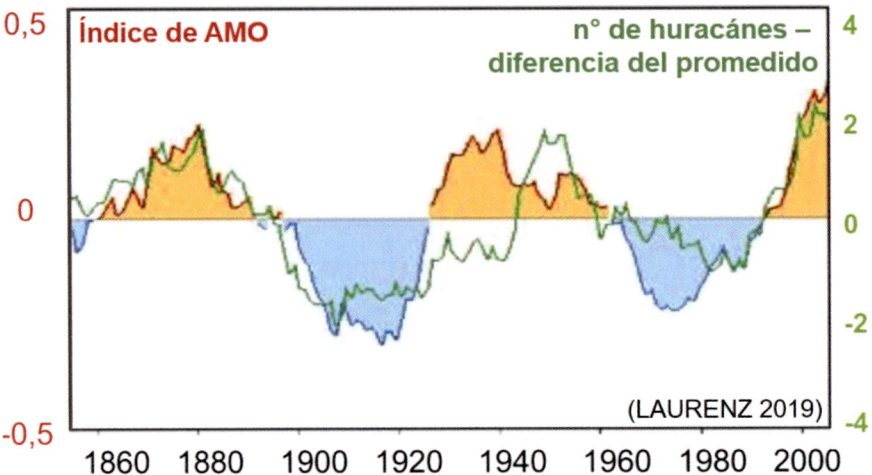

Figura 129. Comparación entre la ciclicidad del índice de la Oscilación Multidecadal del Atlántico (AMO, eje Y izquierdo, líneas roja y azul) con la desviación respecto de la media (valor cero) de la frecuencia de huracanes en el Atlántico entre 1856 y 2008 (eje Y derecho, línea verde). Fuente: Laurenz (2019).

Complementariamente a los datos representados en la Figura 129, debe mencionarse que, después de 2008, ha descendido la frecuencia de los huracanes, en conformidad con la ciclicidad registrada durante el anterior siglo y medio. Y también en periodos más antiguos, como se mencionó en el capítulo anterior en relación con los documentos históricos sobre naufragios durante la época colonial española.

10.4. Conclusiones del capítulo

Los datos e informaciones expuestos a lo largo del presente capítulo, demuestran que la aparición de fenómenos meteorológicos extremos, es también el resultado de una compleja interacción entre la actividad solar, los océanos y la atmósfera. Y es evidente que aún faltan muchas investigaciones por realizar, y muchos datos por contrastar, para comprender adecuadamente estos mecanismos. Por otra parte, a los sistemas cíclicos descritos, tanto los de larga como los de corta duración, pueden superponerse sucesos aislados, relativamente cortos pero intensos, como son, por ejemplo, las impactantes erupciones volcánicas.

Además, no cabe duda de que la intervención y la expansión del hombre agrava los posibles daños causados por los fenómenos meteorológicos extremos, pero no por su interferencia en la evolución climática, sino por introducir modificaciones en las condiciones de la naturaleza. Así ocurre, por ejemplo, en el caso de las riadas, cuando las obras humanas reducen la capacidad de drenaje, al edificar en zonas de avenida. Este problema es recurrente en la cuenca mediterránea, donde la presión urbanística ha llevado a construir en barrancos y cauces ocasionales. Otro problema relativamente frecuente aparece al sellar y comprimir el suelo de superficies que debieran actuar como áreas naturales de drenaje, reduciendo la capacidad de filtrado. En otras ocasiones, se ha rectificado el cauce de los ríos, anulando meandros y aumentando la velocidad de flujo, con lo que se aumenta la capacidad erosiva de la corriente. O cometer errores en el cálculo del volumen de las avenidas o en la resistencia de las obras públicas (el caso del embalse de Tous en Valencia y la destructiva riada de 1982, puede ser un buen ejemplo). En otras ocasiones, no se ha dotado de suficiente capacidad a los sistemas de drenaje y de desagüe, como, por ejemplo, cuando crece la población y el sistema de desagüe no se adapta a los nuevos flujos, aumentando la presión en las conducciones subterráneas y el riesgo potencial de generar erosión subterránea. Durante las inundaciones catastróficas a mediados de julio de 2021 en Centroeuropa, especialmente en el valle del río Ahr (suroeste de Alemania), se conjuntaron gravemente varios de estos factores perjudiciales.

Así pues, se puede afirmar que los cambios climáticos siempre han sido, son y serán, un desafío para los seres vivientes, sean plantas, animales o humanos. Durante los últimos millones de años, los cambios de temperaturas llegaron a ser hasta de 10-15 °C, ocasionando variaciones en el nivel del mar de hasta 120-140 metros. También, hubo periodos muy lluviosos y épocas con grandes acumulaciones de nieve y de hielo que implicaban riesgos para la supervivencia. Pero en cualquier caso, lo verdaderamente importante, es que ninguno de estos fenómenos climáticos ha afectado al volumen de agua existente en el planeta, que se mantiene constante, asegurando la existencia de una atmósfera viable para los seres vivos, que nos protege de las radiaciones que el Sol sigue enviando para calentarnos, manteniendo la fotosíntesis vegetal que es la fábrica órgano-química de la vida en la Tierra.

Por todo ello, el actual período cálido debe contemplarse como un «momento estelar» para la humanidad, y no como una crisis o un apocalipsis lleno de riesgos y peligros. Como dijo un viejo veterano de la II Guerra Mundial, después de haber sobrevivido a crudos inviernos durante la confrontación bélica y, posteriormente, como prisionero, «en Rusia no se murió de calor, sino de frío».

11.

El enigmático e impredecible agujero de ozono y otros mitos medioambientales

El presente capítulo está principalmente dedicado a la problemática de un fenómeno que, durante décadas, ha sido también objeto de muchos titulares, aunque muy pocas veces ha llegado hasta las primeras páginas por su relación con el cambio climático, sino que suele ser tratado como un problema totalmente independiente: el denominado *agujero de ozono*. Sin embargo, como veremos a lo largo de las páginas siguientes, está estrechamente relacionado con la evolución climática del planeta y controlado por los mismos parámetros. Además, curiosamente, y a pesar de esa aparente disociación de cara a la opinión pública, su tratamiento y difusión por los medios de comunicación guarda muchas similitudes con las predicciones, profecías y amenazas que cotidianamente recibimos en relación con el cambio climático global. También, en la parte final del capítulo, se abordarán otras cuestiones medioambientales que con mucha frecuencia reciben enfoques totalmente erróneos en los medios de comunicación.

11.1. Un misterioso agujero en la atmósfera

En 1978, la NASA lanzó al espacio el satélite NIMBUS-7, equipado con instrumentos que permitían medir la cantidad de ozono en la atmósfera, ese gas que (como hemos visto en el Capítulo 7), contribuye a filtrar las radiaciones ultravioleta provenientes del Sol. Inmediatamente después de su puesta en órbita, se detectó sobre el Polo Sur un fenómeno que fue rápidamente bautizado como el «agujero de ozono», aunque, en realidad, no se trata de un agujero en sentido estricto, sino que se define como una reducción en el espesor de la capa de ozono. La palabra «agujero», por lo tanto, no es realmente muy correcta, y su utilización es ciertamente engañosa y alarmante. La concentración del ozono en la atmósfera se mide en unidades llamadas «Dobson» (DU = *Dobson Units*), en honor a Gordon Dobson, un científico de la Universidad de Oxford, inventor en los años 20 del siglo pasado del primer instrumento para medir el ozono atmosférico. Los valores de ozono en la atmósfera suelen ser del orden de unas 310 DU, y cuando esa concentración está por debajo de las 200 DU, es decir, que se reduce aproximadamente en un tercio, se habla de la existencia de un «agujero».

¿Qué es exactamente el ozono? Se trata de un gas derivado del oxígeno (normalmente formado por moléculas con dos átomos, es decir, O_2) que, como consecuencia de la radiación ultravioleta proveniente del Sol, cambia su estructura molecular a la forma O_3, es decir, moléculas con tres átomos de oxígeno. El oxígeno representa algo más de la quinta parte (20,9 %) de nuestra atmósfera, mientras que el ozono aparece tan solo a nivel de trazas (entre 2 y 8 ppm), y se concentra en la estratosfera, entre 20 y 30 km de altura, formando la capa que lleva su nombre. Además, conviene diferenciar este ozono estratosférico, formado por causas naturales, del que se genera a nivel del suelo, como consecuencia de reacciones catalizadas por la contaminación atmosférica, como ocurre, por ejemplo, al utilizar una impresora de tipo láser.

Por otra parte, como se ha explicado en el Capítulo 5, el nivel de la radiación ultravioleta que llega a la Tierra no es constante, y puede variar hasta en un 10 %, siguiendo el ritmo de los ciclos de actividad solar, que a su vez está controlado por las oscilaciones del campo magnético del Sol. Así pues, el parámetro esencial que controla la ozonosfera es el mismo del que depende la evolución climática, las variaciones de radiación solar que llega finalmente a la Tierra. Por ello, del mismo modo que ocurre con la temperatura terrestre, la evolución del ozono depende de los mismos parámetros heliofísicos y astrofísicos, es decir (entre otros), de la distancia de la Tierra al Sol, así como del grado de inclinación y del «bamboleo» del eje rotatorio del planeta. Por eso, las variaciones en la cantidad de radiación ionizante y ultravioleta proveniente del Sol (que pueden llegar a valores en torno al 10 %) tiene un mayor impacto en la evolución del clima terrestre que las mínimas variaciones de la insolación solar total (que suelen medirse escasamente en tantos por mil), y son por ello las primeras que provocan los cambios climáticos (Vinós, 2023).

La capa de ozono es extremadamente importante para la habitabilidad del planeta, ya que absorbe una gran parte de la radiación ultravioleta proveniente del Sol, y tan solo un pequeño porcentaje de dichos rayos llega finalmente hasta la superficie de la Tierra. Pero durante este proceso de absorción (la reacción química que produce el ozono es exotérmica) se genera calor en la estratosfera, que se transmite hacia abajo, hacia la troposfera. Es decir, que además de su función protectora, el ozono juega un papel importante en el balance térmico de la atmósfera, con indudables consecuencias climáticas.

El ozono está presente en toda la atmósfera, pero es en la estratosfera, en la llamada capa de ozono, donde alcanza su máxima concentración. En latitudes bajas (cerca del ecuador), la capa de ozono se encuentra a una altura de hasta 26 kilómetros, mientras que en latitudes altas (hacia los polos), desciende por debajo de 20 kilómetros de altura. Una pregunta elemental que se ha formulado mucha gente es, ¿por qué el *agujero de ozono* aparece tan solo encima del Polo Sur y no sobre el Polo Norte? La respuesta es relativamente sencilla, ya que la distribución del ozono depende también de la distribución de la temperatura en la atmósfera, de forma que, a menor temperatura, menor concentración de ozono. Los fuertes ciclones polares sobre la Antártida, en el Polo Sur, tienen una posición muy estable, y alcanzan en su zona central temperaturas muy bajas (hasta -80 °C). Sin embargo, los ciclones polares árticos no llegan a fríos tan intensos y la reducción de la capa de ozono no es tan fuerte como en la Antártida.

Tan pronto como el satélite NIMBUS-7 empezó a enviar sus primeras imágenes y se detectó por primera vez el *agujero de ozono* sobre el Polo Sur, se produjo de inmediato un gran revuelo a nivel mundial. Enseguida, como consecuencia de la disminución de la capa de ozono, se vaticinaron graves problemas de salud para los seres humanos (principalmente aumentos de cáncer de piel en países como Australia, Chile o Argentina), además de perturbaciones del clima. A partir de las primeras observaciones, la NASA profetizó que en 2065, dos terceras partes de la capa de ozono habrían desaparecido, produciendo un aumento de la temperatura media mundial en más de un grado centígrado, multiplicándose por seis el nivel de la radiación ultravioleta. Se vaticinó, con toda precisión, que cinco minutos de exposición directa al sol bastarían para producir quemaduras en la piel.

La alarma social que produjo esta información fue considerable (en realidad, aún persiste hoy en día), hasta el punto de cambiar los hábitos de conducta de muchas personas. Como efecto colateral (se convirtió en algo imprescindible para las personas de piel clara no habituadas al sol), se generó un floreciente negocio para los fabricantes de filtros solares y un considerable aumento de pacientes en las consultas de los dermatólogos. También aumentó mucho la venta de sofisticadas gafas de sol con cristales de «alta tecnología». Todavía hoy, más de cuatro décadas después del lanzamiento de aquel satélite, sigue habiendo mucha gente que teme exponerse a la radiación del Sol, olvidando que es solo la insolación quien permite al cuerpo humano producir la vitamina D tan vital e indispensable para la salud. Una deficiencia severa en esa vitamina puede alentar problemas graves como la pérdida de masa ósea (osteoporosis), diabetes, alta presión arterial, debilidad del sistema inmunitario y, especialmente en los niños, problemas de crecimiento y raquitismo.

Una vez generado el pánico, no se tardó mucho en localizar a los maléficos culpables de tanta desgracia. Resultaron ser unos malvados inesperados, unos inocentes productos que hasta la fecha habían sido considerados como inocuos e inocentes, los compuestos clorofluorocarbonados, que se utilizaban masivamente como expelentes en casi todos los productos envasados en forma de espray, y también los gases refrigerantes de los frigoríficos. En septiembre de 1987, varios países firmaron un acuerdo (el *Protocolo de Montreal*, similar a los acuerdos actuales de reducción de emisiones de CO_2 a la atmósfera), mediante el que se comprometían a reducir a la mitad la producción de *clorofluorocarbonados* (conocidos por la sigla CFCs) en un periodo de 10 años. Como suele ocurrir en todo conflicto, siempre aparece algún fundamentalista radical partidario de soluciones extremas. Así, en 1989, un físico italiano propuso el lanzamiento de misiles repletos de ozono sobre la Antártida, para rellenar el agujero. Afortunadamente (¡a saber qué habría pasado si sus ideas se hubiesen llevado a la práctica!), nadie le secundó en su plan.

Hoy, más de 30 años después, gracias a las observaciones realizadas durante un periodo de tiempo más dilatado, sabemos que la formación y la destrucción del ozono se realiza mediante procesos naturales que se desarrollan en un equilibrio dinámico. Se han detectado (como ocurre con la temperatura) amplias variaciones interanuales y estacionales en todas las regiones del planeta, que son especialmente sensibles en el Polo Sur, como consecuencia del sistema de circulación de corrientes de aire en la estratosfera. Además, se ha comprobado que los compuestos CFCs son excesivamente pesados para poder viajar hasta esos niveles tan altos de la atmósfera, ya que su peso molecular es 7-8 veces más alto que el del aire atmosférico, por lo que difícilmente pueden ser responsables de generar el «agujero» en la capa de ozono. También llama la atención (es contradictorio) que los datos de producción y consumo de los CFCs indican que la mayor parte de estos compuestos son utilizados en el hemisferio norte. Entonces, ¿por qué la destrucción del ozono se concentra en el Polo Sur?

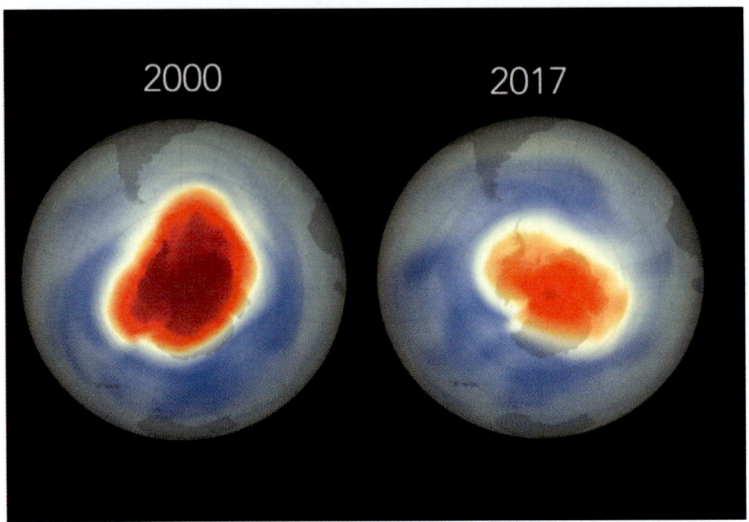

Figura 130. El tamaño del *agujero de ozono* disminuyó ligeramente durante las primeras décadas del nuevo milenio (años 2000 y 2017), aunque sigue existiendo. Fuente: www.ozonewatch.gsfc. nasa.gov.

En el momento actual, de acuerdo con las observaciones realizadas a lo largo de las últimas décadas, el *agujero de ozono* es más pequeño que nunca. La Figura 130 muestra la diferencia de tamaño del *agujero de ozono* en el Polo Sur entre los años 2000 y 2017. Además, está bien documentado que los aportes de cloro provenientes de los CFCs a los niveles altos de la estratosfera son insignificantes en comparación con las cantidades de cloro que, espontáneamente, escapan de las erupciones volcánicas y de los océanos hacia la atmósfera. Como ha sido expuesto en el Capítulo 6, los aerosoles volcánicos no solo influyen en la cantidad de radiación solar que llega a la superficie terrestre, sino también en los procesos químicos que tienen lugar en la estratosfera, formando compuestos clorosos de origen volcánico, que pueden destruir al ozono. Se ha observado que existe una correlación temporal entre las erupciones volcánicas intensas y las disminuciones en el contenido de ozono estratosférico. La fuerte erupción del volcán Pinatubo (ver el Capítulo 6 y la Figura 62) afectó al espesor de la capa de ozono durante los dos años siguientes a su erupción (1992 y 1993).

Es decir, que muy probablemente, el *agujero de ozono* lleva ensanchándose y contrayéndose desde hace varios cientos de millones de años, como consecuencia de unos mecanismos naturales, con ritmos controlados por fenómenos que apenas estamos empezando a comprender, como son los ciclos solares. En la Figura 131 se demuestra que el tamaño del *agujero de ozono* encima del Polo Sur está oscilando continuamente.

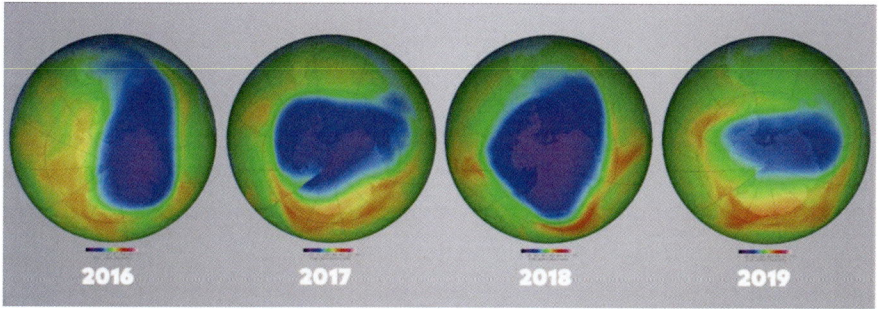

Figura 131. Evolución, a lo largo de 4 años recientes, del *agujero de ozono*. Los datos sugieren que está sujeto a continuos cambios naturales. Fuente: www.ozonewatch.gsfc.nasa.gov.

Además de las variaciones anuales mostradas en la Figura 131, también existen variaciones estacionales, ya que tanto la posición como el espesor de la capa de ozono cambian mucho según la época del año. En primavera tiende a ser más estable y en otoño suele adelgazarse. Estos procesos se deben principalmente a las temperaturas, en combinación con los vientos y el transporte atmosférico, tanto en dirección horizontal como vertical. Hacia finales del invierno del hemisferio sur, tiene lugar una fuerte reducción de la concentración de ozono en la estratosfera antártica, que es mucho más pronunciada que la que ocurre en el Polo Norte al final del invierno ártico. Como se ha mencionado anteriormente, esta diferencia se debe a los fríos atmosféricos más extremos que se alcanzan sobre el Polo Sur. Con el inicio de la primavera austral, al terminarse las noches antárticas y empezar a calentarse la atmósfera polar, llegan corrientes atmosféricas ricas en ozono, provenientes de las zonas ecuatoriales, y el nivel de ozono vuelve a aumentar sobre el Polo Sur.

Estas variaciones estacionales también se detectan sobre el Polo Norte y forman parte de los ciclos naturales. Aunque esporádicamente, por situaciones meteorológicas excepcionales, pueden producirse disminuciones de la capa de ozono casi tan significativas como las del Polo Sur. Así, por ejemplo, los inviernos árticos de 2019/2020 y 2020/2021 fueron extremamente fríos, lo que causó una inusual disminución del espesor de la capa de ozono como consecuencia de los potentes *vórtices* polares (ver Capítulo 1). Debe recordarse también que esos inviernos coincidieron con el periodo de mínimo de manchas solares situado entre los ciclos n°24 y n°25 (ver Capítulo 5). Durante las noches polares, las temperaturas descendieron hasta los -80 °C en la estratosfera, a una altura de 20 km, favoreciendo la formación de las llamadas nubes «nacaradas». Este tipo de nubes contienen elevadas cantidades de ácido sulfúrico (H_2SO_4) y nítrico (HNO_3), que actúan como núcleos de condensación para la formación de cristalitos de hielo a partir del vapor de agua. Y, en las superficies de esos cristalitos, se producen reacciones químicas que forman óxidos de nitrógeno, que pueden contribuir también a la descomposición del ozono.

Al llegar el mes de mayo, cuando los rayos solares vuelven a llegar con fuerza al Polo Norte, finaliza el proceso de adelgazamiento de la capa de ozono en la región ártica. Las fluctuaciones estacionales del espesor de la capa de ozono demuestran claramente la influencia que pueden tener episodios meteorológicos extraordinarios y relativamente breves, en las variaciones del contenido de ozono en la atmósfera. Es decir, que a pesar de que la concentración de los gases CFCs en la atmósfera haya disminuido más del 20 % durante los últimos 20 años (Figura 132), el espesor de la capa de ozono en la región ártica ha disminuido considerablemente durante las temporadas 2019/2020 y 2020/2021, por razones estrictamente climáticas. Estos datos ponen en tela de juicio las informaciones que atribuyen la responsabilidad del *agujero de ozono* a los gases CFCs.

Es evidente que la distribución y los cambios de la concentración de ozono son el resultado de procesos atmosféricos muy complejos, cuya dinámica no es todavía bien conocida. En cualquier caso, no parece haber ninguna duda de que guardan una estrecha relación con la actividad solar y, por lo tanto, también con los ciclos de las manchas solares antes mencionadas. Algunos investigadores opinan que el *agujero de ozono* va a continuar cerrándose, es decir, que el espesor de la capa de ozono de la Antártida va a seguir aumentando.

No debemos olvidar que la observación de la distribución global del ozono en la atmósfera se inició hace tan solo algo más de cuatro décadas, desde finales de los años 70, un periodo excesivamente corto para la duración de los ciclos naturales de nuestro planeta. Por lo tanto, su evolución solo podrá ser elucidada en el futuro, cuando se disponga de observaciones más dilatadas en el tiempo. Y también, cuando se disponga de nuevos datos obtenidos por nuevos dispositivos, como, por ejemplo, la Parker Solar Probe, que salió de la Tierra hacia el Sol en 2018 y que se acercará a él hasta unos 7 millones de kilómetros, proporcionando, durante los próximos años, valiosísima información sobre el viento solar y sus partículas de alta energía.

De cuando en cuando, todavía aparecen en los medios de comunicación informaciones sobre la eficacia de las medidas adoptadas en Protocolo de Montreal, ya que gracias ellas y a la del uso de los CFCs se ha podido reducir *el agujero de ozono*. Sin embargo, puede afirmarse que esa interpretación es muy poco probable, por las razones ya esgrimidas anteriormente. Y la naturaleza, que es muy tozuda, se está encargando de desmentirla con sus oscilaciones, tanto positivas como negativas, independientemente de las emisiones antrópicas de CFCs. Porque, si la disminución del tamaño del «agujero» registrada durante las últimas décadas se debiera a las restricciones en el uso de esas sustancias, ¿por qué aumenta de vez en cuando (Figura 131) a pesar de las restricciones en vigor?

No deja de ser curioso e interesante señalar que existe una gran similitud entre los enfoques de las investigaciones sobre el cambio climático y el *agujero de ozono*. En ambos casos se han cometido graves errores en las predicciones realizadas, como consecuencia de extrapolar hacia el futuro observaciones realizadas durante un periodo de tiempo excesivamente corto, sin tener en cuenta la ciclicidad y las variaciones naturales del proceso estudiado. No debe olvidarse nunca que nuestro planeta tiene hábitos de comportamiento que suelen regirse por ciclos de muy larga duración. Como se ha señalado en capítulos anteriores, es imposible interpretar correctamente el presente sin tener en cuenta el pasado.

También, existe una gran similitud en la estrategia de difusión de noticias relacionadas con ambos fenómenos. En efecto, se tiende a guardar un silencio absoluto, sepulcral, sobre los clamorosos fallos en las predicciones. Es evidente que las terroríficas profecías de la NASA no se han cumplido, ni el «agujero» se ha expandido ni han aumentado dramáticamente los niveles de cáncer de piel. Sin embargo, la única disculpa ofrecida por esos errores ha sido un clamoroso silencio. Idéntica reacción han suscitado los sucesivos fallos en las predicciones sobre el cambio climático, en relación con los aumentos de temperatura y el nivel del mar, que simplemente han sido sustituidas por nuevas predicciones, de fiabilidad tan dudosa como las anteriores y a más largo plazo, sin más explicaciones.

También pueden observarse reacciones idénticas de los medios de comunicación en relación con las oscilaciones o variaciones puntuales de ambos procesos. Cuando las mediciones indican que el calentamiento global se está frenando, o incluso puntualmente parece que esté invirtiéndose, y se produce un pequeño enfriamiento como consecuencia de una disminución natural de la insolación, quienes sostienen que el calentamiento global tiene un origen exclusivamente antrópico, afirman inmediatamente que se debe a las medidas adoptadas para reducir las emisiones de CO_2. Y lo mismo se dice, como hemos visto anteriormente, para la reducción del *agujero de ozono* en relación con los CFCs. Sin embargo, como se ha detallado en el Capítulo 7, el contenido de CO_2 en la atmósfera crece a un ritmo natural, independiente de las emisiones humanas y como consecuencia del calentamiento, no al contrario. Del mismo modo que el «agujero» de ozono aumenta o disminuye siguiendo ciclos naturales e independientes de las emisiones de CFCs, aunque algunas de estas hayan disminuido en las últimas décadas (Figura 132).

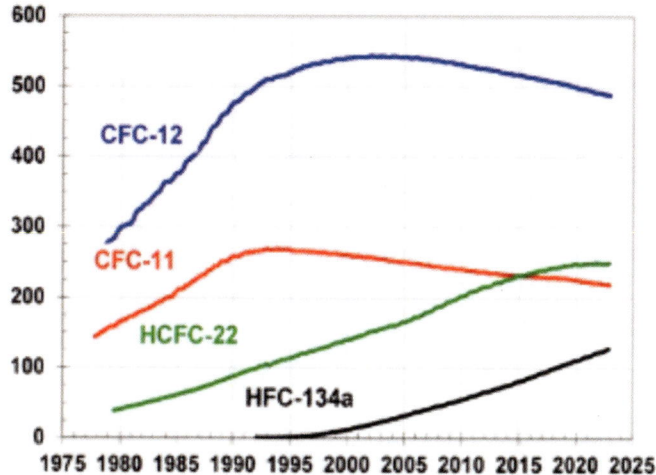

Figura 132. Evolución de las concentraciones de los diferentes gases de CFC (clorofluorocarbonados) en la atmósfera terrestre, que en algunos casos disminuyeron continuamente durante las últimas décadas. Las unidades del eje vertical están expresadas en ppt (partes por trillón, 1 parte =1 x 10^{-12}). Fuente: www.tiempo.com, basado en datos de la NOAA.

Algo similar puede decirse de la importancia que se le asigna a la información (titular de primera plana o importancia marginal en páginas interiores, si es que llega a publicarse), según el tipo de noticia. Cabe suponer, especialmente después de la alarma social causada, que la información relativa a la disminución del tamaño del *agujero de ozono*, debería ser recibida con júbilo y alborozo. Si fue noticia de primera plana que el *agujero de ozono* se estaba abriendo, debería serlo también que se está cerrando, sin embargo, esa evolución ha pasado prácticamente desapercibida para la opinión pública. Y las únicas informaciones que se han difundido al respecto, se refieren al supuesto «éxito» y los buenos resultados obtenidos gracias a la disminución en el uso de los CFCs.

De nuevo, lo mismo puede decirse de las informaciones sobre el cambio climático, cuando cualquier ola de calor veraniega se presenta como una evidencia irrebatible sobre el dramático calentamiento global (a pesar de que los registros históricos demuestren que eso mismo ya había pasado algunas décadas atrás), mientras que el avance de los hielos en la Antártida o la estabilización de las temperaturas medias globales durante los años recientes pasan completamente desapercibidos para la opinión pública.

11.2. Confusiones medioambientales

Otro tema medioambiental en el que existe una considerable confusión, incluso a nivel legal y normativo, es el relativo a la contaminación de aguas y suelos, especialmente la que se puede producir por los denominados metales pesados. Con frecuencia, existe una tendencia a confundir contaminación con toxicidad. Es cierto que muchas de las aguas, suelos o zonas contaminadas pueden resultar tóxicas, pero no siempre la toxicidad es debida a la contaminación. Hay ocasiones en que, aunque nos resulte sorprendente, la propia naturaleza puede ser tóxica, sin que ello implique ninguna alteración nociva producida por la mano del hombre. Y esa toxicidad forma parte de la propia naturaleza.

Eso es lo que ocurre, por ejemplo, en los alrededores de muchas zonas volcánicas, donde aparecen emanaciones gaseosas venenosas. O en el entorno de algunos yacimientos minerales, donde existe una concentración de metales, formada espontáneamente por medios naturales, sin que pueda esgrimirse la presencia de ningún proceso contaminante. También, en muchas zonas de la Península, como en muchas otras regiones del mundo, donde el subsuelo es rico en rocas magmáticas (granitos y similares), el nivel de radón en el aire es más elevado que en áreas donde las rocas predominantes son sedimentarias. Esta concentración tiene un origen totalmente natural y no hay datos concluyentes, a pesar de que se ha especulado mucho con lo contrario, de que esta situación haya afectado negativamente la esperanza de vida y la salud de los habitantes de dichas zonas.

Resulta curioso que estos casos, aun cuando se reconoce que el origen de la toxicidad tiene causas naturales, suelen etiquetarse como situaciones de «contaminación natural», una expresión conceptualmente muy contradictoria. Debe entenderse que contaminar es la acción humana de alterar o modificar las condiciones naturales, y si la toxicidad forma parte de la propia naturaleza, no puede ser considerada como contaminante. A no ser que (de ahí el contrasentido), que podamos considerar a la naturaleza capaz de contaminarse a sí misma.

Y, del mismo modo que se ha mencionado antes respecto de la diferente «sensibilidad informativa» para la apertura o el cierre del agujero de ozono, también existe una actitud muy diferente, un rechazo o una permisividad comprensiva hacia la toxicidad natural, según su procedencia. Si proviene del reino mineral, inanimado, como pueden ser elevados contenidos de arsénico, mercurio o uranio en las rocas, se le denomina «contaminación natural». Si en cambio forma parte del reino animal, como puede ser el veneno de un escorpión o de una víbora, esa toxicidad no tiene connotaciones negativas, e incluso sus portadores deben ser protegidos, porque forman parte de la biodiversidad, aunque en sentido estricto unos y otros han sido creados por la propia naturaleza.

Aunque en realidad, los criterios de valoración sobre riesgos y peligros naturales se hacen siempre de una forma subjetiva y egocéntrica, dependiendo de los intereses particulares del ser humano en cada caso. Nadie utiliza criterios ecológicos o medioambientales, ni se acuerda de la biodiversidad, cuando se trata de eliminar al bacilo de Koch, responsable de la tuberculosis, o de aniquilar una plaga de ratas en el subsuelo de cualquiera de nuestras ciudades.

Dejando aparte estas disquisiciones y volviendo al tema de la contaminación, en la mayor parte de los países se han articulado normativas legales que delimitan los valores máximos, *umbrales de riesgo* para la salud o el medio ambiente, de las sustancias consideradas como contaminantes para cada entorno, ya sea el agua, el suelo o el aire. Así, cualquier sustancia que contenga valores superiores a los umbrales establecidos en la normativa es considerada como contaminada y, por lo tanto, peligrosa por su potencial toxicidad, ya sea a corto, medio o largo plazo. Pero establecer estos umbrales no es una tarea sencilla. Si esos valores límite no han sido cuidadosamente seleccionados, en conformidad con las leyes de la naturaleza, su aplicación puede plantear importantes problemas prácticos, convirtiendo las normas en inaplicables, o incluso en aberrantes. Veamos algunos ejemplos.

La *geoquímica*, esa ciencia que estudia la composición química de la corteza terrestre, nos indica que (tal y como ha sido corroborado en los análisis de miles y miles de muestras de rocas de todo el mundo), todos los elementos químicos del sistema periódico están presentes en todos los sitios, aunque en la mayor parte de los casos se trata de cantidades inapreciables e infinitesimales. Algunos tipos de rocas tienen una afinidad especial por determinados elementos, que se suelen concentrar en ellas con valores por encima del promedio.

Ese es el caso de las pizarras negras (esas rocas que se fragmentan en forma de lajas y se utilizan con frecuencia para techar construcciones), que tienen un contenido promedio de 200 ppb (partes por billón, equivalentes a un 0,00002 %) de mercurio, un valor mucho más elevado que otros tipos de rocas. Esa concentración, se debe principalmente al contenido de materia orgánica y de arcillas del sedimento original que luego se transformó en roca, que tiene afinidad para atrapar al mercurio en su interior por mecanismos totalmente naturales. Sin embargo, ese rango de contenidos suele caer dentro del campo de valores que han sido considerados como contaminación, según la normativa de la mayor parte de los países del mundo. Supongamos que analizamos una pizarra negra formada a partir de sedimentos que fueron depositados en el fondo del mar durante el periodo Cámbrico, hace 500 millones de años. La aplicación de la normativa medioambiental a dichas pizarras, indicaría que se trata de un material contaminado, lo cual implicaría admitir que la naturaleza se ha contaminado a sí misma, o bien que hace 500 millones de años existieron fuentes de contaminación.

Esta situación, no obstante, sería relativamente fácil de discernir, ya que se trata de una roca y, por lo tanto, fácilmente identificable como un material antiguo, en cuya composición no ha intervenido la mano del hombre. Pero imaginemos que ese material rocoso se encuentra a nivel de la superficie terrestre y que, como consecuencia del contacto con la atmósfera, especialmente la humedad, se va degradando poco a poco hasta convertirse en un suelo sobre el cual crece la vegetación. Durante ese proceso, el mercurio contenido en la composición original de la roca se habrá incorporado al suelo, y cuando se analice una muestra del mismo, será clasificado automáticamente como un suelo contaminado. La única manera de discernir entre suelos realmente contaminados y aquellos en que la naturaleza aporta espontáneamente cantidades significativas de metales pesados, es conocer la naturaleza geoquímica del subsuelo y determinar los valores que las rocas del substrato aportan a la composición del suelo, conocidos técnicamente como valores de fondo geoquímico.

Pero en la práctica, estas determinaciones casi nunca se hacen y los resultados de los análisis, cuando se detectan valores elevados, se atribuyen automáticamente a la contaminación. Así ocurrió, por ejemplo, en una comarca donde se detectaron valores altísimos de sulfatos en los suelos, que fueron atribuidos inmediatamente a las emisiones de dióxido de azufre provenientes de una central térmica situada en las inmediaciones, la temida lluvia ácida. Sin embargo, un simple vistazo al mapa geológico de la zona hubiese permitido comprobar que la roca subyacente tenía en su composición abundante yeso, es decir, sulfato de calcio. Y, por lo tanto, los sulfatos que aparecían en los suelos de la zona estaban allí, como mínimo, desde varios millones de años antes de que la central térmica fuese construida.

Otro ejemplo igualmente ilustrativo es el ocurrido en un país nórdico, a principios de la década de los 90 del siglo pasado. Sucedió en el patio de un colegio público, cuando una niña, jugando durante el recreo, cayó y se hizo una pequeña herida que, posteriormente, se infectó. Su padre, preocupado por la causa de la infección, solicitó un análisis del suelo del patio del colegio, que reveló un contenido en plomo de unas cuantas partes por millón. Ese rango de valor podría considerarse, de acuerdo con los parámetros geoquímicos antes mencionados, como completamente normal, como un valor de fondo que puede encontrarse en el suelo de cualquier lugar del mundo. Sin embargo, de acuerdo con la normativa medioambiental del país, aquel suelo estaba contaminado. Por avatares de la política local que no vienen al caso, el tema llegó a la prensa, se hinchó como una bola de nieve y llegó hasta las altas esferas de la política local y a las primeras páginas de los periódicos. Para evitar problemas y curarse en salud, las autoridades decidieron analizar los suelos de todos los patios de todos los colegios de aquella comarca. Lógicamente, como no podía ser de otra manera, todos ellos fueron catalogados como contaminados por su elevado contenido en plomo. El escándalo continuó aumentando y las autoridades se vieron obligadas a elaborar un plan para remover esos suelos y sustituirlos por otros no contaminados. El verdadero problema se planteó cuando fue imposible localizar dentro del país suelos con valores de plomo por debajo del supuesto límite de contaminación.

No tiene ningún sentido intentar restringir la presencia a nuestro alrededor de determinados elementos químicos, que han sido puestos por la propia naturaleza en nuestro entorno. Ese es el tipo de conflictos medioambientales aparentes, problemas ficticios, que se pueden plantear cuando los datos disponibles son interpretados sin tener en cuenta su contexto, tanto espacial como temporal. Sobre todo, cuando por razones políticas se introduce un factor exagerado, dividiendo por 10 (o incluso por 100) el valor del umbral realmente nocivo, intentando adquirir una falsa seguridad, que se convierte en inaplicable. De acuerdo con Hug (2023), este es el tipo de criterios que convierten en impracticables, de forma totalmente innecesaria, algunas rutinas cotidianas e industriales.

Volviendo al principio y extrapolando en sentido inverso, podríamos decir que estas conclusiones son también perfectamente aplicables a muchas de las interpretaciones que se están emitiendo en relación con el cambio climático y el calentamiento global, cuando no se tienen en cuenta las leyes de la naturaleza y sus dilatados ciclos temporales. Hace ya bastantes años, el maestro de periodistas Manuel Martín Ferrand (1940-2013), escribió en uno de sus artículos una frase que viene como anillo al dedo para ilustrar esa situación: «Aunque en el Parlamento se derogase por unanimidad la Ley de la Gravedad, los objetos que nos rodean no comenzarían a flotar inmediatamente».

12.

Si las estadísticas no mienten...

A lo largo de los capítulos precedentes, se han utilizado multitud de figuras donde se ha representado gráficamente la evolución de los parámetros esenciales en la evolución climática, como son principalmente la temperatura y el CO_2, además de valores *proxies* y otros datos relacionados. La validez de dichas representaciones, es decir, que la evolución mostrada coincida con la realidad, depende (como en la mayoría de los parámetros estadísticos) de una cuestión fundamental: que los datos utilizados sean representativos del parámetro cuyo comportamiento se desea analizar. Y, aunque parezca elemental o cueste creerlo, esa representatividad no siempre es respetada.

Por eso, no en vano, la estadística se ha ganado el dudoso prestigio de ser una ciencia donde los resultados pueden ser elásticamente estirados y adaptados a los intereses del cliente, a pesar del rigor matemático de sus cálculos. Y precisamente por eso, hay multitud de chistes y de expresiones humorísticas, que socarronamente se ceban en su elástica versatilidad. Hace ya algunas décadas, en 1973 se publicó una viñeta del genial humorista Forges (1944-2020), en la que dos de sus característicos monigotes mantenían el escueto diálogo que se puede leer en la Figura 133.

En la misma línea, una expresión muy popular dice que existen tres tipos de verdades: las verdades en sentido estricto, las verdades a medias y las verdades estadísticas. Otra versión, en sentido inverso pero con las mismas conclusiones, dice que existen tres tipos de falsedades: las mentiras, las grandes mentiras y las estadísticas. Los usuarios de esta disciplina (de alguna manera todos somos sus clientes y sufrimos las consecuencias de sus veredictos) conocemos bien su indudable utilidad, pero también los peligros potenciales que encierra si no se utiliza correctamente. Como ocurre con muchos instrumentos (el mejor ejemplo puede ser el bisturí utilizado en cirugía), puede generar resultados excelentes o catastróficos, salvar vidas o hacer carnicerías, según en manos de quién esté y de cómo lo utilice.

Figura 133. Forges, viñeta de 1973. Fuente:www.fotochismes. com.

Por ejemplo, son bien conocidas las distorsiones que puede implicar el uso de un parámetro estadístico elemental como el valor promedio. Si una sola persona tiene un millón de euros y otras nueve no tienen nada, el valor promedio que le corresponde a cada persona es de 100 000 euros. Igual de falsas pueden ser las correlaciones basadas en datos puramente numéricos, como, por ejemplo, aquella que estableció que cada vez que un taxista hace una carrera en Nueva York, nacía un niño en Europa. O el famoso *efecto mariposa* de la teoría del caos, gracias al cual, como consecuencia del aleteo de una mariposa en Ohio, se puede producir un tsunami en Japón.

Un ejemplo magnífico y frecuente de cómo pueden obtenerse conclusiones divergentes, o incluso contradictorias, a partir de unos mismos datos, lo encontramos siempre el día después de cualquier convocatoria electoral, cuando cada candidato o partido político elije los parámetros estadísticos, o el grupo de datos más convenientes, para arrimar el ascua a su sardina y demostrar su satisfacción por los resultados obtenidos, por desastrosos que estos sean. Aunque, por su ansiedad en manejar los resultados a su favor, los políticos tienden a ser poco rigurosos con la estadística. Cuentan las malas lenguas, que el expresidente norteamericano Bill Clinton estaba muy preocupado porque la mitad de los alumnos norteamericanos tenía una nota por debajo de la media, y buscaba (inútilmente) medidas para remediarlo.

Hay un chiste que ilustra muy gráficamente las aberrantes conclusiones que se pueden alcanzar con el uso indebido de la estadística. Se trata del estudio del comportamiento de una pulga, previamente amaestrada por un investigador, para que saltase cada vez que se lo ordenaba. Una vez conseguida la obediencia del animal, procedió a realizar el siguiente análisis:

1. Se le ordena cien veces que salte, y la pulga salta cien veces. Correlación 100 %.
2. Se le arranca una pata y se repite la secuencia. Correlación 100 %.
3. Se le arranca una segunda pata y se repite la secuencia. Correlación 100 %.
4. Etc. Y así hasta que a la pobre pulga se le arranca la última pata. En ese momento, a pesar de que se le ordena 100 veces que salte, se queda quieta. Correlación, 0 %.
5. Conclusión: al arrancarle la última pata a una pulga, esta se vuelve sorda.

Esta historieta, transmitida hace ya más de tres décadas a uno de los autores por una verdadera autoridad europea en estadística, ilustra perfectamente los dislates que se pueden generar por falta de rigor, cuando los datos estrictamente numéricos se tratan sin tener en cuenta su contexto. Continuando con la vena satírica, viene al caso mencionar la humorística caracterización de este tipo de análisis poco rigurosos, cuando se trata de forzar los resultados de una investigación hacia resultados preconcebidos, que se ha hecho popular en ambientes científicos. Para conseguir esos resultados, se puede aplicar la denominada «Constante de Skinner», definida como el número, entero o fraccionario, real o imaginario, que sumado, restado, dividido o multiplicado por el valor obtenido, nos proporciona el valor que queríamos obtener. Atendiendo a la honestidad de este factor de corrección, algunos la han rebautizado, con buen sentido del humor, como el *Factor Chanchullo de Flanagan*.

Así pues, existe una cierta conciencia en ambientes científicos, reconociendo que la estadística es una ciencia cuyos resultados son potencialmente muy manipulables, por las posibilidades que ofrece tanto para la presentación sesgada de los datos como para su interpretación interesada. Este riesgo es lo suficientemente serio como para que el apreciado escritor norteamericano Darrell Huff (1913-2001) se haya tomado el trabajo de publicar un libro titulado *Cómo mentir con estadísticas*, que se ha convertido en el manual de estadística más vendido en la segunda mitad del siglo xx (Huff, 2015, la primera edición fue publicada en 1954).

Abandonando los aspectos humorísticos y regresando a la problemática que nos debe ocupar, centremos nuestra atención en evaluar cómo se están tratando, desde el punto de vista estadístico, las informaciones y datos relativos al cambio climático. La manera más sencilla de dirigir los resultados obtenidos hacia las conclusiones que se desean obtener, es seleccionar cuidadosamente los datos a utilizar. De esa manera, sin ninguna manipulación adicional, el análisis de la información arrojará los resultados deseados. Para ilustrar las amplias posibilidades que ofrece la adecuada selección de los datos en función de los objetivos que se quiera alcanzar, podemos volver a las gráficas de las Figuras 19, 20, 21 y 22 del Capítulo 4.

Los datos representados en la Figura 19, por ejemplo, indican que, en el momento actual, nos encontramos en una situación intermedia, lejos de los momentos más fríos o más cálidos de la historia de la Tierra. Además, la tendencia del extremo final, a la derecha de la curva, indica que la tendencia actual (mirando la historia en su conjunto) es hacia el enfriamiento. Pero esa aparente contradicción con el calentamiento que se está experimentando en la actualidad, se debe simplemente a la escala de observación, porque esa tendencia al enfriamiento solo es detectable cuando se contempla la evolución desde la perspectiva de muchos millones de años.

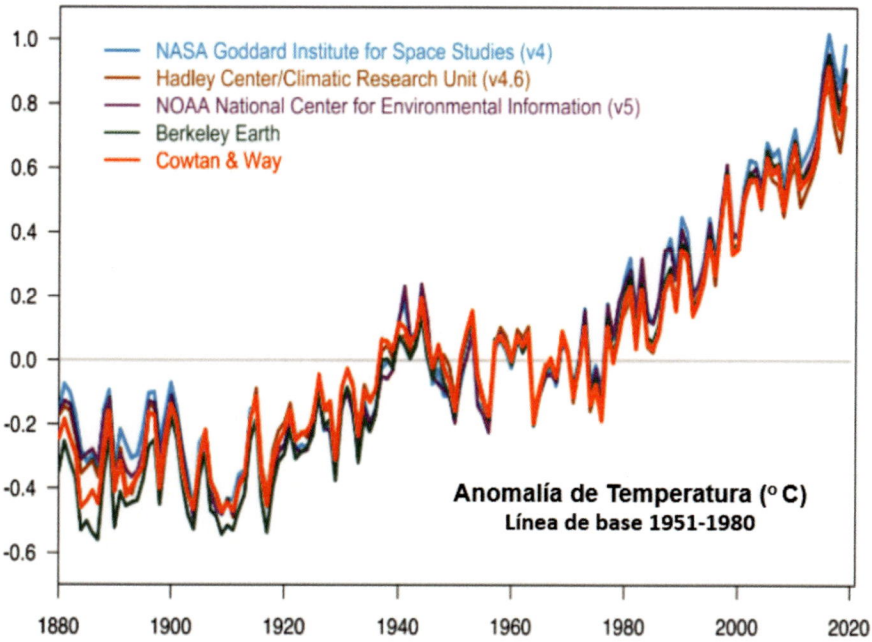

Figura 134. Evolución de las anomalías de temperatura anuales desde 1880 hasta 2019, con respecto a la media de 1951-1980, según datos registrados por la NASA, NOAA, el grupo de investigación de Berkeley Earth, el Met Office Hadley Centre (UK) y el análisis Cowtan and Way. Fuente: www.earthobservatory.nasa.gov.

337

No hay ninguna duda de que ha existido un rápido calentamiento en las últimas décadas, y que, además, la última década ha sido la más cálida del periodo registrado (Figura 134). Ahora bien, si se observa tan solo esta gráfica, de manera aislada y sin tener en cuenta la tendencia observada en siglos y milenios anteriores, no es posible apreciar si este ascenso térmico representa un hecho aislado o forma parte de la tendencia que ya se había iniciado hace 20 000 años, como se muestra en la Figura 97. O incluso, mirándolo con una perspectiva más amplia, si se trata de un ascenso de temperatura muy moderado respecto de lo que ocurrió en el planeta hace millones de años (ver Figuras 19 y 20).

Es evidente que la información correspondiente a un intervalo de tiempo excesivamente corto, no puede permitir la adecuada interpretación del proceso de calentamiento global, ni la obtención de conclusiones correctas. Pero podemos ir más lejos, y distorsionar aún más las interpretaciones si se mezclan datos heterogéneos que no son debidamente homogeneizados o son estadísticamente manipulados. La Figura 135, muy conocida por haber sido reproducida en innumerables ocasiones y citada habitualmente en los medios de comunicación, ha sido elaborada por el *International Panel of Cimatic Change* (IPCC) y es conocida habitualmente como «palo de hockey», ya que su morfología (un largo tramo recto con un una brusca elevación final, casi en angulo recto) recuerda la forma de esta herramienta deportiva (Mann *et al.*, 1999).

Antes de entrar en detalles y analizar la elaboración de esta última gráfica, lo primero que llama la atención es el perfil prácticamente plano de la mayor parte de su trazado. Si comparamos la Figura 135 con las Figuras 22 y 38, que cubren periodos temporales similares, salta a la vista su enorme diferencia geométrica y cabe preguntar de inmediato: ¿Qué ha ocurrido con los óptimos climáticos de la Época Romana y de la Edad Media, cuando se alcanzaron temperaturas similares o incluso más elevadas que las actuales (ver Capítulo 10)? ¿Qué ha ocurrido con la Pequeña Edad del Hielo y los otros pésimos climáticos? ¿Porqué esas oscilaciones climáticas positivas o negativas no aparecen en el *palo de hockey*?

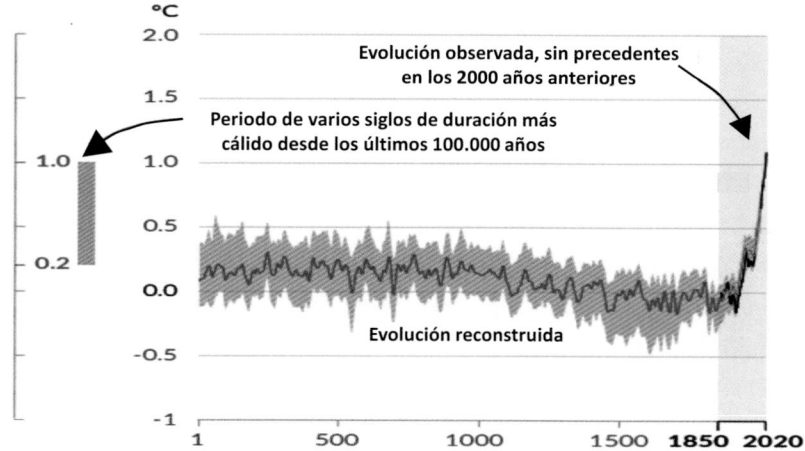

Figura 135. Última versión de la gráfica representando la evolución de la temperatura, durante los dos últimos milenios, véanse las explicaciones en el texto. Fuente: infome IPCC (2021).

Para comprender esa misteriosa desaparición, es necesario conocer cómo ha sido elaborada dicha curva, construida a partir de datos *proxies* heterogéneos (principalmente, anillos de crecimientos de árboles, corales y núcleos de hielo, representados por la línea en color azul oscuro) y datos de medidas termométricas, representados por la línea negra. Pero debe recordarse que no existen medidas obtenidas mediante termómetros antes del siglo XIX y para corregir la heterogeneidad de las mediciones (es decir, hacer corresponder a los datos de los *proxies* con valores de temperatura), se aplicaron técnicas estadísticas. La zona sombreada en gris en la Figura 135 corresponde al intervalo de confianza del 95 % según el tratamiento aplicado a los datos (recordar lo mencionado al respecto en el Capítulo 3). Y, precisamente, fueron los métodos estadísticos aplicados, así como las conclusiones que de ellos se derivan, los que suscitaron graves críticas, desde que se inició la andadura del IPCC, a finales del siglo XX. Es decir, por expresarlo de una forma más directa, que los tratamientos estadísticos utilizados borraron, se esfumaron como por arte de magia, los óptimos y los pésimos climáticos de los dos últimos milenios.

En 1996, el prestigioso científico norteamericano Federick Seitz, presidente de la Academia Americana de Ciencias, publicó en el *Wall Street Journal* una carta denunciando que el primer informe del IPCC había sido manipulado a espaldas de sus autores, ya que algunos puntos importantes de las conclusiones habían sido suprimidos. La omisión más significativa se refería a la falta de correlación entre el cambio climático y los gases de efecto invernadero, estableciendo que no podía atribuirse el calentamiento observado a las actividades humanas. El comité coordinador del IPCC se vio obligado a reconocer públicamente que, en efecto, se habían suprimido esas conclusiones «atendiendo a los comentarios recibidos de algunos gobiernos, algunas ONGs y otros científicos». Recientemente, otro prestigioso investigador, Steven Koonin (Koonin, 2023), subsecretario de Ciencia durante la administración Obama, miembro de la Academia Nacional de Ciencias de EE.UU. y profesor en la Universidad de Nueva York, ha afirmado de manera rotunda que entre los miembros del IPCC no existe el consenso general que predican los medios de comunicación. Y además, ha manifestado que tanto los comunicados de prensa, como los resúmenes oficiales del Gobierno y de la ONU, basados en los informes del IPCC (especialmente las famosas versiones reducidas, los *Resúmenes para Decisiones Políticas*), no son fiel reflejo de los informes originales.

Por otra parte, algunos investigadores, como, por ejemplo McIntyre, & McKitrick (2005), pusieron de manifiesto que la gráfica del *palo de hockey* fue elaborada aplicando técnicas inadecuadas, atribuyendo mayor peso en la ponderación a determinados parámetros para dirigir los resultados hacia las conclusiones que se deseaba obtener. Es decir, una versión más o menos sofisticada del *Chanchullo de Flanagan*.

Además de los problemas relacionados con el tratamiento estadístico de los datos, cabe preguntarse cuál es la representatividad de las medidas registradas termométricamente durante el siglo XIX y buena parte del siglo XX, cuando la mayor parte de los observatorios meteorológicos estaban situados en áreas urbanas, donde las actividades humanas (vehículos de combustión, calefacciones, insolación sobre áreas asfaltadas, ausencia de ventilación, etc.) produce un significativo aumento de la temperatura. Es decir, el fenómeno conocido como «islas de calor», como ya se ha mencionado en el Capítulo 3 al discutir la problemática de la temperatura media global.

Por si esto fuera poco, en 2009, un pirata informático filtró a la prensa una serie de correos electrónicos entre miembros del IPCC, donde quedaba en evidencia la manipulación de datos, la destrucción de pruebas y la existencia de fuertes presiones para acallar a los científicos escépticos. Esas informaciones llegaron a las páginas de los periódicos (en las televisiones tuvieron un impacto mucho menor) y permanecieron en ellas unos días, pero poco a poco fueron cayendo en el olvido. Para aclarar lo ocurrido, se realizaron investigaciones oficiales, pero a pesar de las profundas sospechas y dudas generadas, no se encontraron evidencias de fraude o de mala praxis científica. Las monolíticas y contundentes conclusiones de los informes posteriores emitidos por el IPCC sugieren que todas las voces discrepantes han desaparecido.

En la gráfica de la Figura 135, la última versión publicada (en realidad no guarda diferencias sustanciales con sus antecesoras), aparecen dos mensajes muy significativos que forman parte de la edición original del informe del IPCC: «Evolución observada sin precedente en los 2000 años anteriores y Periodo más cálido de varios siglos de duración durante los últimos 100 000 años». Sobre la primera de estas aseveraciones debe señalarse que eso solo ocurre en la gráfica producida por el IPCC, porque otros investigadores aportan datos concluyentes (véase la Figura 21 y el Capítulo 10) de que sí existen precedentes, incluso más cálidos, durante los últimos dos milenios. Y también para periodos más antiguos, ya que recientes investigaciones (Christ *et al.*, 2023) han puesto de manifiesto que el noroeste de Groenlandia estuvo libre de hielo hace 400 000 años, durante el periodo interglaciar isotópico marino MIS 11, que ocurrió hace unos 400 000 años, estimando que las temperaturas registradas en aquellos momentos eran 1°C o quizás 1,5°C más altas que las actuales.

En relación con la segunda afirmación, la primera pregunta que viene a la mente es: ¿por qué la comparación se centra en el intervalo restringido a los últimos 100 000 años, y se ignora la historia anterior, registrada en las Figuras 19 y 20. Sin duda, tomando en consideración las informaciones disponibles sobre las etapas más antiguas de la historia del planeta, se podría tener una visión más completa, objetiva y equilibrada de la situación actual. Pero es evidente que, si abrimos el abanico de observación a periodos que sean verdaderamente representativos de la evolución climática, la responsabilidad antrópica en el cambio climático se diluye como un azucarillo en el agua.

A pesar de las enormes dudas que han generado estas manipulaciones, el gráfico del *palo de hockey* sigue haciendo acto de presencia por doquier, con un papel estelar en documentales alarmistas y el consiguiente impacto en la opinión pública, introduciendo en la conciencia colectiva una correlación inexistente entre la actividad humana y el calentamiento global. Y el problema aún se agrava cuando entran en juego las potentes herramientas informáticas de cálculo, capaces de procesar e integrar millones de datos, y cuyos resultados se presentan con frecuencia a la opinión pública, no como el resultado de un modelo o de una predicción especulativa, sino como si fuesen hechos probados. Si, como acabamos de ver, los resultados de un proceso estadístico, se pueden «dirigir» seleccionando un intervalo de datos determinado, las posibilidades de manipulación aumentan exponencialmente cuando se elaboran modelos predictivos en los que solo intervienen algunos parámetros y variables, ignorándose otros que son los que realmente controlan la evolución climática. Debe recordarse aquí que la inmensa mayoría (sino la totalidad) de los *modelos estadísticos* sobre el cambio climático, a pesar de las múltiples evidencias aportadas a lo largo de los anteriores capítulos, asumen que el CO_2 es el principal responsable del calentamiento global, ignorando los factores que controlan las variaciones en la radiación solar, como se ha detallado en el Capítulo 5.

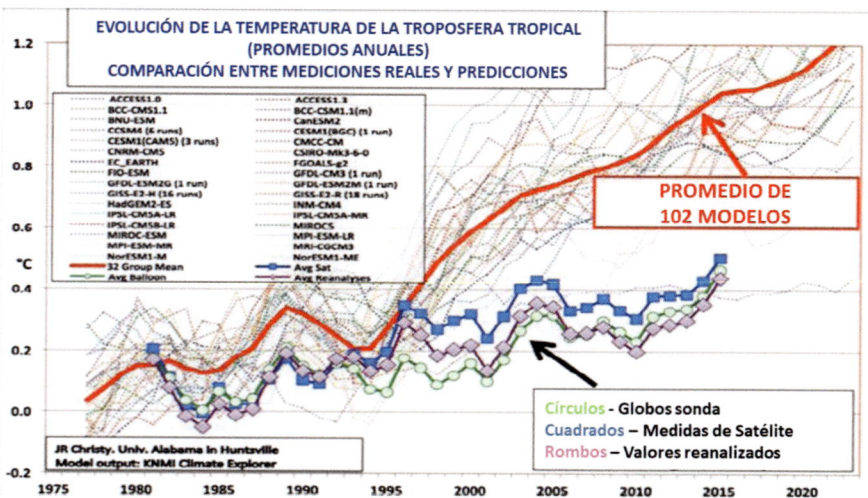

Figura 136. Comparación entre las mediciones reales de temperaturas atmosféricas y las predicciones basadas en diferentes modelos estadísticos. Fuente: Christy (2016) en www. nsstc.uah.edu.

Esta discriminación basta por si sola para restar credibilidad a dichos modelos, pero no es necesario realizar valoraciones subjetivas, es suficiente analizar los resultados obtenidos hasta la fecha. Para ello, recurriremos a la gráfica elaborada por el profesor John Christy (Christy, 2016), físico atmosférico de la Universidad de Alabama (Figura 136). Esta figura establece la comparación entre las temperaturas reales medidas y las predicciones realizadas por modelos estadísticos, durante el periodo comprendido entre 1975 y 2015. La línea señalada por cuadrados azules corresponde al promedio de observaciones realizadas mediante satélites, la línea de círculos verdes al promedio de medidas obtenidas mediante globos sonda meteorológicos y la línea de rombos rosados al promedio de todos estos datos homogeneizados y reanalizados. Por otro lado, la línea roja representa el promedio de las predicciones obtenidas a partir de más de un centenar de modelos informatizados de predicción climática, entre ellos, los utilizados por el IPCC en sus previsiones.

Son numerosos los autores que han realizado detallados estudios sobre los datos climáticos, llegando a similares conclusiones que John Christy sobre la falta de correlación entre las emisiones antrópicas y la evolución de la temperatura y, por lo tanto, considerando inválidos los modelos climáticos utilizados para realizar predicciones sobre el calentamiento global. Entre ellos merecen ser destacados los de Mörner (2018), Dagsvik y Moen (2023), Vinós (2023) y Koutsoyiannis y Vournas (2023), así como el riguroso análisis gnoseológico de Madrid (2022).

Un detalle muy interesante y significativo de la Figura 136 es que entre los años 70 y 90 del pasado siglo, las observaciones y los modelos coinciden bastante bien, y que las desviaciones entre ambos empiezan a detectarse al final del siglo XX, «precisamente» la fecha en que fue constituido el IPCC. Como se puede apreciar, la tozuda realidad indica (a partir de medidas físicas realizadas) que durante los 40 años transcurridos en la figura (1975 a 2015), la temperatura ha aumentado tan solo 0,3°C, muy lejos de los terribles aumentos pronosticados, y todas las profecías catastróficas han fallado estrepitosamente. Veamos algunos ejemplos, de acuerdo con una recopilación de notas de prensa realizada por www.ivoox.com:

- En 1971, la NASA y la Universidad de Columbia predijeron la inminente llegada de una nueva Edad de Hielo. Este vaticinio, evidentemente erróneo y basado en los descensos de temperatura observados entre las décadas de los 50 y 70 durante el pasado siglo (ver Figuras 62, 63 y 64), no tuvo en cuenta la ciclicidad de las variaciones de temperatura terrestre y estuvo basado en observaciones durante un intervalo temporal excesivamente corto.

- En 1982, el director del Programa Medioambiental de la ONU vaticinó que para el año 2000, si no se tomaban las medidas oportunas, el mundo debería hacer frente a una catástrofe climática que implicaría una devastación completa e irreversible, similar a un holocausto nuclear.

- En 1989, Noel Brown, oficial medioambiental senior de la ONU, anunció que, si el aumento del nivel del mar no se detuviese, naciones enteras serían borradas del mapa en el año 2000.
- En marzo del año 2000, en el Reino Unido, Charles Onians predijo en el periódico *The Independent*, que el calentamiento global había terminado con la nieve para siempre, que las nevadas ya eran cosas del pasado.
- En 2004, un informe del Pentágono vaticinaba que el cambio climático sería la causa desencadenante de una guerra nuclear y que hacia 2020, algunas grandes ciudades europeas se hundirían en el océano.
- En 2006, Al Gore profetizó que, si no se tomaban medidas drásticas para reducir las emisiones relacionadas con el efecto invernadero, el mundo llegaría a un punto de no retorno en 10 años.
- En 2007, Rajendra Pachauri, director del IPCC afirmó que era el momento definitivo en la lucha contra el cambio climático, y que si no se desarrollaban las acciones requeridas antes de 2012, ya sería demasiado tarde.
- Ese mismo año de 2007, la NASA vaticinó que el Océano Ártico se quedaría sin hielo en 2010 o en 2015.
- En 2011, un científico del Consejo Superior de Investigaciones Científicas (CSIC) vaticinó que el Ártico se quedaría sin hielo en el verano de 2018 (www.publico.es).
- En 2018, científicos de Harvard aseguraron que las probabilidades de que en 2022 quedase hielo en el Ártico eran prácticamente nulas.
- El mismo año 2018, Greta Thumberg afirmó que de acuerdo con científicos especialistas del clima, la humanidad se extinguirá si el cambio climático no se estabiliza en 2023 y se dejan de utilizar combustibles fósiles.

Afortunadamente, hemos sobrepasado las fechas pronosticadas en todas las profecías citadas y ni aún ha llegado una nueva Edad de Hielo, ni una vez sobrepasados los plazos vaticinados, hemos sufrido ninguna hecatombe climática, el mar no ha borrado ningún país (ni siquiera una pequeña comarca), la nieve sigue haciendo acto de presencia (como pudieron comprobar los ciudadanos europeos durante la borrasca *Filomena* durante el invierno de 2020-2021, así como los miles de aficionados que cada temporada acuden puntualmente a las pistas de esquí) y sigue existiendo hielo en los polos. ¿Por qué debemos prestar más credibilidad a los pronósticos realizados por el IPCC en 2023 que a todos los anteriores? Pero el entusiasmo de los profetas climáticos catastróficos es inagotable y una nueva predicción (Yeon-Hee *et al.*, 2023) ha vaticinado que «el Ártico se quedará sin hielo en 2030...», de nuevo, una vez más.

Ante esta flagrante falta de fiabilidad de los modelos informáticos, es imprescindible preguntarse por las causas de esos estrepitosos y repetidos fracasos, que no pueden ser atribuidos a las herramientas utilizadas, los instrumentos de medida más sofisticados y los más potentes ordenadores. Las causas principales de estos errores deben encontrarse en el número insuficiente de parámetros que se hacen intervenir durante la programación de los modelos, que ignoran los mecanismos de autorregulación del planeta descritos en el Capítulo 7, y también, la falta de consideración hacia las informaciones contrastadas, rigurosas y contundentes sobre la historia geológica y climática de la Tierra. Por poner un ejemplo, es como si alguien quisiera evaluar la situación actual de la humanidad y predecir sus perspectivas de futuro, utilizando tan solo las noticias publicadas por los periódicos durante los últimos dos días, ignorando toda la información acumulada en bibliotecas y documentos escritos desde que se inició la historia, hace unos 6000 años. O bien, por poner un ejemplo más próximo a la temática del cambio climático, predecir la meteorología de la próxima semana, utilizando exclusivamente los datos correspondientes al último segundo anterior a la predicción.

Estos ejemplos pueden parecer exagerados, pero desde el punto de vista cuantitativo y porcentual, eso es exactamente lo que se está haciendo con los modelos de predicción climática, basados en los datos de los dos últimos milenios (o incluso menos, algunos análisis se reducen a los dos últimos siglos), cuando la historia de nuestra atmósfera se remonta a los 3500 millones de años. Es decir, basar las conclusiones en el 0,00006 % de los datos disponibles, equivalentes en porcentaje a los dos días de la historia del hombre, o un periodo de menos de un segundo en relación con un ciclo meteorológico semanal.

La realidad es que, según cómo y para qué, en función de la temática y de la intencionalidad, se suele proceder de otra manera. Si hoy la meteorología es capaz de pronosticar el tiempo de mañana, o la próxima semana con razonable fiabilidad, es gracias a haber acumulado billones de datos meteorológicos correspondientes a los dos últimos siglos. Entonces, ¿por qué al vaticinar la evolución climatológica de las próximas décadas o del próximo siglo, se ignoran los datos relativos a la evolución registrada durante miles de millones de años? Es difícil resistir la tentación de terminar este capítulo de la misma manera que se ha empezado. Es decir:

Si la estadística no miente. . .

¡Miente!

¡Bueno!, pues entonces nada.

Vale.

13.

La purga de Benito, el cajón de sastre y el calentamiento global

Según cuenta la tradición, un tal Benito, aquejado de estreñimiento, acudió a la consulta de un médico, quien le prescribió un purgante. Con la receta en la mano, se dirigió inmediatamente a la farmacia, donde nada más comprarlo y antes de tomar el medicamento, ya le estaba haciendo tanto efecto, que tuvo que ir corriendo a buscar un lugar adecuado para aliviar sus apuros. Desde entonces, se recurre a *la purga de Benito* para referirse a algo que produce efectos instantáneos. O también, se suele aplicar a las personas impacientes, a esas que pretenden obtener resultados inmediatos de un remedio que apenas acaba de aplicarse.

Por otra parte, es también muy común que, cuando queremos referirnos a un conjunto de cosas diversas y desordenadas, mezcladas sin orden ni concierto, recurramos al caótico desorden que se atribuye al gremio de los trabajadores de corte y confección para guardar sus útiles de trabajo, haciendo referencia a un *cajón de sastre*. Esta expresión se utiliza también para describir la mentalidad de aquellas personas que tienen en su imaginación gran variedad de ideas, caóticas, desordenadas y confusas.

Ambas expresiones pueden ser aplicables a muchas noticias relacionadas con el calentamiento global. En primer lugar, porque algunas informaciones inducen a creer que, como si fuese la *purga de Benito*, bastará reducir las emisiones de los gases a los que se atribuye el efecto invernadero, para frenar y revertir el cambio climático, como si fuese un proceso cuyo control estuviese a nuestro alcance. Y en segundo lugar, porque las consecuencias que se le atribuyen al cambio climático, como un auténtico *cajón de sastre*, forman un verdadero batiburrillo de conceptos e ideas que, utilizando vocablos de moda, podría calificarse como multitemático y multisectorial. En otras palabras, en multitud de materias y recurriendo de nuevo al refranero, el cambio climático *lo mismo vale para un roto que para un descosido*.

La realidad es que, como consecuencia de la sistemática información vertida cotidianamente por los medios de comunicación, en la conciencia social se ha instalado la firme convicción de que el calentamiento global es responsabilidad exclusiva a las actividades humanas. Y, en contra de las múltiples contradicciones científicas al respecto, ya expuestas en capítulos anteriores, dicha convicción implica que es la humanidad quien tiene la capacidad de detener y revertir la deriva del calentamiento global.

A este respecto, es muy ilustrativo el estudio publicado por el *Real Instituto Elcano* (Lázaro Touza, & Escribano, 2019), que ha realizado una encuesta para entender el nivel de preocupación de los ciudadanos españoles con respecto al cambio climático, que es percibido como la mayor amenaza para el mundo, por encima incluso de los conflictos armados y de los problemas económicos. Tan solo el 3 % de los encuestados afirmaron que el cambio climático no existe, mientras que una mayoría se mostró de acuerdo sobre su origen antrópico, y la inmensa mayoría (93 %) creía que España debería tener una ley de cambio climático, como de hecho acabó ocurriendo con la aprobación de la discutida *Ley 7/2021, de 20 de mayo, de cambio climático y transición energética*.

Teniendo en cuenta la elevadísima implantación social de estas convicciones, no es de extrañar que se eche mano del cambio climático como recurso infalible cuando se desea reforzar una determinada línea argumental. Así se explica el uso indiscriminado que se hace en la publicidad, incitando al consumidor a comprar productos que contribuyan a la lucha contra el cambio climático,

350

aunque, en realidad, en el proceso de fabricación de dicho producto, no exista ningún parámetro relacionado con el calentamiento global. Por citar un ejemplo, se puede mencionar el caso de una conocida cadena alemana de supermercados, que en sus productos ha disminuido el porcentaje de sal y de azúcar para contribuir a la lucha contra el cambio climático, aunque nadie se haya molestado en explicar cómo esta reducción en la composición de los alimentos incide en la temperatura planetaria.

Figura 137. Fotografía del herrerillo común. Fuente: www.rtve.es/television.

Los políticos tampoco se resisten a la tentación de sacar réditos de esta sensibilidad social hacia la salud del planeta, incluso a nivel municipal. Durante los últimos años, han proliferado campañas en muchas localidades, para limpiar y recoger plásticos en áreas ajardinadas o rurales, con el objetivo de contribuir a la lucha contra el cambio climático. La buena intención de esta iniciativa queda fuera de toda duda, y los beneficios que reporta al suelo y al paisaje, también. Pero la relación entre la indeseable suciedad del suelo o de los mares y el calentamiento del planeta, es inexistente. El efecto motivador que tiene la llamada a la batalla contra el cambio climático, como eslogan para estimular la movilización ciudadana, es tremendamente efectivo. Y por ello se usa y abusa indiscriminadamente de su impacto, a todos los niveles. Serían innumerables los ejemplos de informaciones o campañas en las que se recurre al cambio climático como responsable, llegando en algunos casos a situaciones verdaderamente sorprendentes, e incluso cómicas. Veamos algunos ejemplos.

En un reciente estudio, científicos del Centro de Ecología Funcional y Evolutiva de Montpellier y la Universidad del País Vasco han atribuido al cambio climático la pérdida de coloración en su vistoso plumaje del herrerillo común, un ave de pequeño tamaño muy común en los bosques europeos (ver Figura 137).

En el argot científico informal, utilizando un lenguaje coloquial, este tipo conclusiones se suelen calificar como *crimen perfecto*, ya que es imposible demostrar su verosimilitud o su falsedad. Porque, ¿cómo demostrar que durante el Pésimo Climático de la Pequeña Edad del Hielo, o durante otras etapas frías anteriores, las plumas del herrerillo mostraban una coloración espléndida, mejor que la actual? ¿Y cómo se puede asegurar que la pérdida de coloración en las plumas se debe al aumento de temperatura y no a los numerosos agentes contaminantes que pululan por nuestro aire y nuestros suelos? Y, ¿no podría ser que el cambio se deba a cambios en la dieta del herrerillo, ya que como consecuencia del aumento de la temperatura y del CO_2, al haber más fotosíntesis, se alimente cada vez más con semillas y menos con insectos?

Otros investigadores también creen que el cambio climático afecta a enfermedades estacionales como la gripe, que nos visita puntualmente cada invierno, y cuyos efectos podrían verse agravados como consecuencia del calentamiento global, reduciendo la capacidad del organismo para combatir ese tipo de infecciones. Al menos, así lo creen algunos especialistas, según la información publicada en la web de información climática *Meteored* en febrero de 2019 (Figura 138), a pesar de que así se ha considerado hasta ahora y sobre esa base se planifican las campañas de vacunación, la gripe siempre aumenta su incidencia en invierno, cuando llega el frío.

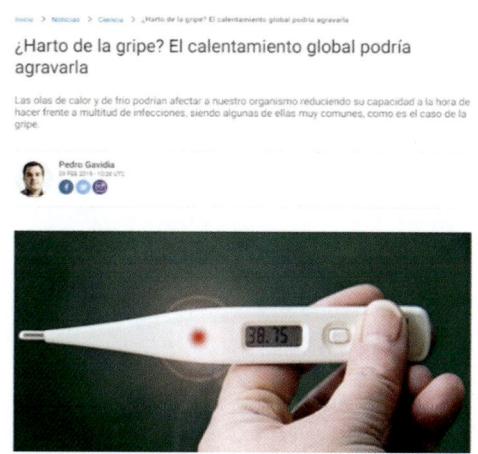

Figura 138. Portada de la noticia publicada en *Meteored* sobre la incidencia del cambio climático y la gripe. Fuente: www.tiempo.com.

Pero, además de afectar a la fisiología animal, el cambio climático también parece influir sobre el comportamiento humano. El 17 de febrero de 2019, la plataforma *Xataka Ciencia* publicó que el calentamiento global era el responsable de un aumento de la violencia, afirmando textualmente que «las olas de calor aumentan el riesgo de que se produzcan casos de violencia machista». En la misma línea, durante una mesa redonda organizada por la ONU en 2022 con motivo de la Conmemoración del 75 aniversario de la Declaración Universal de los Derechos Humanos, se analizó la relación entre el cambio climático y la violencia contra las mujeres, concluyendo que esta se ve agravada con el aumento de temperatura (Figura 139).

Si recordamos una vez más que la temperatura global tiene una tendencia ascendente desde hace unos 20 000 años, aunque no de una forma continua, sino jalonada de variaciones ascendentes y descendentes con varios siglos de duración, es inevitable preguntar: ¿Desde cuándo tenemos datos sobre la violencia de género? ¿Las series estadísticas son lo suficientemente largas y fiables para establecer dicha correlación? ¿Se ha observado una disminución relativa de la violencia de género durante las etapas frías como la *Pequeña Edad de Hielo*? Porque la historia enseña que, en realidad, tienden a producirse los efectos contrarios, ya que en épocas de frío, cuando proliferan hambrunas, guerras y migraciones (ver Capítulo 9), es cuando aumenta la violencia. O incluso, bajo las condiciones climáticas actuales, ¿se ha observado una menor violencia hacia las mujeres en las zonas árticas del planeta como Escandinavia, Alaska o Groenlandia, por ejemplo? Porque las estadísticas indican que los índices de alcoholismo, de violencia de género y la tasa de suicidios son más altos en Europa septentrional que en los calurosos países mediterráneos.

La crisis climática aumenta el riesgo de agresiones de género en el mundo, advierten varios estudios académicos

Las olas de calor, las inundaciones y la meteorología extrema afectan en mayor medida a los grupos más vulnerables y suponen un factor de estrés que agrava el maltrato hacia las mujeres, según los investigadores

Figura 139. Noticia sobre violencia de género y cambio climático aparecida en el periódico *El País* el 21 de abril de 2023. Fuente: www.elpais.com/planeta-futuro.

En un informe reciente publicado por el Instituto de la Mujer (Velasco Gisbert *et al.*, 2020), se concluye que el patriarcado es perjudicial para nuestro clima, ya que, de acuerdo con los hábitos de consumo y movilidad (entre otras causas), las mujeres serían menos culpables de causar el calentamiento global que los hombres. Pero ¿realmente existe una información suficiente a nivel global para afirmar que la *huella de carbono* masculina es mucho más grave que la femenina?

Hay otras noticias que tienen un impacto más local, pero no por ello menos dramático. En enero de 2019, el periódico asturiano *La Nueva España* publicaba una preocupante información (ver Figura 140): Si no se consigue enderezar la tendencia y no se corrige el rumbo del calentamiento global, a finales del siglo XXI, Asturias se habrá quedado sin manzanas.

Figura 140. Reproducción de la noticia publicada en *La Nueva España* sobre el futuro de la sidra. Fuente: www.lne.es.

Como es bien sabido, sin manzanas no hay sidra, y aunque esa noticia pueda parecer poco importante a escala internacional, para los oriundos de esta región española, de cumplirse esa profecía, supondría un revés psicológico y social casi insoportable.

Algo similar, aunque de interés ya mucho más general, puede decirse de las declaraciones que realizó en enero de 2019 Christiana Figueres, exsecretaria de la ONU para el Cambio Climático. Durante una visita en Madrid, informó satisfecha que, para frenar el calentamiento global, deberíamos dejar de comer carne, e incluso prescindir del jamón ibérico (ver Figura 141).

Esta sorprendente afirmación contrasta radicalmente con los datos expuestos y analizados en el Capítulo 7, donde se concluyó que no existe justificación para afirmar que el metano es un gas con efecto invernadero «peligroso», ya que su capacidad de absorción para la radiación térmica está restringido a un rango de longitud de onda muy limitado. Para corroborar la insignificancia de las emisiones de metano derivadas de la actividad ganadera, la Figura 142 presenta la distribución de metano en el aire en la Península Ibérica, captada por el satélite *Sentinel* el 1 de mayo de 2022.

Figura 141. Reproducción del titular publicado por *El Mundo* el 29 de enero de 2019. Fuente: www.elmundo.es.

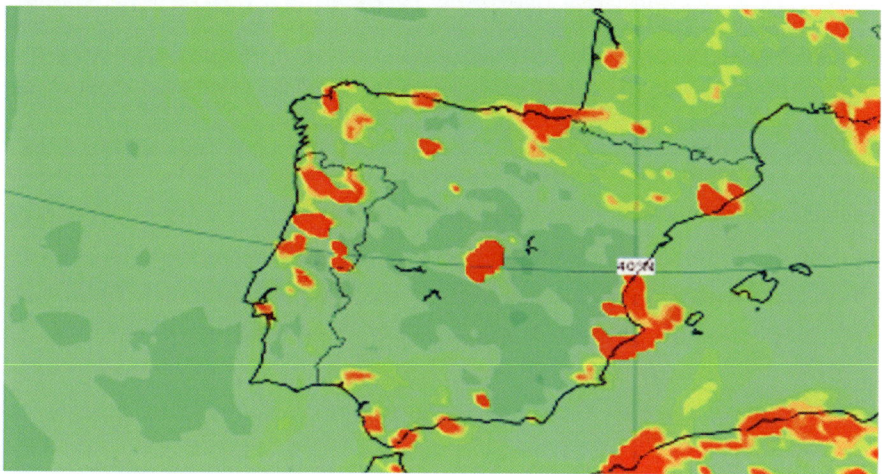

Figura 142. Contenido de metano superficial detectado por el sensor orbital CAMS (Copernicus Atmosphere Monitoring Service) de la Agencia Espacial Europea. Fuente: www.atmosphere.copernicus.eu.

La imagen muestra claramente como las zonas de máxima concentración de metano, coloreadas en rojo, se sitúan precisamente sobre las áreas urbanas o densamente pobladas, y no sobre las zonas donde existen explotaciones ganaderas extensivas. Y precisamente, la zona de donde se concentra la crianza del cerdo ibérico (Huelva, Cáceres, Badajoz, Córdoba y Salamanca, junto a la frontera portuguesa) aparece en la imagen totalmente libre de metano. De lo cual debe deducirse, bien que la generación de metano derivado de la ganadería porcina es despreciable, o bien que la producción ganadera está concentrada en las grandes ciudades.

Teniendo en cuenta esta diferencia entre la realidad (la información proporcionada por una imagen de satélite debe considerarse como un dato objetivo, al menos cuando no está manipulada, como fue el caso de la famosa foto satélite de los incontables incendios de la Amazonia en 2019) y la oposición al consumo de carne, es difícil comprender por qué se intenta frenar una fuente tan minoritaria de emisiones de metano, especialmente cuando se trata de un producto estrechamente relacionado con la alimentación humana. Porque, sin duda, si se reduce el consumo y la producción de carne, deberá compensarse con un aumento de otras producciones agrícolas para evitar la falta de alimentos, a no ser que se pretenda matar de hambre a medio mundo.

Otra posibilidad, no tan descabellada, es que detrás de estas declaraciones se escondan intereses económicos o ideológicos, que traten de promover hábitos vegetarianos en detrimento de las industrias cárnicas. Así lo sugieren al menos algunas celebridades en sus declaraciones contra el consumo de carne. Bill Gates ha llegado a decir que «si no comemos carne sintética, moriremos todos».

Sin embargo, existen rigurosos datos científicos que contradicen esta afirmación. Un equipo de científicos de la Universidad de Adelaida en Australia (You *et al.*, 2022) ha estudiado a nivel mundial las consecuencias del consumo de carne para la salud. Después de analizar la información correspondiente a 175 países y el 90 % de la población mundial, han llegado a la conclusión de que existe una relación positiva entre el consumo de carne y la esperanza de vida, ya que la carne no solo proporciona energía, sino también nutrientes completos para el desarrollo y mantenimiento del cuerpo humano. Desde el punto de vista evolutivo, la carne ha sido un componente indispensable en la dieta humana durante millones de años, lo que se ha traducido en la anatomía de nuestro tracto digestivo, además de las características específicas de las enzimas que segregamos para digerirla.

Este resultado es totalmente coherente con los mensajes que nos envía la propia naturaleza, porque de acuerdo con la información antropológica y con los datos paleontológicos, la dentición que tenemos los humanos es de tipo *bunodonta*. Es decir, que disponemos de ese tipo especial de muelas con cúspides redondeadas, características de los omnívoros. Es de suponer que millones de años de evolución no han debido equivocarse cuando han configurado al organismo humano para comer de todo, incluyendo (por supuesto) la carne. Por eso, para completar su dieta y proveerse de carne, nuestros primos los chimpancés y los bonobos, en las selvas africanas, organizan periódicamente cacerías comunales de simios más pequeños. Es decir, que se mire por donde se mire, desde los datos de la física atmosférica hasta la información paleontológica y antropológica, el consumo de carne y los niveles de metano en el aire, no tienen nada que ver con el cambio climático actual.

Es imposible evitar la sospecha de que campañas globales, como la que apoya Bill Gates promocionando el consumo de filetes veganos, vayan asociadas con intereses económicos ocultos. Este tipo de situación recuerda la campaña de acoso y derribo de los años 60 del siglo pasado contra el aceite de oliva (hoy considerado como estandarte de la dieta más sana y saludable, la mediterránea), con el único objetivo de promover el consumo de aceite de girasol y colza, aceites por entonces importados, para aumentar las ganancias de sus productores extranjeros. La coincidencia en el tiempo de la salida al mercado de los filetes vegetarianos con la campaña climática contra el consumo de carne, hacen surgir la pregunta sobre quién fue antes, ¿el huevo o la gallina? ¿Ese sustitutivo de la carne sale al mercado como respuesta a una demanda social, o se ha estimulado su consumo escondiendo intereses comerciales bajo el manto todopoderoso de la salud planetaria?

Los ejemplos anteriores ilustran cómo las palabras *cambio climático* y *calentamiento global* se han convertido en la práctica en una especie de sortilegios, capaces de convertir con tan solo invocarlas, las propuestas más inverosímiles en ideas aceptables. Y el uso de esta práctica se ha extendido casi a la totalidad de las actividades humanas, incluyendo el mundo de la investigación científica, como pone en evidencia el caso real que describiremos a continuación.

Como es bien sabido, en la inmensa mayoría de universidades y centros de investigación, la ejecución de un determinado proyecto depende de que se pueda acceder a los recursos económicos para desarrollarlo. Y el acceso a los fondos necesarios suele realizarse mediante un procedimiento que incluye la presentación de propuestas, que necesitan ser aprobadas por una comisión evaluadora.

Es decir, que todo investigador que desee emprender una determinada línea de trabajo, debe presentar una propuesta detallando las actividades a realizar y los objetivos que se pretenden alcanzar. Una vez evaluados, tan solo aquellos proyectos que son calificados satisfactoriamente, acceden a los recursos económicos requeridos para poder ser llevados a la práctica.

Una vez expuestos los antecedentes, podemos narrar el caso de un investigador universitario que, deseando conseguir fondos para estudiar un determinado proceso geológico (los detalles no son relevantes para la moraleja de la historia), presentó la correspondiente propuesta, avalada incluso por el colegio profesional correspondiente. Pero la comisión evaluadora no le asignó la calificación suficiente y fue rechazada.

En la convocatoria del año siguiente, el mismo investigador insistió en su idea, presentando de nuevo el proyecto, pero esforzándose en mejorar la argumentación técnica y explicando con mayor detalle el plan de trabajo, la metodología y los objetivos prácticos del estudio. Sin embargo, sus esfuerzos fueron en vano y su proyecto fue nuevamente rechazado.

A pesar de este repetido fracaso, no se rindió, y un año después volvió a presentar otra vez su propuesta. Aunque en esta ocasión no se molestó en corregir y revisar el voluminoso dossier que describía su proyecto. Sin cambiar ni una simple coma, simplemente introdujo una pequeña modificación en la primera página, en el título, añadiendo al final una coletilla, « . . . y su influencia en el calentamiento global». Es posible que se tratara de una casualidad, pero la realidad es que ese año su propuesta recibió la deseada subvención.

Al considerar este tipo de situaciones, es pertinente recordar el conocido documental elaborado por Martin Durkin (2007), donde se informaba sobre el enorme aumento de los recursos económicos dedicados a las cuestiones climáticas, lo que había atraído a muchísimos investigadores, centrados de forma preferente en temáticas relacionadas con el calentamiento global. Además, también se denunciaba el abuso de esta problemática como señuelo para conseguir los recursos económicos. Con la implantación y el uso extendido de esta discreta técnica de filtrado para seleccionar los proyectos que deben ser subvencionados, no es de extrañar que se pueda esgrimir como argumento que existe un gran consenso científico sobre el calentamiento global. Recientemente ha circulado por las redes sociales una jocosa viñeta que explica perfectamente la situación: «Un importante estudio científico demuestra que el resultado de un estudio científico depende completamente de la procedencia de su financiación».

CIENCIA

Los cambios en el clima encogen el cerebro humano

03/07/2023

Un nuevo estudio sugiere que existe una relación entre los cambios ambientales y la disminución del tamaño del cerebro humano.

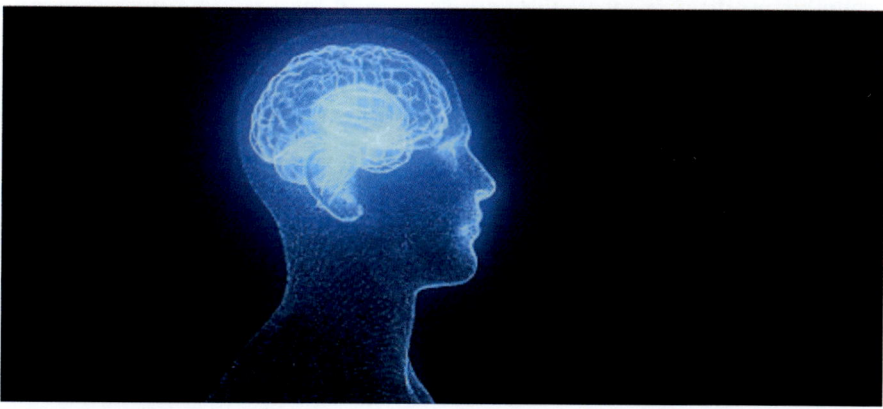

Figura 143. Cabecera del artículo dedicado a las investigaciones de Jeff Morgan Stibel (2021) sobre la evolución del tamaño del cerebro humano. Fuente: www.dw.com.

Otro hallazgo en la prensa de noticias estrambóticas relacionadas con el cambio climático, hace referencia a las investigaciones de Jeff Morgan Stibel (2021), del Museo de Historia Natural de California, quien ha descubierto la existencia de un vínculo entre el cambio del clima y la disminución del tamaño del cerebro humano, tal y como ha sido publicado en la revista digital *DW Made for Minds* (ver Figura 143). Sin embargo, en honor a la verdad, en las conclusiones de su investigación, el Dr. Stibel afirma que: «Dadas las recientes tendencias de calentamiento global, es fundamental comprender el impacto del cambio climático, si lo hay, en el tamaño del cerebro humano», reconociendo que aun pudiendo existir un vínculo entre el cambio climático y el tamaño del cerebro, hay también otros factores que influyen en este fenómeno, como el ecosistema, la cultura o la tecnología. Abundando en la misma línea esbozada en párrafos anteriores, sería interesante verificar si existe alguna correlación entre la reducción del tamaño cerebral y la disminución del consumo de carne.

Es decir, que el titular de la información incluido en la Figura 143 no reproduce fielmente el contenido del artículo, ni tampoco las conclusiones obtenidas en la investigación, al presentar como un hecho probado una hipótesis aún no verificada. En definitiva, aprovechando el interés que suscita para el lector cualquier cosa que parezca relacionada con el cambio climático, se hace uso de aquella vieja máxima del periodismo: «no dejes que la realidad estropee una buena noticia».

14.

El cambio climático, los medios de comunicación y la política

A lo largo de los capítulos precedentes, se ha realizado una revisión, sino exhaustiva, al menos bastante sistemática, de las múltiples informaciones que la historia geológica aporta sobre la evolución climática del planeta desde sus orígenes, y de los mensajes que la Tierra nos envía sobre lo que realmente está pasando ahora. Como resumen de todo lo expuesto, se puede concluir que de manera innegable nos encontramos dentro de uno de los periodos denominados como *óptimo climático* y que, como consecuencia, las temperaturas están ascendiendo, el hielo de los glaciares está retrocediendo y algunas regiones de la Tierra están siendo sometidas a un proceso de desertización.

Pero no es menos cierto que, en contra de las informaciones alarmistas que difunden habitualmente los medios de comunicación, el calentamiento actual no tiene nada de excepcional, ya que se inscribe dentro de las oscilaciones climáticas habituales de nuestro planeta, y tampoco representan una situación peligrosa que pueda ser calificada como «crisis climática» o «emergencia climática». Esta conclusión se apoya en numerosos datos científicos, sólidos y contrastados, que contradicen las hipótesis oficiales (abanderadas por el IPCC) sobre el origen antrópico del calentamiento global, teniendo como agente principal las emisiones de CO_2 a la atmósfera.

Existe, por lo tanto, una discrepancia sustancial y un importante debate en el mundo científico respecto del cambio climático. Sin embargo, la mayor parte de las informaciones que llegan al público en relación con esta problemática, le atribuyen un origen indudablemente antrópico, afirmando además que existe un abrumador consenso científico al respecto. Se puede afirmar que la sociedad no está recibiendo una información equilibrada y representativa acerca de los conocimientos disponibles sobre el cambio climático. En cambio, le llega una abrumadora avalancha de informaciones distorsionadas y sesgadas, que en algunos casos sobrepasan la categoría de medias verdades para llegar a falsedades absolutas. El análisis de estas informaciones falsarias y sus posibles causas, constituyen el objeto del presente capítulo.

14.1. Imágenes fraudulentas del cambio climático

El refranero, ese compendio de sabiduría popular que tiene consejos para casi todo, dice que *una imagen vale más que mil palabras*. Pero este adagio (tan extendido, que existe su equivalente en varios idiomas), ha quedado desbordado por la tecnología. Hoy, el poder de los medios audiovisuales es tan enorme, ha magnificado tanto esa indudable capacidad, que la modesta cifra mencionada en su enunciado, tan solo un millar, debería hoy multiplicarse por un factor considerable. Cualquier noticia, si se quiere que cale en la audiencia, si se desea (como se dice ahora) que genere opinión, debe ir acompañada por imágenes impactantes. Y esas imágenes generadoras de impacto y de opinión, por desgracia, no siempre se corresponden con la realidad. Aunque el paso del tiempo se encargue de demostrar que las informaciones difundidas eran falsas o incorrectas, es frecuente que las imágenes persistan en la memoria, aún a costa de contradecir la realidad. Por ello, los «generadores de opinión», que conocen perfectamente estos efectos, utilizan habitualmente esta técnica.

Un buen ejemplo de esta estrategia, aplicada a la difusión de informaciones sesgadas en relación con el cambio climático, es una imagen que ha dado la vuelta al mundo, que ha aparecido en primera plana de numerosos periódicos y en la cabecera de muchos noticieros. Se trata de la fotografía de un oso polar, esquelético y agonizante, en la isla de

Baffin, en el Ártico canadiense (Figura 144). Los fotógrafos que realizaron el reportaje, miembros de la ONG *Sea Legacy* y colaboradores habituales de *National Geographic*, atribuyeron el evidente deterioro físico del animal a la desnutrición, debida a las dificultades para encontrar comida como consecuencia del calentamiento global. Posteriormente a su publicación y difusión, reconocieron que no sabían cuáles eran las causas por las que el animal se encontraba en aquel estado, podía estar agonizando como consecuencia de alguna enfermedad, o simplemente de vejez. Pero ellos declararon que eso no tenía importancia, lo relevante era que el animal estaba muriéndose de hambre, y ese es (según ellos) el futuro que les espera a todos los osos polares, a medida que vaya desapareciendo el hielo del Ártico.

Figura 144. El oso agonizante de la bahía de Baffin, Canadá. Fuente: www.bbc.com.

Sin embargo, la realidad es muy diferente. Como se ha mencionado en el Capítulo 10 y según la Administración canadiense, la colonia actual de osos polares es de unos 32 000 ejemplares, frente a los 10 000 censados hace más de medio siglo. Es evidente que este aumento sería imposible si fuese cierto que el cambio climático les está cambiando su hábitat e impidiendo su alimentación. A pesar del radical contraste entre la realidad y las informaciones publicadas, *Sea Legacy* no ha rectificado nunca sus declaraciones. Aunque esta falta de enmienda no es de extrañar si se atiende al contenido de su página web, donde se declara explícitamente que su objetivo es crear comunicaciones visuales de alto impacto, que impulsen a las personas a tomar medidas para proteger nuestros océanos. En otras palabras, lo único importante es lograr ese impacto, con independencia de la veracidad de la información. Y debe reconocerse que han alcanzado con creces dicho objetivo, porque esas imágenes del oso agonizante, todavía hoy, siguen dando la vuelta al mundo. Como dijo Paul Watson, cofundador de Greenpeace: «No importa que sea verdad, solo importa lo que la gente crea que es verdad» (Spencer *et al.*, 1991; Konnin, 2023).

Otro aspecto del cambio climático sobre el que suele transmitirse una visión distorsionada, es el de la *desertificación*. Con frecuencia, de una manera excesivamente simplista, se considera que, al retroceder el hielo glaciar, los desiertos avanzan de forma generalizada hacia el norte y hacia el sur, hacia los polos, cuando la realidad es muy diferente. La Figura 145 muestra un mapamundi realizado por la NASA integrando imágenes satélite, donde los tonos amarillentos corresponden a las zonas áridas, y la intensidad de los tonos verdes es proporcional a la densidad de la vegetación. En dicha imagen, es totalmente evidente que el grado de aridez no depende de la latitud geográfica, ya que la climatología depende de un conjunto de variables muy complejas (recuérdese todo lo tratado en capítulos precedentes, especialmente el Capítulo 1), donde deben integrarse los ciclos cósmicos con otras variables como son las barreras montañosas, las corrientes marinas y los vientos dominantes.

Así, el continente africano, en el centro de la imagen, presenta en su tercio septentrional una extensísima zona árida (el Sáhara) que se prolonga hacia Asia por la Península Arábiga y Oriente Medio. Pero más hacia el Este, exactamente a la misma latitud, se encuentran las densas selvas de Camboya, Birmania, Laos y Vietnam, mientras que, hacia poniente, aparecen las selvas centroamericanas, las más densas, húmedas e impenetrables del planeta. Un poco más al Sur, la mayor parte de la zona ecuatorial africana tiene frondosas selvas, mientras que hacia el Este, en la costa del océano Índico, la península de Somalia está sometida a unas condiciones extremadamente áridas. Lo mismo ocurre si comparamos la zona meridional de Brasil (donde la abundante lluvia proporciona el enorme caudal que alimenta a las cataratas de Iguazú) con los desiertos Namibia y Kalahari, con idéntica latitud al otro lado del Atlántico. Quizás el ejemplo más ilustrativo lo encontramos en la zona septentrional de Colombia, donde la costa caribeña es desértica (La Guajira), mientras que en la costa Pacífica, en la misma latitud, se encuentra El Chocó, que presenta la pluviosidad más alta del planeta. Otro ejemplo muy significativo lo encontramos en la zona septentrional de Chile, con el desierto de Atacama en la costa Pacífica, y a pocos kilómetros hacia el interior, al otro lado de la cordillera los bosques tropicales de Argentina y Bolivia.

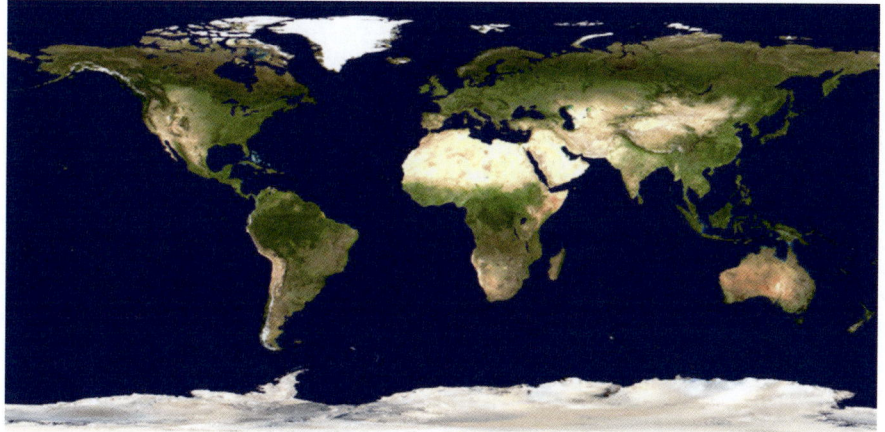

Figura 145. Mapamundi elaborado por la NASA a partir de un mosaico de imágenes satélite. Fuente: www.earthobservatory. nasa.gov.

Sin embargo, a pesar de estas evidencias, las noticias sobre el cambio climático suelen ir acompañadas por fotografías de paisajes áridos, con suelos cuarteados (Figura 146), como si el calentamiento fuese a provocar una desertización generalizada de todo el planeta. El mensaje subliminal implícito es evidente: ese es el aspecto que tendrá nuestro mundo si no frenamos el cambio climático. Pero, además, el uso de este tipo de imágenes encierra otra falsedad, ya que nunca se informa al lector o al espectador sobre la fecha y el lugar donde fueron tomadas dichas fotografías.

Figura 146. Aspecto del humedal de las Tablas de Daimiel (Ciudad Real), en época de estiaje (octubre 2021). Fuente: fotografía de Enrique Ortega.

Es necesario tener en cuenta que ese tipo de grietas (técnicamente denominadas *grietas de desecación* o *mud cracks*) son características de lugares donde hubo agua, pero ya se ha evaporado totalmente. Pero en las informaciones que acompañan a la fotografía nunca se especifica si se trata de una laguna que se ha secado para siempre, o simplemente es un lugar donde esas grietas aparecen de forma estacional. Existen muchos lugares en la Tierra donde se secan las lagunas durante la estación seca, y se rellenan durante la estación húmeda, como ocurre, por ejemplo, en el Parque Nacional de Etosha, en Namibia, o el delta interior del río Okabango, en Botsuana (ver Figura 147).

Figura 147. Panorámica del Delta del río Okabango (Botsuana). Fuente: www.nationalgeographic.es.

Un ejemplo más próximo, lo encontramos en nuestras Tablas de Daimiel (Ciudad Real), que también sufre los efectos del estiaje, además de los bombeos excesivos en las explotaciones agrícolas circundantes. La falta de información sobre el origen de esas imágenes plantea serias dudas sobre su representatividad, ya que, si las fotografías corresponden a alguna de las situaciones antes mencionadas, bastaría regresar al mismo lugar unos meses más tarde, para que el paisaje tuviese un aspecto totalmente diferente y mucho menos alarmante, como se puede apreciar en la Figura 148, que corresponde exactamente al mismo lugar de la Figura 146. Pero esos datos nunca se adjuntan, dejando que la imagen transmita por sí misma la impresión de que el agua se ha marchado para siempre.

Figura 148. Aspecto del humedal de las Tablas de Daimiel, cuando el acuífero está recargado (mayo, 2019). Fuente: fotografía de Enrique Ortega.

En la misma línea y con la misma intencionalidad, se difunden informaciones incompletas sobre la desecación acelerada de algunos lagos como consecuencia del cambio climático, cuando en realidad es la acción antrópica sobre dichas masas de agua la causa de su desecación. El más famoso de todos es el caso del Mar de Aral (Figura 149), un lago salado situado entre Kazajistán y Uzbekistán, que llegó a ser el cuarto más grande del mundo y que actualmente tan solo conserva un 5 % de su extensión original. Pero, raramente se informa de que la razón primordial de su desecación no ha sido el cambio climático, sino la actividad humana. Durante el periodo en que este territorio perteneció a la Unión Soviética, los dos ríos principales que le habían nutrido de agua durante miles de años, el Amu Darya y el Syr Darya, fueron desviados y canalizados hacia zonas agrícolas para favorecer cultivos intensivos, especialmente de algodón. Esta modificación hizo que el lago perdiese el 80 % de su alimentación y desde mediados del pasado siglo, empezó a descender su nivel, al mismo tiempo que sus aguas aumentaban su contenido en sales y en contaminantes.

Historias similares pueden mencionarse también para el Lago Urmia en Irán o el Lago Chad en África Central.

Figura 149. Aspecto actual del Mar de Aral, entre Kazajistán y Uzbekistán. Fuente: www.infobae.com.

Durante los últimos años, ha sido también frecuente escuchar o leer en los medios informativos que los embalses tenían un nivel bajo de agua como consecuencia de la sequía, la disminución de precipitaciones ocasionada por el «calentamiento global». Sin embargo, casi nunca se informa que la disminución del nivel era también parcialmente debido a la generación de energía hidráulica, cuya optimización requiere en algunas ocasiones, un complicado equilibrio estacional.

Otro detalle importante, que suele ser ignorado, es que se trata de lagos de agua salada, localizados en áreas sometidas a procesos de desertización desde hace miles de años. Es decir, que durante milenios, la evaporación ha sido mayor que los aportes de agua dulce y muy probablemente, incluso sin la intervención humana, hubiesen terminado desapareciendo en un futuro más o menos lejano. En cualquier caso, ha sido la mano del hombre, alterando el curso de los ríos y no el cambio climático, quien ha acelerado su desecación. Por eso, cuando se revierten las condiciones naturales, el proceso de desertización vuelve a su lentísimo pero inexorable ritmo natural, la desecación se ralentiza y el nivel de las aguas se recupera, como está ocurriendo actualmente en el lago Urmia (noroeste de Irán). Pero este tipo de detalles suele ser también ignorado. Aunque más grave todavía resulta el impacto visual de montajes fotográficos totalmente falsos e injustificables. La Figura 150 incluye un buen ejemplo de este tipo de mentiras gráficas, donde se puede observar cómo campo de dunas invade los Picos de Europa.

Figura 150. Fuente: *La Voz de Asturias*, septiembre de 2021.

14.2. La desmemoria meteorológica

Otro comportamiento habitual de los medios de comunicación, especialmente cuando llegan las olas de calor estivales o las inevitables sequías que aparecen de cuando en cuando, es proporcionar informaciones a medias, haciendo creer que los acontecimientos actuales no tienen parangón y nunca han ocurrido anteriormente, aunque los registros indiquen lo contrario. Este tipo de desinformación puede realizarse gracias a la inveterada desmemoria que tiene el ser humano acerca de los eventos meteorológicos, como si en nuestro subconsciente existiese una selectiva falta de memoria para el registro de los ciclos meteorológicos en nuestros cerebros.

Porque en nuestra cabeza tienden a almacenarse los recuerdos climáticos como si, en años anteriores, los ciclos meteorológicos hubiesen transcurrido con precisión y puntualidad, por lo que cualquier desviación del esquema teórico se convierte automáticamente en anómala. Por eso, es tan frecuente escuchar frases como «ya no llueve tanto como antes, o los inviernos no son tan crudos como antes, antes no hacía tanto calor en verano . . . ». En realidad, esas afirmaciones pueden ser ciertas o no, en función del periodo de tiempo transcurrido desde ese «antes». Si nos referimos a lo que ocurría hace unos miles de años, son totalmente correctas. Pero si la comparación se establece respecto de lo ocurrido hace varias décadas, o un par de siglos, los datos registrados indican que estas afirmaciones ya no son ciertas.

Aprovechando esta especie de tendencia congénita a la desmemoria y como consecuencia del gran impacto que tienen en la opinión pública las noticias relacionadas con el calentamiento global, cualquier insignificante (y por otra parte habitual) *anomalía meteorológica*, es magnificada y amplificada como noticia de primera plana. Desde hace unos años, puntualmente, al llegar los primeros calores, aparecen noticias sobre los récords de temperatura que se están alcanzando, como prueba irrefutable del imparable calentamiento que está sufriendo el planeta. Sin embargo, fuera de titulares y en la letra pequeña de la noticia, se suele decir, a continuación, que dicho récord no se alcanzaba desde hacía veinte o cuarenta años. Si atendemos al significado de la palabra récord (es decir, el resultado máximo registrado en un determinado proceso o actividad), es contradictorio e inadecuado presentar, como tal, un valor de temperatura que ya fue alcanzado hace años. Puede ser presentado como un valor elevado, o inusualmente alto, pero nunca como un récord. Y, sin embargo, es un recurso sensacionalista que se utiliza constantemente.

Porque la realidad es que las temperaturas no se han disparado de forma inusitada, lo único que ha crecido de forma dramática es el nivel de alarmismo con que se informa sobre ellas. Basta una simple revisión de las hemerotecas y del registro histórico de máximos térmicos alcanzados, para comprobarlo. Durante el verano de 2021, como todos los veranos, hubo unos días más calurosos, las habituales calimas traídas por vientos africanos, y la Agencia Estatal de Meteorología (AEMET) informó que en el municipio cordobés de Montoro, el sábado 14 de agosto, se batió el récord de temperatura más alta dentro del territorio nacional, al medirse 47,2 grados, superando así los 46,9 grados, registrados anteriormente en julio de 2017 en el aeropuerto de Córdoba. Sin embargo, al dar esa noticia, se omitió que el Banco Nacional de Datos Climatológicos, en el que se almacenan las series históricas de la red principal y secundaria (algunas con más de 150 años de antigüedad), contiene medidas de hasta 49 grados, valor que se ha registrado once veces en España, en nueve localidades diferentes del Sur, Centro y Levante, entre 1957 y 1995.

Este sesgo informativo no es exclusivo de España y algo similar ocurre en el resto del mundo, como se puede comprobar fácilmente en la tabla de récords de temperaturas, país por país, disponible en Wikipedia (www.es.wikipedia.org), que es muy explícita al respecto. Así, en dicha tabla se puede comprobar que los valores máximos de temperatura alcanzados en muchos lugares del mundo son mucho más antiguos de lo que sugiere la presión mediática sobre el calentamiento global. Por ejemplo, el valor máximo de Bosnia fue alcanzado en 1900, el de Estados Unidos en 1913, el de Groenlandia en 1915, el de Bulgaria en 1916. Por otro lado, el récord de Túnez fue en 1931, el de Suecia en 1933, el de Corea del Sur y el de Israel en 1942, el de Uruguay y el de Letonia en 1943, el de Eslovenia en 1950, el de Rumanía en 1951 y el de la República Dominicana en 1954, por citar algunos de los más significativos.

Es decir, que la tozuda realidad nos indica, gracias a los registros meteorológicos globales, tal y como se ha detallado a lo largo de los capítulos anteriores, que el calentamiento que el planeta está experimentando, no es tan rápido ni tan generalizado como se nos quiere hacer creer. Las temperaturas medias globales, desde finales del siglo XIX, han subido tan solo alrededor de un grado (Tarancón, & del Valle, 2023), a un ritmo aproximado de 0,0083°C por año. Otro dato, convergente con el anterior (ver Figura 136), indica que durante los últimos 40 años, entre 1975 y 2015, la temperatura ha aumentado tan solo 0,3 °C, a un ritmo aproximado de 0,0075 °C por año, muy lejos de los terribles aumentos pronosticados. Además, debe recordarse el escaso significado que pueden tener las cifras decimales en los índices de la temperatura media global, como se ha analizado en el Capítulo 3.

Al socaire de esa querencia informativa, prácticamente generalizada, ha tenido lugar una curiosa evolución en el lenguaje, tendente a acentuar todavía más los récords térmicos y el carácter alarmista de las noticias. Así, lo que tradicionalmente se ha denominado siempre con bonitas palabras castellanas, muy específicas, como «canícula» o «bochorno», ha sido rebautizado como «olas de calor» o como «noches tropicales», como si los trópicos estuviesen avanzando hacia el norte. Incluso, a algunos medios, aún más extremistas, exagerando un poco más y burlando la geometría equinoccial, se les escapa de cuando en cuando la expresión «noches ecuatoriales». También, los veranos actuales están plagados de traicioneros *golpes de calor*, un peligro del cual no se había oído hablar nunca hasta hace unas pocas décadas. Las tradicionales tormentas otoñales, especialmente fuertes en el área mediterránea, que eran conocidas como *gotas frías*, han pasado a llamarse DANAs (*Depresión Atmosférica en Niveles Altos*). Y las borrascas, galernas del Cantábrico y temporales, se llaman ahora «ciclogénesis explosivas» (es difícil encontrar una expresión más intimidatoria), e incluso se les ha empezado a poner nombre, como a los huracanes en el Caribe, para que sea más evidente el proceso de tropicalización climática. En este contexto, la última pirueta lingüística se ha producido en julio de 2023, cuando la primera ola de calor del verano ha sido bautizada precisamente como *Caronte*, el nombre del fúnebre barquero que según la mitología griega era el responsable de conducir las almas hacia el reino de *Hades*, el infierno. Como si la humanidad, por no cumplir con las prescripciones climáticas, estuviese a las puertas de la condenación eterna. En la misma línea, los efectos atmosféricos de la reciente erupción del volcán Hunga Tonga, ya mencionados anteriormente, han sido bautizados como «meteotsunami», con un claro predominio del lenguaje inquietante e intimidador.

En paralelo, el tono alarmista de las informaciones ha ido subiendo de nivel. De estar inmersos en un cambio climático, se ha pasado primero a sufrir una crisis climática, que después se ha convertido en una «emergencia climática», expresión de uso habitual hoy en día en documentos oficiales de Gobiernos y organismos internacionales. Esta tendencia catastrofista creciente, en lugar de atenuarse a partir de los conocimientos científicos disponibles, se ha recrudecido aún más, elevando el tono dramático de los mensajes. Recientemente, en documentos de la ONU se han utilizado términos como «infierno climático» y «carnicería climática», dando pábulo a otras expresiones del mismo jaez, como, por ejemplo, que «el planeta tiene fiebre», o «la Tierra se quema». El último alarde lingüístico, a cargo de Antonio Guterres, secretario general de la ONU, se ha producido durante el verano de 2023, acuñando otra tranquilizadora expresión: «ebullición global».

No faltan tampoco las posturas radicales y extremistas de algunos que consideran que hay que tomar medidas drásticas. Por ejemplo, este es el caso de los grupos antinatalistas, que proclaman que no se deben tener hijos por el bien del medioambiente, y divulgan mensajes tan extremistas y radicales como el de la Figura 151, donde se considera que constituir una familia normal puede llegar a ser un crimen medioambiental.

Figura 151. Anuncio de un debate en una cadena de televisión alemana, donde puede observarse a una madre con sus dos hijos pequeños, acompañados por una disyuntiva inquietante: *Zukunft oder Klimakiller?* (¿Futuro o asesina climática?). Fuente: *arteRe.*

Curiosamente, estos cambios no afectan solo al léxico, también se han introducido en las informaciones gráficas. Los mapas meteorológicos, antaño de estilo casi bucólico, llenos de soles y nubes sobre un fondo verde, han pasado a representarse en diversas tonalidades del amarillo al rojo, de aspecto más incandescente cuanto más altas son las temperaturas previstas y en ellos representadas. A juzgar por la evolución de los colores en los mapas de temperaturas, en lugar de una crisis climática, se podría afirmar que estamos inmersos en una *emergencia cromática*, ya que para temperaturas del mismo rango, como puede apreciarse en la Figura 152, las tonalidades que se utilizan ahora son cada vez más «infernales», agresivas e inquietantes.

Figura 152. Ejemplos de los diferentes colores que se utilizaban hace algunos años en los mapas meteorológicos, y los que se usan actualmente, para el mismo rango de temperaturas. Fuente: modificado a partir de Ortega (2022c).

El cambio ha sido tan llamativo y además tan aparentemente sincronizado (todas las cadenas de los diferentes países cambiaron prácticamente al unísono), que llegó a abrirse un debate bastante álgido en la prensa y en las redes sociales sobre este asunto y sus posibles motivaciones. Ante las críticas recibidas, algunos meteorólogos han protestado, afirmando que el cambio climático no es una cuestión de escalas de color, porque las temperaturas son las que son, independientemente del color con que se representen. Debe reconocerse que tienen toda la razón, el calentamiento global es una cuestión de aumento de temperaturas y no de colores. Pero ello no es óbice para reconocer también que, el impacto visual y psicológico de esos mapas es muy diferente según los colores elegidos, sin olvidar la sorprendente uniformidad y sincronía en los cambios cromáticos inducidos de forma generalizada. La única explicación posible es que exista un interés manifiesto en hacernos considerar como extraordinarias y peligrosas, situaciones climáticas que forman parte de la normalidad. Es decir, que el calentamiento que el planeta viene experimentando desde hace miles de años se está acelerando, y que nosotros somos los culpables.

14.3. El cambio climático y las redes sociales

La tendencia uniformemente alarmista de las informaciones climáticas en los medios de comunicación, se ha visto además acentuada por filtros y controles operativos en las redes sociales, que los autores de este libro han experimentado personalmente. Cuando a través de una conocida red social se publica el enlace para acceder a algún artículo cuya temática se refiere al cambio climático, automáticamente aparece en pantalla un mensaje, una alerta indicando al lector: «Consulta cómo está cambiando la temperatura media en tu zona. Explora información sobre climatología», guiándole hacia un nuevo *link*. Si el lector está interesado y hace clic en dicho enlace, aparece en la pantalla el gráfico de la Figura 153, donde se muestra la evolución térmica correspondiente a las siete últimas décadas, para la zona desde donde se ha realizado la conexión a Internet (el sistema lo detecta de forma automática), utilizando datos de la NOAA (National Oceanic and Atmospheric Administration, de los EE.UU.).

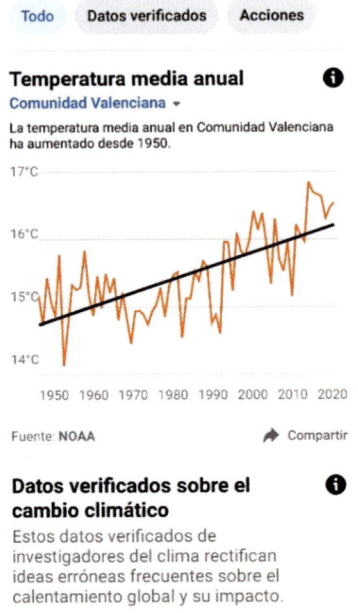

Figura 153. Evolución de la temperatura media anual entre
1950 y 2020, según datos de NOAA (National Oceanic and
Atmospheric Administration, de los EE.UU.). Fuente: Facebook.

Dejando aparte que el intervalo de tiempo considerado en la
gráfica de la Figura 153 es excesivamente breve y totalmente insuficiente para disponer de una perspectiva realista para interpretar el
momento presente, debe resaltarse que los datos reflejados indican
un aumento de 2 °C durante un periodo de 70 años, a un ritmo
aproximado de 0,02 °C por año. Es decir, una velocidad de calentamiento casi cuatro veces mayor que los promedios mundiales
comentados en los párrafos anteriores. Por otro lado, la línea recta
negra que incluye la gráfica como «promedio», es también una de-
formación de la realidad, ya que entre 1955 y 1975 la temperatura
media descendió o se estabilizó, a pesar del incremento de emisiones de CO_2 registrado en esos años (ver Figuras 63, 64 y 65).

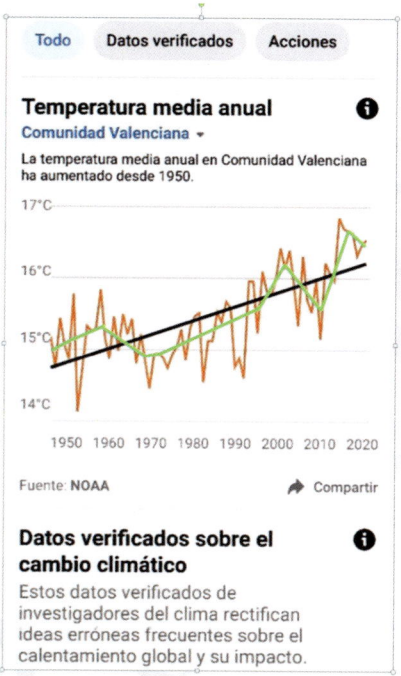

Figura 154. Evolución de la temperatura media anual entre 1950 y 2020, utilizando los mismos datos de la Figura 153, pero ajustada a la evolución real de la temperatura (línea verde). Fuente: Facebook.

Por si hubiese alguna duda sobre la intencionalidad del mensaje de la Figura 153, al pie de la misma, se puede leer que los valores representados en la gráfica «han sido verificados por investigadores del clima dedicados a rectificar ideas erróneas frecuentes sobre el calentamiento global y su impacto». Es decir, que *alguien* ha decidido erigirse en autoridad máxima para corregir los errores de los demás y conducirle hacia la auténtica verdad climática, sin tener en cuenta observaciones, datos y opiniones de cientos o miles de investigadores que tienen una opinión diferente.

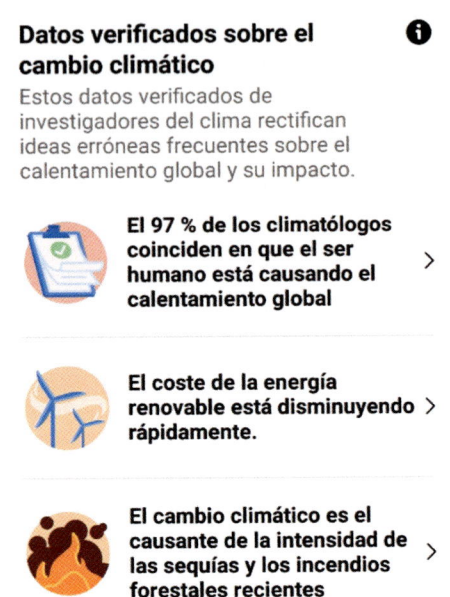

Figura 155. Mensaje informativo sobre el cambio climático que aporta una de las redes sociales de máxima difusión. Fuente: Facebook.

Y además, ese *alguien* se ha tomado la molestia de programar un algoritmo para que, sin leer ni analizar el contenido, detecte si en el título de la publicación a la que se desea acceder, se mencionan palabras clave como «cambio climático» o «calentamiento global». Y una vez detectadas, automáticamente, se advierta al lector sobre las equivocaciones y errores a los que puede conducir la lectura seleccionada. Sin embargo, es muy evidente que esas «advertencias» al lector no están exentas de sesgos. La Figura 154 es idéntica a la Figura 153, donde se ha superpuesto a la línea negra que marca la tendencia, una línea verde que une los puntos medios de la gráfica de evolución de la temperatura (es decir, una tendencia más ajustada a la realidad), y que es muy diferente de la línea negra, que tan solo une los extremos de la gráfica de evolución térmica.

La diferencia más significativa entre las líneas verde y negra de la Figura 154 es que la primera refleja el periodo de enfriamiento registrado entre los años 1955 y 1975, periodo durante el cual, como se ha comentado en el Capítulo 7, las emisiones antrópicas de CO_2 sufrieron un considerable crecimiento, como consecuencia del aumento en el uso del automóvil y el desarrollo industrial posterior a la Segunda Guerra Mundial (ver Figura 65).

Por si acaso aún quedase algún asomo de duda sobre la intencionalidad de las advertencias al lector, un nuevo clic la Figura 153 conduce a un nuevo mensaje (ver Figura 155), donde se detalla que el 97 % de los climatólogos están de acuerdo en que el cambio climático es causado por el hombre, que el cambio climático es el causante de la intensidad de las sequías y de los incendios forestales, y se le orienta sobre el tipo de energía que es preferible consumir.

Figura 156. Captura de pantalla del mensaje que aparece al hacer *clic* en el enlace de un artículo firmado por uno de los autores. Fuente: Facebook.

Si a pesar de todas estas advertencias, el lector decide seguir adelante, en el caso de que el contenido del artículo difiera de las opiniones consideradas como verdaderas por ese *alguien*, puede encontrarse con otro mensaje admonitorio, afirmando directamente que, según *verificadores independientes*, el artículo contiene información *parcialmente falsa* (ver Figura 156).

En la parte inferior de la Figura 156, aparece un nuevo clic donde se ofrece la posibilidad de conocer por qué se califica la información como falsa. Siguiendo dicho enlace, se llega una nueva pantalla donde se describe el método seguido para evaluar el artículo, explicando que ha sido revisado por «verificadores independientes», que realizan su trabajo mediante un «proceso periodístico». Es decir, que un trabajo científico, donde se citan las fuentes bibliográficas y otros artículos publicados en revistas especializadas por investigadores solventes en sus campos de trabajo, es calificado como falso por personas ajenas a la especialidad mediante una simple investigación periodística. En otras palabras, que las supuestas *evaluaciones independientes* se restringen a la revisión de publicaciones de prensa, como si los periódicos pudiesen ser considerados como fuentes fiables de información científica, además de documentos neutrales, objetivos y sin tendencias ideológicas. Además, mirando hacia el futuro y el papel que puede jugar Internet como fuente de información, con la incorporación de los innovativos *motores de búsqueda* de reciente implantación (como, por ejemplo, ChatGPT), que solo proporciona una única respuesta, sin mencionar las referencias o las fuentes de información, se están permitiendo y facilitando manipulaciones ilimitadas de los datos, al mismo tiempo que se inhiben las informaciones abiertas, críticas e independientes.

Dejando aparte la anécdota individual de una publicación en particular, es evidente que existen intereses en dirigir la opinión pública hacia determinadas conclusiones, y que se han hecho esfuerzos significativos en poner los medios y herramientas para conseguirlo. Muy parecidas a las maniobras descritas en los párrafos anteriores, son las respuestas programadas por el robot ya mencionado *ChatGPT*, una aplicación basada en la *Inteligencia Artificial*, que contesta cualquier pregunta relacionada con el cambio climático con las mismas respuestas, inamovibles e invariables:

- En épocas pasadas, el CO_2 atmosférico experimentaba variaciones debidas a causas naturales, pero lo que está ocurriendo en la actualidad es completamente diferente.

- El aumento actual de la concentración del CO_2 atmosférico es debido a la actividad humana, como consecuencia de la utilización de combustibles fósiles y de la deforestación.
- El aumento de CO_2 en la atmósfera amplía el efecto invernadero, atrapando el calor en la atmósfera y causando el calentamiento global.
- Existe un consenso científico confirmando que el hombre es el primer responsable del cambio climático.

En este contexto, pueden ser ilustrativas las noticias publicadas en la prensa a raíz del *Foro de Davos* de 2022, donde la responsable de comunicación de la ONU, Melissa Fleming, informó (cita textual), que «ellos eran los propietarios de la ciencia del cambio climático, y que habían alcanzado un acuerdo con Google para que los algoritmos solo mostrasen datos de la ONU» (www.eldebate.com; 2022). Es decir, únicamente las informaciones derivadas de los informes del IPCC.

14.4. Los mantras climáticos

El tristemente famoso Joseph Goebbels, ministro para la Ilustración Pública y Propaganda del Tercer Reich entre 1933 y 1945, ha pasado a la historia por sus técnicas propagandísticas, basadas en la repetición exhaustiva de algunas ideas falsas, hasta que fuesen socialmente aceptadas como verdades. Para ello, prácticamente monopolizó un medio de comunicación nuevo en aquella época, la radio. La figura de Joseph Goebbels está hoy completamente desprestigiada por su vinculación al nazismo y su declarado antisemitismo, pero no ha ocurrido lo mismo con las técnicas que él desarrolló, ya que, dada su eficacia, han sido profusamente utilizadas, y se siguen utilizando, por gobiernos e instituciones políticas y sociales de todos los colores y tendencias.

Y esas mismas técnicas están siendo hoy sistemáticamente aplicadas, repitiendo hasta la saciedad falsedades para conseguir (en realidad, ya está conseguido) que sean aceptadas como ciertas. Para ello, como acabamos de ver, se están utilizando todos los medios de comunicación, incluyendo los libros de texto escolares. Como detalla Ortega (2022b), se está educando a las nuevas generaciones (desde las etapas más precoces, incluso desde las guarderías infantiles) con las mismas informaciones sesgadas que inundan periódicos y noticieros, presentando como verdades absolutas y hechos comprobados, meras hipótesis que están lejos de estar demostradas.

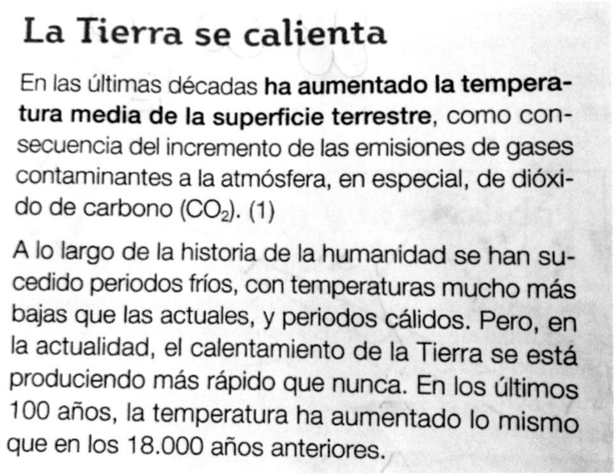

La Tierra se calienta

En las últimas décadas **ha aumentado la temperatura media de la superficie terrestre**, como consecuencia del incremento de las emisiones de gases contaminantes a la atmósfera, en especial, de dióxido de carbono (CO_2). (1)

A lo largo de la historia de la humanidad se han sucedido periodos fríos, con temperaturas mucho más bajas que las actuales, y periodos cálidos. Pero, en la actualidad, el calentamiento de la Tierra se está produciendo más rápido que nunca. En los últimos 100 años, la temperatura ha aumentado lo mismo que en los 18.000 años anteriores.

Figura 157. Reproducción de un libro de texto de Enseñanza Primaria correspondiente al curso académico 2021/2022. Fuente: Ortega (2022b).

La estrategia aplicada ha sido tan eficaz, que alguno de los mantras se ha convertido en verdades inamovibles. Para mucha gente, el origen antrópico del calentamiento global no es una hipótesis de trabajo, sino un hecho probado, demostrado e indiscutible, basado en verdaderos dogmas, a pesar de las múltiples evidencias existentes para demostrar su falsedad.–

A continuación, realizaremos un breve repaso de esos dogmas fraudulentos, pero no sin antes recordar que no hay ninguna duda sobre la capacidad humana para ensuciar el planeta hasta límites insoportables, alterando su equilibrio en muchos aspectos. Por lo tanto, es imprescindible hacer todo lo necesario para cambiar el rumbo y corregir los daños ambientales producidos. También es indudable que las actividades antrópicas pueden estar contribuyendo al calentamiento global, pero no hay evidencias de que esa contribución sea significativa, o al menos, digna de ser tenida en cuenta. La polución introducida en suelos, acuíferos, mares y atmósfera, afecta gravemente a muchos ecosistemas, pero no es relevante para el fenómeno del calentamiento global y el cambio climático.

14.5. El paralelismo entre la doctrina catastrofista del cambio climático y la religión

Desde el punto de vista conceptual, la ciencia y las creencias religiosas son totalmente diferentes. La ciencia se apoya en teoremas, principios, axiomas, postulados y teorías que deben seguir los dictados de la realidad y de los hechos que se observan, de las mediciones que puedan realizarse (que deben ser reproducibles por otros) y deben ser demostrables por la correlación entre parámetros y por relaciones inequívocas de *causa-efecto*. Cuando en la comunidad científica se instala el consenso general sobre una determinada teoría para explicar un hecho determinado, para que dicha teoría pueda ser rebatida, es necesario demostrar que era falsa, que no explicaba satisfactoriamente todas las facetas del fenómeno estudiado, o que otras ideas pueden configurar una nueva teoría que lo explique mejor.

No hay ni debe haber teorías intocables, la evolución de la ciencia se basa en una continua revisión de los paradigmas admitidos, encaminada a mejorar la comprensión del mundo que nos rodea, comprobar continuamente la validez de las hipótesis y de las observaciones. Rebatir o modificar las teorías científicas no está prohibido, sino todo lo contrario. Es más, es una obligación de todos los científicos poner en duda lo conocido y tratar de explicar mejor los hechos observados. Así, por ejemplo, todavía hoy se están demostrando en la práctica y con nuevos instrumentos, más precisos, aspectos de la Teoría de la Relatividad de Einstein enunciados hace unos 100 años.

La religión, en cambio, se basa en dogmas que deben creerse, y no pueden ni tienen la obligación de ser demostrables, incluso cuando la realidad que observamos sea opuesta a su enunciado. Al contrario que en la ciencia, los dogmas no pueden discutirse ni modificarse, quien no los acepte, debe ser estigmatizado y expulsado de la comunidad integrada por todos los adeptos o creyentes. Si tomamos como ejemplo los dogmas y las creencias católicas, que son las que conocemos mejor por formar parte de nuestro entorno histórico y cultural, los infieles, los pecadores o los herejes que se atrevan a discutirlas, son excomulgados y castigados al fuego eterno del infierno.

Pero no todas las bases de la ciencia son demostrables. Los axiomas, que son considerados como proposiciones tan evidentes que no necesitan demostración, no suelen representar ningún problema, ya que son realmente tan evidentes que no ofrecen dudas. Por ejemplo, nadie puede discutir que una parte será siempre más pequeña que el todo. Las dificultades en la ciencia no aparecen con los axiomas, sino con los fenómenos o procesos que conllevan evidencias contrapuestas, que necesitan interpretaciones diferentes y no caben en una misma teoría, lo que es más frecuente de lo que parece. El caso más célebre de esa situación conflictiva es quizás el de la teoría de la relatividad y la teoría de las cuerdas en la física cuántica. Cada una de ellas explica satisfactoriamente la realidad observada en los mundos macroscópico y subatómico respectivamente. Pero después de décadas de esfuerzos, aún no han podido ser unificadas en ecuaciones que proporcionen simultáneamente resultados satisfactorios para ambos dominios.

Si existen este tipo de divergencias en el mundo de la física, donde todo se rige por ecuaciones matemáticas, más complicada todavía es la situación en el caso de las ciencias empíricas, como la medicina o la geología, donde todas las interpretaciones se basan en observaciones que solo excepcionalmente pueden llegar a cuantificarse. En estos casos, cuando se encuentran evidencias contradictorias, o que pueden admitir varias explicaciones al mismo tiempo, debe optarse por la más sencilla o la que parece más plausible, o la que explica la mayor parte de las situaciones observadas, aunque siempre sin considerarla como una verdad absoluta y siempre sujeta a una revisión posterior, con la obtención de nuevos datos o la mejora de los instrumentos científicos.

Sin embargo, en la práctica, hay ocasiones en que alguna de esas hipótesis, sin que necesariamente sea la más acertada o la más completa desde el punto de vista estrictamente científico, consigue una mayor popularidad, trascendiendo a la opinión pública. Esto se produce siempre gracias a una mayor difusión en los medios de comunicación y, además, con mucha frecuencia, con la poderosísima colaboración del mundo del cine, Hollywood y similares. Y en esos casos, lo que era una simple hipótesis pasa a convertirse en una explicación prácticamente absoluta, como si se tratase de un hecho demostrado. Quizás el ejemplo más ilustrativo de este tipo de situaciones sea la extinción de los dinosaurios, como se ha analizado en el Capítulo 2.

Más complicados todavía resultan los temas en los que la discusión rebasa los límites de la comunidad científica y pasan a constituir un tema de debate a nivel de la opinión pública, especialmente cuando tiene resonancias en la esfera política. Y ese es precisamente el caso del cambio climático y del calentamiento global, donde el paralelismo entre sus postulados y los dogmas es cada vez más neto, prolongándose además en los comportamientos y actitudes de los poseedores de la verdad hacia los considerados como disidentes. Como veremos más adelante, son muchas las voces autorizadas que se han manifestado en este sentido.

14.6. Los dogmas climáticos

El primero y el más importante de los dogmas climáticos es el que atribuye a las actividades humanas la responsabilidad exclusiva del calentamiento global. Se suele afirmar que el hombre es el responsable único y exclusivo del calentamiento global, a pesar de que las múltiples evidencias de los numerosos cambios climáticos que se han registrado en el planeta desde sus orígenes y mucho antes de la aparición del hombre sobre la Tierra.

El segundo, guardando una estrecha relación con el anterior, es que modificando las actividades humanas (esencialmente, reduciendo las emisiones de CO_2), sería posible frenar y revertir el calentamiento global. Sin embargo, a lo largo de los capítulos anteriores se ha demostrado que los ciclos de calentamiento y enfriamiento están controlados por parámetros cósmicos que escapan a la capacidad humana.

Para inducir temor a las consecuencias que traerá consigo el calentamiento y, por lo tanto, aceptar de buen grado las restricciones que se nos quieren imponer, se nos dice constantemente que si no conseguimos detener el calentamiento, peligra gravemente la salud y el futuro de la Tierra. Sin embargo, los registros geológicos demuestran que ha habido épocas de temperaturas mucho más altas que las actuales, sin que la salud del planeta se haya resentido lo más mínimo.

Recientemente, se ha lanzado, desde algunos colectivos ambientalistas, una reclamación que contradice todos los conocimientos científicos que tenemos sobre la historia de nuestro planeta, al reivindicar que la humanidad necesita para sobrevivir un *clima estable*. Pero, en realidad, este concepto encierra una enorme e intrínseca contradicción. ¿Cuándo el clima ha sido estable? Como se ha visto a lo largo de los capítulos precedentes, los ciclos de calentamiento y enfriamiento han sido incesantes desde el principio de los tiempos. Pretender que el clima detenga su evolución es tan iluso como intentar detener la órbita de la Tierra alrededor del Sol para que sea siempre verano.

Por otra parte, sería necesario definir lo que se considera como un «clima estable» para el desarrollo humano, pues en estos momentos, hay poblaciones humanas en la Tierra que sobreviven en climas muy diferentes, desde los ambientes polares de Siberia, Alaska y Canadá, hasta los extremadamente cálidos en los desiertos del Sahara y Gobi (Mongolia). También, hay climas extraordinariamente secos como los desiertos de Kalahari (Namibia y Sudáfrica) y Atacama (Chile), mientras que otros son asombrosamente húmedos, como en las selvas del sureste asiático o la Amazonía. Y el ser humano ha sido capaz de adaptarse a todos esos ambientes climáticos tan diferentes.

Una secuela inevitable del calentamiento global es el ascenso del nivel del mar. Al aumentar la temperatura, se funde el hielo glaciar y aumenta el volumen del agua al dilatarse, por lo que la línea de costa retrocede. Del mismo modo que el clima, el nivel del mar nunca ha sido estable y ha estado variando permanentemente a lo largo de los tiempos geológicos, siguiendo una evolución que forma parte de la propia naturaleza del planeta. Sin embargo, el ritmo de elevación que se está registrando en la actualidad, incluso el que se está vaticinando para el próximo siglo, calificándolo como catastrófico, no representa ninguna anomalía ni demuestra la existencia de una peligrosa aceleración. Por el contrario, como se ha detallado en el Capítulo 8, el ascenso que se registra actualmente, no solo forma parte de la más absoluta normalidad, sino que está siendo mucho más lento que durante los primeros milenios que siguieron al final la última época glacial.

También, se ha introducido el concepto erróneo, de que al aumentar la temperatura, el clima empeora, nos alejamos de una supuesta situación climática ideal, de las condiciones que existieron antes del inicio de la época industrial. Pero ¿quién, cómo, cuándo y con qué criterios ha determinado cuáles son las condiciones climáticas ideales para el planeta? Y, ¿en base a qué parámetros? ¿Estarían de acuerdo con esa decisión los vikingos cuando colonizaron Groenlandia, la «tierra verde», gracias a que hubo un periodo tan cálido (o incluso más) que el actual? ¿O nuestros antepasados cromañones, después de pelarse de frío durante muchos siglos, no votarían a favor de un clima más templado? ¿A los esquimales y a los lapones, les parece mal que el planeta sea un poco más cálido?

Entonces, ¿por qué se considera el periodo preindustrial como poseedor de un clima ideal? La respuesta es sencilla. Si se considera que el hombre está cambiando el clima de la Tierra, es evidente que el paraíso climático debe situarse antes de que comenzaran dichas actividades. Pero incluso asumiendo (aunque sea mucho asumir) que eso fuese así, ¿el clima preindustrial se refiere al que existía a principios del siglo XIX? Es decir, un poco (no mucho) más fresco que el actual. ¿O se refiere al que existía hace 25 000 años, en plena glaciación y muchos grados por debajo del que había en el siglo XIX? ¿O, por el contrario, al que reinaba durante el Cenozoico, hace 60 millones de años, varios grados por encima del actual?

Con la intención de recuperar ese hipotético clima ideal, se nos apremia con restricciones para *luchar contra el cambio climático*, como si realmente fuese un objetivo que estuviese a nuestro alcance. Para ello, se nos ofrecen multitud de supuestas alternativas, como sustituir nuestros vehículos, dotados de motores térmicos movidos por gasolina o diésel, por otros eléctricos, más caros y con menos prestaciones, o incluso mejor todavía, dejar de tener vehículo propio para usar exclusivamente transportes públicos. También, dejar de comer carne, haciendo nuestras compras en determinados supermercados, mucho más cuidadosos con la fiebre planetaria que otros de la competencia.

Pero además, es imprescindible que los cambios en nuestros hábitos sean adoptados con urgencia, de forma inmediata, porque se nos acaba el tiempo, nos estamos acercando a un *punto climático de no retorno*. Como ejemplo ilustrativo de los niveles de intimidación que se pueden llegar a alcanzar, la Figura 158 reproduce la página web del conocido *Rotary Club*, donde bajo el título de *time left for the humankind* (el tiempo que le queda a la humanidad), aparece un reloj que, segundo a segundo, va disminuyendo hasta que en noviembre de 2036, el contador llegará a cero y, según sus predicciones, el planeta y nosotros dejaremos de existir. No deja de ser curioso que la meteorología no pueda predecir con exactitud el tiempo que hará el mes que viene, o tan siquiera la próxima semana y, sin embargo, algunos climatólogos sean capaces de calibrar con tanta finura la maquinaria de la relojería planetaria. Esta precisión tan extrema, recuerda mucho a la del arzobispo irlandés James Usser (ya mencionado en el Capítulo 2), quien a mediados del siglo XVII, analizando minuciosamente los textos bíblicos, estableció que el universo fue creado el 23 de octubre del año 4004 antes de Jesucristo, exactamente al mediodía.

Figura 158. Contador del tiempo que le queda a la humanidad, según el Rotary Club. Fuente: www.futureofhumanity.report.

14.7. El supuesto consenso científico y el negacionismo

Las maniobras y mensajes en los medios de comunicación, descritas en las páginas anteriores, no pueden sorprendernos por su novedad, ya que los esfuerzos tendentes a conducir a la opinión pública hacia un pensamiento único sobre el cambio climático se iniciaron hace ya más de dos décadas, a finales del siglo XX, tan pronto como se constituyó el IPCC, comenzando la publicación y la difusión de sus informes.

Pero también, en ese mismo momento, se empezaron a alzar las voces de prestigiosos científicos y personalidades del medioambiente, criticando las conclusiones, las actitudes y las políticas que se están poniendo en práctica en relación con el cambio climático. Y para todo aquel que se oponga a las conclusiones del IPCC, adoptadas como doctrina oficial por la mayor parte de Gobiernos y organismos internacionales, se ha acuñado el término de «negacionista». Este vocablo se ha incorporado al lenguaje coloquial con claras connotaciones peyorativas y despectivas, como sinónimo de retrógrado o troglodita.

Como el lector de ese libro habrá detectado desde hace muchas páginas, sus autores no pueden ser tildados en ningún caso de negacionistas, ya que defienden la existencia de muchos cambios en el clima, repetidos y cíclicos a lo largo de la historia del planeta. Aunque sí que niegan, de acuerdo con todas las pruebas científicas presentadas y argumentos esgrimidos, que el actual ciclo de calentamiento global sea responsabilidad de las actividades humanas, y que pueda tener las consecuencias catastróficas que se nos anuncian. Y esta postura es razón suficiente para ser etiquetados también como *negacionistas*, aunque en realidad sería mucho más correcto calificarnos como realistas climáticos.

Para demostrar de qué lado está la verdad, se han hecho verdaderos malabarismos estadísticos dirigidos a confirmar que el mundo de la ciencia, al unísono, está de acuerdo, y existe un abrumador consenso sobre las conclusiones del IPCC. Hace unos años, se realizó una encuesta *online* que fue enviada a 10 257 geocientíficos, preguntando si el cambio climático era debido a las acciones antrópicas y, como consecuencia de las emisiones de CO_2. Tan solo respondieron 3146, lo que significa que el 70 % no tuvo interés en el tema. Y del 30 % restante, un 96,2 % fueron respuestas procedentes de los EE.UU. Es decir, que los geocientíficos del resto de América, Europa, Asia, Australia y África, se quedaron sin estar representados. Como los resultados no fueron concluyentes, se seleccionaron 77 científicos expertos en cambio climático, de los cuales el 97,4 % afirmaron estar convencidos sobre su origen antrópico. Y ese dato, previamente filtrado y escasamente representativo, es al que repetidamente se ha hecho mención para citar la abrumadora mayoría de científicos que confirman que el cambio climático está causado por el hombre.

Debe mencionarse que estas encuestas han sido muy criticadas por su metodología y por sus limitaciones, tanto por la baja tasa de respuesta, como por su sesgo geográfico. Ambos factores han afectado sin duda a la representatividad de la muestra y, por lo tanto, a la validez de los resultados, además de otra característica esencial, ya que la encuesta se centró en las opiniones de los científicos, no en las evidencias científicas sobre el tema. En 2013 hubo otro intento realizado por investigadores de la Universidad de Queensland (Australia), que analizaron artículos científicos publicados entre 1991 y 2011 donde apareciesen los términos «cambio climático» y «calentamiento global». De los 11 994 artículos revisados, solo una tercera parte confirmaron que el presente ciclo de calentamiento fuese debido a las actividades humanas.

Más recientemente, en 2021, la revista *Environmental Research* publicó un análisis sobre los artículos académicos relacionados con el cambio climático, publicados en revistas científicas entre 2012 y 2020, estableciendo que más del 99,9 % coinciden en que el cambio climático está causado por actividades llevadas a cabo por los seres humanos, una cifra verdaderamente abrumadora. Sin embargo, hay otras fuentes (Rubio Águila, 2021) que contabilizan hasta 31 000 «disidentes».

Pero aunque así fuese, incluso suponiendo que esa abrumadora mayoría fuera cierta, la existencia de un consenso no puede considerarse como demostrativo de la validez de una hipótesis o una interpretación. La ciencia no se rige por criterios democráticos y, que exista una mayoría de publicaciones a favor de una hipótesis, no implica necesariamente que esa sea la interpretación correcta. La presentación, ante la opinión pública, de la opinión de un grupo de científicos como abrumadoramente mayoritaria, no significa necesariamente que deba considerarse como una verdad absoluta. Así se ha comprobado en numerosas ocasiones a lo largo de la historia de la ciencia. Una de las más conocidas se refiere al famoso físico Albert Einstein, quien, antes del comienzo de la Segunda Guerra Mundial, cuando intuyó lo que se venía encima al iniciarse el antisemitismo en Alemania, decidió emigrar a los Estados Unidos. Unos años antes, su *Teoría de la Relatividad* había suscitado una gran polémica, ya que, aparte de su revolucionaria novedad, dejaba en mal lugar a muchos científicos prestigiosos de la época. Y estos no tardaron en situarle en el ojo del huracán. Además de la controversia científica, su origen judío contribuyó a la animadversión hacia su persona. Un grupo de investigadores intentó menospreciar su trabajo, publicando un libro titulado *Cien autores contra Einstein*. El famoso científico, al ser preguntado por su opinión sobre dicha publicación, respondió de forma concisa: «Si yo estuviese equivocado, uno solo habría sido suficiente». Aplicando el mismo símil a una época más antigua, si a finales del siglo XV se hubiese realizado una encuesta a los científicos europeos sobre la posibilidad de llegar a las Indias navegando hacia el Oeste desde España, la respuesta hubiese sido un rotundo y unánime ¡NO!

En cualquier caso, independientemente de la supuesta validez del consenso como argumento, numerosos científicos y personalidades han criticado abiertamente el contenido de los informes del IPCC. Por su relevancia científica y en el campo del medio ambiente, se citan a continuación algunos de los investigadores que se han opuesto públicamente a las doctrinas oficiales sobre el cambio climático.

- Federick Seitz, presidente de la Academia Americana de Ciencias, denunció ante la prensa la manipulación, a espaldas de sus autores, del primer informe del IPCC, donde algunas conclusiones importantes y puntos esenciales aportados por el comité de expertos, habían sido suprimidos (ver también Capítulo 12), lo que fue posteriormente admitido y confirmado por la dirección del IPCC.

- Ivar Giaever, premio Nobel de Física y exintegrante del IPCC, ha manifestado su desacuerdo científico con las conclusiones de sus informes, y ha sacado a la luz las presiones existentes, para que no se publiquen en las revistas científicas más importantes aquellos artículos cuyo contenido contradiga dichas conclusiones, considerando la doctrina oficial sobre el cambio climático como una pseudoreligión.

- Antonio Zichichi, físico italiano y presidente de la Sociedad Europea de Física y de la Federación Mundial de Científicos, es de la misma opinión, y ha declarado que «el calentamiento global depende del motor meteorológico dominado por la potencia del Sol, que controla el 95 % del proceso del cambio climático. Atribuir a las actividades humanas el calentamiento global, carece de fundamento científico».
- Nir Shaviv, ya mencionado en el Capítulo 5, ha manifestado que el calentamiento global no es un problema puramente científico y ha adquirido una cualidad moralista, casi religiosa.
- Pascal Richet, investigador adscrito al *Institut de Physique du Globe* de París desde hace 35 años, coincide en sus puntos de vista con Ivar Giaever, haciendo énfasis en la falta relación causa-efecto entre los datos y las conclusiones que se están publicando.
- Piers Corbyn, astrofísico fundador de *Weather Action*, coincide asimismo con los puntos de vista de Pascal Richet e Ivar Giaever.
- Steven Koonin (Koonin, 2023), subsecretario de Ciencia durante la administración Obama, miembro de la Academia Nacional de Ciencias de EE.UU. y profesor en la Universidad de Nueva York, como ha sido ya mencionado en el Capítulo 12, ha revelado que no existe el consenso general entre los miembros del IPCC que predican los medios de comunicación. Además, como hiciera años antes Federick Seitz, ha afirmado que los comunicados de prensa y los resúmenes oficiales del Gobierno y de la ONU no son fiel reflejo de los resultados de los informes originales.
- Bjørn Lomborg, profesor universitario de estadística en Dinamarca, vinculado durante años a organizaciones ecologistas de primer nivel, ha realizado publicaciones denunciando que muchos grupos ecologistas exageran su discurso catastrofista para infundir miedo, simplemente como método rentable para recaudar más fondos.
- Robert Laughlin, premio Nobel de Física en 1998, ha manifestado que el clima está más allá de nuestro poder de control y que la humanidad no puede ni debe hacer nada para responder al cambio climático.

- Michael Shellenberger, experto en energía y activista del medio ambiente de primera fila durante décadas, se opone igualmente al tremendismo catastrofista, denunciando que no es cierto que miles de millones de personas vayan a morir en un futuro próximo, añadiendo que el ambientalismo apocalíptico está dirigido por poderosos intereses financieros.
- Patrick Moore, uno de los fundadores de Greenpeace, ha comentado recientemente que las tesis oficiales sobre el cambio climático se basan en falsas narrativas, y que «la teoría del apocalipsis ambiental busca el poder y el control político utilizando el miedo y la culpa de la gente».
- John Clauser, premio Nobel de Física de 2022, ha declarado públicamente en 2023 que la situación actual no puede calificarse de crisis climática, criticando al IPCC por difundir información errónea. Como consecuencia, pocos días después de realizar estas declaraciones, fue censurada una conferencia sobre modelos climáticos, que iba a pronunciar en la sede del FMI (Fondo Monetario Internacional), dependiente de la ONU.

La lista de investigadores con opiniones diferentes a las publicadas por el IPCC es tan larga, que convertiría este capítulo en un listado tedioso y monótono. Aquí se han incluido solo algunos personajes destacados, y los interesados en acceder a una relación más completa lo pueden consultar en Rubio Águila (2021) y Kaiser (2022). Pero las voces disonantes no llegan tan solo desde personalidades individuales.

- En 1992, después de la Cumbre de la Tierra de Río de Janeiro, miles de científicos se pronunciaron contra la politización de la ciencia climática, mediante un escrito conocido como el *Manifiesto de Heidelberg*, que fue suscrito por más de 3000 firmantes.
- En 1999, el Instituto de Ciencia y Medicina de Oregón (USA) promovió la llamada *Declaración de Oregón*, oponiéndose al Protocolo de Kioto. El documento fue firmado por más de 31 000 personas, de las cuales 9030 eran científicos doctorados.

- En 2006, treinta y dos científicos con prestigio internacional en el ámbito de la climatología, firmaron la *Declaración de Hohenkammer*, asegurando que no hay bases científicas para aseverar que el calentamiento global se deba a los llamados gases de efecto invernadero.

- En marzo de 2009, un centenar de científicos norteamericanos publicaron en diversos periódicos (previo pago, ya que los rotativos se negaron a publicarlo) un artículo con un expresivo título: «Con el debido respeto, señor presidente, eso no es cierto», refiriéndose a las tesis del IPCC sobre el cambio climático.

- En junio de ese mismo año, 60 científicos alemanes publicaron una carta abierta a la entonces canciller alemana Ángela Merkel, en la que se expresaban en el mismo sentido.

- En 2010, mil investigadores de diversos países y disciplinas científicas, firmaron un manifiesto similar y lo presentaron en la Conferencia sobre el Clima de ese mismo año.

- En septiembre de 2019, la Fundación de Inteligencia Climática (CLINTEL.org), una entidad que agrupa a más de 500 científicos de todo el mundo, envió al secretario general de la ONU un documento negando el papel del dióxido de carbono en el calentamiento global, afirmando que no existe emergencia climática y, por lo tanto, no hay motivos para inducir el pánico y la alarma en la población. Hoy, en 2024, el número de firmantes ha superado los 1900.

- En 2022, 83 científicos italianos de primer nivel, firmaron un manifiesto declarando taxativamente que el calentamiento atmosférico no está causado por el hombre, sino por la propia naturaleza, y que es científicamente irrealista atribuirle a las actividades humanas la responsabilidad del calentamiento observado desde 1900 hasta la actualidad.

- En 2023, una red global de más de 1500 científicos y profesionales, en una Declaración Mundial sobre el Clima (*World Climate Declaration*), ha manifestado que no hay emergencia por el calentamiento global, precisando que la ciencia climática debería ser menos política, y que, por el contrario, las políticas climáticas deberían ser más científicas, añadiendo que los políticos deberían contar desapasionadamente los costos reales así como los beneficios imaginados de sus medidas políticas.

Sirvan como ejemplo las manifestaciones anteriores para ilustrar que el alardeado consenso científico no es tan contundente como se nos quiere hacer creer. Y como colofón, viene al caso citar de nuevo a Pascal Richet, que ha sufrido en sus propias carnes la condena al ostracismo científico por sus opiniones, lo que le ha llevado a declarar que, en relación con el cambio climático:

> . . . la noción de consenso no es pertinente, porque la historia de la ciencia no es más que un largo paseo por el cementerio donde descansan en paz las ideas aceptadas sin discusión durante mucho tiempo. Más bien, sirve de justificación para desterrar del debate cualquier idea heterodoxa que cuestione el dogma. Como ha experimentado el autor de estas líneas, el rasgo más inquietante del debate sobre el clima es el deseo de descalificar de entrada al adversario arrastrándolo a otros campos no relacionados con el problema, en lugar de ofrecerle comentarios críticos a los que podría responder científicamente. Sorprendentemente, el libre debate en que se ha basado el progreso científico en la Historia ha sido sustituido por acciones propias del totalitarismo como la difamación, el intento de silenciamiento y la persecución del disidente bajo amenaza de ostracismo. Quizá Aristóteles, con su lógica, pensaría que esta violencia y esta imposición son en sí mismas un indicio de en qué lado del debate se encuentra la verdad.

14.8. El calentamiento global, ¿cuestión económica, política o de medio ambiente? ¿Cómo hemos llegado hasta aquí?

Es evidente que, desde finales del siglo XX, el cambio climático dejó de ser una cuestión estrictamente científica para convertirse en un tema social y político. Además, durante las dos décadas siguientes, el nivel de politización ha ido aumentando paulatinamente, de forma que el debate entre las diferentes tendencias se ha convertido en lugar de confrontación, donde lidian argumentos ideológicos, políticos y económicos, camuflados como razonamientos técnicos, donde convergen además intereses particulares, sociales, económicos y geoestratégicos.

El interés que suscita esta temática está nítidamente demostrado por los numerosos proyectos de investigación y publicaciones focalizadas sobre esta temática. A este respecto, es muy interesante la información aportada por Vinós (2023), donde ilustra sobre cómo desde 1988, la decisión de la ONU de respaldar al IPCC ha dado lugar a una de las explosiones más espectaculares en la investigación científica. En efecto, como se aprecia en la Figura 159, el número de artículos publicados sobre cambio climático (línea roja) ha pasado de un número insignificante hasta casi 4000 al año, experimentando un marcado punto de inflexión al inicio del segundo milenio, sincrónicamente con la elaboración del Plan de Objetivos de Desarrollo del Milenio elaborado por la ONU, precursor de la Agenda 2030. Desde entonces, el número de publicaciones científicas sobre cambio climático no ha parado de crecer.

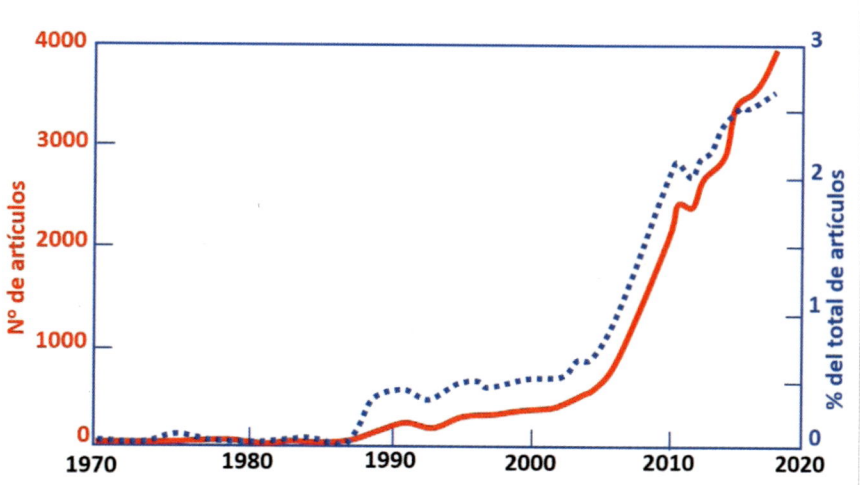

Figura 159. Evolución en datos absolutos y porcentuales de las publicaciones sobre cambio climático a nivel mundial. Fuente: Vinós (2023).

Además, se trata de un crecimiento específico y exclusivo para investigaciones climáticas, que no puede interpretarse como consecuencia del crecimiento general de la investigación para todas las disciplinas científicas. Así lo demuestra la gráfica azul en trazos discontinuos, también en la Figura 159, que representa la evolución en términos porcentuales respecto al conjunto de publicaciones científicas de todas las especialidades, y que igualmente experimenta una brusca aceleración a partir del tercer milenio, pasando desde un porcentaje insignificante, hasta casi el 3 % del total aproximado de unos 148 000 artículos científicos publicados anualmente.

Teniendo en cuenta que la publicación requiere indefectiblemente la realización de una investigación previa, para lo que son indispensables recursos económicos, y que dichos recursos en su mayor parte provienen de fondos públicos, es evidente el interés político de esta explosión investigadora, ya que son esencialmente los promotores de la hipótesis del origen antrópico del cambio global quienes están subvencionando la mayor parte de esas investigaciones.

Por otra parte, teniendo en cuenta la ofensiva mediática que se ha desplegado y los esfuerzos que realizan los medios por filtrar hacia la opinión pública una visión monolítica del problema, no queda más remedio que plantearse preguntas esenciales. ¿Por qué el calentamiento global suscita tanto interés? ¿Por qué se están movilizando recursos en cantidades astronómicas para solucionar un problema que no está correctamente calibrado, mediante la aplicación de soluciones cuya eficacia es discutible? ¿Qué intereses políticos y económicos se esconden detrás de este despliegue?

Muchos Gobiernos del mundo, especialmente los europeos, han hecho suyas las propuestas aprobadas en las cumbres mundiales sobre el cambio climático, adoptando medidas para oponerse a esa supuesta *emergencia climática*. La Unión Europea y sus 27 estados miembros, que son responsables tan solo de un 9 % de las emisiones antrópicas globales de CO_2, ha decidido postularse como adalid en la reducción de emisiones. Mientras tanto, otros países como China y Estados Unidos, causantes respectivamente del 35 % y 25 % del total de emisiones de gases de efecto invernadero, quizás atendiendo a los criterios y argumentos de sus científicos, defienden sus intereses económicos, sin que les preocupe mucho el calentamiento global. Sin olvidar que las emisiones antrópicas de CO_2 solo contribuyen menos del 3-4 % al actual CO_2 en la atmósfera terrestre.

Pero la realidad es, al menos en nuestro entorno europeo, que el miedo al aumento de temperatura está asentado en la conciencia colectiva de la población. Y, en esas condiciones, la lucha contra el calentamiento global proporciona argumentos válidos para que los ciudadanos acepten con resignación sacrificios en pro de tan loable causa, que de otra forma serían inaceptables. Un sector muy significativo de la población se muestra hoy dispuesto a sustituir sus vehículos por otros eléctricos, mucho más caros aunque sus prestaciones sean menores. O que aumente el precio de la factura eléctrica, si la energía proviene de fuentes que no requieran la combustión de hidrocarburos. Mientras tanto, los países que no suscriben los compromisos de lucha contra el calentamiento global inducido por el supuestamente malvado CO_2, al mismo tiempo que alientan las tendencias ecologistas más radicales fuera de sus fronteras, sonríen satisfechos al ver diferencialmente fortalecidas sus economías y su competitividad.

Durante las dos últimas décadas, la confluencia de intereses respecto del cambio climático y el calentamiento global, ha generado una sinergia tan poderosa, que es prácticamente imposible evitar sus influencias. Las propuestas ecologistas se han impuesto de tal manera en la opinión pública, que hoy ningún partido político, institución o empresa, puede permitirse el lujo de prescindir de sus dictados. Es necesario aceptar la doctrina medioambiental para garantizar los resultados en cualquier actividad, desde aumentar las ventas de las empresas, hasta conseguir subvenciones en proyectos de investigación, además de aumentar la cuota de poder en las aspiraciones de cualquier partido político y no tener que hacer frente a críticas negativas en los medios de comunicación. Lo importante ya no es promover políticas correctas en el campo del medio ambiente, es ser más verde que la competencia, a costa de lo que sea.

Es muy difícil creer que se haya llegado a esta convergencia de intereses de una forma casual, sobre todo cuando es tan evidente el sesgo que se imprime a las noticias climáticas mediante informaciones tergiversadas o incompletas. Entonces, la siguiente pregunta debe ser ¿por qué o para qué tanto esfuerzo? La respuesta es sencilla, nada nuevo, la misma historia de siempre, los mismos motores que han impulsado a la humanidad desde sus inicios: el poder y el dinero. La misma estrategia que llevó a algunos gobernantes a conquistar grandes territorios usando como excusa los dogmas religiosos, están operando activamente en nuestra avanzada sociedad, afortunadamente de una forma menos cruenta (por ahora), aunque con una mayor eficiencia, gracias al enorme poder de los medios de comunicación.

Parece procedente recordar aquí las ideas de Noelle Neumann (Neumann, 2010) sobre la espiral del silencio, esa conducta mediante la cual los individuos tienden a adaptar su comportamiento a las actitudes sociales predominantes. Esa tendencia conforma, como es muy bien conocido por políticos y Gobiernos, una eficiente forma de control de la sociedad, aislando y silenciando a quienes adoptan posiciones contrarias a las de la mayoría. Como hemos visto, actualmente y respecto al tema que nos ocupa, esas posiciones minoritarias, por muy científicamente justificadas que estén, son automáticamente etiquetadas de forma peyorativa y despectiva, como negacionistas.

Normalmente, solemos considerar a la ciencia y a la poesía como dos mundos aislados, sin conexión, pero hay veces que tienen una perfecta complementariedad. La ciencia busca sentido y explicaciones al mundo que nos rodea, al marco natural que encuadra nuestra existencia. Pero puede ocurrir que, en algunas ocasiones, unos cuantos versos expliquen mejor ese marco existencial que toda una colección de tratados científicos. Y este es el caso de un peculiar poema de León Felipe (1884-1968), que describe de forma magistral y asombrosamente sintética, la historia de la humanidad, de una manera válida para todas las culturas y civilizaciones. Este poema, perfectamente aplicable al caso que nos ocupa, puede dar respuesta a la pregunta anteriormente formulada, ¿cómo hemos llegado hasta aquí?:

Yo no sé muchas cosas, es verdad.
Digo tan solo lo que he visto.
Y he visto:
que la cuna del hombre la mecen con cuentos,
que los gritos de angustia del hombre los ahogan con cuentos,
que el llanto del hombre lo taponan con cuentos,
que los huesos del hombre los entierran con cuentos,
y que el miedo del hombre...
ha inventado todos los cuentos.
Yo no sé muchas cosas, es verdad,
pero me han dormido con todos los cuentos...
Y sé todos los cuentos.

15.

Reflexiones sobre la energía en el siglo XXI (la utópica transición ecológica)

15.1. Introducción

Durante las últimas dos décadas se ha asistido a la instrumentalización social y política, progresivamente más intensa, del calentamiento global y del cambio climático, al mismo tiempo que se han diseñado políticas para abandonar el uso de los combustibles fósiles, generalmente denominadas como *Transición Energética* o *Transición Ecológica*. El paralelismo y la correlación entre ambos procesos han sido sistemáticamente pregonados a los cuatro vientos: las actividades humanas son las únicas responsables del calentamiento global, principalmente por la emisión de gases de efecto invernadero (GEI), sobre todo y mayoritariamente el CO_2. Por ello, se ha considerado la necesidad de eliminar los combustibles fósiles, abrumadoramente mayoritarios en el *mix energético* mundial, pero calificados como productores de *energía sucia*, y sustituirlos por otras energías, supuestamente *limpias* y *renovables*, para alcanzar un mundo libre de emisiones de CO_2 y otros gases GEI en 2050. Es decir, que para esa fecha, se pretendería eliminar los combustibles fósiles (gas, petróleo y carbón, que hoy mueven casi la totalidad de la economía mundial), sustituyéndolos por energías renovables (eólica, solar fototérmica, mareomotriz, hidrógeno, etc.), para vivir en un mundo donde la economía mundial estará completamente electrificada.

Es decir, que la justificación y el fundamento, por el que la humanidad debe afrontar el enorme esfuerzo de realizar la ingente tarea de la *transición energética*, está basado en la lucha contra el efecto invernadero y sus consecuencias en el calentamiento global. Sin embargo, a lo largo de los capítulos anteriores, se han aportado evidencias suficientes para reflexionar seriamente sobre este planteamiento y evaluar si existen motivos y pruebas que justifiquen estas políticas, ya que se pueden esgrimir numerosos argumentos para sospechar que la humanidad puede estar embarcándose en un enorme cambio de rumbo tan costoso como inútil.

Pero incluso asumiendo, hipotéticamente, que esas premisas fuesen ciertas y realmente las actividades antrópicas fuesen las responsables exclusivas o mayoritarias del calentamiento global, existen también serias dudas acerca de que la transición ecológica, tal y como ha sido diseñada, sea realizable en los plazos previstos, o incluso en cualquier otro término. Porque, en efecto, el objetivo de «descarbonizar» todas las actividades humanas conlleva un incremento en la instalación y uso de energías renovables y un intento muy complejo de electrificación completa de la economía, la industria y el transporte. Y la consecución de dichos objetivos está muy alejada de la realidad, como se verá a lo largo de las páginas siguientes.

Con demasiada frecuencia se olvida que los *combustibles fósiles* no sirven solo para generar energía eléctrica, sino que, además de ser una fuente de calor para numerosas actividades industriales, para la calefacción de edificios y para el transporte, también sirven para obtener muchos materiales y productos que se utilizan todos los días en nuestra vida cotidiana, desde los plásticos (textiles, medicamentos, envases alimentarios, atención médica, cosmética, coches, etc.) y muchos otros productos de gran importancia petroquímica como fertilizantes, insecticidas, aceites minerales para los engranajes de nuestros motores, además de las palas y rotores de los molinos eólicos y los cables por los que se canaliza la electricidad que estos producen. De hecho, utilizar combustibles fósiles solo para quemar, teniendo en cuenta todos sus usos y aplicaciones, puede considerarse un despilfarro desde el punto de vista petroquímico.

En este contexto, el objetivo del presente capítulo es demostrar que las posibilidades para que pueda alcanzarse esa pretendida descarbonización, a pesar del entusiasmo de algunos gobiernos y partidos políticos implicados, además de organizaciones ecologistas y otras corrientes de opinión, son muy escasas por no decir nulas. Porque la tozuda realidad indica que, a pesar de los grandes esfuerzos técnicos y económicos que se están realizando para desplegar energías renovables (principalmente la eólica y la solar), lo conseguido hasta ahora no representa más que una gota en el océano energético de un quimérico objetivo imposible.

15.2. ¿Qué es la energía?

Para comprender esa imposibilidad, es imprescindible empezar desde el principio, comprendiendo adecuadamente qué es la energía y para qué la utilizamos, un concepto que no suele estar muy claro cuando se abordan estos temas en los medios de comunicación. De acuerdo con la clásica definición de Aristóteles, la energía es «la capacidad que tienen todas las cosas para realizar un trabajo». Así, cuando un motor, el de un coche por ejemplo, quema un combustible (hidrocarburo), sus moléculas se rompen y se reagrupan con el oxígeno del aire para generar CO_2 y agua, junto con abundante calor (se dice que la reacción es exotérmica). La explosión en el interior de los cilindros provoca un movimiento vertical de los pistones, hacia arriba y hacia abajo, que mediante el mecanismo correspondiente (inventado por la creatividad humana) se transforma en el movimiento de rotación de las ruedas que impulsa el vehículo. Es decir, que el combustible ha consumido energía química para realizar su trabajo, produciendo calor y la energía mecánica que genera al movimiento del coche, siempre de acuerdo con el famoso *Principio de Conservación: La energía ni se crea ni se destruye, tan solo se transforma.*

En otras ocasiones (en realidad, en la mayoría de los casos), lo que interesa de la combustión de los hidrocarburos es, precisamente, el calor que se genera, lo que permite calentar agua para nuestras actividades económicas, para evitar el frío en las viviendas, para la higiene personal o para cocinar alimentos. Así mismo, el agua calentada llega a convertirse en vapor a alta presión que, en las centrales térmicas de carbón o en las de ciclo combinado de gas, impulsan las palas de las turbinas de los generadores de energía eléctrica. Otros procesos, como son, por ejemplo, la metalurgia, la fabricación de cemento, de cerámica o de ladrillos, necesitan ese calor para producir metales, hormigón o azulejos, entre otras muchas aplicaciones. Nuestras casas, nuestras carreteras, nuestras vías férreas, etc., están construidas gracias al calor generado por la quema de combustibles fósiles. Incluso la producción de algunos medicamentos, requiere la presencia de gas calentando el agua para cultivar las bacterias que generan los antibióticos.

Todo el sector de transportes, empezando por los coches y camiones (unos 1400 millones en todo el mundo), los navíos de gran tonelaje (unos 500 000 grandes barcos, incluyendo petroleros, graneleros, portacontenedores, grandes pesqueros, trasatlánticos, portaaviones y otros grandes buques de guerra), y los aviones civiles y militares (unos 80 000 vuelos civiles se realizan diariamente en el mundo), se mueven con combustibles líquidos y gaseosos obtenidos del petróleo. Son las gasolinas, gasóleos, querosenos y el gas natural, los que permiten el movimiento de todos estos medios de transporte, constituyendo un conjunto de productos básicos, de primera necesidad, que alimentan nuestras fábricas, nuestras despensas y nuestra economía.

Para comprender mejor hasta dónde llega el nivel de dependencia de los combustibles fósiles, es necesario distinguir entre los dos tipos básicos de energía, la energía primaria y la secundaria, una diferenciación que casi nunca suele hacerse (más bien al contrario, tienden a confundirse) en las informaciones periodísticas sobre la transición energética. Son *energías primarias* aquellas que se extraen directamente del subsuelo y, tras diferentes transformaciones, permiten la obtención de productos energéticos aprovechables. Este es el caso del procedimiento de *craking* del petróleo, un proceso que se realiza en las refinerías y que permiten obtener, del petróleo crudo original, destilados como gasolinas, gasóleos y queroseno, aceites minerales, parafinas, etc. Incluso, ¡hasta la vaselina que se usa en farmacia y cosmética sale del *craking* del petróleo! Lo mismo puede decirse del proceso de enriquecimiento de los minerales de uranio para poder ser utilizado en las centrales nucleares.

Son *energías secundarias* aquellas que se consiguen a partir de la utilización de energías primarias. Tal es el caso de la electricidad, una energía que, en gran proporción, se obtiene a partir del gas natural (ciclos combinados), del petróleo o del fueloil (centrales térmicas hoy prácticamente en desuso en España), del carbón (centrales térmicas convencionales) o de los minerales de uranio (centrales nucleares). A veces, el proceso de obtención de la energía secundaria puede ser aún más largo y complejo, como, por ejemplo, la electricidad que se produce mediante la combustión del hidrógeno, que a su vez ha sido generado gracias a la electricidad de origen eólico o solar.

La falta sistemática de esta diferenciación en las informaciones al público, inducen al error de asimilar energía con energía eléctrica o electricidad. Y esta confusión (se está cometiendo el enorme error de confundir una pequeña parte con un todo muy grande), muy común, distorsiona todos los conceptos que deben ser considerados y tenidos en cuenta para evaluar adecuadamente la situación energética global y la compleja transición energética que se pretende implementar.

15.3. ¿Cuánta energía consume la humanidad?

Para responder a esta pregunta, se utilizarán datos obtenidos de diferentes fuentes oficiales. Son muchos los organismos que publican estadísticas sobre la energía a nivel global, como, por ejemplo, la Agencia Internacional de la Energía (IEA, en su denominación inglesa), el Departamento de Energía de los Estados Unidos, el Banco Mundial, y también *British Petroleum*, que aun siendo una compañía petrolífera, realiza estadísticas muy detalladas y precisas. También, es muy útil la información disponible en las páginas web *Our World in Data* y *El Orden Mundial*, que ofrece numerosos datos, mapas y gráficos de interés. Debe constatarse que la información que puede obtenerse en estas fuentes, difiere muy poco de unas a otras y son coincidentes en los grandes números.

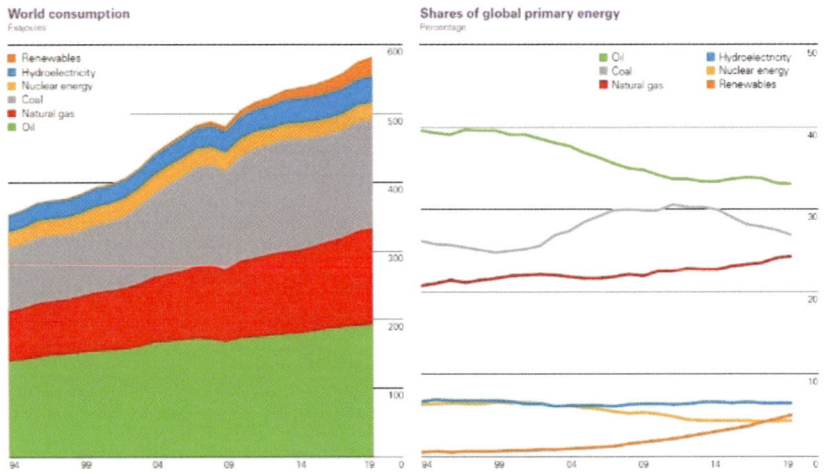

Figura 160. Consumo total de energía primaria en el mundo en el período 1994 a 2019 representado por tipos de energía. A la derecha, evolución en el tiempo de las cuotas de cada tipo de energía en el consumo total. Fuente: www.bp.com.

De acuerdo con la información representada en la parte izquierda de la Figura 160, en 2019 la humanidad consumió energía por un total de 590 Exajulios (590 EJ), una cifra impresionante. Como esta cantidad es difícil de entender para quienes no están habituados al manejo de este tipo de unidades, intentaremos explicarla brevemente. Si tenemos en cuenta que 1EJ= 10^{18} julios= 24 Mteqp (millones de toneladas equivalentes de petróleo), el consumo anual del mundo en 2019 fue de unos 102 000 millones de barriles de petróleo, una cantidad verdaderamente enorme, casi inimaginable, de energía. Debe aclararse que se usan como referencia datos de 2019, puesto que es el último año con valores representativos y disponibles a la fecha de preparación de este documento, ya que los años 2020 y 2021 están afectados por los estragos económicos generados por la pandemia, que ha influido de forma significativa en la producción y consumo mundiales de energía.

De acuerdo con los datos de la Figura 160, en 2019 se produjeron y consumieron unos 14 160 Mteqp, de los cuales, 4680 Mteqp fueron de petróleo, 3120 Mteqp de gas natural y 4320 Mteqp de carbón. El resto, 2040 Mteqp, corresponden a la energía eléctrica generada por fuentes diferentes a los combustibles fósiles. Es decir, que las fuentes alternativas a los hidrocarburos para producción de energía eléctrica hacia las que se pretende encaminarnos, representan solo un 15,5 % del total de energía consumida en el mundo, dato de gran relevancia y que debe ser tenido muy en cuenta. Además, las informaciones de esta figura, permiten obtener otras interesantes conclusiones. Así, desde 1994, el consumo mundial ha aumentado, de forma sostenida para todos los tipos de energía, que en su conjunto ha crecido un 70 % (unos 235 Mteqp más por año). Individualmente, también todos los tipos de energía han aumentado su consumo, como indican las pendientes de las gráficas correspondientes. Y, aunque queda fuera del intervalo temporal representado en la figura, es un hecho comprobado en los datos de años anteriores que, al menos desde la década de los años 70 del siglo pasado, nunca se ha dado un decrecimiento anual en el consumo de energía primaria en el mundo.

El gráfico de la izquierda en la Figura 160 indica también que las fuentes alternativas a los combustibles fósiles para la generación de energía secundaria (electricidad) son muy minoritarias. Así, la energía hidroeléctrica representó un 6,5 % del total de energía primaria consumida, la energía nuclear representó un 4,5 %, y las energías renovables (eólica y solar) representan tan solo un 5,5 % del total de la energía utilizada por la humanidad. Y precisamente sobre ese porcentaje, ese escuálido 5,5 % es sobre el que inciden las políticas de muchos gobiernos, ignorando la realidad energética mundial.

Se observa también (parte derecha de la Figura 160), como han ido evolucionando las cuotas de cada tipo de energía a lo largo de los últimos 30 años. Si bien la cuota del petróleo se ha reducido un 8 %, esta reducción se ha debido fundamentalmente al incremento en el uso del gas natural como combustible alternativo, que ha aumentado un 6 % de participación en el *mix* durante el período mencionado. El carbón, con altibajos, mantiene una cuota de utilización alrededor del 28 % y las energías nuclear e hidroeléctrica permanecen constantes alrededor del 6,5 %. No obstante, debe mencionarse que durante los últimos años, el porcentaje de la nuclear ha disminuido ligeramente, aunque más por razones ideológicas que técnicas y energéticas, como ha demostrado el reciente cambio adoptado por la Unión Europea, que será analizado en detalle posteriormente.

Por último, las *energías renovables* (eólica y solar), han alcanzado solo un porcentaje del 5 % desde el inicio de su desarrollo e implantación a principios del siglo XXI. Dos décadas después, tras elevadas y costosas inversiones, no deja de ser decepcionante que se haya llegado a un porcentaje de participación tan bajo, que hace imposible pensar en una sustitución real de los combustibles fósiles en los plazos previstos (año 2050), ni tampoco para cualquier otro término dentro de este siglo.

15.4. ¿Qué representa la energía eléctrica en el consumo de energía primaria total?

Para contestar a esta pregunta se analizará la situación en Europa, que nos resulta más cercana. En la Figura 161 se recoge el consumo total de energía en la Unión Europea en 2021, desglosado por sectores económicos. La industria, que utiliza los tres tipos de combustibles fósiles (gas, petróleo y carbón) representa el 35 % del consumo total de energía, mientras que el transporte, que consume hidrocarburos líquidos (gasolinas, gasóleos y kerosenos) representa el 27 %. Las calefacciones comerciales y residenciales consumen gas natural y gasóleos y representan el 19 % del consumo total. Así pues, los procesos económicos e industriales basados muy mayoritariamente en los combustibles fósiles representan el 81 % del consumo total de energía en la economía europea.

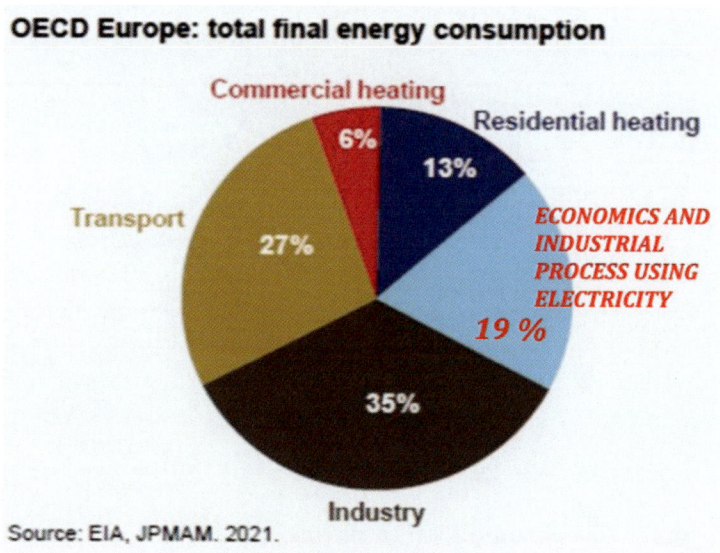

Figura 161. Consumo total de energía primaria en Europa en 2021 representado por sectores económicos. Fuente: datos de la Agencia Internacional de la Energía 2021 y elaboración propia, en Sáenz de Santa María, & Ortega (2022a).

Por otro lado, existen procesos industriales electrointensivos (como la producción, por ejemplo, de aluminio y cinc), una parte del transporte (redes ferroviarias), alumbrados, algunas calefacciones y otros muchos procesos económicos, cuya base es el consumo de energía secundaria, es decir, de electricidad. En la Figura 161 se observa como del consumo total de energía en 2021 para todos los sectores económicos, tan solo el 19 % corresponde a aquellos procesos industriales movidos por la energía eléctrica, mientras que el resto (calefacciones, transporte e industria) representan el 81 % del consumo, utilizando combustibles fósiles. Complementariamente, en la Figura 162 se ha desglosado, a partir de datos de la Agencia Internacional de la Energía, la producción eléctrica de acuerdo con los tipos de energía que se utilizaron para su generación.

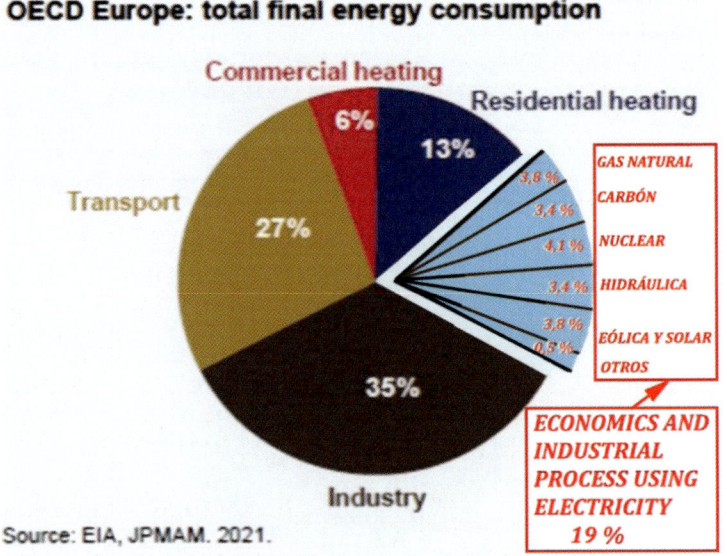

Figura 162. Consumo total de energía primaria en Europa en 2021 representado por sectores económicos. Distribución por tipos de energía que intervienen en la producción eléctrica. Fuente: datos la Agencia Internacional de la Energía y elaboración propia, en Sáenz de Santa María, & Ortega (2022a).

Se observa como en la producción de electricidad intervienen el gas natural (3,8 %) y el carbón (3,4 %), junto con la energía nuclear y la hidráulica. Mientras tanto, las energías *renovables*, que tanto apoyo reciben de muchos gobiernos, representan solamente el 3,8 % de la energía total consumida. Atendiendo conjuntamente a la información de las Figuras 161 y 162, para el año 2021 en Europa, se deduce que de la energía total consumida, un 87,2 % procedió de los combustibles fósiles. Los objetivos de los gobiernos europeos parecen centrarse en eliminar el 7,2 % de combustibles fósiles utilizados en la producción de energía eléctrica, lo que podría ser un objetivo loable. Sin embargo, atendiendo a los porcentajes mencionados, ese logro no modificaría significativamente el grado de dependencia (actual y futura) de ese tipo de combustibles, para cubrir las necesidades totales de energía.

Las informaciones y datos mencionados, sugieren que las constantes apelaciones dirigidas a la *descarbonización de la economía* (electrificándola), al incremento de la *movilidad eléctrica* (transporte ferroviario y coches eléctricos), a la producción de *hidrogeno verde* (utilizando para su generación grandes cantidades de energía eléctrica), etc., deberían situarse en su adecuado contexto. La puesta en práctica *real* de esas ideas, necesita multiplicar por cuatro o por cinco la potencia instalada en los sistemas eléctricos europeos en cuestión de 10 o 15 años. La ingente cantidad de instalaciones eólicas y solares que serían necesarias para la consecución de estos objetivos, lo hacen claramente inviable, por lo que, inevitablemente, se deberá recurrir al gas, al petróleo y al carbón para obtener esa electricidad extra. Además, también sería necesario un fuerte incremento del suministro proveniente de las centrales nucleares, ya que la energía hidroeléctrica, en Europa, está ya muy limitada y tiene un tope máximo muy cercano de alcanzar, puesto que nuestros ríos están altamente regulados.

15.5. ¿Qué puede esperarse en el futuro? Predicciones a 2050

El famoso físico danés y premio Nobel Niels Bohr (1885-1962) dijo irónicamente que «predecir es muy difícil, especialmente si se trata del futuro». Sin duda, tenía razón, aunque sin embargo, se puede intuir por donde van a discurrir las cosas en el segundo cuarto del siglo XXI desde el punto de vista energético, siempre y cuando la historia de la humanidad progrese sin sobresaltos de gran envergadura (bélicos o de otra índole) y suponiendo que no se descubra una nueva tecnología, actualmente desconocida, que constituya una gran fuente de energía barata, estable y segura. La referencia a los sobresaltos está en relación con el conflicto bélico en Ucrania, que aun tratándose de una guerra convencional por motivaciones políticas y en un contexto geográfico regional, constituye un desequilibrio global muy importante precisamente desde el punto de vista energético europeo.

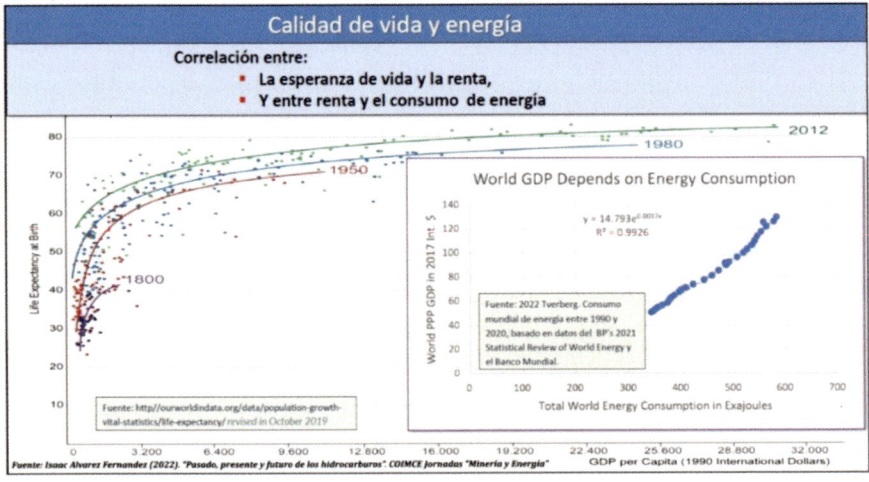

Figura 163. Correlación entre Esperanza de Vida, PIB y Consumo global de Energía. Fuente: Isaac **Álvarez** Fernández (2022), Jornadas sobre Minería y Energía. Colegio de Ingenieros de Minas Centro (COIMCE). Madrid, junio 2022.

En cuanto a la posibilidad de disponer de una nueva fuente segura e inagotable de energía, se llevan 40 o 50 años trabajando en la investigación de la fusión nuclear y aún está en fase de desarrollo. No es previsible disponer de esta tecnología (independientemente de sus costes económicos), durante los próximos 30 o 40 años, según los cálculos más optimistas. Incluso 100 años, en el caso de estimaciones más pesimistas.

Así pues, atendiendo a los medios y las tecnologías actuales, para intuir el futuro, es indispensable realizar ciertas reflexiones sobre algunos hechos de gran importancia. Del enorme consumo de energía que se realiza actualmente en el mundo (ver Figura 162), la mayor parte se realiza en los países desarrollados. En efecto, el desarrollo económico, los elevados valores del PIB de nuestras naciones y el incremento en la esperanza de vida de sus habitantes, implican un gran consumo de energía para mantener a sociedades, donde además, con demasiada frecuencia, se derrocha energía sin el menor escrúpulo. En la parte izquierda de Figura 163 se representa gráficamente cómo ha ido evolucionando la relación existente entre la Esperanza de Vida, el PIB y el Consumo de Energía, observándose como la esperanza de vida de las personas (y su consumo de energía), tiene una relación directa con el Producto Interior Bruto. Esta relación es especialmente apreciable en la parte derecha de la gráfica.

De manera informal, se suele aceptar que el mundo desarrollado está formado por América del Norte (Estados Unidos y Canadá), Europa Occidental (Unión Europea más Reino Unido, Noruega, Suiza, etc.), Japón, Corea del Sur, Australia y Sudáfrica. En este conjunto de naciones habitan unos 1100 millones de personas, que se encargan de consumir una buena parte de la energía global antes citada (unos 9000 Mteqp/año), a un ritmo aproximado de 8 teqp por persona y año. Además, existen países con una gran población como China (1300 millones) y la India (1400 millones) que han iniciado, desde hace un par de décadas, un camino acelerado hacia el desarrollo económico y social al que, lógicamente, tienen todo el derecho. Esa evolución se traducirá en el próximo cuarto de siglo (2025-2050), en un incremento muy notable del consumo de energía, que puede estimarse entre los 3000 y los 5000 Mteqp adicionales por año, lo que llevaría el consumo global total a un rango situado entre 16 000 y 18 000 Mteqp/año. Es decir, una cantidad de energía fabulosa, que será totalmente imposible de aportar, obviamente, tan solo con fuentes alternativas a los combustibles fósiles.

A modo de ejemplo, imaginemos por un momento que el enorme parque móvil actual, mayoritariamente equipado con motores impulsados por hidrocarburos, es sustituido por vehículos eléctricos. ¿De dónde podría obtenerse la astronómica potencia eléctrica necesaria para asegurar su abastecimiento? Esta situación podría ser totalmente insoluble, especialmente en los días de tráfico intenso como las operaciones de *salida* o *retorno*, donde millones de vehículos necesitarían el aporte simultáneo de energía eléctrica. Además, las consideraciones anteriores acerca del PIB y la calidad de vida, están hechas sin tener en cuenta otro de los factores esenciales para intuir lo que se nos viene encima desde el punto de vista energético para los próximos 25 años, Porque se estima que en 2050, la población mundial pasará de los actuales 8000 millones a 9500 millones de personas. Ese incremento de la población mundial implicará, proporcionalmente, un aumento adicional en el consumo de energía, que llevará las necesidades de la humanidad hasta el entorno de los 20 000 Mteqp por año. Es decir, aproximadamente unos 150 000 millones de barriles de petróleo por año.

15.6. ¿Qué sentido tiene plantear objetivos inalcanzables?

Los datos anteriores atestiguan sin ningún género de dudas que la humanidad continuará, sin remedio, dependiendo de los combustibles fósiles, por muy denostados que estén por las asociaciones ecologistas, por mucho que los gobiernos insistan en objetivos medioambientales y climáticos no bien calibrados (y además equivocados), y por muy convencida que esté una opinión pública, crédula respecto de una descarbonización que no tiene en cuenta ni sus implicaciones ni su inalcanzable factibilidad.

El consumo de energía de la humanidad es tan intenso y formidable que, en términos prácticos, no es pertinente una discusión acerca de qué tipo de energía es mejor o peor, más recomendable o menos, más *limpia* o más *sucia*, más o menos *renovable*. Porque en realidad, cualquier fuente de energía que se pueda poner en el mercado global, sea primaria o secundaria, producida a partir de recursos geológicos o mineros, del viento, del sol o de las mareas, va a ser necesaria. Y, además, todas son complementarias, la humanidad no puede prescindir de ninguna de ellas. En la práctica, los acontecimientos vividos en Europa últimamente, a partir del conflicto Ucrania-Rusia, ha hecho evidente y confirmado esta realidad. Por ello, la Unión Europea se ha visto obligada a etiquetar el gas y la energía nuclear como energías verdes, y Alemania se ha planteado la reapertura de sus centrales térmicas para reiniciar la quema de carbón, después de haber paralizado erróneamente sus tres últimas centrales nucleares. En el Reino Unido se ha autorizado el *fracking* para la explotación de gas y, además, se va a reiniciar el otorgamiento de concesiones para la búsqueda de petróleo y gas, con el objetivo de garantizar la independencia energética. Por su parte, China ha anunciado que construirá, ¡cada mes!, una nueva central térmica de carbón de aquí a 2030, es decir, 85 nuevas plantas. ¿Hacen falta más evidencias? El poeta italiano Dante Alighieri, en el siglo XIII, relató en *La Divina Comedia* que, a la entrada del infierno, sobre el dintel de la puerta, existe una inscripción que dice:

«¡Oh!, vosotros los que entráis, abandonad toda esperanza».

Eso mismo podría decirse sobre la pretendida eliminación de los combustibles fósiles en el *mix* energético mundial.

Los argumentos expuestos hasta ahora se basan en datos cuantitativos sobre necesidades energéticas y fuentes disponibles. Pero, además, a la imposibilidad práctica de alcanzar la descarbonización en los plazos previstos, debe añadirse la inutilidad de la medida. Cabe recordar, como se ha puesto de manifiesto a lo largo de capítulos precedentes, las numerosas evidencias sugiriendo que las emisiones antrópicas de CO_2 no son las desencadenantes ni las responsables principales del calentamiento global.

Nadie puede dudar de los beneficios que traería consigo la descarbonización de los automóviles o el transporte público, al menos dentro de las áreas urbanas, ya que para desplazamientos a larga distancia es mucho más complicado. Las ventajas en contaminación acústica y calidad del aire son incuestionables. Pero llamando a las cosas por su nombre, al pan, pan, y al vino, vino, el impacto de esa electrificación en el calentamiento global sería insignificante. Así, sumando estas conclusiones, al observar el carácter utópico de la descarbonización y su incapacidad para frenar el calentamiento global, ¿qué sentido tiene apostar, poniendo todos los huevos en la misma cesta, por una política tan inalcanzable como inútil?

15.7. ¿Se están agotando los combustibles fósiles y minerales? ¿Habrá reservas para cubrir las necesidades energéticas de la humanidad en el siglo XXI?

Unos de los argumentos utilizados con más frecuencia para apoyar el intento de abandono de los combustibles fósiles y minerales, es que se trata de recursos no renovables, por lo que, al ser inminente su agotamiento, es imprescindible su sustitución por otras fuentes alternativas de energía. Pero ¿es eso realmente cierto? Para entender realmente la situación y el futuro de estas sustancias, es indispensable evitar la confusión entre un par de conceptos que aparecen, con frecuencia, como si fuesen idénticos, en las noticias difundidas por la prensa.

Se trata de las diferencias, muy notables e importantes, que existen entre los recursos geológicos y las reservas explotables. Se denominan «recursos geológicos» de una substancia mineral, al volumen o al peso (según se trate de un fluido o de un sólido) que se estima que existe en el conjunto de la Tierra, en función de los yacimientos e indicios conocidos. Se trata, por decirlo así, de cantidades o volúmenes estimados mediante criterios aproximativos de tipo geométrico, basados en el cálculo de los volúmenes de roca que pueden contener un determinado recurso.

En cambio, se denominan «reservas» a los volúmenes o cantidades que han sido estudiados geológicamente con detalle, que han sido cuantificados, y de los cuales se conocen los costes de extracción que conllevaría su explotación, de acuerdo con el proyecto minero que se haya previsto o realizado. Y esta es la diferencia esencial, ya que solo se pueden considerar como reservas, a los yacimientos o las porciones de un yacimiento que son extraíbles *con beneficio económico para el explotador*. Es decir, cuando la suma de los costes de extracción, tratamiento y transporte de la sustancia, es inferior a su precio de venta. Además, en función del nivel de conocimiento que se tenga sobre el recurso en un determinado yacimiento, las reservas suelen dividirse en probadas (cuya existencia y rentabilidad está verificada mediante los sondeos o análisis requeridos) y probables o posibles, que presentan un grado inferior de conocimiento.

Teniendo en cuenta esta diferencia, es fácil comprender que el nivel de conocimiento existente sobre los recursos geológicos es siempre muy bajo, y que para convertir unos recursos estimados en reservas, se requiere un gran esfuerzo técnico y económico, invirtiendo enormes cantidades de dinero en investigación geológica y minera muy detallada. Estas inversiones, que en inglés se conocen como *upstream* (es decir, la parte del «flujo de petróleo hacia arriba» de la cadena de valor que comprende las actividades de exploración y de producción), son con mucha frecuencia de alto riesgo. Baste mencionar, por ejemplo, que, para los minerales metálicos y como promedio a escala mundial, solo el 1 % de los yacimientos explorados por sus recursos potenciales llega a convertirse en explotaciones rentables con reservas probadas. Por eso, el matiz que diferencia entre recursos y reservas es tan importante.

Esta distinción también permite comprender por qué, cuando los precios de una substancia mineral suben, las reservas mundiales aumentan inmediatamente, pues se conocen muchos yacimientos, ya estudiados desde el punto de vista geológico y minero, que con el incremento de valor de sus contenidos, cruzan el umbral de recursos conocidos y pasan a reservas explotables, al permitir costes de explotación con margen económico.

Por ello, cuando se habla de reservas, es necesario precisar en qué momento y con qué nivel de precios han sido calculadas. En nuestro caso, las reservas de las que se hablará en las páginas siguientes, lo son con los precios actuales. Es decir, unos 80 o 100 dólares USA por barril (equivalente 159 litros) para el petróleo. Si el precio subiera a 140 dólares (como ocurrió en los años 90 con la primera Guerra del Golfo), las reservas mundiales probablemente se duplicarían, porque se conocen en el mundo muchos campos de petróleo, cuyo coste de extracción hace que no sean rentables hoy y estén inactivos, pero que se reactivarían si los precios superan su umbral de rentabilidad. Ese mismo criterio se puede aplicar a determinadas zonas paralizadas dentro de campos petrolíferos en actividad, que podrían entrar de nuevo en producción con nuevas condiciones en el precio del barril.

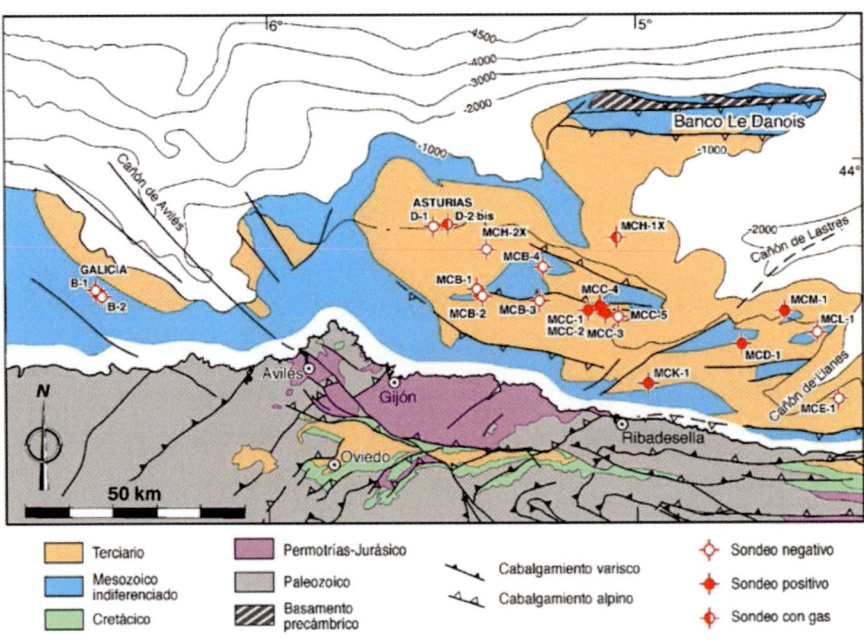

Figura 164. Situación de los principales sondeos petrolíferos perforados en la plataforma asturiana. Fuente: Gutiérrez Claverol, & Gallastegui (2002).

Veamos un ejemplo de esta situación en nuestro territorio. La Figura 164 recoge todos los indicios de petróleo y gas, obtenidos en los años 70 y 80 del siglo XX en la investigación petrolífera desarrollada en la plataforma continental del Mar Cantábrico, frente a las costas asturianas. De estos indicios, los denominados como sondeos Mar Cantábrico C (MCC-1 a MCC-4) fueron positivos y constituyen un campo de petróleo con costes de producción entre 180 y 250 dólares por barril.

Estos mismos criterios son aplicables a los yacimientos de gas natural, para los que el precio actual se sitúa alrededor de los 200 dólares por 1000 m³ de gas. En cuanto al carbón, el precio para las hullas bituminosas y subbituminosas con calidad térmica, oscila actualmente entre 100 y 200 dólares por tonelada, aunque en el último año (2022) se han registrado precios puntuales de 460 dólares por tonelada. Por poner un ejemplo que afecta directamente a España, la Cuenca Carbonífera Central de Asturias, explotada por la empresa minera pública HUNOSA, entró en período de cierre a principios del siglo XXI, cuando los precios del carbón estaban alrededor de los 50 dólares por tonelada y los costes de extracción de la empresa rondaban los 200 dólares por tonelada. Con los precios actuales, hoy, buena parte de los yacimientos carboníferos subterráneos de Asturias (como los de otros países europeos) podrían volver a ser económicamente explotados, si no fuese por las razones ideológicas que lo impiden.

15.8. Evolución reciente de las reservas de hidrocarburos

Teniendo en cuenta los criterios mencionados en los párrafos anteriores, se abordará a continuación el análisis de la evolución de las reservas reconocidas para el petróleo, el gas natural y el carbón, a lo largo de las últimas dos décadas. Por lo que se refiere al *petróleo*, como puede observarse en la Figura 165, las reservas probadas no solo no han disminuido con la explotación intensiva de estos últimos años, sino que han aumentado en 500 000 millones de barriles, alcanzando los 1,7 billones de barriles (billones europeos, es decir, millones de millones o $1x10^{12}$). Esta cantidad, al ritmo de explotación actual, significa la disponibilidad de reservas para unos 47 años.

Este incremento de reservas probadas se debe principalmente a mejoras en las técnicas de perforación dirigida y de fracturación hidráulica, para el desarrollo de los campos de petróleo y gas que se explotan en todo el mundo. Estas técnicas, que se venían aplicando desde los años 50 del siglo pasado en los campos y almacenes tradicionales, han sufrido una fuerte evolución, lo que ha permitido la puesta en explotación en rocas de baja permeabilidad (rocas madre) que anteriormente no eran consideradas explotables.

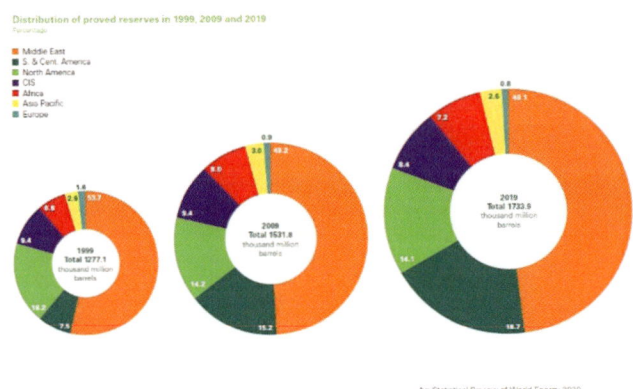

Figura 165. Evolución de las reservas de petróleo desde finales del siglo xx, representadas por zonas geográficas. Fuente: BP Statistical Review of World Energy 2020.

La extracción mediante esas técnicas presenta costes superiores a los métodos convencionales, pero los precios actuales se sitúan por encima de los 65 o 70 $/barril y permiten su aplicación. Dado que los petróleos así extraídos van a ir sustituyendo a las explotaciones tradicionales, parece difícil que, en el futuro, se produzca un descenso significativo de los precios del barril, desde este precio límite de rentabilidad.

Por otro lado y complementariamente, la investigación geológica para el descubrimiento de nuevos yacimientos de petróleo y gas, ha sufrido también cambios sustanciales como consecuencia de la aplicación de las técnicas mencionadas. En efecto, hasta hoy y durante 150 años, se ha estado buscando petróleo y gas en rocas almacén (calizas, arenas, etc.) de alta porosidad y permeabilidad, estratigráficamente situadas por encima de las *rocas madres* (pizarras negras o *black shales*), que son los sedimentos ricos en materia orgánica generadores de los hidrocarburos (Figura 166). Sin embargo, hoy en día, se están empezando a explorar directamente esas rocas madres, considerándolas también como rocas almacén. Era conocido desde antiguo que estas rocas, de muy baja permeabilidad, almacenaban entre el 50 y el 75 % de todo el hidrocarburo que habían generado, y que solo una parte de estos productos era capaz de migrar verticalmente, desplazándose hasta los estratos almacén que están situados en niveles geológicos superiores. Sin duda alguna, en el futuro, la investigación geológica de todas las rocas madre que existen en el conjunto de la Tierra, dará lugar a un significativo aumento de las reservas probadas de petróleo y gas.

Este previsible incremento, además, tendrá importantes derivaciones geopolíticas, ya que la distribución por el mundo de esas rocas madre, es muy diferente a la localización geográfica de los campos petrolíferos y gasísticos actuales, modificando significativamente las condiciones geoestratégicas. Además, hay muchas cuencas en el mundo que contienen rocas madre que no han dado lugar a yacimientos convencionales de gas y petróleo, por lo que su investigación dará lugar a nuevas reservas hasta hoy desconocidas. Como puede apreciarse en la Figura 165, las actuales reservas de petróleo se concentran en Oriente Medio, Sudamérica, Estados Unidos, Rusia y otros países de la antigua Unión Soviética.

Estas previsiones contradicen absolutamente la teoría del *peak oil* o pico máximo de producción de petróleo y gas, que estuvo muy en boga durante el último tercio del siglo XX, y que hoy puede considerarse totalmente superada. Sin embargo, esa hipótesis (también conocida como *pico del inicio del agotamiento del petróleo* o *pico de Hubbert*, en referencia al nombre de su autor, M. King Hubbert, geólogo de *Shell Oil* que lanzó estas ideas en 1956) ha sido muy influyente en las previsiones sobre la tasa de agotamiento a largo plazo del petróleo y del gas natural. Esta teoría vaticinaba que la producción mundial llegaría a su cenit en un momento dado del futuro próximo y después declinaría tan rápidamente como había crecido. La teoría estaba basada en un principio que el tiempo se ha encargado de rebatir, suponiendo que el factor limitante para la extracción de petróleo sería la energía requerida, y no su coste económico.

Figura 166. Ejemplo de un afloramiento en superficie de *black shales* o pizarras bituminosas negras generadoras de petróleo y gas. Estas «pizarras negras» son las rocas madres generadoras de petróleo y gas de los campos e indicios recogidos en la Figura 164. Fuente: fotografía de José Antonio Sáenz de Santa María.

A pesar de que se trató desde sus inicios de una hipótesis muy controvertida y de que sus previsiones no se han cumplido (los «picos» que fueron sucesivamente anunciados para finales de los 90 y principios de los 2000 nunca aparecieron), esta teoría estaba ampliamente aceptada entre la comunidad científica y la industria petrolera. En realidad, el debate no se centraba en si existiría o no un pico del petróleo, sino en cuándo ocurriría, ya que es evidente que el petróleo es un recurso finito, no renovable en escalas cortas de tiempo y en un momento u otro debería llegarse al límite de extracción. Pero, obviamente, el momento en que se alcanzase ese límite dependería de los posibles descubrimientos de nuevas reservas, del aumento de eficiencia en la explotación de los yacimientos, de las posibilidades de extracciones más profundas, y de la explotación de nuevas formas de petróleo y gas no convencionales.

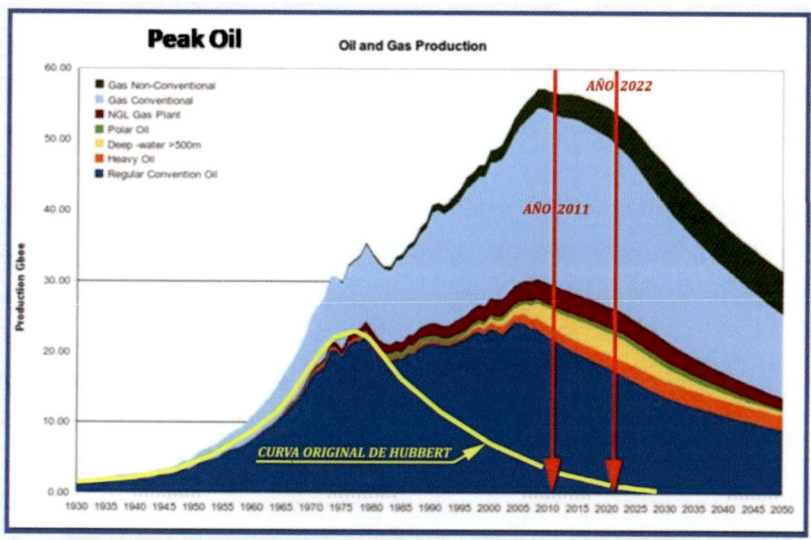

Figura 167. Evolución de la estimación de reservas según el tipo de hidrocarburos. Fuente: datos de www.peakoilbarrel.com y elaboración propia (en Sáenz de Santa María, & Ortega, 2022b).

En realidad, el año exacto del *pico de petróleo* nunca ha podido ser vaticinado con precisión a partir de las ideas de M. King Hubbert. Como se puede observar en la Figura 167, inicialmente se predijo que el pico llegaría a finales de la década de los 70, aunque en aquel momento M. King Hubbert solo consideró la producción de petróleo y no la de gas natural. Por la misma época, el *Club de Roma* (una ONG integrada por científicos y políticos interesados en el futuro del mundo a largo plazo) alertaba de los riesgos y peligros que se presentarían a principios de los años 70, como consecuencias de la sobreexplotación de recursos. Hoy, 50 años después, dichos problemas aún no han aparecido, ya que sus previsiones en la estimación de las reservas fueron incorrectas.

Más tarde, en noviembre de 2010, la Agencia Internacional de la Energía hizo público que la producción de petróleo crudo había llegado a su pico máximo en 2006. Posteriormente y basándose en los datos actuales de producción, se consideró que el *pico del petróleo* habría ocurrido en 2010, mientras que el pico del gas natural ocurriría algunos años más tarde. Sin embargo, actualmente, hay estimaciones que indican la existencia de reservas de petróleo y gas suficientes para 100 años más.

Por lo que se refiere al *gas natural*, en la Figura 168 se recoge la evolución de las reservas durante las últimas dos décadas. Hay que reseñar, para comprender adecuadamente las cifras mencionadas, que en la figura se expresan los trillones de metros cúbicos de acuerdo con la acepción americana, es decir, equivalentes a los billones de metros cúbicos europeos (1×10^{12}). En cualquier caso, como ocurre con el petróleo, muy ligado el gas natural, las reservas han aumentado en 66 000 billones europeos de metros cúbicos desde principios de siglo, lo que representa un incremento del 50 %.

Y los últimos datos no hacen sino confirmar esta tendencia. Así, según un estudio de Rystad Energy publicado en junio del 2023 (www.elperiodicodelaenergia.com), las reservas mundiales de petróleo recuperable ascienden actualmente a 1,624 billones de barriles, lo que supone un aumento de 52 000 millones de barriles respecto a la estimación del año pasado. Y, en la misma línea, la OPEP (Organización de Países Exportadores de Petróleo) acaba de hacer públicas sus previsiones de mercado para las próximas décadas, vaticinando que habrá un aumento de la demanda mundial de crudo del 23 % hasta 2045, que alcanzará para ese mismo año hasta los 110 millones de barriles por día (www.bolsamania.com/noticias).

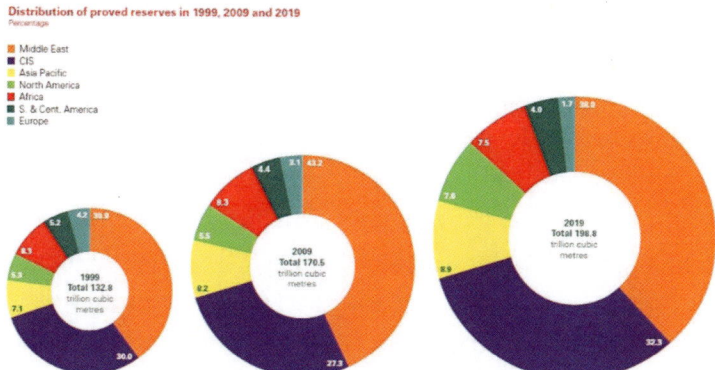

Figura 168. Evolución desde finales del siglo xx de las reservas de gas natural, representadas por zonas geográficas. Fuente: BP Statistical Review of World Energy 2020 (en Sáenz de Santa María, & Ortega, 2022b).

Sobre el gas, puede afirmarse algo similar a lo mencionado en relación con el petróleo. A pesar de la intensiva explotación actual, las reservas totales de gas ascienden a 198 800 bcm (miles de millones de metros cúbicos, es decir, 1 x 10⁹ m³). Teniendo en cuenta que se producen y consumen anualmente unos 4000 bcm, existen en la actualidad reservas suficientes para unos 50 años. Las consideraciones acerca de las nuevas tecnologías de perforación y explotación sobre rocas madres, son válidas también para el gas natural, por lo que las reservas aumentarán de forma muy importante en el futuro, tan pronto como se evalúen, con los nuevos paradigmas geológicos y petrofísicos, las cuencas potencialmente productoras de hidrocarburos a nivel global. Y también, ese aumento tendrá consecuencias geoestratégicas similares a las anteriormente mencionadas, ya que las principales reservas actuales de gas natural están también muy localizadas en Oriente Medio, Rusia y otros países de la antigua Unión Soviética. Adicionalmente, debe recordarse también lo mencionado en el Capítulo 7 sobre los enormes volúmenes de hidratos de metano en las plataformas submarinas y las posibilidades del relleno, natural y espontáneo, de los reservorios de gas natural, desde niveles más profundos de la corteza terrestre.

Por lo que respecta al *carbón*, según la Agencia Internacional de la Energía, su producción y consumo en el mundo no ha hecho más que aumentar desde que se inició el siglo XXI. En el año 2000 se produjeron y consumieron unos 3600 millones de toneladas (Mton) mientras que en 2020 fueron unos 6800 Mton. El consumo de carbón prácticamente ha duplicado sus cifras en 20 años y sus reservas actuales globales probadas son 1,07 billones de toneladas. Estas reservas, a pesar de la explotación, han permanecido estables en los últimos 20 años, tanto como consecuencia del mejor conocimiento geológico de las diferentes cuencas carboníferas, como por el incremento de los precios internacionales del carbón ya mencionado anteriormente, que permitirían reabrir numerosas cuencas carboníferas europeas en Alemania, Francia, Polonia, Reino Unido o incluso España.

Actualmente, los productores de carbón más importantes son China (3200 Mton/año), Indonesia (610 Mton/año), Estados Unidos (580 Mton/año), Australia (530 Mton/año), India (520 Mton/año), Rusia (375 Mton/año) y Sudáfrica (250 Mton/año). Es muy llamativo el caso de China que, en los últimos 20 años, ha triplicado su producción desde 1000 Mton de 2001 hasta los 3200 Mton de carbón actuales.

Por lo que se refiere al consumo, China utiliza 3500 Mton/año seguida de India con 800 Mton/año. Es decir, que dos de los mayores productores aún necesitan importar carbón para cubrir sus necesidades. Además, USA (490 Mton/año), Japón (210 Mton/año) y Rusia (150 Mton/año) siguen como los mayores consumidores.

Por lo que se refiere a Europa, en el conjunto de sus países, se consumieron 490 Mton en 2020, contradiciendo la creencia generalizada sobre nuestro carácter *verde*. Como en las gráficas anteriores, la Figura 169 recoge la evolución de las reservas de carbón durante las dos últimas décadas, que han permanecido estables a lo largo de los años a pesar de un incremento explosivo de la extracción, propiciado especialmente por China y la India desde principios del siglo XXI. La avidez energética de estos países es insaciable debido a su aumento de población y a su fuerte desarrollo económico en términos de PIB.

Complementariamente, en la Figura 170 se recogen la producción y el consumo de carbón, por áreas geográficas, desde principios del siglo XXI.

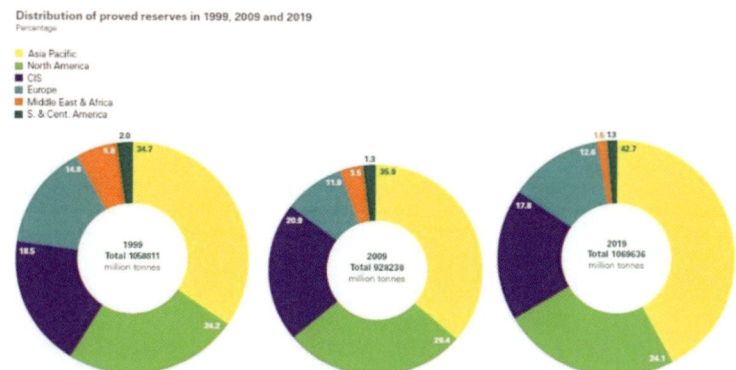

Figura 169. Evolución en las últimas décadas de las reservas de carbón representadas por zonas geográficas. Fuente: BP Statistical Review of World Energy 2020 (en Sáenz de Santa María, & Ortega, 2022b).

Se observa como China e India han incrementado, casi duplicado, sus números y han llevado a ambas variables desde los 3800 millones de toneladas que se produjeron en 1999 hasta los 6500 millones de toneladas de 2019.

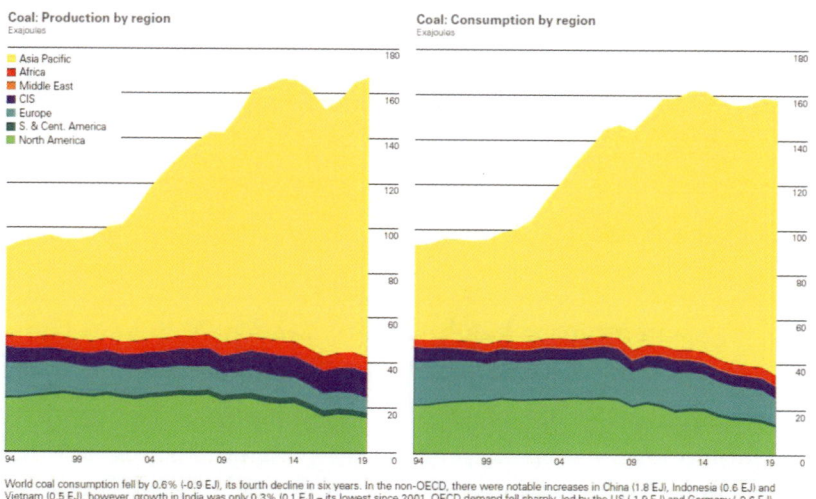

Figura 170. Evolución en las últimas décadas de la producción y consumo de carbón representadas por zonas geográficas. Fuente: BP Statistical Review of World Energy 2020 (en Sáenz de Santa María, & Ortega, 2022b).

Se prevé que, en 2023, la producción y consumo mundiales de carbón alcanzará la asombrosa cifra de 8000 millones de toneladas. El carbón, pese a lo que se publica en la prensa y por nuestros gobiernos, solo es una energía en retroceso en la Unión Europea, donde existen también importantes reservas, hoy inexplotadas, no por razones económicas o técnicas, sino por motivos esencialmente ideológicos.

15.9. ¿Cómo evolucionarán las emisiones antrópicas de CO_2?

Todos los datos e informaciones aportados en los párrafos anteriores apuntan hacia una misma respuesta para esta pregunta: las emisiones de CO_2 procedentes de la actividad humana continuarán aumentando durante todo el siglo XXI, esencialmente como consecuencia del incremento de la población mundial (en un 30 % de aquí a 2050) y la duplicación del PIB mundial en ese mismo horizonte temporal. En la Figura 171, a la izquierda, se observa la correlación entre el incremento de la población mundial y las emisiones antrópicas de CO_2, tan evidente y ajustada que no necesita ningún comentario explicativo.

Así mismo, se observa cómo las emisiones vienen incrementándose de forma prácticamente lineal desde 1950 en adelante, a un ritmo de unos 500 millones de toneladas más cada año. En el momento actual se están emitiendo 36 Gigatoneladas (Gton) por año y se espera alcanzar la cifra de 50 Gton en 2030 y 60 Gton en 2050. No obstante, debe tenerse en cuenta que la cuantificación de estas toneladas de CO_2 emitidas no se basa en mediciones directas, sino en datos estadísticos deducidos de los volúmenes de combustibles vendidos, por lo que la representatividad de estos datos es tan problemática como la de la temperatura media global, como se ha descrito en el Capítulo 3. En cualquier caso, tomando estos datos como válidos, las emisiones de CO_2 a la atmósfera por las actividades humanas, suponen aproximadamente un incremento del 0,5

% anual en la cantidad de CO_2 atmosférico. No obstante, antes de alarmarse por este inevitable aumento, deben ser tenida en cuenta la capacidad de absorción de los sumideros naturales y la mínima importancia climática real del CO_2, tal y como se ha explicado en el Capítulo 7.

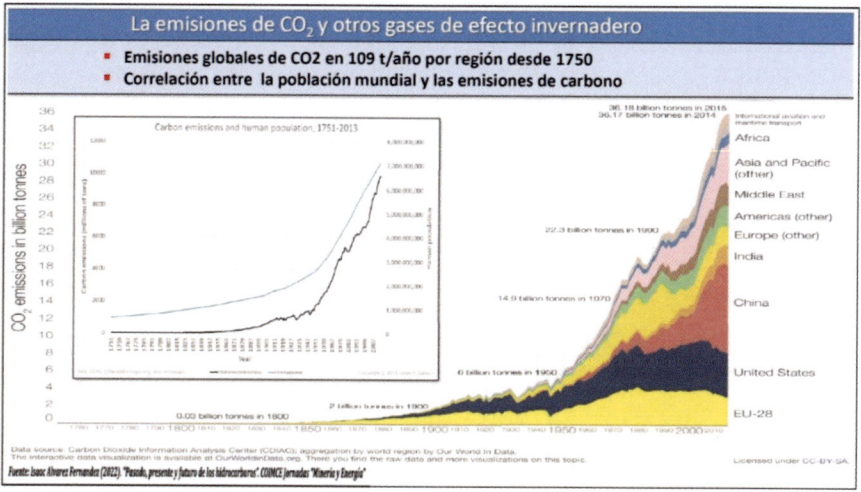

Figura 171. Evolución de las emisiones antropogénicas de dióxido de carbono (CO_2) desde el siglo XVIII hasta la actualidad. A la izquierda relación entre el incremento de población en el mundo y las emisiones de CO_2. Fuente: **Álvarez** Fernández (2022).

La Figura 171 es también muy ilustrativa sobre la evolución de los principales emisores de CO_2 a la atmósfera. La Unión Europea y sus 27 estados miembros, que son responsables tan solo de un 9 % de las emisiones globales de GEI, se postulan como los primeros de la clase en la reducción de emisiones, mientras que otros países como China (35 % de emisiones GEI) y Estados Unidos (25 % de emisiones GEI) juegan al despiste y a defender sus propios intereses económicos y nacionales, sin que les preocupe mucho la supuesta emergencia climática. Como ya se ha dicho, los países que no suscriben los compromisos de lucha contra el calentamiento global, al mismo tiempo que alientan las tendencias ecologistas más radicales fuera de sus fronteras, sonríen satisfechos al ver diferencialmente fortalecidas sus economías y su competitividad.

A estas informaciones, debe añadirse otra evidencia técnica que los medios de comunicación suelen silenciar: no existen los vehículos sin emisiones de CO_2. En realidad, los vehículos eléctricos, lo que hacen es exportar sus emisiones a otras etapas de la industria de la automoción, pero no reducirlas. Por ejemplo, para fabricar una batería de algo menos de media tonelada, capaz de sostener la energía equivalente a un barril de petróleo, se necesita extraer y procesar 225 toneladas de diversos materiales, precisando el aporte energético equivalente a entre 100 y 300 barriles de petróleo. Por ello, el proceso de fabricación de cada batería conlleva la emisión a la atmósfera de entre 10 y 40 toneladas de CO_2. En otras palabras, la electrificación de los vehículos, en términos prácticos, no supondrá una reducción significativa de las emisiones de dióxido de carbono. Un razonamiento similar y con idénticas consecuencias puede aplicarse a los equipos generadores de energías renovables, tanto eólicos como solares, además de otros equipos y máquinas que requieran almacenamiento de energía.

15.10. La Agenda 2030 y el Pacto Verde Europeo

El preámbulo de la Agenda 2030 para el Desarrollo Sostenible se abre con estas palabras:

> Es un plan de acción en favor de las personas, el planeta y la prosperidad. También tiene por objeto fortalecer la paz universal dentro de un concepto más amplio de la libertad. Estamos resueltos a liberar a la humanidad de la tiranía de la pobreza y las privaciones, y a sanar y proteger nuestro planeta.

La Agenda 2030 culmina los debates y esfuerzos desarrollados por las Naciones Unidas desde los años noventa, en pro del desarrollo humano y sostenible, atendiendo a sus principales dimensiones. Tanto la Unión Europea como España han mostrado un compromiso inequívoco con la Agenda, a través de diferentes declaraciones e iniciativas, apoyadas por grandes recursos financieros inyectados desde Bruselas, como, por ejemplo, el Fondo *Next Generation*. Los objetivos de desarrollo sostenible que se recogen en la Agenda se resumen en la Figura 172 adjunta. Se trata de 17 Objetivos de Desarrollo Sostenible (ODS) u Objetivos Globales, interconectados, que fueron establecidos en 2015 por la Asamblea General de las Naciones Unidas. La Unión Europea pretende que se alcancen en su territorio en el año 2030.

Figura 172. Objetivos de desarrollo Sostenible de la ONU. incluidos en la Agenda 2030. Fuente: *Plan de Acción para la Implementación de la Agenda 2030. Hacia una estrategia española de desarrollo sostenible.* Gobierno de España. Ministerio de Asuntos Sociales y Agenda 2030.

Como se recoge en la Figura 172, los 17 ODS perseguidos permitirían a la humanidad una vida más digna y confortable en nuestro planeta, colmando las necesidades básicas de buena parte de la población que hoy día es ajena al desarrollo de las naciones del primer mundo. Todos los objetivos, como no puede ser de otra manera, son admitidos por todas las naciones y constituyen un objetivo político de primer orden. Pero los problemas aparecen cuando se analizan en conjunto y se evalúan las posibilidades de que sean compatibles entre ellos y con el sistema energético y las emisiones GEI.

De acuerdo con lo reseñado a lo largo de todo este capítulo, salta a la vista que el ODS nº 7: *Energía asequible y no contaminante*, encierra una contradicción en sí mismo y con el resto de objetivos. En efecto, la energía asequible es hoy en día la que procede de los hidrocarburos fósiles y del carbón, que inevitablemente van a seguir siendo utilizados masivamente. Por otra parte, se consideran como no contaminantes a las energías eólicas y solares, pero, como hemos visto, apenas representan un 5 % del consumo total de energía de la humanidad. Y además, como se ha mencionado anteriormente, la utilización de equipos eléctricos, tanto vehículos como generadores de energía eléctrica, lo único que hacen es transferir las emisiones a otras etapas de la actividad industrial, pero no reducir la dudosa y especulativa *huella de carbono*.

Del mismo modo, este ODS nº 7 entra en contradicción con muchos de los otros objetivos. Así, acabar con la pobreza (ODS-1) y el hambre cero en el mundo (ODS-2), la salud y el bienestar (ODS-3), el agua limpia y el saneamiento (ODS-6), el trabajo decente y crecimiento económico (ODS-8), la industria, la innovación y las infraestructuras (ODS-9), implican necesariamente un incremento muy importante en la producción y consumo de energía, como ya se ha puesto de manifiesto anteriormente en este mismo capítulo. Todo ello obligará al aumento de la extracción y empleo de combustibles fósiles a lo largo del siglo XXI, y es absolutamente inalcanzable que esos deseables objetivos estén conseguidos en 2030, ni tan siquiera en 2050. Así pues, desde un punto de vista estrictamente técnico y energético, sin entrar en consideraciones políticas ni ideológicas, aunque la agenda 2030 sea muy loable, no es en realidad más que un brindis al sol, porque la eliminación de los combustibles fósiles es solo un deseo, que no se podrá hacer realidad en el corto y medio plazo.

Para alcanzar los objetivos previstos en la Agenda 2030, la Comisión Europea, sin atender a las informaciones anteriormente expuestas, ha elaborado una serie de documentos, entre los que destaca el *European Green Deal* o Pacto Verde Europeo (www.commission.europa.eu; ver Figura 173), concebido para *esforzarnos por ser el primer continente climáticamente neutro.* Como ya se ha señalado con anterioridad, la contribución de la Unión Europea a las emisiones globales de los GEI es minoritaria en comparación con otras zonas geográficas, donde a pesar de ser responsables del mayor porcentaje de las mismas, no han preparado (ni tienen previsto preparar) una planificación similar a la de la UE. Y además, como ya se ha mencionado repetidamente, se trata de esfuerzos inútiles que no van a influir significativamente en la evolución del siempre cambiante clima terrestre.

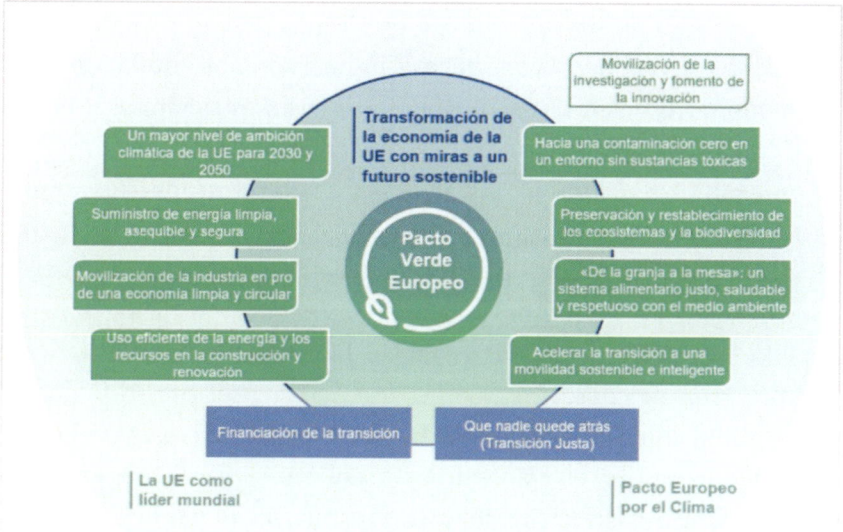

Figura 173. Cuadro resumen de Objetivos del *European Green Deal* o *Pacto Verde Europeo.* Fuente: Comisión Europea, www. compostnetwork.info.

Según consta en los documentos oficiales de la UE, se pretende combatir la amenaza existencial a la que se enfrentan Europa y el resto del mundo por degradación del medio ambiente, transformando la UE en una economía moderna, eficiente y competitiva, cesando las emisiones netas de gases de efecto invernadero en 2050 y disociando el crecimiento económico del uso de recursos. Para financiar dicho plan, ha previsto un considerable presupuesto inicial (de 600 000 millones de euros) para adaptar las políticas de la UE en materia de clima, energía, transporte y fiscalidad. Gracias a estos cambios se espera devolver grandes beneficios a los ciudadanos europeos, entre los que merecen destacarse el aire fresco, el agua limpia, los alimentos saludables y asequibles, más transporte público y empleos con perspectivas de futuro, así como una industria fuerte y competitiva a escala mundial. Sin duda, un maravilloso menú de felicidad y buenas intenciones, pero quizás debiéramos preguntarnos ¿quién va a pagar, o mejor, quién está pagando ya la cuenta?

A pesar de las excelentes intenciones de estas propuestas, atendiendo a la realidad y los datos descritos en páginas anteriores, el listado de objetivos no deja de ser un catálogo de buenos deseos, completamente apartado de la realidad económica e industrial, tanto de la UE como del mundo en general. Desde un punto de vista estrictamente técnico, se trata de una serie de objetivos desenfocados, utópicos y de imposible cumplimiento, ya que la adopción de las medidas propuestas implica en realidad un gran aumento en la producción y consumo de energía, inevitablemente asociado al proceso de electrificación basada en renovables, cuadriplicando o quintuplicando la potencia instalada actual. Y todo ello, sin olvidar que la electricidad tan solo supone un 20 % del consumo total de energía, y que hay numerosos sectores difícilmente electrificables como la agricultura, la pesca, la industria o el transporte.

Se puede resumir el planteamiento del Pacto Verde, diciendo que pretende, contra toda lógica realista y económica, que la UE se convierta en la abanderada temeraria de una iniciativa que puede dañar seriamente nuestra economía y, por ende, a nuestras sociedades. Las recientes protestas de los agricultores europeos son claramente indicativas de las divergencias existentes entre la realidad diaria y las utópicas políticas basadas en criterios estrictamente ideológicos. Especialmente cuando, además, dichas políticas no van a conseguir ninguna contrapartida real en la reducción mundial de gases GEI y en la disminución de la temperatura global, que seguirá con su dinámica planetaria ya establecida, porque como se ha mencionado anteriormente, las emisiones continuarán aumentando de forma incesante. Por otro lado, los ciudadanos europeos, ante las inmensas inversiones previstas para este fin, deberíamos poder preguntar a nuestros gestores cuanto se va a conseguir reducir la temperatura media global gracias a estos esfuerzos. Con seguridad, ningún dirigente se atreverá a dar una cifra de reducción en grados centígrados, ni tan siquiera estimativas, simplemente porque nadie conoce la respuesta. Lo más probable es que solo se obtengan como respuestas evasivas y difusas explicaciones acerca de la etérea e inefable bondad del proyecto.

Y si además, como se ha repetido insistentemente a lo largo de los capítulos anteriores, el aumento de temperatura del planeta es mayoritariamente independiente de las emisiones antrópicas de GEI, tampoco se conseguiría ningún efecto detectable sobre el calentamiento global. Por todo ello, existen serias dudas sobre la pertinencia de este Pacto Verde Europeo, cuyos enormes recursos económicos estarían mucho mejor aprovechados en planificar la adaptación de la economía de la Unión Europea a los cambios que, sin duda e inevitablemente, comportará el cambio climático en el futuro.

15.11. La transición energética o ecológica

Los comentarios anteriores sobre la Agenda 2030 y el Pacto Verde Europeo dejan en evidencia las dificultades que existen para que, en el futuro próximo, se produzca realmente una «transición ecológica o transición energética de la economía», así como la imposibilidad de descartar las fuentes de energía fósil y sustituirlas por energías renovables. Pero además de todo lo ya expuesto, debe también evaluarse otro aspecto fundamental: ¿Hasta qué punto las energías denominadas renovables son verdaderamente renovables? Evidentemente el viento, las mareas y el sol son fuentes renovables de energía, pero lo que no es renovable son los materiales y tecnologías que deben usarse para construir las máquinas que permiten aprovechar esas fuentes de energía.

Un buen ejemplo de esta situación es el elemento químico denominado «neodimio», una *tierra rara*[7] indispensable para construir los

---

[7]   Así se denomina a un grupo de elementos químicos en el conocido Sistema Periódico de los Elementos.

imanes de gran potencia que, instalados en el interior de las turbinas eólicas, permiten generar grandes cantidades de electricidad a partir del viento. Se trata de un material muy escaso, que se produce en pequeñas cantidades, y cuyos yacimientos principales (a falta de una investigación geológica y minera que aún está por hacer a escala global), de momento se concentran mayoritariamente en China. La dependencia europea de esta tierra rara (y también de otras como el *europio*, el *praseodimio*, etc.) aumentará de forma exponencial en los próximos años, ya que se trata de materiales indispensables para las nuevas tecnologías de producción y explotación de la electricidad.

Figura 174. Cuadro resumen de minerales y elementos químicos estratégicos y críticos para la transición energética en el ámbito de las energías renovables y las redes eléctricas.
Fuente: Sáenz de Santa María, & Moratilla (2023).

Teniendo en cuenta esta situación, si verdaderamente se pretende eliminar el uso de los hidrocarburos mediante la denominada transición ecológica, debemos ser conscientes de que se sustituirá el actual sometimiento a los países productores del petróleo y del gas, por otra dependencia: la de los metales raros y escasos. Y ese nuevo panorama ofrece además dificultades adicionales, ya que el suministro de esos materiales (esa es al menos la situación actual) proviene de países rivales, inestables cuando no, decididamente, adversarios de occidente.

En las Figuras 174 a 176 se recogen los minerales y metales más importantes de los que depende la transición energética en alguno de los sectores económicos más afectados por estos cambios. En la Figura 174 aparecen elementos como el cobre y el aluminio, relativamente abundantes en la corteza terrestre y de los que existe actualmente una elevada producción.

Sin embargo, a medio plazo y de acuerdo con los informes de la Agencia Internacional de la Energía, se prevé que debe hacerse frente a un aumento radical de la demanda. De acuerdo con estas previsiones, deberá cuadruplicarse o quintuplicarse la producción de estos minerales para poder abastecer las necesidades en la construcción de nuevas redes eléctricas, así como los desarrollos ligados a la electrificación de la economía.

EL PESO DE LOS MATERIALES CRÍTICOS EN LA TRANSICIÓN ENERGÉTICA

Hidrógeno de bajas emisiones

RECURSO	MATERIAL	COMPONENTES	INSTALACIÓN	OPERACIÓN	INFRAESTRUCTURA
PENTLANDITA (Sulfuro de Ni)	NIQUEL	ÁNODO			
ZIRCON	ZIRCON	CÁTODO		ELECTROLIZADOR	TRANSPORTE DE HIDROGENO
MINERALES DEL GRUPO PLATINO	IRIDIO	MEMBRANA			
ILMENITA, RUTILO, etc.	PLATINO	Placas bipolares	ELECTROLIZADOR		
SULFUROS y OXIDOS COBRE	TITANIO	Compresor CO$_2$			
		Intercambiador de calor			
HEMATITES, MAGNETITA y otros oxidos de hierro	COBRE	Columnas de separación			
	HIERRO	REFORMADORES		PLANTA DE HIDROGENO	
PETRÓLEO Y GAS NATURAL	DISOLVENTES	Catalizadores WSGR		CON GAS NATURAL Y CAPTURA DE CO$_2$	TRANSPORTE DE CO$_2$ Y ALMACENAMIENTO
CALIZAS	CEMENTO	CALENTADORES	REFORMADOR CON CAPTURA DE CO$_2$		
		FUNDACIONES			

Fuente original : Agencia Internacional de la Energía y El Economista. Elaboración propia

Figura 175. Cuadro resumen de minerales y elementos químicos estratégicos y críticos para la transición energética en el ámbito de la producción de hidrógeno verde. Fuente: Sáenz de Santa María, & Moratilla (2023).

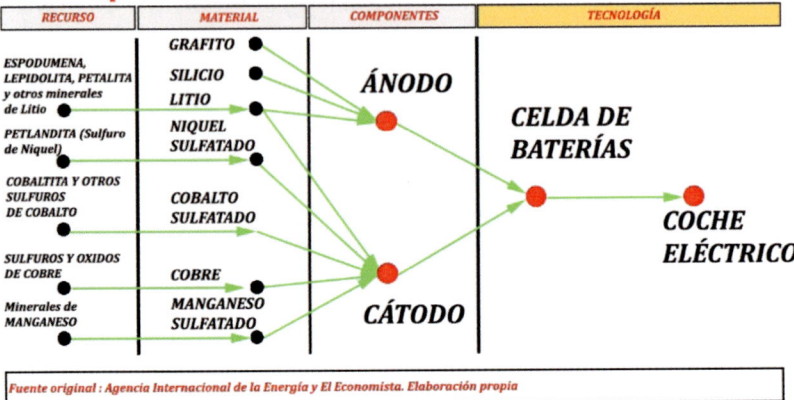

EL PESO DE LOS MATERIALES CRÍTICOS EN LA TRANSICIÓN ENERGÉTICA

Baterías para coches eléctricos

Figura 176. Cuadro resumen de minerales y elementos químicos estratégicos y críticos para la transición energética en el ámbito de la producción de baterías para coches eléctricos. Fuente: Sáenz de Santa María, & Moratilla (2023).

Los dirigentes de la Unión Europea son perfectamente conscientes de las dificultades estratégicas que se presentan para llevar a cabo la transición energética, tal y como está planteada. A todas las dificultades ya detalladas en páginas anteriores, debe añadirse otro problema fundamental: el acceso a las materias primas minerales que se requieren, y de las cuales, en la UE, la producción actual es totalmente deficitaria. Por ello, la Comisión ha decidido impulsar una nueva legislación denominada RAW MATERIALS ACT que insta a los Estados miembros a desarrollar planes de investigación geológica y minera de sus recursos estratégicos y críticos, y a desarrollar nuevas explotaciones mineras de estas sustancias, con objeto de disminuir la actual dependencia, prácticamente total, de las importaciones de terceros países.

RAW MATERIALS ACT

COMISIÓN
EUROPEA

Bruselas, 16.3.2023
COM(2023) 160 final

ANEXOS

Propuesta de Reglamento del Parlamento Europeo y del Consejo
por el que se establece un marco para garantizar un suministro seguro y sostenible de materias
primas críticas y se modifican los Reglamentos (UE) 168/2013, (UE) 2018/858, 2018/1724 y (UE)
2019/1020

{SEC(2023) 360 final} - {SWD(2023) 160 final} - {SWD(2023) 161 final} -
{SWD(2023) 162 final}

ANEXO I _Materias primas estratégicas_ **SECCIÓN1** **LISTA DE MATERIAS PRIMAS ESTRATÉGICAS**

Se considerarán estratégicas las siguientes materias primas:

(a) Bismuto

(b) Boro - grado metalúrgico

(c) Cobalto

(d) Cobre

(e) Galio

(f) germanio

(g) Litio - grado de batería

h) Magnesio metálico

(i) Manganeso - grado de batería

(j) Grafito natural - grado de batería

(k) Níquel - grado de batería

(l) Metales del grupo del platino

(m) Elementos de tierras raras para imanes
(Nd, Pr, Tb, Dy, Gd, Sm y Ce)

(n) metal de silicio

(o) Titanio metálico

(p) Tungsteno

Figura 177. Cuadro resumen de minerales y elementos químicos estratégicos y críticos para la transición energética definidos por la Comisión Europea en su propuesta de reglamento de la RAW MATERIALS ACT. Fuente: Informes de la Comisión Europea y Sáenz de Santa María, & Moratilla (2023).

Los elementos considerados estratégicos y críticos por la Comisión se recogen en la Figura 177. Como se puede observar, en la edición de 2023 y por primera vez, se ha incluido entre los elementos estratégicos al cobre y al níquel que, aun siendo abundantes, van a sufrir una fuerte presión de demanda en los próximos años.

Sin embargo, la implementación de esta nueva política europea no va a resultar nada sencilla. Durante las últimas décadas, algunas agrupaciones políticas y organizaciones ecologistas han conseguido implantar una fuerte oposición contra las actividades mineras en los territorios europeos, que no será fácil contrarrestar en un breve plazo. Y España, dentro de la Unión Europea, no es una excepción. Curiosamente, en el seno de las agrupaciones ecologistas y políticas mencionadas, se está produciendo la enorme contradicción de promover simultáneamente una cosa y su contraria. Por un lado y para mitigar las emisiones de CO_2 a la atmósfera, se impulsa la electrificación y la transición ecológica, mientras que, simultáneamente y en paralelo, por razones relativas al medio ambiente, se pretende prohibir la exploración y la explotación de las sustancias minerales imprescindibles para dicha transición.

Y la realidad, tozuda como siempre, va indicando paso a paso lo irrealizable de estos utópicos proyectos. En el último informe hecho público por los auditores de la UE (junio 2023), se informa acerca del riesgo detectado sobre el incumplimiento de los objetivos que se han marcado los 27 estados de la UE para 2030, mencionando que el paso intermedio a la neutralidad climática prometida para mitad de siglo, y que contemplan una reducción de las emisiones de un 55 % en los GEI, no tiene indicios fiables de ser alcanzados (www.eldiario. es/sociedad). Directamente relacionadas con esta situación, pueden mencionarse las recientes declaraciones (julio de 2023) realizadas por Christine Legard, presidente del Banco Central Europeo, afirmando que *climate change affects inflation* (el cambio climático afecta a la inflación).

15.12. Los potenciales impactos negativos de la Agenda 2030 en el tercer mundo

Como ha denunciado el ecologista Paul Driessen (2017):

> No se pueden evaluar las consecuencias derivadas del uso de los combustibles fósiles de una manera unidireccional, teniendo en cuenta tan solo los posibles inconvenientes, sin considerar también las evidentes ventajas que de ellos se derivan, ni tampoco olvidar los problemas que acarrearía el dejar de usarlos, porque este tipo de aproximación, muy frecuente en las informaciones al público, conduce a una visión muy limitada, parcial y sesgada del problema.

En la práctica, inhibir el uso del petróleo y el carbón en países subdesarrollados implica privarles de energía eléctrica barata y abocarlos al uso de energías más inestables y de mayor precio, como la solar y la eólica. Si estas energías renovables ya resultan caras (como se ha comprobado sistemáticamente con los precios alcanzados durante el verano de 2021 y el año 2022) para un ciudadano europeo, aún lo es mucho más para un ciudadano rural de un país subdesarrollado. Y sin embargo, a pesar de estos problemas, las políticas del primer mundo siguen empujando en esa dirección.

Algunas críticas hacia la transición ecológica van más allá y hablan incluso de que algunos países ricos europeos están poniendo en práctica un soterrado neocolonialismo, un *colonialismo verde*, basado en una poco edificante doble moral. Así lo ha denunciado Vijaya Ramachandran (2021), el director de Energía y Desarrollo del Breakthrough Institute, refiriéndose a Noruega, cuyo Gobierno está ingresando enormes cantidades de dinero gracias al aumento de los precios del gas, incluso antes del aumento inducido por la guerra de Ucrania. Mientras que, al mismo tiempo y en paralelo, afirma estar comprometido con el desarrollo equitativo y sostenible, se esfuerza por impedir que algunos de los países más pobres del mundo produzcan su propio gas natural, presionando a organismos como el Banco Mundial para que deje de financiar proyectos de gas natural en África. En su lugar, propone la financiación de soluciones energéticas «limpias», como el hidrógeno verde, posiblemente la tecnología energética más compleja y cara que existe, inasequible para la gran mayoría de países africanos (y de momento, también para el primer mundo, al menos a medio plazo), que no pueden impulsar el desarrollo sin el respaldo energético de los combustibles fósiles. Pero, contradictoriamente, cuando se trata de su propio petróleo y gas, Noruega rechaza las restricciones, afirmando que las futuras perforaciones de petróleo y gas serán fundamentales para la transición a las energías renovables.

Hablar del desarrollo sostenible a escala global no deja de ser una frase vacía, si los países del tercer mundo carecen de los recursos energéticos necesarios para aumentar sus ingresos, su resiliencia y su calidad de vida. Especialmente, si los países ricos productores de petróleo y gas, apuestan por alcanzar sus objetivos climáticos sin necesidad de adoptar políticas domésticas de restricción a su producción, pero tratando de imponer restricciones a los demás.

Tratando de cuantificar los efectos y consecuencias de la Agenda 2030, cuatro expertos en energía y recursos renovables del University College de Londres, han calculado la proporción de petróleo, gas y carbón que debería dejar de utilizarse, sin extraerlo del subsuelo, si se quiere alcanzar el objetivo climático global marcado en el Acuerdo de París de 2015. Y es nada más y nada menos que el 90 % de las reservas de carbón y más del 50 % de las de gas y petróleo. ¿Alguien se ha molestado en calcular el impacto que tendría esa medida, en los países menos desarrollados? Si los países del tercer mundo se ven obligados a utilizar la energía solar y eólica, en realidad, se les está imponiendo una restricción en el uso de la electricidad y que se olviden de su desarrollo. Porque, en términos prácticos, ¿se puede industrializar un país tan solo con paneles solares o energía eólica? Sin duda, la respuesta es que no.

Una consecuencia inmediata de estas políticas restrictivas es que un buen número de países se niegan a renunciar a su desarrollo, especialmente la gigantesca China. Por eso, el consumo y el precio de los combustibles fósiles, especialmente el carbón, en lugar de disminuir, están aumentando en esos países y a nivel mundial, afectando también (al tratarse de un mercado global) al precio de la electricidad en los países desarrollados.

Tampoco debe olvidarse que estas consecuencias negativas no se limitarían a los países menos desarrollados. En los países del primer mundo existen sectores de la sociedad que se verán igualmente afectados por la renuncia a utilizar los combustibles fósiles. Las personas con menos poder adquisitivo correrán el riesgo de pasar frío durante el invierno por falta de calefacción doméstica asequible, como demuestra la experiencia reciente, por la evolución de los precios de la electricidad y del gas natural en 2021 y 2022. Es decir, que contradictoriamente, la transición energética promovida por los sectores que se consideran a sí mismos como los más progresistas, va a ser sufrida por las clases más humildes, con pérdidas de empleo y con la incapacidad para acceder a todos los bienes que, de una u otra forma, dependan de la electricidad, cuyo precio será muy superior al actual.

15.13. Nucleares: del «No, gracias» al «Sí, por favor»

En las páginas anteriores se ha analizado la situación energética del siglo XXI respecto la utilización de los combustibles fósiles, pero es imposible analizar cómo será el futuro energético de la humanidad, sin tener en cuenta la energía atómica. Desde la década de los años 70 del siglo pasado y a nivel global, la energía nuclear ha sido objeto de un proceso de acoso y demonización por parte de numerosos sectores sociales y políticos y, del mismo modo que ha ocurrido con el CO_2, los hidrocarburos y el cambio climático, por razones más ideológicas que técnicas. El movimiento antinuclear tuvo un enorme eco, popularizado en pegatinas y *pins* donde debajo de un sol sonriente, un eficiente eslogan rezaba: «¿NUCLEARES? NO, GRACIAS» (Figura 178).

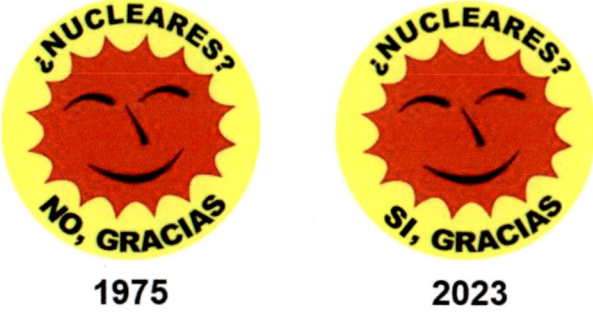

Figura 178: Diseño antinuclear popularizado en España en la década de los años 70 del siglo XX, y su posible adaptación a los tiempos actuales. Fuente: www.wikipedia.org.

En aquellos momentos, había en España varias centrales nucleares en operación y otras en fase de construcción o puesta en explotación. A pesar de la oposición de importantes grupos políticos y sociales, la necesidad del suministro eléctrico hizo que la mayor parte de ellas entraran en funcionamiento en la década de los 80 del siglo pasado, y casi todas, gracias a sucesivas moratorias, continúan todavía hoy en actividad, aunque se suspendieron las obras de otras cinco centrales que estaban proyectadas. Sin embargo, con todas estas dificultades y restricciones, el parque nuclear español ha producido desde los años 80, como promedio, el 21,9 % de toda la electricidad generada en nuestro país durante ese periodo (Ortega, & Sáenz de Santa María, 2023).

No obstante, a pesar de esas aportaciones, siempre han existido dudas sobre el futuro de la energía nuclear. Por eso, se postulaban escenarios diferentes en función de una evolución difícil de prever. Así, Lozano Leyva (2009) predecía que si no se construía ninguna central más, su aportación a la generación de electricidad disminuiría paulatinamente hasta 2020, para caer luego en picado. En cambio, si se construían las que estaban planificadas, su vida activa llegaría hasta 2060, aunque (en concordancia con lo anteriormente expuesto) su aportación sería testimonial respecto de los combustibles fósiles. Como veremos más adelante, estas predicciones no han resultado ser del todo ciertas.

En cualquier caso, y a pesar de sus innegables aportaciones para la generación de electricidad, la energía nuclear continúa siendo sistemáticamente denostada en los medios de comunicación mayoritarios, y sigue existiendo un elevado grado de desinformación sobre la radioactividad y sus aplicaciones energéticas. Un amplio sector de la población desconoce que la radioactividad es un proceso natural, considerándola como una maligna y peligrosa invención humana.

Sin embargo, de un plumazo, las fobias y los temores sembrados en la población durante décadas se han quedado bruscamente en fuera de juego por la repentina decisión de la Comisión Europea, otorgando la etiqueta de «verde» a la energía nuclear, algo impensable tan solo hace un par de años. Hasta los icónicos Greta Thunberg y Bill Gates han manifestado públicamente su cambio de opinión, ahora favorable a las centrales nucleares. No deja de ser misterioso cómo Greta Thunberg, una adolescente sin formación superior, puede llegar a tener opinión favorable o desfavorable hacia este sistema de producción de energía eléctrica. Y más misterioso aún resulta que su opinión sea tenida en cuenta por multitud de seguidores y políticos de alto nivel.

La realidad es que la energía nuclear presenta bajos costes de producción y mínimas emisiones de gases contaminantes, y lo que hasta hace unos años se consideraba un problema insoluble, el almacenamiento de los residuos nucleares, tiene solución técnica desde hace años. Pero un giro tan radical ha sorprendido con el pie cambiado a muchos gobiernos, partidos políticos y organizaciones ecologistas, dejando fuera de las doctrinas oficiales promovidas desde Bruselas a los postulados que eran defendidos por todos ellos.

Este cambio de rumbo, en contra de las apariencias, se trata de un viraje que se veía venir, gestándose con mucha lentitud desde hace tiempo. En efecto, habían surgido voces, con suficiente autoridad e impacto en el panorama internacional, sugiriendo que la energía nuclear era indispensable para disminuir las emisiones de dióxido de carbono a la atmósfera e intentar frenar el efecto invernadero. Además, las dudas sobre la factibilidad de la transición ecológica dentro de los plazos establecidos sugerían la necesidad de contar con otras alternativas a los combustibles fósiles en la producción eléctrica. Este cambio de postura radical de la Comisión Europea se vio reforzado pocos meses después por el inicio de la guerra de Ucrania y los problemas asociados en el suministro internacional de gas.

Pero, del mismo modo que ocurre con los cambios promovidos respecto de la minería de sustancias estratégicas y críticas antes mencionada, el cambio de mentalidad no se produce de la noche a la mañana y por decreto. Las reticencias siguen vigentes y, en España, hasta la fecha no han tenido incidencia en los puntos de vista oficiales respecto de la energía atómica. En la práctica, el nuevo criterio de la Unión Europea no ha implicado ningún cambio en los planes previstos para el cierre de las centrales españolas en funcionamiento, ni tampoco para conceder los permisos administrativos para la explotación de uranio de nuestro subsuelo, cuyas reservas serían suficientes para garantizar la autonomía de nuestras centrales nucleares durante siglos (Ortega, & Sáenz de Santa María, 2023, obra citada).

La contradicción entre el cambio de postura a nivel europeo sobre la energía nuclear y el inmovilismo de la posición española no es difícil de comprender, ya que se trata de un cambio muy brusco en la orientación de la política energética mantenida durante décadas. Desde hace años se ha bombardeado a la opinión pública con informaciones sobre los elevadísimos riesgos de la energía atómica, y ahora resulta muy complicado que la sociedad acepte como razonable lo que hasta hace poco era absolutamente rechazable. Sistemáticamente, se han comparado los riesgos de un accidente nuclear (Chernóbil y Fukushima[8]) con los efectos de las bombas lanzadas sobre Hiroshima y Nagasaki (Figura 179), aunque dicha comparación sea un verdadero disparate técnico, sin más sentido que el alarmismo propagandístico.

Figura 179. Aspecto de la ciudad Hiroshima después de la explosión de la bomba atómica lanzada durante la segunda guerra mundial. Fuente: www.rtve.es.

En realidad, el uranio o el plutonio de un reactor no están lo bastante enriquecidos para que se produzca una «masa crítica» que genere una reacción incontrolada y una explosión nuclear, por lo que la comparación carece de todo sentido. Y para reforzar más

---

[8]   Debe recordarse que, en sentido estricto, en Fukushima no ocurrió propiamente un accidente nuclear, sino un fuerte maremoto, cuyo tsunami, una ola de 13 metros sobrepasó los diques de contención.

el impacto visual, las noticias suelen ir acompañadas de imágenes de aquellas ciudades inmediatamente después de la explosión, como lugares malditos e irrecuperables (Figura 179), sin mostrar nunca las actuales ciudades populosas, modernas, llenas de parques y flamantes edificios, sin secuelas del desastre (Figura 180) y donde sus habitantes son genéticamente normales, sin los estigmas apocalípticos que, una vez tras otra, ofrecen siempre los medios informativos.

Figura 180. Aspecto actual de la ciudad de Nagasaki. Fuente: www.es.wikipedia.org.

Otro aspecto de la energía nuclear que ha sido casi siempre tratado de forma muy sesgada, es el de los residuos, presentado a la opinión pública como un problema insoluble. En efecto, el combustible gastado de las centrales nucleares puede emitir radioactividad durante miles de años, y ese ha sido uno de los argumentos principales de oposición a la energía nuclear, por muy barata, limpia en emisiones a la atmósfera y competitiva que fuese. Durante décadas, el rechazo de la opinión pública a este tipo de energía se ha basado principalmente en el impacto medioambiental que representan esos residuos.

Para acotar la magnitud física y volumétrica del problema de los residuos radiactivos procedentes de la industria nuclear, debe precisarse que todos los residuos generados por la actividad nuclear mundial humana, desde los inicios de la utilización de la energía nuclear en los años 50 del siglo xx, convenientemente empaquetados e inertizados, cabrían en un espacio de las dimensiones y volumen del estadio del Real Madrid. Por eso, desde hace ya muchos años, existen soluciones técnicas para el almacenamiento y control a largo plazo de los residuos nucleares, que algunos países están ya aplicando, mediante la construcción de almacenes geológicos subterráneos profundos, en lugares donde las características del subsuelo garantizan la estabilidad y estanqueidad durante periodos de tiempo más largos que la radioactividad latente de los residuos, los *Almacenamientos geológicos profundos* (AGP en español o DGS en inglés).

Para ello, se han seleccionado áreas donde las características geológicas, geomecánicas, geotécnicas e hidrogeológicas de la roca encajante sean óptimas, presenten la máxima consistencia y solidez, además de la mínima permeabilidad, y donde la circulación de agua subterránea sea mínima o inexistente, y donde también el contexto geológico regional garantice la ausencia de terremotos o de fenómenos volcánicos. Sobre estas bases, el repositorio construido por Estados Unidos en Yucca Mountain, en el estado de Nevada, ha entrado ya en funcionamiento (Figura 181), y en Europa, está a punto de hacerlo el de Olkiluoto, en un país de absoluta garantía por su respeto medioambiental como es Finlandia.

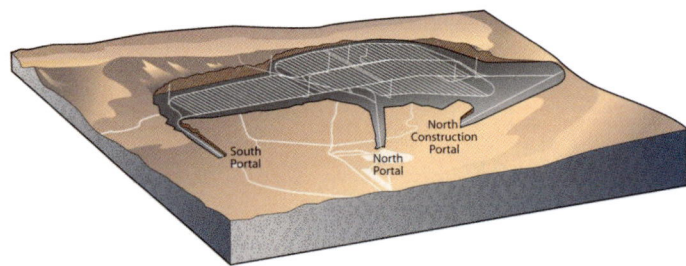

Figura 181. Esquema del proyecto de Almacenamiento Geológico Profundo (AGP) de Yucca Mountain, en el estado de Nevada (USA). Fuente: www.wikimapia.org.

Por otro lado, no debe olvidarse que como consecuencia de la evolución tecnológica, ha aparecido recientemente en el mercado una nueva generación de minicentrales nucleares denominadas SMR (*Small Modular Reactor* en inglés o Reactor Modular Pequeño), de menor tamaño pero mayor eficiencia. En este contexto, varios países como Estados Unidos y Francia se han decantado abiertamente hacia la energía nuclear. En efecto (Figura 182), reactores modulares de hasta 500 Mw de potencia instalada ocupan tan solo una superficie equivalente a cuatro campos de fútbol, y pueden colocarse en numerosas localizaciones antes impensables, como, por ejemplo, antiguos polígonos industriales, puertos, etc. Incluso, podrían colocarse en las plataformas de las antiguas centrales nucleares convencionales cerradas (en el caso de España, serían Garoña y Zorita). En este contexto, el reciente cambio de postura de la Unión Europea sobre la energía nuclear viene a confirmar esta tendencia.

Y, por último, es también imprescindible mencionar un revolucionario avance para la generación de energía nuclear. De acuerdo con las informaciones difundidas en junio de 2023 por www.eleconomista.es, China ha dado luz verde para la construcción de una planta nuclear que utilizará *torio* en lugar de uranio, como combustible principal. Este importante paso podría marcar un punto de inflexión en la industria nuclear y ofrecer una solución más segura y sostenible para satisfacer las crecientes necesidades energéticas del país. El torio, un elemento químico muy abundante en comparación con el uranio y presenta numerosas ventajas respecto a aquel, ya que existen mayores reservas, no necesita ser enriquecido, genera menos residuos y proporciona márgenes de seguridad adicionales en la mayoría de los diferentes tipos de reactores nucleares.

Y aunque pueda parecer contradictorio, la realidad de la energía nuclear en nuestro país no ha sido ajena a esta evolución, aunque sea «de tapadillo». Porque durante las últimas décadas, aunque nuestro territorio se haya inundado con bosques de molinos eólicos, los sucesivos gobiernos, fuesen del color que fuesen, se han visto obligados a mantener operativas y prorrogar la vida activa de las centrales nucleares, ya que no se ha podido prescindir de sus aportaciones para satisfacer la demanda energética.

Planta de energía nuclear SMART SMR conceptual. Ilustración cortesía de KAERI.

Figura 182. Representación idealizada de una instalación nuclear de SMR (Reactor Modular Pequeño). Fuente: KAERI (Korea Atomic Energy Research Institute).

Los recientes cambios de posición, tanto a nivel global como europeo, abren nuevas perspectivas para la energía nuclear, aunque el mismo modo que ocurre con la postura política europea respecto de los combustibles fósiles, la Unión Europea parece andar un poco despistada o actuar con retraso en comparación con otras zonas geopolíticas. China tiene actualmente 42 centrales nucleares en funcionamiento y 14 en construcción, teniendo planes para llegar, a medio plazo, a un total de 90. Algo similar está ocurriendo en la India, aparte de la que está en construcción en un país tan radicalmente ecologista como Finlandia.

Incluso en un país como Japón, donde los problemas de Fukushima podrían haber supuesto una violenta oposición a este tipo de energía, la sociedad nipona no tiene remilgos en manifestarse como mayoritariamente partidaria de las centrales nucleares. Si la actitud de los japoneses hacia la energía nuclear es tan diferente a la de nuestra sociedad, no es porque allí tengan una tecnología más avanzada, sino porque la educación que han recibido al respecto es más equilibrada y objetiva que la nuestra. Como ejemplo, viene al caso recordar la respuesta que le dio un profesor de la Universidad de Tokio a un reportero norteamericano cuando, unos meses después de los acontecimientos de Fukushima, le preguntó si debían cerrar las centrales nucleares de Japón:

«¿Cerrar las nucleares? No, no..., eso sería como renunciar a construir rascacielos tan solo porque pueden ser atacados por los talibanes».

Para terminar, debe aclararse que todo lo expuesto se refiere a tecnología actual de las centrales nucleares, basadas en la *fisión atómica*, es decir, en la rotura o división de un núcleo atómico, generando una gran cantidad de energía. Sin embargo, desde hace años se viene trabajando en un nuevo método, la *fusión nuclear*, consistente en el proceso contrario, la unión de dos núcleos atómicos, generando también una enorme cantidad de energía. Para esta segunda tecnología, aún en fase de desarrollo inicial, tan solo existen de momento esperanzadores resultados experimentales. Pero si se cumplen las expectativas, ese será realmente el futuro de la energía para los siglos venideros. De acuerdo con Alfredo García (2022), el desarrollo de la fusión nuclear, con un combustible prácticamente inagotable, sin residuos y sin riesgo de accidentes, dentro de algunas décadas permitirá confirmar que es la energía nuclear la que salvará el mundo. Mientras tanto, a la espera de la llegada de esta tecnología, durante la Cumbre Climática mundial de diciembre de 2023, 20 países (entre ellos varios de la UE como Francia, Países Bajos y Suecia) firmaron un acuerdo con el fin de triplicar la capacidad de energía nuclear mediante la construcción de nuevas plantas antes del 2025[9].

---

[9] España y Alemania, se autoexcluyeron del acuerdo, siendo los dos únicos países del mundo que poseen centrales nucleares y que, sin embargo, han

15.14. Algunas reflexiones finales del capítulo

Es innegable que existe una fuerte correlación entre el incremento de la población, el aumento de la esperanza de vida de los seres humanos, el desarrollo económico de las naciones y el consumo de energía. Hasta el punto de que, un nivel de vida digno y aceptable, implica necesariamente un elevado consumo de energía *per capita*. Las perspectivas a corto y medio plazo de la humanidad apuntan a un aumento drástico de la producción y consumo de energía primaria, así como al incremento de las emisiones de los gases postulados como causantes del efecto invernadero. Y de momento, no existe ni se vislumbra un modelo alternativo al actual, que permita reducir el consumo de energía que necesitan los seres humanos.

No se trata, por lo tanto, de elegir entre energías *limpias* y *sucias*, *renovables* o *no renovables*, pues todos los tipos de energía tienen cabida en el conjunto energético mundial, dada la intensidad de la demanda. Los distintos creadores de opinión ponen el acento en los supuestos peligros del cambio climático, sin embargo, realmente no es ese el problema más acuciante que tiene la humanidad. Es mucho más urgente buscar soluciones a problemas más reales e inmediatos, centrándonos en cómo descontaminar nuestro planeta, cómo obtener energía lo más segura y económica posible, que permita el desarrollo económico y social de toda la población y evite la pobreza, el hambre y el desamparo en el tercer mundo, aumentando la dignidad en la vida de todos los seres humanos.

Este último punto es absolutamente fundamental, ya que la eliminación de los combustibles fósiles, además de los problemas prácticos mencionados, tendría consecuencias nefastas, haciendo que aumentase la pobreza, se retarde el desarrollo económico y las sociedades humanas se vuelvan más frágiles, especialmente en el tercer mundo. Un ejemplo práctico y cercano lo constituye la guerra de Ucrania, que ha derivado en un conflicto energético mundial, que ha podido ocasionar la paralización de la industria de los países de Europa Occi-

---

apostado por el cierre de estas plantas.

dental y mantener a la población, durante el invierno, en condiciones precarias de calefacción, alimentación, etc., por la escasez de gas. No debe olvidarse que el centro de gravedad de la demanda de energía se mueve hacia los países del tercer mundo y en vías de desarrollo, que están expandiendo sus economías y sus clases medias, con rápidos aumentos de su PIB, como está ocurriendo en China y en India.

El cambio radical que supone la nueva tecnología de exploración, para localizar nuevas reservas de hidrocarburos *no convencionales* en contextos geológicos diferentes, asociadas con las mejoras de las técnicas de perforación, han alejado muchos años, hacia un futuro lejano, el temido *peak oil*. Esta nueva situación permitirá mantener el desarrollo mundial sobre la base del gas y petróleo hasta el final del presente siglo, aunque a costa de mantener los precios a los niveles actuales como mínimo, y produciendo un cambio de la distribución geoestratégica de los recursos, como consecuencia de una diferente distribución geográfica de los yacimientos. Otra faceta importante para tener en cuenta será la rápida expansión del gas natural como combustible, que se intensificará en el futuro. Sin olvidar que, como ya ha sido mencionado en la primera parte de este mismo capítulo, utilizar el petróleo estrictamente como combustible puede considerarse un derroche, ya que se trata de la fuente de numerosos productos petroquímicos de gran interés.

Por lo que se refiere al carbón, dada la extrema necesidad de incrementar la producción de electricidad, será imposible prescindir de él y continuará jugando un papel esencial durante las próximas décadas, siendo previsible que pronto se alcancen producciones superiores a los 10 000 millones de toneladas por año. Las noticias que se pueden leer en la prensa especializada informan sobre la reapertura de centrales térmicas actualmente cerradas y sobre la construcción de muchas nuevas en países en vías de desarrollo. La particularidad española de cerrar las centrales térmicas de carbón y demolerlas (como se ha hecho en La Robla, Velilla del río Carrión, Soto de la Barca y Andorra) es una rareza a nivel mundial, además de una aberración estratégica, que solo se puede explicar por razones radical y estrictamente ideológicas, sin justificación técnica o económica. Y además, radicalmente contradictoria, ya que pocos meses después de haber sido demolidas las mencionadas instalaciones, la central térmica de As Pontes (provincia de La Coruña), que estaba paralizada, ha tenido que ser reactivada, utilizando para ello carbones de importación, a pesar de contar con reservas autóctonas (nacionales) suficientes.

De todo ello se deduce que el cambio de modelo energético no va a ser fácil ni rápido, si es que llega a producirse. Si lo que se pretende es tener costes de producción bajos, portabilidad y alta densidad de energía, además de estabilidad y seguridad en el suministro, no va a ser posible sustituir los hidrocarburos y el carbón. Además, por cuestiones estrictamente técnicas, los hidrocarburos y el carbón son insustituibles para la producción de hierro, acero y metalurgia en general, y para la fabricación de fertilizantes, plásticos, cementos, productos petroquímicos y aceites minerales. Las informaciones taxativas afirmando que las energías renovables van a sustituir a las energías fósiles en el entorno de 2050, que la energía de fusión va a permitir disponer de una fuente de energía ilimitada o que el hidrogeno va a sustituir a los combustibles fósiles y el gas natural son totalmente inalcanzables en los plazos pretendidos y publicados.

Desde que se plantearon los objetivos y se diseñaron las estrategias para la Agenda 2030 y el Pacto Verde, se han producido cambios significativos que apuntan en una misma dirección: la imposibilidad de cumplirlos. Así lo confirman los acontecimientos registrados durante los últimos meses: la Unión Europea ha etiquetado el gas y la energía nuclear como verde; Alemania se plantea la reapertura de sus centrales térmicas quemando carbón; el Reino Unido, como se ha mencionado antes, ha autorizado el *fracking* para la explotación de gas y está dispuesto a conceder multitud de licencias de exploración de petróleo y gas. Holanda, por su parte reabre el campo de gas de Groninga, a pesar de los posibles sismos que su explotación pudiera provocar. Así mismo, la Comisión Europea intenta potenciar la producción de materias primas estratégicas y críticas en el solar de la Unión. Para aquellos que sueñan con eliminar los combustibles fósiles y minerales del *mix* energético mundial, conviene recordar una vez más la advertencia que el poeta italiano Dante Alighieri, puso la entrada del infierno:

«¡Oh!, vosotros los que entráis, abandonad toda esperanza».

O también, como diría un castizo:

«Lo que no puede ser, no puede ser, y además es imposible».

Epílogo

Reflexiones y preguntas finales

A lo largo de los capítulos precedentes se ha realizado un recorrido sistemático sobre los aspectos esenciales del calentamiento global y del cambio climático, así como de sus potenciales consecuencias. Desde la perspectiva de diferentes especialidades científicas, se han aportado evidencias sustanciales sugiriendo que el hombre no es el responsable del calentamiento global, que modificando las actividades humanas es imposible revertirlo y que ese calentamiento no representa un problema para la salud y el futuro de nuestro planeta. Sin embargo, a pesar de lo que opinan al respecto muchos científicos, en la conciencia colectiva se ha instalado la convicción de todo lo contrario, haciendo inevitable la formulación de algunas preguntas fundamentales.

¿Cómo se ha llegado hasta aquí?

En los años 70 del pasado siglo, cuando se empezó a hablar de forma generalizada sobre el cambio climático, no existía temor sobre el calentamiento, sino todo lo contrario, tal y como declararon Nigel Calder (prestigioso divulgador científico) y Lord Lawson of Blaby (exsecretario de Estado de la Energía del Reino Unido). En aquellos momentos, entre 1950 y 1980, dentro de las habituales oscilaciones térmicas en la historia de la Tierra, se había registrado una etapa de enfriamiento del planeta (ver Figura 15), y en el horizonte del futuro próximo se barruntaban consecuencias catastróficas asociadas a una nueva edad de hielo. Como se ha comprobado a lo largo de la historia, la humanidad es mucho más sensible y débil ante un enfriamiento global generalizado, que ante un calentamiento como el actual.

Por eso, en aquellos momentos, el aumento de CO_2 en la atmósfera y el efecto invernadero fueron recibidos como una esperanza salvadora, aunque con gran escepticismo por parte de la comunidad científica. Y, muy especialmente, por parte de los geólogos, quienes se apoyaron precisamente en argumentos muy similares a los que sostienen hoy para poner en duda el origen antrópico del cambio climático.

La percepción benéfica del supuesto efecto invernadero cambió a inicios de los años 80 del siglo pasado, por dos motivos totalmente independientes pero que coincidieron en el tiempo: las temperaturas, siguiendo los caprichosos dictados de la naturaleza, retomaron el camino del ascenso y los mineros ingleses se pusieron en huelga, cuando había una gran recesión económica y una crisis energética, similar a la actual, como consecuencia de problemas en el suministro, tanto de carbón como del petróleo de Oriente Medio. Desde la perspectiva de aquellos momentos, la aparición del temor al calentamiento global fue considerado como un argumento de apoyo para fomentar la energía atómica, libre de emisiones de CO_2, evitando así los riesgos de dependencia externa asociados a la producción de energía eléctrica por medio de hidrocarburos. Y así fue como se inició la actual fobia hacia el dióxido de carbono, iniciada por Margaret Thatcher, primera ministra británica, que ofreció subvenciones a los científicos, incentivando la aportación de argumentos favorables para inhibir el uso de los hidrocarburos como fuente de energía.

De este modo comenzó la politización de una cuestión que, hasta aquel momento, había estado restringida al mundo científico. En 1988, el Instituto Británico de Meteorología, a instancias de la primera ministra, creó una unidad especial dedicada a los modelos climáticos. Esa iniciativa pronto trascendió fronteras y ese mismo año, se creó el IPCC, el grupo de estudio sobre cuestiones climáticas promovido por la ONU, que de inmediato empezó a vaticinar los desastres que esperan al planeta como consecuencia del calentamiento global. Y, casi simultáneamente, Al Gore, conocido como el *millonario del carbono,* promovía y participaba del lucrativo negocio de la compraventa de tasas de emisión de CO_2.

Algunos científicos mostraron su asombro ante las primeras conclusiones del nuevo grupo de trabajo, como, por ejemplo, el ya mencionado Nigel Calder, que manifestó públicamente su perplejidad al comprobar que el IPCC estaba ignorando los trabajos sobre evolución climática que hasta ese momento se habían realizado durante años. Hasta entonces, el parámetro que se había considerado como principal responsable del calentamiento era la radiación solar. Pero esta variable fue bruscamente relegada en beneficio del CO_2 y del efecto invernadero. Y como hemos comprobado a lo largo de las últimas décadas, el ostracismo de la influencia solar en el calentamiento global continúa hasta la actualidad.

¿Por qué el calentamiento global suscita tanto interés?

Es inevitable aceptar que, desde finales del siglo XX, el cambio climático ha dejado de ser una cuestión estrictamente científica para convertirse en un tema social, político y económico. Además, durante las dos décadas pasadas, el nivel de politización ha ido aumentando paulatinamente, de forma que el debate entre las diferentes tendencias se ha convertido en un lugar de confrontación, donde lidian argumentos ideológicos, políticos y económicos, frecuentemente camuflados como razonamientos técnicos. Y a esa intensa discusión, como no podía ser de otra manera, no han dejado de acudir los intereses particulares, sociales, económicos y geoestratégicos.

Consideramos fuera de toda duda que ha existido, y sigue existiendo, una ofensiva mediática, desplegada para filtrar hacia la opinión pública una visión monolítica del problema, para inducir una sola y única opinión. Y esta situación suscita la pregunta que encabeza este apartado: ¿Por qué el calentamiento global ha suscitado tanto interés, y por qué se están movilizando recursos con cifras astronómicas para solucionar un problema que no está correctamente calibrado, mediante la aplicación de soluciones cuya eficacia es discutible? Muchos Gobiernos del mundo, con la Unión Europea a la cabeza, han hecho suyas las propuestas adoptadas en las cumbres mundiales sobre el cambio climático, aceptando que nos enfrentamos a una emergencia, poniendo en marcha planes específicos para combatirla.

La realidad social es que el miedo al aumento de temperatura planetaria está asentado en la opinión colectiva y, en esas condiciones, la lucha contra el calentamiento global proporciona argumentos aparentemente válidos para que los ciudadanos acepten de buen grado sacrificios que de otra forma serían inaceptables, como el aumento del precio de la electricidad, acceso a vehículos eléctricos más caros y con menos prestaciones, restricciones en alimentación y desplazamientos, y un largo etcétera. Volviendo al símil entre el dogma climático y la religión, se puede decir que se aceptan sacrificios en la vida terrenal para ganar la vida eterna y el paraíso celestial. Es decir, la salvación del planeta.

Durante las dos últimas décadas, la confluencia de intereses respecto del cambio climático y el calentamiento global, ha generado una sinergia tan poderosa, que es prácticamente imposible evitar sus influencias. Las propuestas ecologistas se han impuesto de tal manera en la opinión pública, que hoy ningún partido político, institución o empresa, puede permitirse el lujo de prescindir de sus dictados. Es necesario aceptar la doctrina climática para garantizar los resultados en cualquier actividad, desde aumentar las ventas de las empresas, hasta conseguir subvenciones en proyectos de investigación, además de aumentar la cuota de poder en las aspiraciones de cualquier partido político, que compiten entre ellos por presentarse ante la opinión pública como adalides para detener el cambio climático. Lo importante ya no es promover políticas correctas para frenar el calentamiento global o proteger el medio ambiente, sino ser más verde que la competencia, a costa de lo que sea. A costa, por ejemplo, de mantener absolutamente intacto el medio natural, aunque esto le convierta en más vulnerable ante el fuego, o de dinamitar centrales térmicas que podrían ser reutilizadas en caso de necesidad.

¿Por qué y para qué?

Es difícil creer que se haya llegado en el siglo XXI a esta convergencia de intereses de una forma casual, y de nuevo, no queda más remedio que formular otra pregunta inevitable: ¿Por qué o para qué tanto esfuerzo? No parece muy complicado encontrar la respuesta, la misma que ha impulsado a la humanidad desde sus inicios: el poder y el dinero. La misma estrategia que llevó a algunos gobernantes de tiempos pasados a conquistar grandes territorios usando como excusa los dogmas religiosos, está todavía activa en nuestra avanzada sociedad, afortunadamente de una forma menos cruenta (por ahora), aunque con una mayor eficacia, gracias al enorme poder de los medios de comunicación. Y en este contexto, conviene recordar las ideas de Noelle Neumann (Neumann, 2010), ya mencionadas en capítulos anteriores sobre la espiral del silencio (esa conducta mediante la cual los individuos tienden a adaptar su comportamiento a las actitudes predominantes) y el condenatorio ostracismo hacia los blasfemos del dogma, los negacionistas.

En paralelo con el desarrollo de esta corriente de opinión, ha aparecido un entramado de organizaciones ecologistas y no gubernamentales, que han desarrollado una enorme capacidad para implantar sus opiniones en la sociedad. Esa red se sustenta esencialmente de subvenciones públicas y, fomentando el miedo, contribuyen activamente a canalizar el voto hacia los partidos que les son más favorables, y que les darán mayores subvenciones, como demuestra la experiencia reciente en las elecciones de varios países europeos, incluyendo el nuestro.

Los antaño todopoderosos *lobbies* de la industria petrolera o del sector del automóvil, han sido ampliamente derrotados por el *lobby* del CO_2 y del medio ambiente, y ahora la elección es fácil: todo el mundo apuesta por el mismo caballo ganador, la salvación climática y el medio ambiente sostenible, al que se le invoca para todo, desde argumentos para justificar el cambio de modelo energético hasta servir de eslogan para la promoción de ventas. Hoy, cualquier producto que salga al mercado está abocado al fracaso si no introduce en su publicidad consignas para demostrar que es sostenible, respetuoso con el clima y el medio ambiente, y que, además, aporta su granito de arena en la lucha contra el calentamiento.

Por eso, atendiendo a esta situación, no se puede creer que la implantación social de las ideas sobre el cambio climático haya sido un proceso espontáneo. De hecho, algunos dirigentes han dejado escasas pero significativas evidencias al respecto. Así, Christiana Figueres, exsecretaria de la ONU, la misma que desde su sillón propuso dejar de comer carne y jamón ibérico para detener el calentamiento global, declaró durante la cumbre del clima celebrada en París en 2015, que el verdadero objetivo de las propuestas para detener el calentamiento global era «cambiar el modelo de desarrollo económico que ha estado reinando durante al menos 150 años, desde la Revolución Industrial».

Igualmente explícita fue la exministra de Medio Ambiente de Canadá, Christine Stewart, cuando declaró, refiriéndose a las críticas sobre la validez de los datos y los modelos predictivos sobre el cambio climático: «no importa si se trata de falsa ciencia, existen beneficios ambientales colaterales . . . , el cambio climático proporciona la mayor oportunidad de lograr justicia e igualdad en el mundo». En la misma línea, Tim Wirth, exsubsecretario de Estado estadounidense para asuntos globales y una de las personas responsables de la creación del Protocolo de Kioto, reconoció que «incluso si la teoría del calentamiento global es incorrecta, estaremos haciendo lo correcto en términos de política económica y política ambiental».

Algunas personas justifican estos argumentos, esgrimiendo criterios posibilistas. Es decir, que independientemente de que sea cierto o sea falso lo que informan los medios sobre el cambio climático, se trata de un concepto ya asimilado por un sector mayoritario de la sociedad, y aunque se estén manejando los conceptos de forma incorrecta, es mejor continuar haciéndolo, si con ello se contribuye a mejorar el medio ambiente. Este tipo de posturas, recuerdan a viejos aforismos como «Dios escribe derecho con renglones torcidos», o la famosa frase atribuida a Maquiavelo (aunque en realidad la escribió Napoleón), «el fin justifica los medios». Sin embargo, debiera considerarse más adecuado que los ciudadanos tengan derecho a no ser manipulados y acceder a una información correcta para poder tomar las decisiones adecuadas.

En cualquier caso, las declaraciones arriba mencionadas son muy ilustrativas de la óptica desde la cual contemplan determinados políticos la problemática del calentamiento global, sea cual sea su tendencia ideológica, evidenciando que no les preocupan lo más mínimo los aspectos técnicos y científicos, y que sus intereses apuntan en otra dirección. Desde los albores de la humanidad, cuando el chamán dominaba sentimientos, emociones y actitudes en los rudimentarios clanes del paleolítico, hasta los gobiernos actuales, al poder establecido siempre le ha venido muy bien que las poblaciones sientan un miedo colectivo a algo. Y el temor al cambio climático, genera una convergencia de intereses de la que es muy difícil escapar.

Fiscalizar la información relacionada con el cambio climático, el calentamiento global y el ascenso del nivel del mar, otorga el enorme poder de controlar los miedos sociales que generan esos procesos geológicos. Por eso, hay muchos intereses detrás de ese control, evitando que los datos que llegan a la opinión pública se escapen fuera del campo de lo políticamente correcto. A la lluvia de millones que se invierten por doquier en ese control, acuden como polillas a la luz todos los que buscan alguna financiación para alguna idea o proyecto, o simplemente los que esperan obtener algún beneficio.

Y también, ayudan a comprender el porqué de esta tendencia, las declaraciones que realizó Melisa Fleming, secretaria general adjunta de Comunicación Global de la ONU, al finalizar la edición del Foro Económico Mundial de Davos de 2022. Allí, informó sobre el acuerdo que habían cerrado con el gigante tecnológico Google en el campo del cambio climático, tratando de monopolizar la información circulante en la web sobre este tema, añadiendo textualmente: «Somos dueños de la ciencia y pensamos que el mundo debería saberlo».

Las declaraciones reseñadas sugieren que para muchos dirigentes políticos, el cambio climático no representa más que una palanca en la que apoyarse para conseguir sus objetivos, independientemente de los problemas que realmente están afectando al planeta en el campo del medio ambiente. Solo así puede explicarse que los dirigentes de los países más poderosos de la Tierra, reunidos en la Cumbre Climática de Madrid en 2020, dejasen las múltiples ocupaciones de sus recargadísimas agendas, para asistir a uno de los mayores montajes publicitarios de la historia, escuchando impertérritos, aparentemente interesados y complacidos, el artificioso discurso de una niña adolescente de dieciséis años, sin formación, llamada Greta Thunberg. Aunque, eso sí, exceptuándola a ella, que hizo una travesía del Atlántico a vela, el resto de asistentes a la cumbre (incluyendo a la tripulación del velero cuando regresó de Europa) se desplazó en avión.

La politización de la denominada emergencia climática es un hecho y solo el tiempo medirá la magnitud de la equivocación que se está cometiendo. Intentar que la naturaleza se ajuste a los dictados de la política es un error a plazo fijo, que se desmontará tan pronto como haya transcurrido el periodo de tiempo suficiente para comprobar que los pronósticos emitidos no eran ciertos, del mismo modo que ha ocurrido con las proyecciones de futuro no cumplidas y realizadas desde hace 20 años hasta la fecha. Pero eso, a los políticos, cuyo horizonte de futuro no va más allá de la próxima convocatoria electoral, les importa bien poco. Y a todos aquellos que han hecho de las subvenciones sus medios de vida, menos aún. Además, ¿quién les va a pedir responsabilidades dentro de cien años, cuando se verifique que el nivel del mar, en lugar de las catastróficas predicciones con las que quieren asustarnos, haya ascendido algo menos de medio metro, al mismo ritmo que, como promedio, lleva haciéndolo desde el final de la última glaciación? Cuando se alcance ese convencimiento, ellos ya no estarán aquí para rendir cuentas.

Entonces…, ¿qué hacer?

Hay indicios suficientes para pensar que la estrategia de lucha contra el cambio climático que se está proponiendo no apunta hacia el camino correcto. Se está procediendo como si la correlación entre emisiones antrópicas de CO_2 y calentamiento global fuese una verdad absoluta, demostrada e irrebatible, como si detener el cambio climático estuviese en nuestras manos y dependiese solo de nosotros. Se hace necesaria una seria reflexión sobre la aplicabilidad y consecuencias de las medidas adoptadas, que debe incluir también un análisis económico de la relación entre costes y beneficios de unas inversiones astronómicas cuyos impactos climáticos serán insignificantes.

Por otra parte, la ofensiva contra los gases de efecto invernadero está dejando de lado otras tareas urgentes, a las que no se les está prestando la atención que merecen. Es innegable que la actividad antrópica está afectando la salud ambiental de la Tierra. Se están talando selvas, se está vertiendo productos tóxicos a lagos, ríos y mares; los plásticos están invadiendo la superficie del planeta en muchas zonas (ver Figura 183), se está abusando de herbicidas y pesticidas; se está permitiendo la obsolescencia programada de electrodomésticos y de aparatos electrónicos para aumentar artificialmente la demanda y la producción, así como el consumo de minerales escasos, etc.

Figura 183. Aspecto de la Playa de La Malagueta a la mañana siguiente de la Noche de San Juan en 2023, después de las celebraciones populares por el solsticio de verano. Fuente: www.diariodesevilla.es.

Sin embargo, toda la atención está focalizada de forma prácticamente exclusiva sobre el cambio climático y las emisiones de CO_2. Mientras que las acciones para revertir el calentamiento son estériles, el freno a la contaminación depende exclusivamente de nosotros. Bastaría poner en marcha las medidas necesarias, con el mismo interés y los mismos esfuerzos que se están dilapidando en la lucha contra el cambio climático, para que resultaran eficaces.

Nuestros antepasados cromañones, que habitaban en Doggerland o decoraban las paredes de la cueva de Cosquer (ver Capítulo 8), ignoraban que con el paso del tiempo su entorno se vería cubierto por las aguas. Pero nosotros sí lo sabemos, y nuestra actitud hacia el cambio climático y el ascenso del nivel del mar debiera ser similar a la que tenemos hacia procesos naturales como los terremotos o las erupciones volcánicas. Es decir, fenómenos sobre los que, en cierto modo, podemos predecir su nivel de riesgo, aunque no sabemos exactamente cuándo se producirán, pero sí podemos tomar las medidas preventivas adecuadas para cuando hagan acto de presencia.

Con estos conocimientos en mente (el nivel del mar está ascendiendo «solo» unos 2 o 3 mm por año, una elevación muy moderada en comparación con el ascenso de más de 10 mm/año, registrados durante los primeros milenios después del fin de la última glaciación), los esfuerzos debieran encaminarse hacia la adaptación de nuestro hábitat a los cambios que se avecinan, como han hecho, por ejemplo, los holandeses para defender sus costas frente a la invasión del Mar del Norte. O como se está haciendo en Venecia (Italia), donde se desarrollan proyectos ligados a la defensa de la ciudad y su patrimonio, frente a los cada vez más frecuentes fenómenos de *aqua alta*, cuando el Mar Adriático, las mareas y los vientos se alían para invadir la laguna e inundar la ciudad.

Y también, con visión realista a medio y largo plazo, planificar adecuadamente el uso del suelo, especialmente en la proximidad de la línea de costa. La realidad es que no se están dedicando recursos para planificar la adaptación de nuestras zonas costeras ante el ascenso del mar. Aunque la elevación del agua sea mucho más limitada que la pronosticada, pueden llegar a producirse problemas en los asentamientos litorales. Esa planificación previsora, debería hacerse con la misma mentalidad con la que preparamos nuestra casa o nuestras ropas cuando vemos que se acerca el verano, sabiendo que no podemos hacer nada por evitar su llegada. Sin pausa, con visión de futuro, pero también sin las prisas con que nos azuzan unos modelos climáticos incompletos, que no incluyen todas las variables necesarias y están basados en premisas insuficientes.

No hace mucho, Richard Lindzen, miembro de la Academia Nacional de las Ciencias de Estados Unidos, declaró que las ideas que se están propagando sobre el calentamiento global son conjeturas inverosímiles, respaldadas por una falsa evidencia que, repetida sin cesar, se ha convertido en un conocimiento políticamente correcto que se utiliza para promover el vuelco de la civilización industrial. Lo que vamos a dejar a nuestros nietos no es un planeta dañado por el progreso industrial, sino un registro de estupideces insondables así como un paisaje degradado por la oxidación de parques eólicos y paneles solares en descomposición.

Parece una profecía excesivamente pesimista y un poco exagerada. Pero ciertamente, deberíamos reflexionar seriamente sobre lo que pensarán de nosotros las próximas generaciones dentro de varios siglos, cuando nuestros descendientes juzguen la época en que estamos viviendo. Casi con seguridad, no van a ser muy benevolentes, del mismo modo que nosotros no lo somos con los que nos precedieron. Siempre que volvemos la vista hacia el pasado, tenemos tendencia a mirar por encima del hombro a las generaciones anteriores, donde pudo brillar de forma aislada algún genio individual, de esos que siempre han existido como Galileo, Newton o Einstein, pero que en su conjunto estaban lejos de nuestro nivel de progreso.

Es relativamente fácil juzgar los tiempos pretéritos a toro pasado, con la perspectiva y el conocimiento que dan los años o los siglos. Pero entraña muchas más dificultades, precisamente por falta de perspectiva, juzgar equilibradamente lo que está ocurriendo en la actualidad, sin el apoyo de ningún libro de historia. O incluso, lo que es aún peor, modificando deliberadamente la historia según los intereses políticos o ideológicos del momento. Estamos convencidos de que representamos el punto culminante en el desarrollo de la humanidad. Consideramos superadas las batallas que se iniciaron durante el Siglo de las Luces y continuaron durante todo el siglo XIX, para que la luminosa realidad propugnada por la razón y la ciencia se abriese paso a través del oscurantismo imperante. Pero ¿es realmente así? A los autores les gustaría recordar aquí lo descrito en el Capítulo 2, la dura batalla que se dirimió entre ciencia y religión, para establecer la edad y el origen del planeta, contradiciendo los dictados de la infalible Biblia. ¿No sería posible que estemos presenciando una confrontación similar entre científicos críticos y dogmáticos del cambio climático? ¿No estará cometiendo la humanidad el primer error global de su historia?

Bibliografía

ADELA, N. *et al.* (2017). A Human-Driven Decline in Global Burned Area. *Science* 356 (6345), 1356-1362, doi:10.1126/science.aal4108.

AEMET - Agencia Estatal de Meteorología de España (1981). *Calendario Meteoro Fenológico* 1981, 206 pp., ISBN: 84-500-4231-1.

ALBARRACÍN, S., ALCÁNTARA, J., BARRANCO, A., SÁNCHEZ, M. J., FONTÁN, A., & REY, J. (2012). Seismic evidence for the preservation of several stacked Pleistocene coastal barrier / lagoon systems on the Gulf of Valencia continental shelf (Western Mediterranean). *Geo-Marine letters* 33 (2-3), 217-223.

ALLEY, R. B. (2000). The Younger Dryas cold interval as viewed from central Greenland. *Quaternary Science Review* 19, 213-226.

ALVAREZ FERNÁNDEZ, I. (2022). *Jornadas sobre minería y energía.* Colegio de Ingenieros de Minas Centro (COIMCE) Madrid, junio, 2022.

ALVERSON, K., BRADLEY, R., & PEDERSON, Th. (2001). Environmental Variability and Climate Change. *IGBP Science Series* 3, 36 pp., ISSN: 1650-7770.

AMOS, J. (2013). Antarctic ice volume measured. www.bbc.com/news/science-environment-21692423, 3 pp.

ANDELA, N., MORTON, D. C., GIGLIO, L., CHEN, Y. *et al.* (2017). A human-driven decline in global burned area. *Science* 356, 1356-1362, doi:10.1126/science.aal4108.

ANDREASEN, J., HOGG, A. E., & SELLEY H. L. (2023). Change in Antarctic ice shelf area from 2009 to 2019. *The Cryosphere* 17, 2059-2072, doi:10.5194/tc-17-2059-2023.

AUER, I., & FOELSCHE, U. (2014). Vergangene Klimaänderungen in Österreich. *Austrian Assessment Report 2014*, Volume 1, Chapter 3, 228-299.

BENEDICTOW, O. J. (2008). Black Death 1346-1353 - The Complete History. *The Boydell Press Woodbridge*, 433 pp., ISBN: 0-85115-943-5.

BENITEZ GRANDE- CABALLERO, L. (2023). *Climodemia: el Himalaya de mentiras del cambio climático*, 173 p., ISBN-13] ⊹ 979-8395477743

BERGER, A. (1977). Long-term variations of the Earth´s orbital elements. *Celestial Mech.* 15, 53-74.

BERGER, A. (1980). The Milankovitch astronomical theory of paleoclimates: A modern review. *Vistas in Astronomy* 24, part 2, 103-122.

BERGER, A. (2021). Milankovitch, the father of paleoclimate modeling. *Clim. Past* 17, 1727-1733, doi:10.5194/cp-17-1727-2021.

BERMÚDEZ DE CASTRO, J. M. (2012). Exploradores: la historia del yacimiento de Atapuerca. Debate Barcelona, 272 pp., ISBN: 978-84-9992-082-5.

BERNER, R. A. (2006). GEOCARBSULF: a combined model for Phanerozoic atmospheric O_2 and CO_2. Geochimica et Cosmochimica Acta 70, 5653-5664.

BERNER, R. A. (2008). Addendum to "inclusion of weathering of volcanic rocks in the GEOCARBSULF model". *American Journal of Science* 308, 100-103.

BGR - BUNDESANSTALT FÜR GEOWISSENSCHAFTEN UND ROHSTOFFE, Ed. (2004). *Klimafakten*, 259 pp., ISBN: 3-510-95913-2.

BIGGS, J., AYELE, A., FISCHER, T. P., FONTIJN, K., HUTCHISON, W., KAZIMOTO, E., WHALER, K., & WRIGHT, T. J. (2021). Volcanic activity and hazard in the East African Rift Zone. *Nat. Commun.* 12, 6881, doi:10.1038/s41467-021-27166-y.

BLÜMEL, W. D. (2002). 20 000 Jahre Klimawandel und Kulturgeschichte - von der Eiszeit in die Gegenwart. Wechselwirkungen, Jahrbuch der Universität Stuttgart, 2-19, doi:10.18419/opus-1619.

BOHLEBER, P., SCHWIKOWSKI, M., STOCKER-WALDHUBER, M. *et al.* (2020). New glacier evidence for ice-free summits during the life of the Tyrolean Iceman. *Sci. Rep.* 10, 20513, doi:10.1038/s41598-020-77518-9.

BRÄUNING, A. (1999). Zur Dendroklimatologie Hochtibets während des letzten Jahrtausends. *Dissertationes Botanicae* 312, 164 pp., ISBN: 978-3-443-64224-2.

BROECKER, W. S. (1987). The biggest chill. *Nat. Hist. Mag.* 97, 74-82.

BROECKER, W. S. (1991). The Great Ocean conveyor. *Oceanography* 4 (2), 79-92.

BRÖNNIMANN, S. (2007). Impact of El Niño-Southern Oscillation on European Climate. *Review of Geophysics* 45, 28 pp., doi:10.1029/2006RG000199.

BRUMM, A., JENSEN, G. M., VAN DEN BERGH, G., MORWOOD, M. KUR-NIAWAN, I., AZIZ, F., & STOREY, M. (2010). Hominins on Flores, Indonesia, by one million years ago. *Nature* 464, 748-752.

BUCHNER, N., & BUCHNER, E. (2011). *Klima, & Kulturen*, 269 pp., ISBN: 978-3-86705-036-4.

BUDYCO, M. I. (1982). The Earth's climate: Past and future. *Academic Press*, Nueva York, 307 pp., doi:10.1002/qj.49710946218.

BUFFON, Conde de (1835). *Obras Completas, aumentadas por Cuvier*. Imprenta Bergnes y Cia., Barcelona.

BÜNTGEN, U., TEGEL, W., NICOLISSI, K., McCORMICK, M., FRANK, D., TROUET, V., KAPLAN, J. O., HERZIG, F., HEUSSNER, K.-U., WANNER, H., LUTERBACHER, J., & ESPER, J. (2021). 2500 Years of European Climate Variability and Human Susceptibility. *Science* 311, 578-582, doi:10.1126/science.1197175.

BUSCH, F. O. (1966). *Wikinger Segel vor Amerika*. Sponholtz-Verlag, 286 pp.

BRYSON, B. (2014). *Breve historia de casi todo*. Editorial RBA, 640 pp., ISBN-13: 978-8490562420.

CAILLON, N., SEVERINGHAUS, J. P., JOUZEL, J., BARNOLA, J.-M., KANG, J., & LIPENKOV, V. Y. (2003). Timing of atmospheric CO_2 and Antartic temperature changes across Termination III. *Science* 299, 1728-1731.

CARBONELL, E., HUGUET, R., CÁCERES, I., LORENZO, C., MOSQUERA, M., & OLLÉ, A. (2014). Sierra de Atapuerca sites. In SALA (ed.): Pleistocene and Holocene hunter-gatherers in Iberia and the Gibraltar strait: the current archaeological record, 534-560, Fundación Atapuerca.

CARIO, A., OLIVER, G. C., & ROGERS, K. L. (2019). Exploring the Deep Marine Biosphere: Challenges, Innovations, and Opportunities. *Front. Earth Sci.* 7, article 225, 9 pp., doi:10.3389/feart.2019.00225.

CHEN, L., & MEREY, S. (Eds., 2021). *Oceanic Methane Hydrates*. Gulf Professional Publishing, 486 pp., ISBN: 978-0128185650.

CHRIST, A. J., RITTENOUR, T. M., BIERMAN, P. R., KEISLING, B. A., KNUTZ, P. C., THOMSEN, T. B., KEULEN, N., FOSDICK, J. C., HEMMING, S. R., TISON, J. L., BLARD, P. H., STEFFENSEN, J. P., CAFFEE, M. W., CORBETT, L. B., DAHL-JENSEN, D., DETHIER, D. P., HIDY, A. J., PERDRIAL, N., PETEET, D. M., STEIG, E. J., & THOMAS, E. K. (2023). Deglaciation of northwestern Greenland during Marine Isotope Stage 11. *Science*, 381, Issue 6655, 330-335 pp. doi: 10.1126/science.ade4248.

CHRISTY, J. R. (2016). Testimony of John R. Christy University of Alabama in Huntsville. U.S. *House Committee on Science*, Space & Technology.

CLOTTES, J., & COURTIN, J. (1995). Grotte Cosquer bei Marseille - Eine im Meer versunkene Bilderhöhle. *Jan Thorbecke Verlag Sigmaringen*, 200 pp., ISBN: 3-7995-9001-3.

COLES, B. J. (1998). Doggerland: a speculative survey. *Proceedings of the Prehistoric Society* 64, 45-81.

COMELLAS, J. L. (2011). *Historia de los cambios climáticos*. Editorial Rialp, 320 pp., ISBN-13: 978-8432138997.

COMSTOCK, J. L. (1847). *Elements of Geology*. Pratt, Woodford and Co., New York, 432 pp.

CONDAMINE, F. L., GUINOT, G., BENTON, M. J. & CURRIE, Ph. L. (2021). Dinosaur biodiversity declined well before the asteroid impact, influenced by ecological and environmental pressures. *Nature Communications* 12:3833, 17 pp., doi:10.1038/s41467-021-23754-0.

DAGSVIK, J. K., & MOEN, S. H. (2023). To what extent are temperature levels changing due to greenhouse gas emissions?- Statistics Norway, *Discussion papers* 1007, ISSN: 1892-753X (electronic).

DARWIN, Ch. (1859). *El origin of species, the means of the natural selection*. John Murray, London.

DAVIES, B. (2019). What is the global volume of land ice and how is it changing? 13 pp., www. Antarticglaciers.org/glaciers-and-climate/.

DE BREYNE, P. J. C. (1854). *Teoría Bíblica de la cosmogonía y de la geología*. Librería Religiosa, Imprenta de Pablo Riera, Barcelona.

DE SERRES, M. (1850). *La cosmogonía de Moisés comparada con los hechos geológicos*. Imprenta de la Viuda de D. Antonio Yenes, Madrid.

DEAN, W. (2002). A 1500-year record of climatic and environmental change in Elk Lake, Clearwater County, Minnesota II: geochemistry, mineralogy, and stable isotopes. J. *Paleolimnology* 27, 301-319.

DESPREAUX, L. C. (1801). *Les Leçons de la nature: ou l'Histoire naturelle présentée à l'esprit et au cœur.* Paris, 4 vol.

DOUGLAS, P. M. J., PAGANI, M., CANUTO, M. A., BRENNER, M., HODELL, D. A., EGLINTON, T. I., & CURTIS, J. H. (2015). Drought, agricultural adaption, and sociopolitical collapse in the Maya Lowlands. *PNAS* 112, 5607-5612, doi:10.1073/pnas.1419133112.

DRIESSEN, P. K. (2017). *Eco-Imperialismo: La pobreza es el peor contaminante.* BookBaby, 250 pp., ASIN B0753SKNZG.

DU-CLOT, A. (1859). *Vindicación de la Santa Biblia contra los tiros de la incredulidad. Librería Religiosa.* Imprenta de Pablo Riera, Barcelona.

DUFF, J. (2014). *Fishing for Fossils in the North Sea: The Lost World of Doggerland.* www.thenaturalhistorian.com.

DULL, R. A., SOUTHON, J. R., KUTTEROLF, S., ANCHUKAITIS, K. J., FREUND'T, A., WAHL, D. B., SHEETS, P., AMAROLI, P, HERNÁNDEZ, W., WIEMANN, M. C., & OPPENHEIMER, C. (2919). Radiocarbon and geologic evidence reveal Ilopango volcano as source of the colossal 'mystery' eruption of 539/40 CE. *Quat. Sc. Rev.* 222, 17 pp., doi:10.1016/j.quascirev.2019.07.037.

DURKIN, M. (2007). *The Great Global Warming Swindle.* Documental, 75 min., CHANNEL 4, UK.

DUTKIEWICZ, S., HICKMAN, A. E., JAHN, O., HENSON, S., BEUALIEU, C., & MONIER, E. (2019). Ocean color signature of climate change. *Nature Communications* 10, Article number 578, doi:10.1038/s41467-019-08457-x.

DWD - DEUTSCHER WETTERDIENST Jahresstatusbericht (2003). 190 pp, ISBN: 3-88148-394, www.ksb.dwd.de.

ENFIELD, D. B., MESTAS-NUÑEZ, A. M., & TRIMPLE, B. J. (2001). The Atlantic multidecadal oscillation and its relation to rainfall and river flows in the continental U.S. Geophys. Res. *Letters* 28, 2077-2080.

FERRÁNDIS MUÑOZ, J. R. (2022). *Crimen de Estado.* Unión Editorial., 539 pp., ISBN: 9788472098688.

FISCHER, H., WAHLEN, M., SMITH, J., MASTROIANNI, D., & DECK, B. (1999). Ice Core Records of Atmospheric CO_2 Around the Last Three Glacial Terminations. *Science* 283, 1712-1714.

FITZHARRIS, B. B., CLARE, G. R., & RENWICK, J. (2007). Teleconnections between Andean and New Zealand glaciers. *Global and Planetary Change* 59, 159-174, doi:10.1016/j.gloplacha.2006.11.022.

FLOHN, H. (1988). Das Problem der Klimaänderungen in Vergangenheit und Zukunft. *Wissenschaftliche Buchgesellschaft Darmstadt,* 228 pp., ISBN: 3-534-80017-6.

FOGT, R. L., SLEINKOFER, A. M., & RAPHAEL, M. N. (2022). A regime shift in seasonal total Antarctic Sea ice extent in the twentieth century. *Nat. Clim. Change* 12, 54-62.

FREY, E., & GEBHARDT, U. (2018). Flusspferde am Oberrhein - Wie war die Eiszeit wirklich? *Karlsruher Naturhefte* 6, 160 S., ISBN: 978-3-925631-17-7.

GABRIELLI, P. *et al.* (2016). Age of the Mt. Ortler ice cores. *The Cryosphere* 10, 2779- 2797.

GARCÍA, A. (2022). *La energía nuclear salvará el mundo* (derribando mitos sobre la energía nuclear). Editorial Planeta, 335 pp. ISBN 978-84-08-24745-6.

GARCÍA, R. R., DÍAZ, H. F., GARCÍA HERRERA, R., EISCHEID, J., PRIETO, M. d. R., HERNÁNDEZ, E., GIMENO, L., RUBIO DURÁN, F., & BASCARY, A. M. (2001). Atmospheric Circulation Changes in the Tropical Pacific Inferred from the Voyages of the Manila Galleons in the Sixteenth-Eighteenth Centuries. *Bulletin of the American Meteorological Society* 82, 2435-2455.

GARCÍA-GARCÍA, A., GARCÍA-GIL, S., & VILAS, F. (2005). Quaternary evolution of the Ría de Vigo. *Marine Geology* 220, 153-179.

GARCÍA-HERRERA, R., GIMENO, L., RIBERA, P., & HERNÁNDEZ, E. (2005). New records of Atlantik hurricans from Spanish documentary sources. *J. Geophys. Res.* 110, 7 pp., doi:10.1029/2004JD005272.

GARCÍA-NOS, E., RIPOLL LÓPEZ, S., & RIBOT TRAFÍ, F. (2019). La hipótesis del paso por el estracho de Gibraltar por los homininos en el Pleistoceno inferior revisada a la luz de los nuevos datos publicados geológicos y oceanográficos. *Revista Atlántica-mediterránea* 20, 9-25.

GHCN - CDR Program (2018). Global Historical Climatology Network. Monthly Mean Temperature C. ATBD CDRP-ATBD-0859.

GIESLER, D., GEISSMAN, J. E., & PARKER, W. G. (2018). Empirical evidence for stability of the 405-kiloyear Jupiter-Venus eccentricity cycle over hundreds of millions of years. *PNAS* 115 (24), 6153-6158.

GOLD, Th. (2001). *The deep hot biosphere: the myth of fossil fuels.* Springer New York, 243 pp., ISBN: 978-0-387-95253-6.

GRAEDEL, T. E., & CRUTZEN, P. J. (1994). Chemie der Atmosphäre: Bedeutung für Klima und globale Umwelt. *Spektrum Akademischer Verlag Heidelberg,* 511 pp., ISBN: 3860252046.

GRAHAM, J., NEWMAN, W., & STACY, J. (2008). The geologic time spiral-A path to the past (ver. 1.1). U.S. *Geological Survey General Information Product* 58, poster, 1 sheet. Available online at www.pubs.usgs.gov/gip/2008/58/

GUERRIDO, C. M., VILLALBA, R., & ROJAS, F. (2015). Documentary and tree-ring evidence for a long-term interval without ice impoundments from Glaciar Perito Moreno, Patagonia, Argentina. *The Holocene* 24, 1-8, doi:10.1177/0959683614551215.

GUTIÉRREZ CLAVEROL, M., & GALLASTEGUI, G. (2002). Prospección de hidrocarburos en la plataforma continental de Asturias. *Trab. Geol., Univ. Oviedo* 23, 21-34.

HALLAM, A. (1994). *Grandes controversias geológicas. Biblioteca de divulgación científica.* RBA editores, 222 pp.

HANNON, R. (2020). Greenland Ice Core CO2 Concentrations Deserve Reconsideration. *Watts Up With That?*- January 7, 2020.

HANSEN, J., SATO, M., RUSELL, G., & KHARECHA, P. (2001). Climate sensitivity, sea level and atmospheric carbon dioxide. Philosophical transactions. Series A, *Mathematical, physical, and engineering sciences* 371, 31 pp., doi:10.1098/rsta.2012.0294.

HARPER, K. (2020). *Fatum. Das Klima und der Untergang des Römischen Reiches.* C.H. Beck Verlag München, 567 pp., ISBN: 978-3-406-74933-9.

HARTMANN, D. (2015). Global Physical Climatology. *Elsevier Science,* 498 pp., ISBN: 9780123285317.

HAUG, G. H., GÜNTHER, D., PETERSON, L. C., SIGMAN, D. M., HUGHEN, K. A., & AESCHLIMANN, B. (2003). Climate and the Collapse of Maya Civilization. *Science* 299, 1731-1735.

HAWKINS, H. J., CARGILL, R. I. M., VAN NULAND, M. E., HAGEN, S. C., FIELD, K. J., SHELDRAKE, M., SOUDZILOVSKAIA, N. A., & KIERS, E. T. (2023). Mycorrhizal mycelium as a global carbon pool. *Curr. Biol.* 33 (11), doi:10.1016/j.cub.2023.02.027. PMID: 37279689.

HEIMBERG, U. (2015). Germaneneinfälle des 3. Jahrhunderts in Niedergermanien. In: *Der Barbarenschatz* (ISBN: 978-3-8062-0046-1), Konrad Theiss Eda., 44-51.

HIESEL, G. (2004). Die Karthager und ihre numidischen Nachbarn. En: *Hannibal ad portas, Konrad Theiss Verlag Suttgart,* 400 pp., ISBN: 3-8062-1892-7, 60-65.

HOLEN, S. R., DEMÉRÉ, Th. A., FISHER, D. C., FULLAGE, R., PACES, J. B., JEFFERSON, G. T., BEETON, J. M., Cerutti, R. A., ROUNTREY, A. N., VESCERA, L., & HOLEN, K. A. (2017). 130,000-year-old archaeological site in southern California. *Nature* 544, 479-583.

HOLZHAUSER, H. P. (1985). Neue Ergebnisse zur Gletscher- und Klimageschichte des Spätmittelalters und der Neuzeit. *Geographica Helvetia* 40, 168-185.

HOLZHAUSER, H. P. (1997). Fluctuations of the Grosser Aletsch Glacier and the Gorner Glacier during the last 3,200 years: new results. *Paläoklimaforschung* 24, 35-58,

HOLZHAUSER, H. P., MAGNY, M., & ZUMBÜHL, H. J. (2005). Glacier and lake-level variations in west-central Europe over the last 3500 years. *The Holocene* 15 (6), 789-801.

HUFF, D. (2015). *Cómo mentir con estadísticas.* Editorial Crítica, 160 pp. ISBN-13: 978-8498928488.

HUG, H. (2007). Die Klimakatastrophe - ein spektroskopisches Artefakt? 16 pp., www.klima manifest-von-heiligenroth.de/hug030607.htm.

HUG, H. (2013). Die Klimamodelle versagen. *Nachrichten aus der Chemie* 61, p. 132.

HUG, H. (2023). *Die grüne Falle. Weltbuchverlag CH-Sargans,* 440 pp., ISBN: 978-3-907347-06-5.

HUMLUM, O., SOLHEIM, J.-E., & STORDAHL, K. (2011). Identifying natural contributions to late Holocene climate change. *Global and Planetary Change* 79, 145-156.

INDERMÜHLE, A., STOCKER, T.F., JOOS, F., FISCHER, H., SMITH, H. J., WAHLEN, M., DECK, B., MASTROIANNI, D., TSCHUMI, J., BLUNIER, T., MEYER, R.,

& STAUFFER, B (1999). Holocene carbon-cycle dynamics based on CO2 trapped in ice at Taylor Dome, Antarctica. *Nature* 398, 121-126.

IPCC (2021). *Climate change 2022, the physical science basis. Summary for policy makers.* WGI - WMO - UNEP, 42 pp.

JONES, P. D. (1994). Hemispheric surface air temperature variations: a reanalysis and an update to 1993. *J. Climate* 7, 1794-1802.

JONES, P. D., LISTER, D. H., OSBORN, T. J., HARPHAM, C., SALMON, M., & MORICE, C. (2012). Hemispheric and large-scale surface air temperature variations: An extensive revision and an update to 2012. *J. Geophys. Res.* 117, D05127, doi:10.1029/2011JD017139

JOUZEL, J. *et al.* (2007). Orbital and Millennial Antartic Climate Variability over the Past 800,000 Years. *Science* 317, 793-796, doi: 10.1126/science.1141038.

JOUZEL, J., MASSON-DELMOTTE, V., CATTANI, O., DREYFUS, G., FALOURD, S. , HOFFMANN, G., MINSTER, B. , NOUET, J., BARNOLA, M, CHAPPELLAZ, J., FISCHER, H., GALLET, J.C., JOHNSEN, S., LEUENBERGER, M., LOULERGUE, L., LUETHI, D., OERTER, H., PARRENIN, F., RAISBECK, G., RAYNAUD, D., SCHILT, A., SCHWANDER, J., SELMO, E., SOUCHEZ, R., SPAHNI, R., STAUFFER, B., STEFFENSEN, P., STENNI, B., STOCKER, T.F., TISON, J.L., WERNER, M. AND WOLFF E.W. (2007). Orbital and Millennial Antarctic Climate Variability over the Past 800 000 Years. *Science* 317, 793 pp, doi:10.1126/science.1141038.

KAISER, A. (2022). *La verdad sobre el cambio climático.* Publicación independiente. 136 pp. ISBN-13:979-8838053152

KASPAR, F., & CUBASCH, F. (2007). *Das Klima am Ende einer Warmzeit.* Der belebte Planet II, 45-50.

KAUPPINEN, J., & MALMI, P. (2019). No experimental evidence for the significant anthropogenic climate change. www.arxiv.org/abs/1907.00165v1, 6 pp.

KENT, D. V., OLSEN, P. E., RASMUSSEN, C., LEPRE, Ch., MUNDIL, R., IRMIS, R. B., GEHRELS, G. E., C. D. E. (2015). Klima-Zyklen und ihre Extrapolation in die Zukunft. www. kaltesonne.de/klima-zyklen-und-ihre-extrapolation-in-die-zukunft/, 12 pp.

KOELLE, D. E. (2015). Klima Zyklen und ihre Extrapolation in die Zukunft. www. kaltesonne.de/klima-zyklen-und-ihre-extrapolation-in-die-zukunft/, 12 pp.

KOONIN, S. E. (2023). *El clima: no toda la culpa es nuestra. Lo que dice la ciencia, lo que no dice y por qué importa.* La esfera de los libros, 360 pp., ISBN: 9788413845203.

KÖPPEN, W., & WEGENER, A. (1924, 2015 reprint). *Die Klimate der geologischen Vorzeit - The Climates of the Geological Past.* Faksimile-reprint incl. English translation, Borntraeger Stuttgart, 657 pp., ISBN: 978-3-443-01088-1.

KOUTSOYIANNIS, D., & VOURNAS, C. (2023). Revisiting the greenhouse effect - a hydrological perspective. *Hydrological Sciences Journal* 65, 1334-1339, doi:10.1080/02626667.2023.2287047.

KÜPPERBUSCH, S. (2015). Trendanalyse von Temperaturen in verschiedenen Höhen: Gibt es eine Erwärmung der Troposphäre über Neumayer, Antarktis? Bachelor´s Thesis, Institut für Landschaftsökologie, Westfälische Wilhelms-Universität Münster, 21 pp.

LAMB, H. H. (1979). Climatic variation and changes in the wind and ocean circulation: the Little Ice Age in the north east Atlantic. *Quaternary Research* 11, 1-20.

LARA, A., VILLALBA, R., URRUTIA-JALABERT, R., GONZÁLEZ-REYES, A., ARAVENA, J. C., LUCKMAN, B. H., C. U. Q., E., RODRÍGUEZ, C., & WOLODARSKY-FRANKE, A. (2020). A 5680-year tree-ring temperature record for South Anerica. *Quaternary Science Review* 228, 15 pp., doi:10.1016/j.quascirev.2019.106087.

LAURENZ, L. (2019). Einfluss von Ozean- und Sonnenzyklen auf Klimaveränderungen und Auswirkungen für den Pflanzenbau. 44 Vortragsfolien unter www.reka-rheinland.de/fileadmin/dokumente/Vortrage/2019_Klimawandel_REKA_7.03.2019_pdf.

LÁZARO TOUZA, L. y ESCRIBANO, G. (2019). Los españoles ante el cambio climático. www.realinstitutoelcano.org/blog/los-espanoles-ante-el-cambio-climatico

LEE, R. E. (2013). Projectile Points and Refitted Artifacts at the Sheguiandah Site: Their Position and Meaning. *Ontario Archaelogy* 93, 6-31.

LEVANDOUX, L. (1956). Les populations sauvages et cultivées de Vitis vinifera. *Annales de l'amélioration des plantes*, 59-118.

LIDE, D. (2008). Handbook of Chemistry and Physics (p. 270), *CRC Press.*

LIN, J., SVENSSON, A., HVIDBERG, Ch. S., LOHMANN, J., KRISTIANSEN, S., DAHL-JENSEN, D., STEFFENSEN, J. P., RASMUSSEN, S. O., COOK, E., KJAER,

A., VINTHER, B. M., FISCHER, H., STOCKER, T., SIGL, M., BIGLER, M., SEVERI, M., TRAVERSI, R., & MULVANEY, R. (2021). Magnitude, frequency and climate forcing of global volcanism during the last glacial period as seen in Greenland and Antarctic ice cores (60-9 ka). *Clim. Past Discuss,* doi:10.5194/cp-2021-100.

LJUNGQVIST, F. Ch. (2010). A new reconstruction of temperature variability in the extra-tropical Northern Hemisphere during the last two millennia. *Geogr. Ann. A* 92 (3), 339-351.

LONGMAN, M. W. (1981). A process approach to recognizing facies of reef complexes. In: Toomey, D.F. (Ed.), European Fossil Reef Models, *Soc. Sediment. Geol. Spec. Publ.* 30, Tulsa, 9-40.

LOZANO LEYVA, M. (2009). *Nucleares, ¿por qué no?* Editorial Debate, 313 pp., ISBN 978-84-8306-817-5.

LYELL, Ch. (1841). *Elements of Geology.* John Murray, London (second edition).

MACKINTOSH, A. N., ANDERSON, B. M., LORREY, A. M., RENWICK, J. A., FREI, P., & DEAN, S. M. (2017). Regional cooling caused recent New Zealand glaciar advances in a period of global warming. *Nature Communications* 8:14202, 13 pp., doi:10.1038/ncomms14202.

MADRID, C. (2022). *Filosofía de la ciencia del cambio climático.* Escuela de Filosofía de Oviedo, Fundación Gustavo Bueno. www.youtube.com/watch?v=ErKmq6zZO30.

MANN, M., BRADLEY, R., & HUGHES, M. (1999). Northern hemisphere temperatures during the past millennium: Inferences, uncertainties, and limitations. *Geophysical Research Letters* 26 (6), 759-762, doi:10.1029/1999GL9 00070.

MARRINER, N., FLAUX, C., MORHANGE, Ch., & STANLEX, J. D. (2013). Tracking Nile Delta Vulnerability to Holocene Change. *PLoS ONE* 8 (/7), 9 pp., doi:10.1371/journal. pone.0069195.

McCAULEY, J. F. *et al.* (1982). Subsurface valleys and geoarcheology of the eastern Sahara revealed by Shuttle radar. *Science* 318, 1004-1020.

McCRANN, M., RUSELL, J., IONESCU, D., & MAINALI, B. (2018). Sea levels in a changing climate. *Int. J. GEOMATE* 14, 24-30, doi:10.21660/2018.43.3522.

McINTYRE, S., & MCKITRICK, R. (2005). Hockey sticks, principal components, and spurious significance. *Geophysical Research Letters* Vol. 32, Issue 3, doi:10.1029/2004GL021750.

MERODIO, G. G. (2007). Climatología histórica: Las ciudades Mexicanas ante la sequía (siglos XVII al XIX) (Historical climatology: Facing drought in Mexican cities from the 17th to the 19th century). *Invest. Geogr.* 63, 77-92.

MESSORI, V. (2004). *Leyendas negras de la Iglesia.* Editorial Planeta, 181 pp., ISBN: 84-08-01778-0.

MIATELLO, A. (2012). *The famous Wood´s experiment fully explained.* www.principia-scientific.com/the-famous-wood-s-experiment-fully-explained, 19 pp.

MILANKOVITCH, M. (1920). *Theorie Mathematique des Phenomenes Thermiques produits par la Radiation Solaire.* Gauthier-Villars Paris, 338 pp.

MILANKOVITCH, M. (1930). Mathematische Klimalehre und astronomische Theorie der Klimaschwankungen. In: KÖPPEN, W., & GEIGER, R. (Eds.). *Handbuch der Klimatologie. Band 1: Allgemeine Klimalehre.* Borntraeger, Berlin 1930, 176 pp.

MUIGG, B., & TEGEL, W. (2022). Umweltkrisen und der Untergang des Römischen Reiches. In: *Untergang des Römischen Reiches, Theiss Verlag,* 262-269, ISBN: 978-3-8062-4425-0.

MÖRNER, N. A. (2018). Anthropogenic Global Warming (AGW) or Natural Global Warming (NGM). *Voice of the Publisher* 4, 51-59. ISSNonline:2380-7598 ISSN Print: 2380-7571.

MÜLLER, U. C., PROSS, J., TZEDAKIS, P. C., GAMBLE, C., KOTTHOFF, U., SCHMIEDL, G., WULF, S., & CHRISTANIS, K. (2011). The role of climate in the spread of modern humans into Europe. *Quaternary Science Reviews* 30, 273-279.

MÜLLER, W. (1962). Der Ablauf der holozänen Meerestransgression an der südlichen Nordseeküste und Folgerungen in bezug auf eine geochronologische Holozängliederung. *Eiszeit und Gegenwart* 13, 197-226.

MURO, A. F., & CAMPOY, J. A. (2020). La farsa del cambio climático. *Dsalud* 233, 1- 11.

NASEER, A. (2003). *The integrated growth response of coral reefs to environmental forcing: morphometric analysis of coral reefs of the Maldives.* Dalhousie University, Halifax, Nova Scotia, 245 pp.

NASH, D. J., ADAMSON, G. C. D., ASHCROFT, L., BAUCH, M., CAMENISCH, Ch., DEGROOT, D., GERGIS, J., JUSOPOVI , A., LABBÉ., LIN, K. -H. E., NICHOLSON, Sh. D., PEI, Q., PRIETO, M. d. R., RACK., U., ROJAS, F., & WHITE, S. (2021). Clima indices in historical climate reconstructiones: a global state of the art. *Clim. Past* 17, 1273-1314, doi:10.5194/cp-17-1273-2021.

NEUKOM, R., LUTERBACHER, J., VILLALBA, R., KÜTTEL, M, FRANK, D., JONES, P.D., GROSJEAN, M., ESPER, J., LÓPEZ, L., & WANNER, H. (2010). Multicentennial summer and winter precipitation variability in Southern America. *Geophysical Research Letters* 37, 23 pp., doi:10.1029/2010GL043680.

NEUMANN, N. (2010). *La espiral del Silencio: Opinión pública: nuestra piel social.* Ediciones Paidós, 336 pp., ISBN : 978-8449324321.

NICHOLSON, S. L., JACOBSON, M. J., HOSFIELD, R., & FLEITMANN, D. (2021). The Stalagmite Record of Southern Arabia: Climatic Extremes, Human Evolution and Societal Development. *Front. Earth Sci.* 9: 7 pp., doi:10.3389/feart2021.749488.

ÖAW (Österreichische Akademie der Wissenschaften (2019). www.oeaw.ac.at/oeai/forschung/siedlungs-archaeologie-und-urbanistik/ istrien-vizula/.

O'HARA, S. L., & METCALFE, S. E. (1995). Reconstructing the climate of Mexico from historical records. *The Holocene* 5, 485-490, doi:10.1177/095968369500500412.

ORTEGA, E. (2021). El cambio climático y la mecánica celeste. www.entrevisttas.com/2021/11/04.

ORTEGA, E. (2022a). *Encuadre geológico de la evolución de la geografía física de la Ribera del Júcar durante la prehistoria.* Editorial UPV, Estudios De Historia Local 1, 35 pp., ISBN: 978-84-1396-057-9.

ORTEGA, E. (2022b). El CO_2 y el efecto invernadero, presuntos culpables del cambio climático. www. entrevisttas.com/2022/01/27.

ORTEGA, E. (2022c). El calentamiento global, ¿cuestión económica, política o medio-ambiental?- www. entrevisttas.com.

ORTEGA, E. (2022d). La Geología Versus el Dogma Climático (1ª parte). Tierra y *Tecnología* 60, doi:10.21028/Eog., también accesible en www.distritoforestal.es/actualidad/ciencia-y-tecnica/la-geologia-versus-el-dogma-climatico-1-parte.

ORTEGA, E., & SÁENZ DE SANTA MARÍA, J.A. (2023). El incierto futuro de las Centrales Nucleares en España. *Aragonito*, 33, 35-39.

OSBORN T. J., & JONES P.D. (2014). The CRUTEM4 land-surface air tempera-ture dataset: construction, previous versions and dissemination via google earth. *Earth system science data* 6, 61-68, doi:10.5194/ESSD-6-61-2014.

PADÍN ABAL, M. (2017). *Las Villae marítimas en la costa de la Galicia romana.* Universidadde Santiago de Compostela, Master Thesis, 82 pp.

PÉREZ, F. F., & BOSCOLO, R., Editores (2010). *Clima en España: pasado, presente y futuro. Informe de evaluación del cambio climático regional.* Red Temática CLIVAR España, 85 pp.

PETIT, J. R., JOUZEL, J., RAYNAUD, D., BARKOV, N. I., BARNOLA, J. M., BASILE, I., BENDER, M., CHAPPELLAZ, J., DAVIS, M., DELAYGUE, G., DELMOTTE, M., KOTLYAKOV, V. M., LEGRAND, M., LIPENKOV, V. Y., LORIUS, C., PÉPIN, L., RITZ, C., SALTZMAN, E., & STIEVENARD, M. (1999). Climate and atmos-pheric history of the past 420 000 years from the Vostok ice core, Antarc-tica. *Nature* 399, 429-436.

PIEBER, S. M., TUZSON, B., HENNE, St., KARSTENS, U., GERBIG, Ch., Koch, F. Th., Brunner, D., Steinbacher, M., & EMMENEGGER, L. (2022). Analysis of regional CO_2 contributions at the high Alpine observatory Jungfraujoch by means of atmospheric transport simulations and $\delta^{13}C$. *Atmos. Chem. Phys.* 22, 19721-19749, doi:10.5194/acp-22-10721-2022.

PINTO-LLONA, A. C., & AGUIRRE, E. (1999). Presencia del elefante antiguo Elephas (Paleoloxodon) antiquus en la cueva de La Silluca (Buelna, Asturias). En *Excavaciones Arqueológicas en Asturias* 1995-98, ISBN 84-7847-510-9, 225-232.

PIOMAS (2019). Arctic Sea Ice Volume Reanalysis. www.psc.apl.uw.edu/ research/projects/arctic-sea-ice-volume-anomaly/, 3 pp.

PLAYFAIR, J. (1802). *Illustrations of the Huttonian Theory of the Earth. University of Illinois,* Edición fascímil publicada por Dover Inc, New York, 528 pp.

POHANKA, R. (2018). *Die Urgeschichte Europas.* Matrixverlag Wiesbaden, 256 pp., ISBN: 978-3-86539-996-0.

POLARPORTAL (2019). Understanding the Greenland Ice Sheet. www.polarpor-tal.dk/en/groenlands-indlandsis/nbsp/viden-om-groenlands-indlandsis/.

PRIETO, M. d. R., GARCÍA-HERRERA, B.C., & HERNÁNDEZ MARTIN, E. (2004). Early records of icebergs in the South Atlantic Ocean from Spanish documentary sources. *Climatic Change* 66, 29-48.

PRIETO, M. d. R., ROJAS, F., & CASTILLO, L. (2018). La climatología histórica en Latinoamérica, Desfíos y perspectivas. *Bulletin de l'Institut Français d'Études Andines* 47, 141-167.

RAILSBACK, L. B., GIBBARD, P. L., HEAD, M. J., VOARINTSOA, N. R. G., & TOUCANNE, S. (2015a). An optimized scheme of lettered marine isotope substages for the las 1.0 million years, and the climatostratigraphic nature of isotope stages and substages. *Quaternary Science Reviews* 111, 94-106.

RAMACHANDRAN, V. (2021). Rich countries' climate policies are colonialism in green. www. foreignpolicy.com/2021/11/03/cop26-climate-colonialism-africa-norway-world-bank-oil-gas

REVEL, J. F. (1989). *El conocimiento inútil.* Editorial Planeta, 320 pp. ISBN-13 : 978-8432047893.

RICHTER, E. (1891). Geschichte der Schwankungen der Alpengletscher. *Z. Deutsch. Österreich. Alpenverein* 22, Wien, 75 pp.

ROYER, D. L. (2014). Atmospheric CO2 and O2 During the Phanerozoic: Tools, Patterns, and Impacts, in *Treatise on Geochemistry,* Elsevier, 251-268, doi:10.1016/B978-0-08-095975-7.01311-5.

RUBIO ÁGUILA, H. (2021). *Cambio climático. ¿Hecho o fraude?* Publicación independiente, 303 pp., ISBN: 979-8721957741.

SÁENZ DE SANTA MARÍA, J. A., & MORATILLA SORIA, Y. (2023). Materias Primas Minerales Estratégicas «Made in Spain». Su importante papel dentro de la transición energética española y europea. Conferencia pronunciada en el Real Instituto de Estudios Asturianos, Oviedo.

SÁENZ DE SANTA MARÍA, J. A., & ORTEGA, E. (2022a). Las energías del siglo XXI, Parte I. www.entrevisttas.com/2022/10/16/

SÁENZ DE SANTA MARÍA, J. A., & ORTEGA, E. (2022b). Las energías del siglo XXI, Parte II. www.entrevisttas.com/2022/10/17/

SCHALLER, M. F., WRIGHT, J. D., & KENT, D. V. (2015). A 30 Myr record of Late Triassic atmospheric pCO_2 variation reflects a fundamental control of the carbon cycle by changes in continental weathering. *GSA Bulletin* 127, 661-671.

SCHLESER, G., & VOS, H. (1993). *Larix sibirica, ein Archiv der Klimaforschung.* Jber. Kernforschungsanlage Jülich GmbH, 29-37.

SCHMINCKE, H. U. (2010). *Vulkanismus. Wissenschaftliche Buchgesellschaft* (WBG), 264 pp., ISBN: 978-3-534-26245-8.

SCHOENITZER, M., & SCHOENITZER, K. (2019). schoenitzer.de/ Planeten. html.

SCHOENWIESE, Ch.-D. (1995). *Klimaänderungen. Springerverlag*, 244 pp., ISBN-10: 354-0-59096-X.

SELF, S., ZHAO, J.-X., HOLASEK, R. E., TORRES, R. C., & KING, A. J. (1993). The atmospheric impact of the 1991 Mount Pinatubo eruption. 21 pp., www. pubs.usgs.gov/ pinatubo/self/.

SHAVIV, J. (2008). Using the Oceans as a Calorimeter to Quantify the Solar Radiative Forcing. *J. of Geophysical Research* 113, 13 pp.

SHAVIV, N., & VEIZER, J. (2003). Celestial driver of Phanerozoic climate? *GSA Today* 13 (7), 4-10.

SHAVIV, N. J., SVENSMARK, H., & VEIZER, J. (2022). The Phanerozoic climate. *Annals of the New York Academy of Sciences*, 1519, 7-19.

SIROCKO, F., Ed. (2012). *Wetter, Klima, Menschheitsentwicklung*. Konrad Theiss Verlag, Stuttgart, 208 pp., ISBN: 978-3-8062-2746-8.

SPENCER, L., BOLLWER, J., & MORAIS, C. The not so peaceful world of Greenpeace. *Forbes*, 11.11.1991, www.luna.po.to/whale/gen_art_green.

STEINHILBER, F., BEER, J., & FRÖHLICH, C. (2009). Total solar irradiance during the Holocene. *Geophys. Research Letters* 36, doi:10.1029/2009GL040142.

STIBEL, J.M. (2021). Decreases in Brain Size and Encephalization in Anatomically Modern Humans. *Brain Behaviour Evolution* 96 (2), 64-77, doi. org/10.1159/000519504

STRÖBELE, W. (2022). *Energiewende einfach erklärt*. Springer Gabler Wiesbaden, 188 pp., ISBN: 978-3-658-36690-2.

SVENSMARK, H., ENGHOFF, M. B., SHAVIV, N. J., & SVENSMARK, J. (2017). Increased ionization supports growth of aerosols into cloud condensation nuclei. *Nature Communication* 8, 2199, doi:10.1038/s41467-017-02082-2.

SPENCER, L., BOLLWER, J., & MORAIS, C.: The not so peaceful world of Greenpeace. *Forbes*, 11.11.1991, www.luna.po.to/whale/gen_art_green.

TARANCÓN A. y DEL VALLE J. (2023). *Premoniciones, cuando la alerta climática lo justifica todo*. Editorial Rosameron, 272 pp., ISBN: 978-84-126616-2-0.

TARBUCK, E. J., LUTGENS, F. K., & TASA, D. (2005). *Ciencias de la Tierra.* *Pearson Educación*, S.A., Madrid, 736 pp., ISBN: 84-205-4400-0.

TROUET, V., HARLEY, G. L., & DOMÍNGUEZ-DELMÁS, M. (2016). Shipwreck rates reveal Caribbean tropical cyclone response to past radiative forcing. *Proceedings of the National Academy of Sciences (PNAS)* 113, 3169-3174, doi:10.1073/pnas.1519566113.

UGLIETTI, C. *et al.* (2015). The controversial Age of Kilimandscharo Ice Cap. In: *Annual Report 2014 of Paul-Scherer-Institut, Laboratory of Radiochemistry and Environmental Chemistry*, p. 33.

UHLIG, S. (2021). El cambio climático después de la última época glacial en Europa y especialmente en tiempos castreños y romanos en el noroeste de España. *Croa* 31, 58-77.

UHLIG, S. (2022). *El cambio climático natural.* Weltbuch Sargans, 200 pp., ISBN: 978-3-906212-98-2.

UHLIG, S. (2024). *Der natürliche Klimawandel - Fakten aus geologischer, archäologischer und astrophysikalischer Sicht.* Weltbuch Sargans, 342 pp., ISBN: 978-3-907347-22-5.

URIATE CANTOLLA, A. (2003). *Historia del clima de la tierra.* Servicio Central de Publicaciones del Gobierno Vasco, 306 pp., ISBN: 8445720791.

USGS - U.S. Geological Survey (2000). *The Sun and Climate.* USGS Fact Sheet FS-095-00. 6 pp.

VAHRENHOLT, F., & LÜNING. S. (2020). *Unerwünschte Wahrheiten.* Langen Müller Verlag München, 347 pp., ISBN 978-3-7844-3553-4.

VAN DER MEER, D. G., ZEEBE, R. E., VAN HINSBERGEN, D. J. J., SLUIJS, A., SPAKMAN, W., & TORSVIK, T. H. (2014). Plate tectonic controls on atmospheric CO_2 levels since the Triassic. *Proc. Natl. Acad. Sci. (PNAS)* 111, 4380-4385.

VARGAS-YÁÑEZ, M., TEL, E., MARCOS, M., MOYA, F., BALLESTEROS, E., ALONSO, C., & GARCÍA-MARTÍNEZ, M. C. (2023). Factors Contributing to the Long-Term Sea Level Trends in the Iberian Peninsula and the Balearic and Canary Islands. *Geosciences* 13, 25 pp., doi:10.3390/geosciences13060160.

VELASCO, M. L., BARTOLOMÉ, C., & SUSO, A. (2020). *Género y cambio climático. Un diagnóstico de situación.* 81 9. NIPO: 049-20-031-3 Catálogo de publicaciones de la Administración General del Estado. Ministerio de Igualdad.

VILLALBA, R. (1994). Tree-ring and glacial evidence for the medieval warm epoch and the little ice age in southern South America. *Climatic Change* 26, 183-197.

VINÓS, J. (2023). Resolviendo el puzzle climático: El sorprendente papel del Sol. *Critical Science Press*, 414 pp., ISBN: 978-84-127783-0-4.

WALTER, R. (2014). *Erdgeschichte - die Geschichte der Kontinente, Ozeane und des Lebens*. Schweizerbarth Stuttgart, 383 pp., ISBN: 978-3-510-65281-5.

WHITE, W. (2012). Vikings in the Midwest. *The Barnes Review* May/June 2012, 20-27.

WILLEMS, P. (2013). Multidecadal oscillatory behaviour of rainfall extremes in Europe. *Climate Change* 120, 931-944.

WILLIAMS, R. S., Jr., & HALL, D. K. (1993). Glaciers. in part VII of Cryosphere of Gurney, R. J., Foster, J. L., and Parkinson, C. L. (eds.), Atlas of satellite observations related to global change: Cambridge University Press, 401-422.

WILSON, I. H. (2019). Does carbon dioxide drive climate change? AIG (Australian Institute of Geoscientists). *News* 135, 22-32.

WINKLER, A. J., MYNENI, R. B., ALEXANDROV, G. A., BROVKIN, V. (2019). Earth system models underestimate carbon fixation by plants in the high latitudes. *Nature Communications* 10 (1): 885, 8 pp.

XIAO, L., FANG, X., ZHENG, J., & ZHAO, W. (2015). Famine, Migration and War: Comparison of Climate Change Impacts and Social Responses in North China Between the Late Ming and Late Qing Dynasties. *The Holocene* 25, 900-910.

YANGUAS, F. (2013). El estrecho de Gibraltar. Zona de intercambio de aguas atlánticas y mediterráneas. *Revista general de marina* 265: 473-484.

YEON-HEE, K., GILLETT, N. P., NOTZ, D., & MALININA, E. (2023). Observationally-constrained projections of an ice-free Arctic even under a low emission scenario. *Nature Communications*, 14, 3139. DOI: 10.1038/s 41467-023-38511-8

YOU, W., HENNEBERG, R., SANIOTIS, A., GE, Y., & HENNEBERG, M. (2022). Total Meat Intake is Associated with Life Expectancy: A Cross-Sectional

Data Analysis of 175 Contemporary Populations. *International Journal of General Medicine* 15, 1833-1851.

ZACHOS, J., PAGANI, M., SLOAN, L., THOMAS, E., & BILLUPS, K. (2001). Trends, Rhythms, and Aberrations in Global Climate 65 Ma to Present. *Science* 292, 686-693, doi:10.1126/science.1059412.

ZAZO, C. (2015). Discurso de ingreso como académica numeraria de la Real Academia de Ciencias Exactas, Físicas y Naturales.

ZHANG, H., CHENG, H., SINHA, A., SPÖTL, Ch., CAI, Y., LIU, B., KATHAYAT, G., LI, H., TIAN, Y., LI, Y., ZHAO, J., SHA, L., LU, J., MENG, B., NIU, X., DONG, X., LIANG, Z., ZONG, B., NING, Y., LAN, J., & EDWARDS, R. L. (2021). Collapse of the Linagzhu and other Neolithic cultures in the lower Yangtze region in response to climate change. *Science Advances* 7-48, 9 pp., doi:10.1126/sciadv.abi9275

REFERENCIAS DE INTERNET

www.abc.es/sociedad/abci-cientifica-advierte-cambio-climatico-puede-encoger-tamano-pene-202206171759_noticia

www.agroambient.gva.es/es/web/calidad-ambiental/la-atmosfera-y-sus-capas

www.altosil.blogspot.com/2011/07/el-glaciar-mas-grande-de-la-cordillera.html

www.apuntes.santanderlasalle.es/arte/prehistoria/franco_%20cantabrica/francia/la_cosquer.htm

www.astrolehrbuch.de/Erde/SystemErde21.pdf

www.atmosphere.copernicus.eu/wildfires-americas-and-tropical-africa-2020-compared-previous-years

www.basques-iberians.blogspot.com/2013/08/cuando-el-sahara-era-verde.html

www.bbc.com/mundo/noticias-42340996

www.bbc.com/mundo/noticias-internacional-60032872

www.berkeleyearth.org/global-temperature-report-for-2022

www.bis.sidc.be/silso/dayssnplot

www.bolsamania.com/noticias/pulsos-mercado/opep-demanda-petroleo-110-millones-barriles-dia-2045--13823976.html

www.bp.com/content/dam/bp/business-sites/en/global/corporate/pdfs/energy-economics/statistical-review/bp-stats-review-2020-full-report.pdf

www.br.de/wissen/sonnensturm-sonnenwind-sonneneruption-100.html

www.ceres.larc.nasa.gov/data/general-product-info/

www.chikyu.ac.jp/nenrin/about_e.html

www.climate4you.com/Sun.htm

www.climatedata.info

www.climatedataguide.ucar.edu/climate-data/hurrell-north-atlantic
-oscillation-nao-index-station-based

www.commission.europa.eu/strategy-and-policy/priorities-2019-2024/
european-green-deal_es

www.commons.wikimedia.org/w/index.php?curid=714512

www.compostnetwork.info/eu-green-deal

www.cronicabalear.es/2023/investigadores-baleares-descubren-que-el-vol-
can-tonga-agito-la-atmosfera-de-todo-el-planeta/

www.de.wikipedia.org/wiki/Atmosphärisches_Fenster

www.diariodesevilla.es/andalucia/quedo-playa-Malagueta-San-Juan
_0_1805219933.html

www.drought.gov/historical-information?dataset

www.dw.com/es/los-cambios-en-el-clima-encogen-el-cerebro-huma-
no/a-66103643

www.earthobservatory.nasa.gov/blogs/elegantfigures/2011/10/06/
crafting-the-blue-marble/

www.earthobservatory.nasa.gov/world-of-change/ DecadalTemp

www.economiacircularverde.com/las-llamas-eternas-que-se-producen-de-for-
ma-natural

www.education.nationalgeographic.org/resource/doggerland/

www.eldebate.com/sociedad/20221003/onu-cerro-acuerdo-google-destacar-arti-
culos-sobre-cambio-climatico-somos-duenos-ciencia_63612/

www.eldiario.es/sociedad/auditores-ue-creen-vayan-cumplir-objetivos-climati-
cos_1_10327556.html

www.eleconomista.es/energia/noticias/12335733/06/23/asi-es-la-revolucionara-
central-nuclear-de-china-que-usara-torio-en-lugar-de-uranio

www.elespectador.com/ciencia/cuando-este-volcan-hizo-erupcion-se-produ-
jo-el-rayo-mas-intenso-registrado/

www.elmundo.es/ciencia-y-salud/ciencia/2019/01/29/5c4f5627fdddffd-06f8b461d.html

www.elordenmundial.com

www.elpais.com/planeta-futuro/2023-04-21/la-crisis-climatica-aumenta-el-riesgo-de-agresiones-de-genero-en-el-mundo-advierten-varios-estudios-academicos.html

www.elperiodicodelaenergia.com/las-reservas-recuperables-de-petroleo-superan-los-16-billones-de-barriles

www.es.wikipedia.org/wiki/Anexo:R%C3%A9cords_meteorol%C3%B3gicos_mundiales/

www.es.wikipedia.org/wiki/Estromatolito

www.es.wikipedia.org/wiki/Nagasaki#/media/Archivo:Nagasaki_City_View_from_Glover_Garden,_Nagasaki_2014.jpg

www.es.wikipedia.org/wiki/Sistema _solar

www.es.wikipedia.org/wiki/Tassili_n%27Ajjer

www.es.wikipedia.org/wiki/Yanarta%C5%9F

www.fotochismes.com/2018/04/06/si-las-estadisticas-no-mienten-la-pena-fotochismica-la-componen-unas-200-personas-mienten-ah-pues-entonces-nada/

www.frailedeltiempo.com/historia/

www.futureofhumanity.report.

www.geo3bcn.csic.es/index.php/news-events/news/924-la-desecacion-rapida-y-parcial-del-mediterraneo-en-el-pasado-desencadeno-una-mayor-actividad-volcanica

www.geoastro.de/kepler/eccentricity1.html

www.geolodia.es/geolodia-2017/alicante-2017/#1539510936234-5e6d9e70-e1f2f0e5-1b5ad82f-94ec.

www.gfzpublic.gfzpotsdam.de/rest/items/item_2176902/component/file_2201904/content

www.gml.noaa.gov/ccgg/trends_ch4/

www.hohetauern.at/images/dateienunterrichtsmaterialien/gletscher.pdf

www.infobae.com/economia/rse/2017/05/19/la-historia-del-mar-que-desaparecio-en-el-delirio-del-progreso/

www.instagram.com/apuntes.geologia_notes/

www.ivoox.com/en/inconvenient-truth-32-climate-predictions-proven-false-audios-mp3_rf_105479570_1.html

www.lne.es/oviedo/2019/01/29/tomas-diaz-progresa-cambio-climatico-18517542.html

www.masteres.ugr.es/geomet/informacion/documentos/historico-guias-docentes

www.media.diercke.net/omeda/800/5277E_1.jpg

www.medium.com/@hbjf/how-climate-change-killed-an-empire-5512141b86a

www.meisterdrucke.es/impresion-art%C3%ADstica/Carl-Spitzweg/1072054/El-Benediktenwand-por-la-noche.html

www.metoffice.gov.uk/hadobs/crutem4/

www.naukas.com/2014/08/11/donde-van-las-placas-tectonicas-cuando-subducen/

www.nationalgeographic.es/animales/2021/05/

www.ncdc.noaa.gov/cag/global/time-series

www.ncei.noaa.gov/access/monitoring/climate-at-a-glance/national/time-series

www.ngenespanol.com/ciencia/que-sabemos-de-chicxulub-el-asteroide-de-que-mato-a-los-dinosaurios/

www.nsstc.uah.edu/aosc/testimonials/ChristyJR_Written_160202.pdf

www.ourworldindata.org

www.ozonewatch.gsfc.nasa.gov/monthly/monthly_2019-11_SH.html).

www.peakoilbarrel.com/what-is-peak-oil

www.polarbearscience.com/2022/02/26/state-of-the-polar-bear-2021-polar-bears-continued-to-thrive/

www.publico.es/actualidad/cientifico-espanol-dice-artico-quedara.html/amp

www.rtve.es/noticias/20200805/75-anos-hiroshima-nagasaki-infierno-nuclear-cambio-orden-mundia/2036120

www.rtve.es/television/20220629/como-cambio-climatico-afecta-color-aves/2385798.shtml

www.schoenitzer.de/Planeten.html

www.sdo.gsfc.nasa.gov

www.sealevel.nasa.gov/ipcc-ar6-sea-level-projection-tool

www.sidc.be/silso/yearlyssnplot

www.sites.northwestern.edu/monroyrios/ring-of cenotes/

www.swisseduc.ch/glaciers/alps/unteraargletscher/ gletschertische-de.html

www.thenaturalhistorian.com/2014/02/04/fishing-for-fossils
-in-the-north-sea-the-lost-world-of-doggerland/

www.tiempo.com/ram/gases-efecto-invernadero-amplifica-calentamiento-global.html

www.tiempo.com/noticias/ciencia/gripe-y-calentamiento-global.html

www.unisalento.it/-/fondali-oasi-cesine-ricerche-archeologiche-subacquee-e-costiere

www.universomarino.com/2012/06/25/bucear-en-las-ruinas-de-la-antigua-alejandria

www.verdeyazul.diarioinformacion.com/asi-fue-la-megaerupcion-de-lanzarote-que-duro-seis-anos-1730-1736.html

www.viatgelovers.com/europa/glaciar-aletsch/

www.wiki.bildungsserver.de/klimawandel/index. php/Datei:CO2_60Mio.jpg

www.wikimapia.org/906455/es/Proyecto-de-Yucca-Mountain#/photo/2846965

www.wikipedia.org/wiki/Dekkan-Trapp

www.xatakaciencia.com/psicologia/como-calentamiento-global-tambien-podria-ser-malo-porque-aumenta-casos-violencia

Sobre los autores

Enrique Ortega Gironés

 Enrique Ortega Gironés, geólogo desde hace más de cuarenta y cinco años, ejerció como docente e investigador en el Departamento de Geotectónica de la Universidad de Oviedo. Posteriormente, trabajó en las minas de Almadén (Ciudad Real), donde llegó a ocupar la jefatura del Departamento de Geología. Desde 1996 es consultor independiente para organismos internacionales como la Agencia Internacional de la Energía Atómica, la Unión Europea, el Banco Interamericano de Desarrollo o el Banco Mundial, habiendo visitado más de cincuenta países. Es vocal del Grupo Español de Materias Primas Estratégicas/Críticas (GEMPE/C) perteneciente al Comité de Energía y Recursos Naturales del Instituto de Ingeniería de España (IIE). Ha publicado numerosos artículos técnicos y de difusión científica, muchos de ellos sobre temas medioambientales con especial incidencia en el cambio climático. También ha realizado incursiones en el mundo de la literatura con varias novelas y libros de relatos.

José Antonio Saénz de Santa María Benedet

JOSE ANTONIO SAÉNZ DE SANTA MARÍA BENEDET, geólogo por la Facultad de Geología de la Universidad de Oviedo en 1977. Trabajó en la exploración de hidrocarburos (petróleo y gas) para CAMPSA y pasó a continuación a la minería del carbón, subterránea y a cielo abierto, en la Cuenca Carbonífera Central de Asturias. Se retiró de la mina como Jefe del Departamento de Geología de HUNOSA. Como especialista en la evolución tensional de macizos rocosos, ha trabajado en obras subterráneas y túneles de gran profundidad y longitud de la red de alta velocidad española. Jubilado definitivamente se dedica a escribir artículos y dar conferencias de divulgación sobre minería, energía y túneles. Fue Presidente del Colegio de Geólogos de Asturias. En la actualidad, es Vicepresidente de la Plataforma Tecnológica de Túneles "PAJARES" (P.T.T.P.) y Director Científico del Grupo Español de Materias Primas Estratégicas/Críticas (G.E.M.P.E./c.) perteneciente al Comité de Energía y Recursos Naturales del Instituto de Ingeniería de España (I.I.E.).

Stefan Uhlig

STEFAN UHLIG estudió Ciencias Geológicas en la Universidad Técnica de Karlsruhe (Alemania) especializándose en Geología Aplicada y Geoquímica.

Posteriormente, trabajó en el sector minero en España y en proyectos geo-científicos en Méjico y en el África Austral, así como también en proyectos de sondeos profundos, onshore y offshore. Los trabajos de campo para su tesis doctoral los realizó en Namibia, en cooperación con el Servicio Geológico de ese país. Más tarde, desarrolló su actividad profesional en analítica de rayos-X, lo que le llevó de nuevo, entre otros destinos, a América Latina y a África Austral. Actualmente se ocupa de hacer partícipes a sus lectores de sus conocimientos y experiencias geo-científicas.